环境与民生

——明代灾区社会研究

赵玉田 著

SSAP
社会科学文献出版社
SOCIAL SCIENCES ACADEMIC PRESS (CHINA)

教育部人文社会科学研究规划基金项目（11YJA770071）资助

序

这部厚重的《环境与民生——明代灾区社会研究》，共八章二十五节，前有“绪论”，后有“结语”，另附有参考文献，洋洋洒洒，四十余万言，是赵玉田教授新著的学术力作。祝贺该书即将出版行世，期盼其加惠学界，为生态环境史研究增光添彩。

玉田教授早年从我研习明清史，毕业后留东北师范大学任教。后又负笈南开，师从南炳文教授作博士后研究。南开大学优良的学风和学术传统，使其获益颇多，学术境界大有提升。出站后几经辗转，现执教于岭南的韩山师范学院。玉田教授，是位勤奋执着的青年学人，有志于生态环境史研究已多年，曾先后在《光明日报》《中国史研究》《中国教育报》《东北师大学报》《贵州社会科学》《古代文明》发表有关明代环境史的研究论文多篇，在吉林人民出版社出版《文明、灾荒与贫困的一种生成机制——历史现象的环境视角》《明代北方的灾荒与农业开发》两部明代环境史专著，可称得上小有成就的环境史研究青年专家。

玉田教授以《环境与民生——明代灾区社会研究》书稿示余，并嘱代作“序言”。我细读一遍，受益良多，写下以下文字，权为序，并就教于玉田教授和学界方家。

其一，史料检索全面、史料翔实。检索文献，搜集史料，是史学研究的基本功，也是决定研究能否成功的第一要义，是要下苦功夫的。玉田教授为此广泛搜求史料，披阅实录、正史、政书、文集、笔记、方志等180余种原始文献；为博采各家之长，精研当代中外学人的相关论著53种，其中包括16种原版英、日文著作。基于作者广搜文献史料和博采各家之长，方使得书稿某些立论新颖，史料支撑坚实。诸如“明前期江南灾区化”、明前期河南“农民贫困与乡村人祸”、明代北方的“见在户社会”、“成化时代与灾害型社会”等观点的提出皆有新意，而支撑材料也极丰富翔实。论从史出，用“史料”说话，足见史学功底之深厚。

其二，谋篇布局合理，结构严谨，分述南北，紧紧围绕环境与民生两个中心依次展开。第一章、第二章论述明前期治世江南的“灾区化”，作者首先交代明清时期处于天文学的“小冰川期”，自然灾害频发，水、旱、蝗灾反复袭扰明代的财富之区江南社会，朝廷虽曾多次派官员治水兴利，赈贷救荒，极力恢复社会秩序，但是“重赋”政策困扰下，编户齐民大批逃亡，土地抛荒，许多州县载籍人口强半离乡。作者从脆弱的生态环境和社会环境的恶化两方面探讨了江南“灾区化”生成机制。紧接着，作者把探索的目光投向北中国。第三章，作者论述了河南、山东的土地开发与环境破坏，天灾、人祸致使河南农民贫困、乡村萧索，山东农民“惰于农事”、环境恶化、地荒人稀。第四章则进而专论灾民生计与灾区社会秩序，讨论了救灾机构、救灾制度、乡村组织、备荒仓储、地方官、富户和灾民的救灾举措与灾区秩序。第五章，作者探索京畿地区霸州、河间的水环境与“水灾社会”，结合成化六年京畿之殇和万历二十二年河南灾荒救灾成败两种典型，讨论灾区民生、灾区控制与灾区建设问题。第六章，作者重点讨论“三荒现象”，提出山西为“生态型”人荒，北直隶为“地理耦合型”流民观点，探讨了“三荒现象”的主要特征和环境机制，论证了北中国因人荒严峻，沦为“见在户社会”。第七章“灾害型社会”与明朝覆亡，作者分析了清代和当代学人有关明朝覆亡原因的各种学说，指出成化时代已蜕变为“灾害型社会”，形成“灾害型社会陷阱”，提出明王朝难逃“严复定律”而最终亡于成化时代说。从第一章至第七章，浑然一体，内在逻辑严密，由灾区而社会变迁，层层递进。然而，表面看来，第八章“应对：情感与方略”似乎有游离中心论题之感，我看其实不然。该章“兵分两路，意在合击”，一则主要论述明中期社会转型抽绎之际，以丘濬为代表的士大夫救时方略、经世情怀及其遭遇；二则论述以“利玛窦现象”为个案的明后期士大夫面对传统社会危机的救时举措及命途。二者旨在进一步检讨“灾害型社会”环境之下，帝制社会专制主义制度范围之内，统治集团内部各种“改良”努力注定“失败”的宿命，借以加深对明代中后期社会“变而不迁”现象的认识。如此理解第八章“立意”，不知玉田教授以为然否？

其三，通篇具有较强的理论探索取向。作者指明 20 世纪 70 年代美国学者罗德里克·纳什最早在加州大学圣芭芭拉分校开设环境史课程，“环境史”得以冠名并组织起来。作者还对美国学者唐纳德·休斯的“环境史概念”予以辨析，亦有所得。在梳理欧美学者有关环境史认识探讨的学术历程的同时，作者点明了自20世纪30年代起至当今中国几代学人有关环境史研究由过去自在的学问变成当下的自觉的学问的基本观点。作者认识到环境史是一个发展着的新史学，是一种认识世界、认识环境、认识人类的大学问。作者坚持环境史的“环境”，既包括自然环境，更应包括社会环境（此观点虽非作者首创，但作者却是此观念的坚守者与光大者）。社会环境与自然环境一样，交互作用影响着政府的决策、人的行为，与民生休戚相关。书稿的设计、布局正是在遵循这一理论框架下展开，通篇具有理论探索取向与意蕴。自然环境，江南在明前期水、旱、蝗交互来袭；社会环境，政府水利决策失误、重赋使民不堪命，基层社会救灾无效，编户齐民大量脱籍他徙；自然环境与社会环境互相作用，形成“灾区化”的江南社会。北中国的自然环境，京畿水灾多发，河南、山东、山西等地因盲目过度土地开发，致使水旱灾害频频来袭；社会环境，政府荒政废弛、基层社会无力自救，“见在户”赔纳流移户赋役；自然环境与社会环境互相影响，“三荒”危机无可救药，明代成化时期“灾害型社会”已然形成，明王朝难逃“严复定律”，覆亡的种子在此时已经深种。

其四，不乏精彩论断。尤其是“三荒现象”，作者用力颇多。所谓“三荒”，系指“灾荒”“人荒”“地荒”三者在空间上耦合、在时间上相继发生的一类极其悲惨的灾区民生状态与乡村聚落荒废现象。其中，“人荒”是“三荒现象”的核心内容与标志性指标。有明一代，“人荒”问题一直存在，其主要成因是“灾荒”。“灾荒”通过“人荒”增强其破坏作用，“地荒”则是“人荒”的必然结果。这是作者对“三荒”关系的论断。“三荒”问题的主要症结是什么？作者认为：“生态环境状况直接影响着农业生产的规模。同时，农业生产规模也直接影响具体地区生态环境的状况，二者关系极为敏感复杂。环境与传统农业敏感而复杂的关系，影响社会安危。就明代中前期北方‘三荒’问题病理而言，除环境恶化、自然灾变频繁外，土地兼并、赋役繁重、农田水利缺失、滥垦滥伐及落后的农业生产方式等都是‘三荒’问题的重要症结。”此乃可信之论断。作者指出“‘三荒’作为小农社会‘死去活来’间隙的特殊社会状态，它是一种极端的社会自然化现象，是自然界对人类破坏生态环境‘报复’，是人类的自作自受”。“无论是王朝更迭，还是‘三荒’爆发，它们既是社会现象，也是自然现象。它们的‘表演’不过是自然界面对自己的‘异化物'——人类社会的过分刺激而采取的一种自我生理机制调节与身体'修复'而已。明中前期北方'三荒'现象在传统乡村社会具有典型意义。以'脆弱生态环境＋脆弱乡村社会'为特征的区域社会环境是'三荒'问题爆发的前提条件；掠夺性土地开发使脆弱生态环境与脆弱乡村社会二者恶性互动，环境危机成为'三荒'问题一个主要发生机制。"此乃精彩的理性论断。

作为一种新的历史思维范式与研究领域，以历史学、社会学和生态学为主要研究手段的环境史，自20世纪70年代勃兴迄于今日，已成学术显学，中外学人投以极大热忱与精力。何以如此，因环境危机、环境灾难已成全人类无法回避、必须认真应对的现实问题，事关人类的未来和人类共同家园地球村的命运。人类不断追求生活的美好，这是人类的天性，是自然赋予的生活的权力，他要向大自然索取，也要保护赖以生存的自然。从人类出现的那天起，环境问题就已产生，只是严重程度远不如今天而已。人类的蒙昧时代、野蛮时代直至文明时代，环境问题日渐彰显。农业文明兴起，土地开发的盲目性日渐严重，游牧文明的发达，单位面积草原的负荷日渐增加，陶冶业的普遍开展，森林面积日渐减少。环境问题在不断积累，大自然对人类和人类社会的报复在酝酿。降至18世纪，欧美主要国家陆续完成工业化，纷纷建立起以煤炭、石油、冶金及化学工程等产业为主体的近代工业体系，在给国民提供近代工业福祉的同时，也静悄悄地源源不断地把煤烟、粉尘、一氧化碳、二氧化碳、二氧化硫、碳氢化合物、氮氧化合物、工业固体垃圾、重金属残渣、醛类等有毒有害物质排放到空气、土壤、河流、海洋和地下水之中，大气臭氧层被破坏，北极冰盖日渐消融，全球海平面在提高，气温在变暖，植物在枯萎，河海水生物在消亡，家禽等陆地生物莫名其妙地批量死亡，人群因环境原因染疫死亡的事件更是屡见不鲜。人类生存的自然环境被搞得乌烟瘴气。19世纪、20世纪继起的工业化国家并没有吃一堑长一智，仍然按部就班地走在早期工业化国家的老路上，环境危机愈演愈烈。后工业化的环境问题，直到20世纪70年代才引起政界和学界的高度关注，保护环境和发展经济同样重要，绿色发展，保卫地球家园的理念获得共识，发达国家和发展中国家将会达成有区别责任的世界环保协议，相互约束，保护关爱地球——人类目前的共同家园。

沧海桑田，人类生存环境的变迁是多种因素促成的，是漫长的社会、自然历史过程。气温、湿度、降水、季风、洋流、地震、海啸、磁场、雷电、星际引力、小行星碰撞等属持续影响环境长效因素。土地垦殖、草地放牧、围湖造田、毁林造田等属农业社会影响环境的社会因素。当然工业化和后工业化的石化、冶金、煤炭等行业有害有毒废气、残渣、固体垃圾、核废料等造成的空气、土壤、河海的重污染更是毒化环境的社会因素。自然因素对环境的影响，可能是现阶段人类无法解决的，而社会因素对环境的影响，应该在人类智慧的管控能力之内。

人类发展到今天，不可能回到茹毛饮血的蒙昧时代，也不可能重回田园牧歌的农业社会，遥想 19 世纪前的传统帝制时代，虽然已出现某种程度的环境危机，那仍是个天蓝水绿、海晏河清的世界。工业化和后工业时代的中心目标就是发展经济、治理环境双管齐下，让人类更幸福，让地球恢复其昔日的明媚。

现代社会、现代人类，我们已然有权力向大自然索取，但要坚守取之有理、取之有度、取之有节。一切毒害生态环境、危及人群生命安全的企业行为、企业决策，皆应追究问责。

玉田教授以为当否？是为序。

赵毅

2015 年 11 月 22 日于滨城

目 录

绪论　学术史回顾与环境史视角

早在1986年，明清史家赵毅先生通过对明代盐业生产关系及其变革情况的深入研究，论证15世纪中叶以来，中国传统社会经济正在发生巨大变化，即各个经济领域紬绎总体变迁，主要表现为商品经济前所未有的繁荣。[①] 近年来，更多学者认为，15世纪中叶，即明代成化（1465～1487）、弘治（1488～1505）时期，开启中国由古代社会向近代社会转型。[②] 如明清史家万明指出："晚明社会变化是一个动态的发展演变过程，大量史料表明，明前期和明后期的社会具有迥然不同的面貌，分水岭即在成、弘年间。成、弘以后，社会显示出明显的变迁迹象，晚明社会变迁的特点也逐渐彰显出来。"[③] 那么，如何认识明中期以来社会变迁现象？明代"社会变迁"为何未能实现社会转型？这种"变迁"现象是否始于明代？本书拟以"灾区社会"为研究对象，主要运用环境史理论方法，在重点检讨环境、民生与灾区社会三者关系基础上，进而论述与明代社会变迁相关的问题。

一　西方环境史："救时史学"与"新史学"

近年来，环境史以全新的史学视角与强烈的现实关怀而为学界所重视，研究成果斐然。其作为一种新史学，异军突起，日渐成为国际史坛大宗、史学中的显学，或将引发历史认识论和方法论的一场革命。追根溯源，检视西方环境史研究，不难发现，它经历了由"救时史学"而"新史学"的发展过程。

---

① 赵毅：《明代盐业生产关系的变革》，《东北师大学报》1986年第4期。

② 如林金树《明代农村的人口流动与农村经济变革》，《中国史研究》1994年4期；牛建强《明代中后期社会变迁研究》，文津出版社，1997；万明主编《晚明社会变迁：问题与研究》，商务印书馆，2005；方志远《"传奉官"与明成化时代》，《历史研究》2007年1期；赵轶峰《明代的变迁》，上海三联书店，2008；等等。

③ 万明主编《晚明社会变迁：问题与研究》，商务印书馆，2005，第2页。

（一）环境危机与“救时史学”

1970年，美国学者罗德里克·纳什拟在加州大学圣芭芭拉分校（UCSB）开设当时还没有现成教材的“环境史”课程时，心中惴惴，还担心遭遇冷场。事实上，这门主要讲授“人类与其整个栖息地的历史联系”[①]的新课程备受学生欢迎，纳什因此被史学界誉为使用“环境史概念”第一人。其实，纳什当初并非突发奇想。西方“环境史”是环境问题逼出来的历史，是西方学者面对日趋严重的环境灾难的学术诉求，也是救时举措。故而，本书称其“救时史学”。

作为一种新的历史思维范式与研究领域及史学视角的环境史，于20世纪六七十年代首先在美国得以冠名并组织起来。[②]之所以然，包茂宏先生指出：“环境史的诞生是美国环境保护运动的客观要求和许多学科知识不断积累相结合的产物。”[③]此论不假。工业革命以来，欧美主要国家纷纷建起以石油、煤炭、冶金及化工等为主体的工业生产体系，煤炭与石油成为工业化主要能源。由于片面追求经济效益而盲目发展，随着资本家“钱袋”无限膨胀与西方国家工业化程度不断加深，环境危机日趋严重及污染惨剧一再发生。是时，工厂源源不断制造的煤烟、各种粉尘、工业固体垃圾、一氧化碳、二氧化硫、碳氢化合物、氮氧化物、醛类等有毒物质毫无保留地肆意排放到土壤、空气、河流与地下水之中。“19世纪末期和20世纪初期，美国的工业中心城市，如芝加哥、匹兹堡、圣·刘易斯和辛辛那提等，煤烟污染也相当严重。至于后来居上的德意志帝国，其环境污染也

① Nash，Environmental History：a New Teaching Frontier. *Pacific Historical Review*，1972，(3)，p. 363.

② 〔美〕唐纳德·休斯：《什么是环境史》，北京大学出版社，2008，第36页。

③ 包茂宏先生指出，美国环境保护运动经历了前后两个阶段，第一阶段从欧洲人登上北美大陆到20世纪20年代。这一阶段，欧洲人以“世界是为人创造”的理性精神和“我为上帝，万物为我”的价值观为指导，对北美进行疯狂征服。其间，G. 平托则提出了对国家资源进行“聪明的利用和科学的管理”的功利主义环境保护思想。这一主张被西奥多·罗斯福总统接受并发起了资源保护运动。第二阶段从美国经济大萧条和尘暴开始。尘暴和旱灾迫使美国人用生态学的理论和方法重新反思人与自然关系的主流思想并开始改变传统的价值观。尤其是R. 卡逊于1962年出版的《寂静的春天》深刻指出人类目前的主要危机是环境污染。卡逊的著作激起了全民环境意识觉醒和声势浩大的环境主义运动。另外，环境考古学的形成、地理学的发展、生态人类学的启示、新社会史对传统史学研究范式的突破等等，都为环境史的发展提供了必要条件（具体内容见包茂宏《环境史：历史、理论和方法》，《史学理论研究》2000年第4期）。

不落人后。19、20世纪之交，德国工业中心的上空长期为灰黄色的烟雾所笼罩，时人抱怨说，严重的煤烟造成植物枯死，晾晒的衣服变黑，即使白昼也需要人工照明。并且，就在空气中弥漫着有害烟雾的时候，德国工业区的河流也变成了污水沟。如德累斯顿附近穆格利兹（Muglitz）河，因玻璃制造厂所排放污水的污染而变成了‘红河’；哈茨（Harz）地区的另一条河流则因铅氧化物的污染毒死了所有的鱼类，饮用该河的陆上动物亦中毒死亡。”① 又，1930年12月4～5日，由于比利时重工业区马斯河（Meuse River）谷的工厂肆意排出的二氧化硫等有害气体无法扩散而大量凝聚在地表浓雾中，经久不散。有毒的浓雾造成家禽大批死亡，几千人中毒，有60人因之丧命。② 再如，1952年12月5～8日的伦敦烟雾事件，造成民众支气管炎、冠心病、肺结核等患者的死亡率剧增，4天之内竟然因此而死亡4000余人。③ 从20世纪60年代起，美国等主要西方国家为加快工业化、城市化进程而更加肆意挥霍自然资源，资源危机加剧，人类生存环境及其生存本身都遭到巨大威胁。④ 环境危机之下，西方有识之士不为资本主义“浮华”所惑，开始运用多学科知识解析资本主义文化与环境问题的关系，寻求化解环境危机的良方。1962年，美国科学家蕾切尔·卡逊出版了令美国朝野上下难以“寂静”的警世名著——《寂静的春天》。该书首次具体而翔实地向民众揭示了因滥用杀虫剂等农药所造成的大量触目惊心的环境污染案例及一个可能“死去”的世界，此书激发了深受环境污染之害的美国民众的环境意识。随之，媒体也一再曝光美国石油泄漏与水污染及空气污染等问题，民众的环境保护观念因之得到持续强化。然而，美国的环境污染仍在继续。美国纽约市曾在1963～1968年做过一项死亡率与大气污染关系调查，六年间每年约有一万人因大气污染而死亡，占该市总死亡人数的12%。⑤ 虽然大气污染成为民众主要杀手，但还是污染不止，如美国在1969年向大气排放粉尘2830万吨，二氧化硫2500万吨，一氧化碳600万

① 梅雪芹：《环境史学与环境问题》，人民出版社，2004，第177页。

② 唐·魏得纳：《灾难时间表》（*Timetable for Disaster*），洛杉矶纳什出版社，1970，第41页。

③ D. Vogel, *National Styles of Regulation, Environmental Policy in Great Britain and the United States*, Ithaca and London, 1986, p. 38.

④ 梅雪芹：《工业革命以来西方主要国家环境污染与治理的历史考察》，《世界历史》2000年第1期。

⑤ 中国科学技术情报研究所：《国外公害概况》，人民出版社，1975，第59页。

吨。[①] 随着环境问题不断累积，欧美工业国家环境危机重重。于是，勇敢者、觉悟者起来抗争了。这一时期，倡导资源保护的学术力作——《静悄悄的危机》（斯图尔特·尤德尔著）及《资源保护与效率的福音》（塞缪尔·海斯著）等面世，作者号召保护环境，反对“对资源的劫掠”。这些作品不断激发民众的环保意识。为了维护生存权益，1970 年 4 月 22 日，环境污染重灾区的美国，民众“首义”，约 2000 万的美国民众自觉发起环保运动，其声势之浩大，世界为之动容。环境问题累积，美国等西方国家，掀起反思人类中心主义及其传统价值观的思潮，主要检讨以往破坏环境之“劣行”，重新认识人类社会与自然环境之关系。其中，美国一些历史学者有感于环境危机，在环保运动影响下，与时俱进，积极作为，他们热切关注环保主义者的思想与情感，撰写了一批旨在分析与应对环境危机的史学论著。如纳什于 1967 年出版的《荒野与美国精神》便是代表作之一，该书“将资源保护运动置于思想史的背景之下，强调的是保护主义者而不是功利主义者的思想，并通过将荒野同城市场景或美国乡村的‘第二景观’（Second Landscape）作对比，而将它确定为早期一些美国环境史研究的主要关注所在”。[②]

由环境危机而环保运动而环境史，西方“环境史”在美国首先冠名并发展起来。其间，美国一批优秀史学研究者，为认识与解决环境问题，自觉参与环保事业，积极投身于环境史开创事业。如美国环境史草创之初，史家罗德里克·纳什积极参与其中。他曾“帮助起草了一份环境权利宣言，组织了一次引起广泛关注的研讨会，探讨 1969 年在圣芭芭拉海峡灾难性的石油泄漏的后果问题。他随后在学校里帮助发起了一项环境研究计划。然而，他们从一开始就流露出一种忧虑，希望人们不要把他们的工作看作一种环保主义新闻报道”。[③] 环境史家唐纳德·休斯亦称：“在公众越来越关注环境问题的今天，环境史可以用来纠正传统史学的弊端。人们现在意识到，对地球生命系统越来越强的干预，不仅没有带领我们走进理想世界，反而让人类深陷生存危机。环境史为应对这一危机或许能做点贡献，叙述何以形成当今这种状况的历史过程，阐释过去存在的环境问题和解决方案，并对一些重要历史遗留因素进行分析。如果没有这样的视角，

---

① 中国科学技术情报研究所：《国外公害概况》，人民出版社，1975，第 89 页。

② 〔美〕唐纳德·休斯：《什么是环境史》，第 38 页。

③ 〔美〕唐纳德·休斯：《什么是环境史》，第 39 页。

可能就会因为受一些短期的政治和经济利益的诱惑，而造成决策失误。环境史有助于矫正当下解决环境问题过于简单的思维模式。”① 他又指出：“环境问题在20世纪最后40年受到全世界的关注，其重要性在21世纪反而进一步增长，这显示了环境史的必要性；环境史将有助于人们认识，人类怎样在某种程度上造成了环境问题，对环境问题作出反应，并试图加以理解。环境史的一个有价值的贡献是，它使史学家的注意力转移到时下关注的引起全球变化的环境问题上来，譬如：全球变暖，气候类型的变动，大气污染及对臭氧层的破坏，包括森林与矿物燃料在内的自然资源的损耗，因核武器试验和核动力设施事故而传播的辐射的危险，世界范围的森林滥伐，物种灭绝及其他的对生物多样性的威胁，趁机而入的外来物种对远离其起源地的生态系统的入侵，垃圾处理及其他城市环境问题，河流与海洋的污染……环境史家已注意到了当代这些问题，然而他们也认识到，从古到今，人与环境的关系在每一个历史时期都起到了关键作用。”② 换言之，西方环境史学在美国兴起阶段，以救时为宗旨，以反思人与环境关系为重点，以民生为视域，以解决环境问题为依归，故本书称其为“救时史学”。

（二）由“救时史学”而“新史学”

20世纪70年代以来，40余年间，西方环境史学发展迅速，担负起国际史学革新者重任，探索史学发展价值取向，实现其完美转身，“人类回归自然，自然进入历史”。③ 由“救时史学”而“新史学”，历史学由此变得更加丰富与完整，更加关注民生与现实。正如环境史家王利华先生所论：“环境史学在最近几十年迅速兴起，首先是由于强烈的现实需要——面对全球性的严重生态危机，人们需要向历史拷问种种环境问题的来龙去脉。但它同时也是一个非常符合历史逻辑的重大学科进步：历史学发展到今天，不仅需要从多层次的社会关系即人与人的关系中认识历史（就像以往所做的那样），而且需要透过人与自然的关系来认识历史，以便更好地回答人从哪里来、向何处去和怎么办这些根本问题。环境史研究试图运用

---

① 〔美〕唐纳德·休斯：《历史的环境维度》，《历史研究》2013年第3期。

② 〔美〕唐纳德·休斯：《什么是环境史》，第1~2页。

③ 李根蟠：《环境史视野与经济史研究——以农史为中心的思考》，《南开学报》2006年第2期。

新的思想理论和技术方法，重现人类生存环境的历史面貌，揭示人与自然之间的复杂历史关系，并重新认识人的历史。它不仅开辟了新的史学领域，而且提出了新的历史思维，将形成新的历史知识体系，还可能引发历史认识论和方法论的一场革命。"[①] 无疑，在历史里"正视"历史不可或缺的要素与内容——自然环境，历史才变得真实与完整。如唐纳德·休斯指出："将环境史简单地看成是历史学科内部进展的一部分，则是严重的误解。自然并不是无能为力的。严格而论，它是一切力量的源泉。自然并不温顺地适应人类的经济，自然是包含着人类的一切努力的经济体，没有它，人类的努力就不起作用。未能将自然环境纳入记述之中的历史，是局部的、不完整的。环境史有用，因为它能给史学家的比较传统的关注对象，如战争、外交、政治、法律、经济、技术、科学、哲学、艺术和文学等，增添基础和视角。环境史有用，还因为它能揭示这些关注对象与物质世界和生命世界之基本进程的关系。"[②] 梅雪芹教授亦称："环境史引进生态系统范畴，将人类视为生态系统的一部分，将人类历史视为一种生态系统演化过程，将全球、区域、国家、城市、村庄等历史研究单位视为类型不同、规模不等的人类生态系统，也即社会—经济—自然复合生态系统，从而大大突破了历史学的固有领域，其历史思维空间空前开阔。环境史对于历史内涵的认识和探究不同于政治史、社会史等史学门类，因而需要学习并借鉴以生态学为核心的众多学科的知识、理论与方法。可以说，环境史是多学科交叉的历史。环境史的根本宗旨，是要叙述一部我们所居住的环境，也即人类家园变化的故事。而我们所居住的环境，小到我们朝夕栖止的地方，大到整个地球，其变化的故事都可以成为环境史叙述的对象。叙述它们，不仅是为了推动历史学的发展，而且是为了激发人们对自然的热爱，对生存家园的呵护，同时审视自己对待自然和他人的态度与道德水平。可以说，环境史是现实关怀的历史。"[③] 正是基于现实生活与史学界对环境史"新史学"的期待与认识，近十余年来，环境史的"新史学"身份与方向更加明确。如美国著名社会理论家詹姆斯·奥康纳所论："现代西方的历史书写从政治、法律与宪政的历史开始，在19世纪的中后期转向经济的历史，在20世纪中期转

---

① 王利华：《浅议中国环境史学建构》，《历史研究》2010年第1期。

② 〔美〕唐纳德·休斯：《什么是环境史》，第13～14页。

③ 梅雪芹：《环境史叙论》，中国环境科学出版社，2011，第7页。

向了社会与文化的历史，直到20世纪晚期以环境的历史而告终。”[①] 其中，詹姆斯·奥康纳所说的“环境的历史”，就属于“环境史”。

二　“环境史概念”的思考

关于环境史概念，学界至今众说纷纭，莫衷一是。如美国环境史学家唐纳德·沃斯特曾风趣地说：“在环境史领域，有多少学者就有多少环境史的定义。”[②]

（一）西方的“环境史概念”

美国环境史学家唐纳德·休斯不断界定与完善之“环境史概念”在西方史学界具有一定代表性。如1994年，休斯在所著《潘神的劳苦》一书中称：“环境史，作为一门学科，是对自古至今人类如何与自然界发生关联的研究；作为一种方法，是将生态学的原则运用于历史学。”[③] 在此基础上，2001年，休斯在所著《世界环境史》中进一步指出：“环境史的任务是研究自古至今人类与他们所处的自然群落的关系，以便解释影响这一关系的变化过程。作为一种方法，环境史将生态分析用作理解人类历史的一种手段。”[④] 2006年，休斯在《什么是环境史》一书中则明确称：“什么是环境史？它是一门历史，通过研究作为自然一部分的人类如何随着时间的变迁，在与自然其余部分互动的过程中生活、劳作与思考，从而推进对人类的理解。”[⑤] 其后，唐纳德·休斯对环境史任务予以概括：“环境史的任务，是研究人类与他们所处的自然群落的关系，这一关系贯穿时间长河，频频遭遇突如其来的变化。将环境视为脱离人类，并且仅仅为人类历史提供背景的观念，会导致错误的结论。人类与他们所处群落的天然联系，必须是历史解释的基本要素。”[⑥] 2013年，休斯在《历史的维度》一文中对

---

① 〔美〕詹姆斯·奥康纳：《自然的理由——生态学马克思主义研究》，南京大学出版社，2003，第84页。

② 转引自包茂宏《唐纳德·沃斯特和美国的环境史研究》，《史学理论研究》2003年第4期。

③ J. Donald Hughes, *Pan's Travail: Environmental Problems of the Ancient Creeks and Romans*, p. 3.

④ J. Donald Hughes, *An Environmental History of the World: Humankind's Changing Role in the Community of Life*, p. 4.

⑤ 〔美〕唐纳德·休斯：《什么是环境史》，第1页。

⑥ 〔美〕唐纳德·休斯：《什么是环境史》，第12页。

环境史再一次界定："环境史研究的是人类与自然关系的演化（evolution)"，而"作为一个领域，环境史关注人类社会与自然环境相互作用的历史。作为一种方法，它是指用生态分析理解人类历史。环境史家探讨地球上生物和非生物系统影响人类历史进程的种种方式，描述人类导致的环境变化，并评价人类对于'自然世界'的观念"。[①] 显然，唐纳德·休斯关于环境史概念"归纳"过程，也反映出环境史研究不断由"救时史学"向"新史学"转变的轨迹，也是环境史研究不断深入的过程。

除了休斯的诸多环境史"概念"，西方的环境史概念还有很多。如斯坦伯格认为：环境史是"探寻人类与自然之间的相互关系，即自然世界如何限制和形成过去，人类怎样影响环境，而这些变化反过来又如何限制人们的可行选择"。[②] 美国环境史学会亦称："环境史是关于历史上人类与自然世界相互作用的跨学科研究，它试图理解自然如何给人类活动提供可能和设置限制，人们怎样改变其所栖居的生态系统，以及关于非人类世界的不同文化观念如何深刻地塑造各种信仰、价值观、经济、政治和文化。"[③] 显然，休斯等西方环境史学者主要从研究对象（即研究什么）、研究方法（即怎样研究）及研究目的等三个方面界定环境史概念。本书认为，"研究方法"不能说明环境史是什么，也不能作为环境史的本质定义内容，不应该以其限制正处于发展阶段的环境史的理论与方法选择及创新。不过，关于环境史"研究对象"与"研究任务"的概括对于认识"环境史"则有一定指向意义。但是，唐纳德·休斯所谓"环境史研究的是人类与自然关系的演化"的这一基本认识似乎欠妥，环境史不仅仅研究二者之间的"关系"。

（二）"中国版"环境史概念

或许受到唐纳德·休斯等欧美学者的"环境史概念"影响，近年来，国内学者界定的"中国版"环境史概念多以"欧美版"为圭臬。其实，稍加分析西方环境史学兴起的经济与社会文化背景，不难发现，其肇端于20世纪60年代以来西方环境灾难频发之际，民众环保运动风起云涌之时。为了应对环境危机，所以，它基本以"人类与自然环境的关系"为主要视域及研究内

---

① 〔美〕唐纳德·休斯：《历史的环境维度》，《历史研究》2013年第3期。

② Steinberg, Ted Down to Earth: Nature, Agency, and Power in History. *American Historical Review*, 2002, (107).

③ 参见王利华《作为一种新史学的环境史》，《清华大学学报》2008年第1期。

容。恰如唐纳德·休斯所言："那些在20世纪六七十年代开创环境史研究领域的历史学家，即便不全是，但绝大多数都是环保主义者，正是这一情况使得他们在其研究和撰述中特别重视这一点。"① 但是，应该清楚的是，美国这一时期的"环境史"，仅是一时的局部的"环境史"内容，而不是全部的"环境史"；这一时期的"环境史"，仅是美国环境史兴起时期的"环境史"，而不是其他国家的"环境史"。应该明确，"环境史"是一门发展着的新史学，是一种认识世界、认识环境、认识人类的大学问。然而，即便今天，欧美一些环境史学者仍然未能客观理性地认识环保主义者的思维模式及情感倾向，反倒不自觉地予以认同，且以此"认同"裁量不同于己的"环境史"。这种研究的价值取向及思维范式使西方环境史学陷入环保思维"窠臼"而难以自拔，即陷于"救时史学"而无法实现"新史学"转向，故而缺少学科建设的理性与规模。显然，欧美学界关于环境史的一些"共识"对我国环境史研究有所裨益，但是不该变成中国环境史学者的"金科玉律"与"裹脚带"。

其实，要界定环境史概念，要认识环境史，首先要弄清环境史的"环境"内涵。进而言之，环境史的"环境"是否应该包括"社会环境"？一个基本的事实是，"人创造环境，同样环境也创造人"。② 因为"人本身是自然界的产物，是在自己所处环境中并且和这一个环境一起发展起来的"。③ 马克思明言："被抽象地孤立地理解的、被固定为与人分离的自然界，对人来说也是无。"④ 他又称："在再生产的行为本身中，不但客观条件改变着，例如乡村变为城市，荒野变为开垦地等等，而且生产者也在改变着，他炼出新的品质，通过生产而发展和改造着自身，造成新的力量和新的观念，造成新的交往方式，新的需要和新的语言。"⑤ 恩格斯亦称：自然主义的历史观"是片面的，它认为只是自然界作用于人，只是自然条件到处决定人的历史发展，它忘记了人也反作用于自然界，改变自然界，为自己创造新的生存条件……地球的表面、气候、植物界、动物界以及人本身都发生了无限的变化，并且这一切都是由于人的活动"。⑥ 显然，这些论

① 〔美〕唐纳德·休斯：《什么是环境史》，第40页。
② 《马克思恩格斯选集》第一卷，人民出版社，1972，第43页。
③ 《马克思恩格斯选集》第三卷，人民出版社，1995，第374～375页。
④ 《马克思恩格斯全集》第42卷，人民出版社，1979，第178页。
⑤ 《马克思恩格斯选集》第一卷，人民出版社，1972，第43页。
⑥ 《马克思恩格斯全集》第四卷，人民出版社，1995，第239～330页。

述揭示了一个基本事实：人类生活的环境包括自然环境与社会环境，自然环境与社会环境不可分割。因此，环境史的“环境”应该是人类生活的全部环境。如果像西方学者那样仅从“人类与自然环境”的关系研究环境史，未免短视及有失偏颇。

关于环境史的“环境”诠释，我国史学者有所突破。如王先明先生认为：“人类的生存环境不是单向度地表现在自然环境方面，人类改造自然环境的过程同时也是改造社会环境的过程；改造社会环境的过程也包含着改造自然环境的过程。在人类生活的实践中，自然环境和社会环境的改造，在历史进程中始终是同一的，而不是分离的。因此，真正的‘环境史学’不能不包含这两个方面。”[①] 钞晓鸿先生提出：“环境史中的环境一般是指人类在某个历史时期所处的环境，既包括社会，也包括自然并重视自然，但当需要探讨其中的自然环境变迁时，又以人类为环境因子之一。虽然环境史学界当前关注于或认可历史上环境出现的问题，但从学理来讲，它研究人与环境的互动关系并不以环境是否出现问题为指归……环境史并不停留于自然的历史，以此为基础，社会经济、思想观念与环境之间的关系也值得重视与研究，人类对于自然的利用与态度、对于自然与人类关系的认知与反应，是与人类自身的生存、社会的运作紧密地联系在一起。在此研究中，史学的功底与根基不会受到挑战，而是历久弥香，但研究的视野、理路、方法却面临更新，这一切都是为了将研究实践落到实处，实现对于以往研究的深化与超越。”[②] 笔者认为，环境史学属于世界各国的史学，是不断发展的史学。环境史研究不应陷于环保运动思维模式及其语境而“夜郎自大”，故步自封，裹足不前，环境史的概念界定亦然，应该顺应学科发展需要，创建一个体系开放的全新的环境史学。进而言之，环境史要讲“自然的故事”，要讲“社会的故事”，要以研究人与自然环境、社会环境三者关系为依归，即环境史是人类与“环境”的关系史。唯其如此，环境史才能成为真正的“环境”史。

（三）环境史主要研究问题与研究取向

环境史是人类与环境关系史，是一门新史学。那么，环境史研究的主要议题应该包括哪些？对于这个问题，实际上不应匆匆做出回答，因为处

---

① 王先明：《环境史研究的社会史取向——关于“社会环境史”的思考》，《历史研究》2010 年第 1 期。

② 钞晓鸿：《深化环境史研究刍议》，《历史研究》2013 年第 3 期。

于不断发展中的环境史学具有很强的开放性。不过，若没有一个基本认识，也不利于环境史学成长。为此，环境史家唐纳德·休斯尝试着回答了这个问题，他将其划分为三大类："（1）环境因素对人类历史的影响；（2）人类行为造成的环境变化，以及这些变化反过来在人类社会变化进程中引起回响并对之产生影响的多种形式；（3）人类的环境思想史，以及人类的各种态度借以激起影响环境之行为的方式。"① 环境史学家王利华教授则列出环境史的基本问题线索："（1）不同时代和地区人们赖以生存的环境资源状况如何，前后发生了哪些变化？（2）如何逐步认识环境，形成了怎样的知识体系？（3）如何利用环境条件，开发自然资源满足物质需要？（4）如何克服不利环境因素开展各类活动和获得安全保障？（5）如何通过改变生计模式、技术手段以及社会关系、组织和制度来适应环境及其变化？（6）如何逐渐将自然事物和环境因素融进自己的精神、情感和审美世界？"② 这些归纳可谓抓住了关键问题与主要内容，言简意赅。当然，唯有将"环境"以社会环境与自然环境而整体视之，环境史研究才能真正展开，环境史才能走出封闭，才能真正全面深入解读人类与环境的关系，才能客观分析环境在人类历史上的真实角色与作用。唯其如此，环境史才是真正的环境史。

其实，作为世界环境史研究重镇的美国，一些环境史学者的"环境史"研究内容已经开始关注社会。如高国荣先生撰文称："20 世纪 90 年代以来，随着研究重点从荒野和农村转向城市，美国环境史的研究范式发生了明显变化：从注重物质层面的分析转向注重社会层面的分析；从强调生态环境变迁及自然在人类历史进程中的作用转向强调不同社会群体与自然交往的种种经历和感受；从以生态和经济变迁为中心转向着重社会和文化分析；从重视自然科学知识转向运用种族、性别和阶级等分析工具。总之，环境史越来越接近社会文化史。"③ 这一范式转换，被美国著名环境史学家理查德·怀特称为"环境史的文化转向"。④ 而且，"环境史研究的文化转向，主要是指环境史与社会文化史的融合。它将自然作为一种文化建构加以探讨，

---

① 〔美〕唐纳德·休斯：《什么是环境史》，第 3 页。

② 王利华：《生态史的事实发掘和事实判断》，《历史研究》2013 年第 3 期。

③ 高国荣：《近二十年来美国环境史研究的文化转向》，《历史研究》2013 年第 2 期。

④ Richard White, "From Wilderness to Hybrid landscapes: The Cultural Turn in Environmental History," *The Historian*, Vol. 66, no. 3 (September 2004).

并强调种族、性别、阶级、族裔作为分析工具引入环境史研究，侧重探讨人类历史上不同人群的自然观念及其与自然的互动关系”。[①] 高国荣先生认为：“文化转向虽然削弱了环境史‘以自然为中心’的研究特色，但它在整体上仍然有利于环境史的发展，为环境史研究提供了文化分析的新范式。这种新范式与生态分析范式并非彼此对立，而是存在诸多共通之处：其一，它们都将人类和自然视为一个统一的整体，反对将两者进行二元区分；其二，它们都承认思想文化的作用，只是对影响的程度有不同的估计；其三，它们都致力于推动人类与自然的和谐相处，只是价值取向在人类中心主义和生态中心主义之间各有侧重，它们都反对极端的价值取向。作为环境史研究的两大范式，文化分析与生态分析侧重于环境史研究的不同层面。”[②]

当然，环境史的“文化转向”表明环境史研究内容自我拓展与深入，即“为环境史研究提供了文化分析的新范式”，这是不小的成就。然而，环境史“环境”的“自然环境”取向没有从根本上改变，也就没有真正实现自我突破，这也是事实。无疑，时间和空间是哲学社会科学研究的两个基本维度，历史研究（包括环境史）亦然。其中，就“空间”维度而言，历史本体总和包括自然与社会因素。我们要客观、全面而准确地认知历史，既要尽可能地占有所有历史时间信息符号，也要尽可能全面地占有所有历史地域信息符号。仅就“空间”而言，社会环境是历史真实的、主要的空间内容，还有自然环境。显然，历史研究中，二者缺一不可。换言之，没有“社会环境”的环境史研究，如同没有“自然环境”的环境史一样，是片面的、不完整的环境史。

三 “舶来”与自创：环境史名与实

近年来，史学界关于中国环境史学的发生问题有一些学术争议，即中国环境史学是“舶来”还是自创？本书认为，中国环境史之“实”，早已有之，属于自创；中国环境史之“名”，则取自西方，属于舶来。

（一）美国环境史：“名”为自创，“实”为舶来

美国环境史家唐纳德·休斯强调：“作为历史学的一个独特分支，环境史是在美国得以冠名并首先组织起来的……环境史作为一种自觉的历史

① 高国荣：《近二十年来美国环境史研究的文化转向》，《历史研究》2013 年第 2 期。

② 高国荣：《近二十年来美国环境史研究的文化转向》，《历史研究》2013 年第 2 期。

努力，于20世纪六七十年代首先在美国出现。这样的表述并不意味着否认环境史的许多主题在欧洲史学家的著作中已经出现。”[①] 笔者认为，此言欠妥。

环境史学在美国首先得以冠名，这是事实。然而，“环境史作为一种自觉的历史努力”，则肇端于20世纪早期的法国年鉴学派，这也是事实。早在1922年，年鉴学派创始人之一的吕西安·费弗尔（1878～1956）撰写了《大地与人类演进：历史学的地理引论》（*A Geographical Introduction to History*），作为一种学术自觉，费弗尔在该书中强调自然环境与人类社会的关联，实则引领史学的“环境史”研究。其后，马克·布洛赫（1886～1944）所著《朗格多克地区的农民》则以大量篇幅叙述当地自然环境，亦表现为明确的环境史旨趣。1949年，费尔南德·布罗代尔（1902～1985）出版了史学名著——《菲利普二世时代的地中海和地中海世界》，该书第一部分《环境的作用》则论述了“人同他周围环境的关系史。这是一种缓慢流逝、缓慢演变、经常出现反复和不断重新开始的周期性历史”。[②] 代著对地理空间、环境在地中海地区历史演变中的重要性予以认可及论证。其后，以杜拉里为代表的年鉴学派的第三代学者在环境史研究方面贡献颇多，如其所著《丰年，饥年》（1967）侧重于气候变化对人类历史影响的研究，而其所撰《疾病带来的全球一体化》（1973）及《危机与历史学家》（1976）等历史论文则对14世纪以降的瘟疫在欧洲和美洲横行及其引起的生态和人口危机的历史事实进行了重点研究。另则，年鉴学派在《年鉴》杂志1974年的《历史与环境》专刊中，深入探讨了涉及气候、瘟疫、地震、灌溉等方面的“环境史”。

笔者认为，正如马被命名为“马”之前的马也是“马”的道理一样，“环境史”冠名之前，年鉴学派有关环境史内容的历史研究当然属于“环境史”。就年鉴学派研究内容而言，如果称“年鉴学派”为“环境史学派”，亦不为过。如美国环境史学家约翰·麦克尼尔指出：“在非常有限的程度上，年鉴学派从事的是环境史研究。尽管在1974年以前，他们从未采用这一术语，他们也没有想到这些术语，然而他们的方法对环境史学家却

---

① 〔美〕唐纳德·休斯：《什么是环境史》，第36～37页。

② 〔法〕费尔南德·布罗代尔：《菲利普二世时代的地中海与地中海世界》，商务印书馆，1996，序言第8页。

是一个很大的鼓舞。”[①] 其实，唐纳德·休斯在其环境史研究名著——《什么是环境史》中已经明确予以论述：“在20世纪早期和中期，法国的一群史学家，与其他地方的同行们一起，在全球范围内细致探索人类社会与自然环境的相互影响。作为拓展史学视野努力的一部分，他们强调了地理环境的重要性；除了对历史学家和地理学家产生广泛的影响外，他们还提供了有助于环境史的推动力。他们被统称为年鉴学派。”[②]

（二）中国环境史：有实无名与名实俱备

中国的“环境史”是不是舶来品？其实关于这个问题的回答很简单：不是。20世纪30年代，我国历史与地理学者已就“环境史”相关问题展开研究，虽未冠以“环境史”之名，亦属“一种自觉的历史努力”。如徐中舒先生于1930年在《中研院史语所集刊》发表了《殷人服象之南迁》；同年，蒙文通在《史学杂志》发表了《中国古代北方气候考略》。另，陈高庸于1940年出版探讨气候变迁与历代社会动乱关系的著作——《中国历代天灾人祸表》。再如，20世纪60年代，丁骕在《民族学研究所集刊》发表论文——《华北地形与商周的历史》，杨予六在《史学通讯》发表《地理环境对历史之影响》，等等。这些研究无疑都属于“环境史”，都是环境史成果。

关于这一问题，我国学者已经予以充分论证。包茂宏先生称：“环境史作为一个分支学科或跨学科的研究领域是20世纪60年代在美国兴起的，大致上在90年代传入中国。在此之前，中国已有非常丰富的历史地理学研究成果，其中包括许多环境史的研究内容。”[③] 朱士光先生亦称：“尽管美国与欧洲、澳洲一些国家之环境史学在20世纪60年代即兴起，但其学科理论等问题尚在探索之中；而中国环境史学，究其实脱胎于历史地理学，因而作为中国历史地理学理论基础的‘人地关系’理念，自亦可作为中国环境史，特别是其中之生态环境史研究的基本理论之一。”[④] 王利华先生亦

---

① J. R. McNeill, “Observations on the Nature and Culture of Environmental History”, *History and Theory: Studies in the Philosophy of History*, Vol. 42, no. 4 (Dec 2003), p. 14.

② 〔美〕唐纳德·休斯：《什么是环境史》，第29页。

③ 包茂宏：《解释中国历史的新思维：环境史——评述伊懋可教授的新著〈象之退隐：中国环境史〉》，《中国历史地理论丛》2004年第3辑。

④ 朱士光：《遵循“人地关系”理念，深入开展生态环境史研究》，《历史研究》2010年第1期。

有高论："一般认为，环境史研究肇端于70年代的美国……20世纪90年代，西方环境史学开始被介绍到中国，促进了中国环境史研究的兴起，近年来逐渐形成异军突起之势。然而，中国环境史研究从思想方法、问题意识、目标指向等方面来说，均非完全舶来之物，而是拥有自身学术基础和社会条件的……在西方环境史学传入之前，中国历史地理学、农林史、考古学等领域的学者已展开了不少相关研究。"① 也就是说，在20世纪90年代西方"环境史"舶来之前，我国学者本着经世目的与学术自觉，对"环境史"相关问题进行了卓有成效的研究。是时，虽无"环境史"之名，却有环境史之实。②

既然我国"环境史"属于自创，在其研究方法及任务等方面都有自己的学术特点。在引进西方环境史概念及理论方法之后，中国环境史该怎么走？环境史家王利华先生看得较远，他明确提出："最近几年，一批从事外国史研究的中青年学者陆续介绍了不少西方环境史论著，增进了中国学术界对国外环境史学理论方法的了解，为构建中国环境史学提供了'它山之石'，今后仍需加强相关成果的译介工作。不过应特别指出的是，国外的理论源于其自身的学术文化传统和生态环境现实，未必尽皆适用于中国。我们应当鼓起勇气自行开展理论探索，一面向西方同行学习，一面从生态学等相关学科中直接借取，重要的是根据本国的实际和史学传统提出'中国的'环境历史经验。"③

诚然，要"提出'中国的'环境史学命题"，就国内学界而言，善于"向西方同行学习"很重要，加强学术自信而勇于创新更为重要。之所以这样说，一方面，环境史学是一个开放的、综合性的学科体系，且处于学科快速发展阶段，我们要学习和借鉴西方的环境史研究成果，博采诸家之长。另一方面，我国作为世界上唯一不曾发生文明中断的古老的文献大国，地域辽阔，民族与人口众多，历史内涵宏富，不同时空下的"环境"

① 王利华：《中国环境史的发展前景和当前任务》，《人民日报》2012年10月11日。

② 具体内容见梅雪芹《中国环境史学研究的过去、现在和未来》，《史学月刊》2009年第6期。又，高国荣先生撰文称，战后率先在美国兴起的环境史，与法国年鉴学派既有亲缘关系，又存在不少差异。年鉴学派对环境史学的"启示"在于，它重视自然地理等结构因素对历史发展的作用，它提出了总体史观和跨学科研究方法，它强调历史与现实之间的联系。（具体内容见高国荣《年鉴学派与环境史学》，《史学理论研究》2005年第3期。）笔者认为，年鉴学派这些"启示"，其本身就是环境史研究"实践"。

③ 王利华：《浅议中国环境史学建构》，《历史研究》2010年第1期。

各有不同。凡此，要求中国环境史研究者实事求是，积极开展理论与方法探索，进行有针对性的具体的研究，而不应以“欧美版”为畛域而自缚。唯其如此，才能写出真正的“中国的”环境史。

四 明代灾区社会研究与环境史视角

本书所谓“灾区社会”之“灾”，系指自然灾害，或称之为天灾。“灾区社会”是因天灾侵袭、破坏而成灾，至灾后恢复前存在着的一类非正常的社会状态。灾区社会因时空不同而其内涵及特征有别，实为“非灾区社会”之异化社会。从古到今，“灾区”未曾绝迹，“灾区社会”长期存在。可以说，一部人类社会史，也是一部灾害史，同时又是一部“灾区社会史”。有明一代，旱灾、涝灾、雹灾、震灾、蝗灾等自然灾害频繁而严重，明朝各地多半地区曾多次“沦为”灾区与“灾区社会”。“灾区社会”乃是伴随明王朝始终的一种客观的社会存在。其中，作为乡村制导社会——明代社会的密码、内核与本质都深藏于乡村社会之中，本书所研究的“灾区社会”主要是“沦为”灾区的乡村社会。

（一）明代灾区社会研究现状

一般认为，明代“灾区社会”研究应当划入社会史范畴，也可纳入灾害史研究领域。而就研究现状而言，明代“灾区社会”研究成果多附丽于明代灾荒史研究之中。有鉴于此，“明代灾区社会研究综述”当以明代荒政研究成果为主线而加以检视，唯其如此，才能有所归纳与收获。

现代学术意义上的明代灾区社会研究始于20世纪20年代。1922年，日本学者清水泰次发表《预备仓与济农仓》[①] 一文，此为现存最早论及明代灾区与灾民救助制度的学术论文。其后，郎擎霄《中国荒政史》、邓拓《中国救荒史》、冯柳堂《中国历代民食政策史》等相继出版，于是形成30年代国内灾荒史研究的小高潮。[②] 然而，上述成果仅就明代灾区社会相

---

① 〔日〕清水泰次：《预备仓与济农仓》，《东亚经济研究》1922年第6卷第4号。

② 郎擎霄：《中国荒政史》，商务印书馆，1934；邓拓（邓云特）：《中国救荒史》，商务印书馆，1937；冯柳堂：《中国历代民食政策史》，商务印书馆，1937。梁方仲：《明代的预备仓》，天津《益世报》1937年3月21日，《史学》第50期；王龙章：《中国历代灾况与赈济政策》，重庆独立出版社，1942。

关问题及明朝荒政有所论及，可谓对“灾区社会”浅尝辄止，未能深入而具体研究，遑论专论。

20 世纪 50 ~ 70 年代，政治形势使然，大陆灾害史研究近于“荒废”，明代灾荒史研究成果尤为少见，未有明代“灾区社会”专门研究成果。此间，中国台湾学者张焕卿撰《明代灾荒及其救济研究》[①] 一文乃是此时难得的佳作，该文就明代灾荒情况、救济举措及效果论述较多，亦不乏新意。相对中国大陆相关研究成果“稀缺”的事实，这一时期，海外研究堪称活跃，成果很多。如邓海伦（Helen Dunstan）关于明代瘟疫问题的研究，日本历史学者星斌夫、森正夫等就明代备荒仓储建设、灾区社会及民生问题研究，多有创见。[②] 尤其是星斌夫，堪称此间代表人物，他对明代救荒仓储制度及其运行状况等问题做了系统而细致分析，并就其社会影响及救灾效果多有论及，其学术意义不可小觑。

20 世纪 80 年代以来，中国大陆思想解放，改革开放，学术研究乘势而起，日趋活跃，历史学也随之进入繁荣时期。其中，以“灾区社会”为主要对象的学术研究队伍不断壮大，成果颇丰。其中，理论成果主要有王子平著《地震社会学初探》、马宗晋等主编《灾害与社会》、王子平著《灾害社会学》等。[③] 又，明代灾荒原因及荒政效果研究也取得不凡的成绩。[④] 然而，必须指出的是，这些研究或专注于现代灾区社会理论构建，

---

① 张焕卿：《明代灾荒及其救济研究》，台湾政治大学政治研究所硕士学位论文，1966。

② 邓海伦：《晚明时疫初探》（英文版），《清史问题》1975 年第 3 期；〔日〕星斌夫：《关于预备仓的复兴》，《文化》1953 年第 17 卷第 9 号；〔日〕星斌夫：《关于明代的济农仓》，《江上波夫教授古稀纪念论集历史篇》，山川出版社，1977；〔日〕星斌夫：《明代的预备仓与社会》，《东洋史研究》1959 年第 18 卷第 2 号；〔日〕星斌夫：《明代赈济四仓的相互关系》，《东洋大学文学部纪要》1978 年第 38 号；〔日〕森正夫：《16 ~ 18 世纪的荒政和地主佃户关系》，《东洋史学研究》1969 年第 27 卷第 4 号。

③ 王子平等：《地震社会学初探》，地震出版社，1989；马宗晋等：《灾害与社会》，地震出版社，1990；王子平：《灾害社会学》，湖南人民出版社，1998。

④ 如颜杏真《明代灾荒救济政策之研究》（一）（二）（三），《华学月刊》1983 年第 142、143 期，1984 年 147 期；蒋武雄《明代灾荒与救济政策之研究》，中国文化大学史学研究所博士学位论文，1986 年 6 月；将武雄《论明代灾荒时之祈神与修省》，《中国历史学会史学集刊》1988 年第 20 期；邱希成《明代黄河水患探析》，《南开学报》1981 年第 4 期；刘如仲《从〈饥民图说〉看河南水灾》，《史学月刊》1982 年第 4 期；董恺忱《明代救荒植物著述考析》，《中国农史》1983 年第 1 期；张国雄《明代江汉平原水旱灾害的变化与垸田经济的关系》，《中国农史》1987 年第 4 期；陈高傭《中国历代天灾人祸表》，上海书店，1986；洪书云《明洪武年间的蠲免与赈恤》，《郑州大学学报》1987 年第 3 期；阎新建《明后期江南地主救荒思想探源》，《华东师大学报》1988 年第 2 期；等等。

或从灾荒状况与荒政层面论述明代灾荒问题，虽然也包含或涉及一些明代“灾区社会”知识，而这些“零碎”的知识无法充分解读明代灾区社会内涵，亦无从解构明代灾区社会。20 世纪 90 年代以来，一些历史学者自觉或不自觉地从环境史视角检讨明代灾荒问题及灾区社会之史实①，学术意义不凡。然而，明代“灾区社会”仍未成为独立研究课题而予以专门研究。

（二）明代灾区社会研究的环境史视角

环境史视角，即从人与环境关系视域解读历史。但是，这种“解读”很难建构起数学分析模型，唯有条分缕析而予以相对准确地表述出来。诚如美国著名理论家詹姆斯·奥康纳所言：“环境历史学家总是试图去理解一个特定的地方或区域的环境是怎样和为什么会发展成现在这个样子的（或是去研究它在过去是什么样子的）。他们从相互作用，而不是孤立的角度研究了人类活动的变化与自然系统的转型之间的关系。自然界的历史与人类的发展史被视为一个整体过程的两个方面：他们相互影响，在某种意义上甚至是相互决定的。所以，即使不说是在所有场合，但至少可以说是在许多或大多数场合，要想在自然界的历史与人类历史之间划出一条简单的因果之线是根本不可能的，因为，他们是相辅相成的。在这两者之间存在着一种

---

① 陈关龙、高帆：《明代农业自然灾害之透视》，《中国农史》1991 年第 4 期；梅莉、晏昌贵：《关于明代传染病的初步考察》，《湖北大学学报》1996 年第 5 期；曹树基：《鼠疫流行与华北社会变迁（1580～1644）》，《历史研究》1997 年第 1 期；孔潮丽：《1588～1589 年瘟疫流行与徽州社会》，《安徽史学》2002 年第 4 期；卞利：《明代中期淮河流域的自然灾害与社会矛盾》，《安徽大学学报》1998 年第 3 期；罗丽馨：《明代灾荒时期之民生——以长江中下游为中心》，《史学集刊》2000 年第 1 期；晁中辰：《明末大饥荒实因人祸考》，《山东大学学报》2001 年第 5 期；赵玉田：《明代北方灾荒的社会控制》，《东北师大学报》2002 年第 5 期；孙百亮：《明代陕北地区的自然灾害及其对社会经济的影响》，《雁北师院学报》2003 年第 4 期；张继莹：《平粜、给米与施粥——明季荒政的个案研究》，《明代研究通讯》2003 年第 6 期；李庆奎：《明代备荒政策变化与基层社会变迁》，《天中学刊》2006 年第 6 期；牛建强：《明万历二十年河南的自然灾伤与政府救济》，《史学月刊》2006 年第 1 期；赵昭：《论明代的民间赈济活动》，《中州学刊》2007 年第 2 期；牛建强：《明代人口流动与社会变迁》，河南大学出版社，1997；张崇旺：《明清时期江淮地区的自然灾害与社会经济》，福建人民出版社，2006；曹树基：《田祖有神：明清以来的自然灾害及其社会应对机制》，上海交通大学出版社，2007；陈业新：《明至民国时期皖北地区灾害环境与社会应对研究》，上海人民出版社，2008；王建革：《传统社会末期华北的生态与社会》，三联书店，2009；冯贤亮：《明清江南地区的环境变动与社会控制》，上海人民出版社，2002；〔美〕马立博：《虎、米、丝、泥：帝制晚期华南的环境与经济》，江苏人民出版社，2011；等等。由于涉及文献较多，在此恕不一一列出。

‘内在联系’，它们互为前提，并且又都是对方内涵的有机组成部分。”[①] 不过，人类与环境原本就是一个复杂的、动态的、不可分割的整体。若仅以作为“类”的人与作为“组织”的社会为唯一“演员”来分析历史现象、推演历史发展逻辑及归纳历史演变模式，显然忽略了人类历史根基一直处在生态系统运行方式中的事实。环境不是历史旁观者，而是参与者。

事实上，在明代“灾区社会”历史演绎中，环境参与其中。需要明确的是，本书所界定之环境，系指自然环境与社会环境，包括山川、沙漠、海岸、土壤、河流、湖泊、植被、动物、气温、湿度、降水量、节气、地震、水灾、旱灾、泥石流及滑坡、瘟疫、农业、城镇、水利、交通、人口、手工业、教育、学风、信仰、民俗、民风，等等。显然，没有环境内涵的灾区社会，不是完整的灾区社会；失去环境要素的灾区社会研究，只是“片面”的灾区社会研究。本书所界定之民生，即百姓生计，百姓维持生活的办法与手段。灾区社会是灾区环境与灾民生计处于特殊关系状态下的非正常的一类社会存在。

（三）研究方法与主要目标

本研究以马克思主义关于地理条件与人类社会关系的辩证思想及唯物辩证法为根本理论与指导思想，遵循联系的观点与整体史观，主要运用环境史理论与方法，借助环境学、社会学、政治学、经济学等相关理论，采用个案分析与综合研究相结合的研究理路，对明代灾区社会相关问题与现象予以具体研究。

明代“灾区社会”是近年来学界时或论及、尚有待加强研究之历史课题。本研究所确立之研究目标有四：其一，明前期区域“灾区化”现象分析；其二，明中后期灾区“三荒现象”研究，“三荒现象”是环境与民生在明代灾区社会演绎的具体而独特的“自然—社会现象”，历史内涵丰富，本研究将其缕析并予以论述；其三，明中后期“灾害型社会”形成机制及其与明朝覆亡关系；其四，明代士大夫关于灾荒与“灾害型社会”问题的解决方案及救时实践。本研究主要从环境、民生及灾区社会互动关系视角，就有明一代具有典型意义的区域“灾区化”现

---

① 〔美〕詹姆斯·奥康纳：《自然的理由——生态学马克思主义研究》，唐正东、臧佩洪译，南京大学出版社，2003，第41页。

象、“三荒现象”及“灾害型社会”等表现及其生成机制、灾区与灾民经济社会活动方式与主要特征等问题予以重点研究，归纳其一般性知识，探寻其规律性认识。在此基础上，从理论上认识灾区社会与明代社会变迁及明朝覆亡关系。

（四）重点、难点与主要研究思路

明代历史也是一部“灾区社会史”。从明代历史发展阶段性特征着眼，明代灾区社会史可分为三个阶段[①]，即明前期（1368～1464）为区域社会“灾区化”时期；明中期（1465～1582）为地域性“三荒社会”生成并向灾害型社会过渡时期；明后期（1583～1644）为明代“灾害型社会”形成时期。

本研究重点有四：其一，探究环境、民生与灾区社会三者在明代具有典型意义的不同区域所演绎的具体而独特的关系及其特征，建构三者多维的、复杂的“关系”分析模式。其二，探究明代灾区社会变迁的环境机制，并就其环境机制形成过程及“作为”方式予以解析。其三，探究明代灾区社会非经济性变迁（自然化）典型状态——“灾区化”“灾害型社会”及“三荒现象”生成过程、区域性特征及其表现。其四，明代“灾区社会”在明代社会变迁中的作用与角色。

从环境、民生与灾区社会三者互动关系视角解读明代“灾区社会”现象继而检讨明代社会变迁问题是本研究主要研究思路。概要说来，本研究首先通过“研究综述”论述环境史理论与方法对于明代“灾区社会”研究的重要性及意义。其次，归纳明代灾区社会的基本状况及灾区分布时空特点。同时，就明代“灾区化”现象与“三荒现象”及“灾害型社会”等历史现象予以分析。以上述研究为前提，探究明代灾区社会与明代社会变迁关系。

---

① 关于明前期与明中后期分法，由于所持观念体系不同，学界有所争论。明清史专家赵轶峰先生认为：“历史的内容本身是连续着发生的，以因果的互动方式、以偶然的和突然的方式或者以重复的方式。而历史分期的本质是人们为了使自己的知识得到一种更简单的从而更有说服力的表述而把连续的历史内容依照从某种特定的角度选择的事实和一定的观念体系分为段落。所以历史分期作为一种知识形式本身具有反历史的性质。由于这种性质，历史分期的评价难以用‘正确（correct）’与否来衡量，而应该用‘可取’（valid）与否来衡量，即依据一个分期体系所能够有助于历史叙述和解释的程度来衡量。这样的结果，可以避免分期的严格排它性。”（赵轶峰：《历史分期的概念与历史编纂学的实践》，《史学集刊》2001 年 4 期）

第一章　明朝："灾区"的王朝

古代中国，天灾与饥荒频发，灾荒[①]一体。如历史学家邓拓所论："我国灾荒之多，世界罕有，就文献可考的记载来看，从公元前18世纪，直到公元20世纪的今天，将近四千年间，几乎无年无灾，也几乎无年不荒；西欧学者甚至称我国为'饥荒的国度'（The Land of Famine）。综计历代史籍中所有灾荒的记载，灾情的严重程度和次数的频繁是非常可惊的。"[②] 邓拓统计，秦汉至明清，各种灾害与饥歉多达5079次。其中，水灾1013次，旱灾1022次，地震686次，雹灾541次，风灾512次，蝗灾460次，疫灾254次，霜雪灾194次，饥歉397次。[③] 又据陈高傭研究，秦汉至明清共计9697次灾害。其中，水灾3459次，旱灾3504次。[④] 每次灾荒，都有灾区。灾荒与"灾区"都是历史的重要内容，它们频繁参与中国历史"创造"，历史内容多变。

第一节　明代灾区："前所未有的纪录"

灾荒有轻重之别，灾区有大小之分。灾区不是历史旁观者。可以说，古代中国，无"灾"不成史，灾荒与灾区都积极参与"创造"历史。[⑤] 当

---

① 历史学家邓拓称："一般地说，所谓'灾荒'乃是由于自然界的破坏力对人类生活的打击超过了人类的抵抗力而引起的损害；而在阶级社会里，灾荒基本上是由于人和人的社会关系的失调而引起的人对于自然条件控制的失败所招致的社会物质生活上的损害和破坏。"（邓拓：《中国救荒史》，北京出版社，1998，第5页。）本书"灾荒"概念，持邓拓之说。即"灾"系指天灾，如水灾、旱灾、风灾、雹灾、地震、蝗灾等；"荒"则指饥荒或饥歉；即包括各种自然灾害与饥馑。

② 邓拓：《中国救荒史》，北京出版社，1998，第7页。

③ 邓拓：《中国救荒史》，第56~57页。

④ 陈高傭：《中国历代天灾人祸年表》，上海国立暨南大学十卷线装本，1939。

⑤ 如邹逸麟称："中国社会种种现象，或多或少留下灾害影响的痕迹，换言之，可以说灾害曾渗透中国人民的社会生活的每一个角落。"（邹逸麟：《"灾害与社会"研究刍议》，《复旦学报》2000年第6期）

然，王朝不同，灾区影响与破坏程度及其发生频度亦不同；古代中国，灾区具有明显的阶段性与地域性特征。明代是中国古代灾荒高发期，水灾、旱灾、冰雹、霜冻、雪灾、风灾、蝗灾、地震、瘟疫等灾害密集袭来。与之相随，水旱等各种灾区亦频繁出现。其中，水灾与旱灾最为严重，破坏性极大。进而言之，水灾灾区与旱灾灾区是明代最主要灾区。是时，大明版图之内，灾荒与灾区频繁“作为”。如黄河等河流时或决溢漫流，洪水滔天，平陆成川，禾稼淹没，死者相枕藉；如大江南北旱魃不时为虐，赤地千里，“河泉枯竭”“饿殍塞途”“父子或相食”；甚者一些灾区旱涝相继，旱蝗相仍，饥荒蔓延，瘟疫横行。所以，若从“灾区”视域视之，一部中国史，是一部灾区史；有明一代，亦可称之为“灾区”的王朝。迄今为止，学界关于明代灾区研究的成果不多，灾荒研究成果则堪称斐然。有灾荒就有灾区。兹结合学界关于明代灾荒研究成果，就明代灾区情况稍作概述。

一　灾区:“倒元”的重要力量

“灾区”作为一类社会现象，贯穿有“社会”以来的人类始终。古代中国，灾荒与灾区没有朝代界别。但是，不同王朝的灾荒与灾区，其具体情况各有不同，都具有不同的朝代特征。明代的灾区，似为元代灾区继续，演绎着同样的模式——生成，蔓延，最终消失，因灾来而成，因灾去而去。实际上，因为历朝救灾能力及实际情况有别，灾区生成“模式”及其“作用”多少有些不同。换言之，灾区的破坏力量与王朝的救灾能力成反比。仅就元明之际灾区“作用”而论，它是“倒元”的重要力量。而且，元末灾区问题累及明初民生。

元代灾荒频发①，灾区密布，而且越到后期越严重，灾民境遇极为悲惨。如元朝至大三年（1310），官员张养浩（1270～1329）所述:

---

① 关于元代灾荒次数，据邓拓统计：“元代一百余年间，受灾总共达五百十三次。其频度之多，实在惊人！计水灾九十二次；旱灾八十六次；雹灾六十九次；蝗灾六十一次；歉饥五十九次；地震五十六次；风灾四十二次；霜雪二十八次；疫灾二十次。”（邓拓：《中国救荒史》，第30页）又，赵经纬撰文称：“蒙元时期对农业生产构成最大威胁的水、旱、蝗、雹、震、霜（包括雪灾）诸灾，从太宗窝阔台十年（1238）到顺帝妥欢帖木儿至正二十八年（1368）的130年间，共发生1512次，平均每年发生11.6次。”（赵经纬：《元代的天灾状况及其影响》，《河北师院学报》1994年第3期）

"比见累年山东、河南诸郡蝗旱荐臻，沴疫暴作，郊关之外，十室九空。民之扶老携幼累累焉，鹄形菜色，就食他所者络绎道路，其他父子、兄弟、夫妇至相与鬻为食者，比比皆是。"① 元朝天历二年（1329），关中又逢大旱，饿殍遍野。时任陕西行台中丞的张养浩奉命办理赈灾事务，深入灾区，目睹灾区萧疏、饥民载道，流民哀号等悲惨情景，震撼之余，悲从中来，触景生情而写成如泣如诉之《哀流民操》："哀哉流民，为鬼非鬼，为人非人。哀哉流民，男子无缊袍，妇女无完裙。哀哉流民，剥树食其皮，掘草食其根。哀哉流民，昼行绝烟火，夜宿依星辰。哀哉流民，父不子厥子，子不亲厥亲。哀哉流民，言辞不忍听，号泣不忍闻。哀哉流民，朝不敢保夕，暮不敢保晨。哀哉流民，死者已满路，生者与鬼邻。哀哉流民，一女易斗粟，一儿钱数文。哀哉流民，夫妻不得将，割爱委路尘。哀哉流民，何时天雨粟，使汝俱生存。哀哉流民！"②

元代后期，政治越发黑暗腐朽，荒政废弛，灾荒肆虐，饥民动辄百余万。是时，元朝四境之内，实则变成一个"大灾区"，灾区成为"饥荒的世界"。如《元史》载：元统元年（1333），"大霖雨，京畿水平地丈余，饥民四十余万……黄河大溢，河南水灾，两淮旱，民大饥"。元统二年（1334），"杭州、镇江、嘉兴、常州、松江、江阴水旱疾疫，敕有司发义仓粮，赈饥民五十七万二千户"。是年，"江浙大饥，以户计者五十九万五百六十四"。③ 又如，至正十二年（1352），"大名路开、滑、浚三州，元城十一县，水旱虫蝗，饥民七十一万六千九百八十口"。至正十四年（1345），"江西、湖广大饥，民疫疠者甚众"。④ 而且，灾区"人相食"惨剧多发。如至正三年（1343），"卫辉、冀宁、忻州大饥，人相食。四年，霸州大饥，人相食……五年春，东平路须城、东阿、阳谷三县及徐州大饥，人相食……九年春，胶州大饥，人相食……十四年春，浙东台州，江东饶，闽海福州、邵武、汀州，江西龙兴、建昌、吉安、临江，广西静江等郡皆大饥，人相食……彰德、山东亦如之。十九年正月至五月，京师大饥，银一锭得米仅八斗，死者

---

① （元）张养浩：《归田类稿》卷2《时政书》，《文津阁四库全书》，商务印书馆，2005，第398册，第443页。

② 张养浩：《归田类稿》卷12《哀流民操》，《文津阁四库全书》，商务印书馆，2005，第398册，第399页。

③ 《元史》，中华书局，1976，第817、820页。

④ 《元史》，第900、914页。

无算。通州民刘五杀其子而食之。保定路莩死盈道，军士掠孱弱以为食。济南及益都之高苑、莒之蒙阴、河南之孟津、新安、渑池等县皆大饥，人相食”。[①] 灾荒问题不断累积，灾民因饥饿而烧杀劫掠——由零星小规模抢粮“劫掠”之举而激生大规模起义，“人祸”肆虐，社会严重失范。如时人称：红巾军起，“寇掠汴、汝、淮、泗之间，死者成积，中原丘墟。汝宁盗韩山童男陷汴梁，僭称帝，改韩为姓，国号宋，改元龙凤，分兵攻掠。其下有刘太保者，每陷一城，以人为粮食。人既尽，复陷一处。故其所过，赤地千里，大抵山东、河北、山西、两淮悉为残破”。[②] 又，元末陶宗仪记载：“天下兵甲方殷，而淮右之军嗜食人，以小儿为上，妇女次之，男子又次之。或使坐两缸间，外逼以火，或于铁架上生炙，或缚其手足，先用沸汤浇泼，却以竹帚刷去苦皮，或盛夹袋中，入巨锅活煮，或刲作事件而淹之。或男子则断其双腿，妇女则特剜其两乳，酷毒万状，不可具言。”[③]

无疑，灾荒加重元末民众苦难，灾区成为“元朝覆亡”的策源地。若从环境史角度视之，元代众多“灾民”由“饥民”而“暴民”，由夺粮而夺权，这种灾民“身份”与行为目的的转换也是一种“灾区”表现形式，不断严重的“灾荒”与日趋扩大的“灾区”参与了元明改朝换代“革命”的“行为”。元代后期的一个个具体灾区不只是“灾区”小环境，而是一个灾区加上另一个灾区以及无数个灾区而形成的社会大环境。而且，灾区之间互为因果而恶性互动，成为“倒元”重要力量。当然，这种“力量”决非“天灾”自身所决定，而是加上政治腐败、荒政废弛及民生贫困等诸多“合力”使然。如《新元史》作者柯劭忞所论：“元中叶以后，课税所入视世祖时增二十余倍。即包银之赋，亦增至十余倍。其取于民者，可谓悉矣。而国用日患其不足，盖縻于佛事与诸王贵戚之赐赉无岁无之，而滥恩幸赏溢出于岁例之外者为尤甚……夫承乎无事之日而出入之悬绝如此，若饥馑荐臻，盗贼猝发，何以应之？是故元之亡，亡于饥馑盗贼，盖民穷财尽、公私困竭，未有不危且乱者也。”[④] 又如，明太祖朱元璋（1328～1398）称：“当元之季，君宴安于上，臣跋扈于下；国用不经，征敛日促；水旱灾荒，频年不绝；天怒人怨，盗贼蜂起，群雄角逐，窃据州郡。朕不

---

① 《元史》，第1110页。
② （明）叶子奇：《草木子》，中华书局，1959，第51页。
③ （元）陶宗仪：《南村辍耕录》，中华书局，1959，第113页。
④ 柯劭忞：《新元史》卷68《食货志一》，中国书店，1988，第337页。

得已起兵，欲图自全，及兵力日盛，乃东征西讨，削除渠魁，开拓疆宇。当是时，天下已非元氏有矣。"[①]

二　明代灾区："前所未有的纪录"

有明一代，在灾荒史与环境史视域里，同样演绎了"局部灾荒酝酿→局部灾荒爆发→局部地区成灾→全国性灾荒酝酿→全国性灾荒爆发→王朝覆亡"的历史。从这点而言，明代灾荒与灾区，不过是元代历史的重演。不过，相对而言，明代灾荒与灾区更加严重，可以说都是空前的。

（一）明代灾区次数统计

历史学家邓拓统计：明代"灾害之多，竟达一千零十一次，这是前所未有的纪录。计当时灾害最多的是水灾，共一百九十六次；次为旱灾，共一百七十四次；又次为地震，共一百五十六次；再次为雹灾，共一百十二次；更次为风灾，共九十七次；复次为蝗灾，共九十四次。此外歉饥有九十三次；疫灾有六十四次；霜雪之灾有十六次。当时各种灾害的发生，同时交织，表现为极复杂的状态"。[②] 而据陈高傭统计，明代灾荒共计 1224 次。其中，水灾 496 次，旱灾 434 次，其他灾害计 294 次。[③] 鞠明库则据《明实录》《明史》《古今图书集成》等资料相关记录统计得出，明代共发生自然灾害 5416 次。[④] 无疑，每一次灾荒都有一定面积的受灾区域——灾区，据邓拓统计明代灾荒次数，可以推算，明代至少先后出现有 1011 个灾区；据陈高傭统计明代灾荒次数，明代至少先后出现 1224 个灾区；据鞠明库统计明代灾荒次数，明代至少先后出现 5416 个灾区。有些灾区跨州连省，面积广大；有些灾区持续多年，甚者各种灾区相继叠加一起。如公元

---

① 《明太祖实录》卷 53，洪武三年六月丁丑条，第 1046 页（本文所引《明实录》均系台北中研院历史语言研究所校勘本，1962）。

② 邓拓：《中国救荒史》，北京出版社，1998，第 33～34 页。

③ 陈高傭：《中国历代天灾人祸年表》，上海国立暨南大学十卷线装本，1939。

④ 鞠明库：《灾害与明代政治》，中国社会科学出版社，2011，第 65 页。此外，鞠明库认为："明代共发生自然灾害 5614 次，即使扣除统计中存在的重复部分，其绝对数字也是非常大的，远远超过以往学者统计的数字，称'旷古未有之纪录'实不为过。在主要的自然灾害中，水灾是第一大灾害，达到惊人的 1875 次，年均 6.77 次。地震总数为 1491 次，年均 5.38 次。旱灾总数为 946 次，年均 3.42 次。雹灾总数为 446 次，年均 1.61 次。蝗灾总数为 323 次，年均 1.17 次。疫灾总数为 170 次，年均 0.61 次。风沙灾害总数为 272 次，年均 0.99 次。霜雪灾害总数为 90 次，年均 0.32 次。"（鞠明库：《灾害与明代政治》，第 65 页）

1000～1099年，我国发生旱灾8次，水灾97次；1100～1199年，旱灾23次，77次；1200～1299年，旱灾9次，水灾59次；1300～1399年，旱灾31次，250次；1400～1469年，旱灾39次，水灾323次。[①] 又如湖北历史上洪灾频率，东汉为8.43年，魏晋南北朝为8.71年，唐朝为7.96年，北宋为5.68年，南宋为4.20年，元朝为1.93年，明朝为1.63年；干旱频率，东汉为11.50年，魏晋南北朝为19.50年，唐朝为11.95年，北宋为7.57年，南宋为3.26年，元朝为2.78年，明朝为1.78年。[②] 陕西省，水灾平均间隔，隋唐五代为4.41年，宋辽金元为8.5年，明代为2.46年；旱灾平均间隔，隋唐五代为2.51年，宋辽金元为2.72年，明朝为1.70年。[③] 广东旱涝灾害频率，宋代为22.8年，元代为5.9年，明代为1.3年；广西旱涝灾害频率，宋代为16.8年，元代为3.3年，明代为2.0年。[④] 显然，较之以往，明代灾害频率明显增快，灾害次数增多。由灾荒而灾区，较之以往，明朝灾区地域广，灾区生成频率加快，灾区种类多，灾区次数剧增，灾区人口数量巨大，灾区民生极为悲惨。正如邓拓所论，明代"灾害之多"，属于"前所未有的纪录"。本书认为，明代灾区之多，也是"前所未有的纪录"。

（二）明代灾区特征

（1）有明一代，灾区连续性、普遍性及积累性[⑤]特征较明显，灾害破

---

① 宋正海等：《中国古代自然灾异动态分析》，安徽教育出版社，2002，第119、175页。

② 刘成武、黄利民、吴斌祥：《湖北省历史时期洪、旱灾害统计特征分析》，《自然灾害学报》2004年第3期。

③ 袁林：《陕西历史水涝灾害发生规律研究》，《中国历史地理论丛》2002年第1辑。

④ 黄镇国、张伟强：《历史时期中国热带的气候波动与自然灾害》，《自然灾害学报》2004年第2期。

⑤ 论及中国古代灾荒趋势与特征，邓拓将其归纳为三点，即："一、普遍性——所谓普遍性，是就时间和空间两方面来说的。我国历代灾荒，不但在空间上日益趋于普遍化，而且在时间上也愈见普遍。空间上普遍化的结果，形成了无处无灾、无处不荒的现象；时间上普遍化的结果，形成了无年无灾、无年不荒的现象……二、连续性——灾荒的连续性，在我国表现得非常突出。各种灾害，本来有着相互的关联，如大旱之后，常有蝗灾，水旱灾害之后，常有疫疠等都是。如果防治疏忽，那末，各种灾害的连续发生，势必难于避免，其为害也就势必更加惨重。我国历代各种灾害，连续不断，甚至有同时并发的情形……三、积累性——灾荒积累性的表现，几乎是我国所特有的。由于我国灾荒的周期极短，一年一度的巨灾，已成为二千年间的常例。但每次巨灾之后，从没有补救的良术，不仅治病的弱点没有消除，而且因为每一度巨创之后，元气愈伤，防灾的设备愈废，以致灾荒的周期循环愈速，规模也更加扩大。这种事实，就是我国灾荒发展的积累性的具体表现。"（邓拓：《中国救荒史》，北京出版社，1998，第51～61页）

坏性影响加大，灾民反复为灾民，"灾区"反复为"灾区"，某些地区"灾区化"明显。

明前期，灾荒问题不时激化。成化（1465～1487）以来，灾荒问题更加严重（见表1－1），频繁灾荒打击之下，乡村经济非常脆弱。如成化初，一些州县灾区"饥荒尤甚，村落人家有四五日不举烟火、闭门困卧待尽者；有食树皮草根及困饥疫病死者；有寡妻只夫卖儿卖女者"。[①] 仅成化七年（1471），明廷"赈济顺天府大兴等四县饥民二十一万九千八百余口，赈济真定府所属州县十五万八千二百七十口，赈济河间府所属州县三十九万八千七百一十口"。[②] 可见当时饥民人数之多，饥荒问题之严重。随着民生贫困化及乡村社会脆弱性加剧，灾荒破坏性增强，加之疫病流行[③]及社会失范效应[④]，至成化中后期，一些灾区饿殍剧增。如成化二十年（1476），大臣叶淇亦奏："山西连年灾伤，平阳一府逃移者五万八千七百余户，内安邑、猗氏两县饿死男妇六千七百余口，蒲解等州、临晋等县饿莩盈途，不可数计。父弃其子，夫卖其妻，甚至有全家聚哭投河而死者，弃其子女于井而逃者。"[⑤] 是时，一些徘徊于饥饿与死亡边缘的灾民，其社会属性让位于动物属性，作为"动物人"，活着是第一需要。为了苟活，竟然以人为食。凡此，灾区及灾民都笼罩在道德底线崩溃、人人自危的惶恐不安之中。如成化二十年七月，巡抚陕西右副御史郑时等奏："陕西连年亢旱，至今益甚，饿莩塞途，或气尚未绝以为人所割食，见者涕流，闻者心痛，日复一日。"[⑥]"人相食"本身及其影响对于传统伦理道德的冲击具有颠覆性，造成民众心理创伤是长期而巨大的，对于灾民心理恢复及灾区社会道德重建的负效应不可估量。论及灾年"人相食"悲剧"病理"，

---

① 《明宪宗实录》卷86，成化六年十二月庚戌条，第1659页。

② 《明宪宗实录》卷93，成化七年七月戊子条，第1788页。

③ 明代华北地区的疫病特别频繁而严重。如"成化十八年（1482），山西连年荒歉，疫病流行，死亡无数。弘治十七年（1504），荥河、闻喜瘟疫流行"（张剑光：《三千年疫情》，江西高校出版社，1998，第317～318页）。

④ 社会失范是指这样一种社会生活状态：一个社会既有的行为模式与价值观念被普遍怀疑、否定或被严重破坏，逐渐失却对社会成员的约束力，而新的行为模式与价值观念又未形成或者尚未为众人接受，从而使社会因缺少必要社会规范约束而混乱动荡。（具体内容参见郑杭生、李强等《社会运行导论——有中国特色的社会学基本理论的一种探索》，中国人民大学出版社，1993，第447～448页）

⑤ 《明宪宗实录》卷256，成化二十年九月丁未条，第4334页。

⑥ 《明宪宗实录》卷254，成化二十年七月庚寅条，第4289页。

有学者做了概括，即“在遭受灾害之后，个别人失去了正常生活信念和行为规范，发生了理性、理念、心理的回归，即向原始的、本能的、生物的本性的回归，无视社会规范和行为准则，将自身活动降低到仅仅求得生命延续即生物学意义上的生存层次上”。①

表1-1　明代（1368~1644）特大自然灾害发生年代

灾害年份 灾害种类	明前期（1368~1464）	明中期（1465~1582）	明后期（1583~1644）
特大旱灾		1471 1472 1473 1477 1481 1483 1484 1485 1486 1487 1488 1492 1495 1503 1505 1508 1509 1512 15161518 1519 1522 1523 1524 1525 1526 1527 1528 1529 1531 1532 1533 1534 1538 1544 1545 1549 1552 1553 1554 1558 1560 1561 15681572 1581 1582	1585 1586 1587 1588 1589 1590 1594 1595 1597 1598 1600 1601 1602 1608 1609 1610 1615 1616 1617 1618 1619 1627 1629 1630 1632 1633 1634 1635 16361638 1639 1640 1641 1642 1643 1644
特大雨涝		1470 1472 1473 1476 1478 1482 1485 1492 1501 1502 1508 1509 1511 1531 1533 1534 1536 1537 1539 1543 1548 1553 1554 1557 1560 1562 1569 1571	1583 1590 1591 1593 1602 1603 1604 1607 1612 1613 1623 1624 1625 1628 1631 1639
特大黄河决溢	1448 1461	1489 1498 1500 1505 1508 1509 1510 1519 1530 1538 1540 1558 1565 1570 1575	1590 1597 1616 1619 1621 1632 1642
长江中下游特大洪水		1510 1518 1561	1608
特大淮河决溢			1593
特大风暴潮	1378 1389 1390 1416 1421 1458 1459 1461	1472 1507 1539 1568 1574 1575 1481 1582	1591 1603 1628

① 王子平：《灾害社会学》，湖南人民出版社，1998，第261~262页。

续表

灾害年份 灾害种类	明前期 （1368～1464）	明中期（1465～1582）	明后期（1583～1644）
特大冰雹	1440	1485 1491 1495 1497 1506 1509 1517 1526 1557 1570 1576	1587 1618 1635 1639
特大蝗灾	1373 1374 1434		1616 1639 1640 1641
特大疫灾	1408 1410		1586 1587 1643

资料来源：宋正海等：《中国古代自然灾异动态分析》，安徽教育出版社，2002，第146～157页；第197～200页；第271～274页；第290～291页；第310页；第327～329页；第233～234页；第379～380页；第435页。

（2）有明一代，灾区呈现明显的地域扩张特征，甚至跨州连省，由点而面，蔓延不止。明初以降，各级政府敛财有术，救荒无心，漠视民瘼，不以灾民安危及生死为意。因此，明代灾区，往往由灾而荒，因灾荒而瘟疫，往往饥馑与瘟疫并发，饥饿的灾民或为饿殍鬼魅，或不得已而背井离乡，卖儿卖女，许多灾区亦化为萧索凄凉之地，多沦为"悲惨世界"，数以百万生灵殒命于灾荒之中（具体内容见表1－2、表1－3）。

表1－2　明代（1368～1644）死亡千人以上灾害统计

单位：人

灾型	旱灾	涝灾	风雹	冻害	潮灾	山崩	地震	总计
灾次	148	124	12	20	51	4	11	370
死亡人数	4165.094	709.157	18	47	453.151	4	878.1	6274.502
年平均	15.036	2.560	0.065	0.170	1.636	0.014	3.170	22.652
百分比	66.4	11.3	0.3	0.7	7.2	0.1	14.0	100

资料来源：高建国：《自然灾害基本参数研究（一）》，《灾害学》1994年第4期。

表1－3　明代死亡万人以上气候灾害统计

单位：人

时间		受灾地区	灾型	死亡人数
年	月　　日			
1472	七月十七日	浙江海盐、江苏苏州、上海	飓风	28460
1482	八月	河南沁阳等	涝	11800

续表

时间		受灾地区	灾型	死亡人数
年	月　日			
1483	六月	福建罗源	飓风	10000
1485	–	广西苍梧	涝	30000 *
1507	–	浙江绍兴	飓风	10000
1509	–	上海金山	涝、饥	30000 *
1510	九月	安徽太平等	涝	23000
1512	–	浙江绍兴	飓风	10000 *
1517	–	江苏东台	涝	10000
1522	七月二十四、五日	江苏靖江、太仓	飓风	30000
1530	冬至翌年	浙江绍兴等	疫	30000
1540	–	江苏阜宁、南通、扬州、上海	飓风	29000
1540	六月	上海松江	涝	30000 *
1540	七月	江苏如皋、南通	飓风	10000
1542	六月	河南柘城	涝	10000 *
1545	–	福建沙县	疫	10000
1549	七月	甘肃庆阳	涝	10000
1561	–	湖北江陵	疫	10000
1568	七月二十九日	浙江临海、天台	飓风	30000
1569	闰六月	江苏靖江	飓风	10000
1574	–	江苏南通	飓风	10000
1575	五月三十日	上海川沙、浙江定海、嘉兴	飓风	30000 *
1581	七月十四日	江苏常熟	飓风	10000
1582	七月十三、四日	江苏太仓、苏州、上海	飓风	20000
1585	九月	广东琼山	涝	10000
1589	七月	上海松江	飓风	10000
1591	六月	江苏苏州、吴县	涝	30000 *
1591	七月十八日	上海川沙、南汇	飓风	20000

续表

时间		受灾地区	灾型	死亡人数
年	月　　日			
1596	–	广东徐闻、遂溪	旱、饥	10000
1603	–	福建泉州	飓风	10000
1608	–	上海金山	涝、饥	30000 *
1609	五月二十六日	福建将乐、建宁	涝	100000
1612	–	江苏苏州	涝	20000
1616	–	江苏徐州、山东	旱、饥	1000000
1618	八月	广东海阳、潮阳、揭阳、澄海	飓风	12500
1625	六月	江苏徐州	涝	30000 *
1628	七月二十三日	浙江海宁、杭州、萧山、嘉兴	飓风	80000
1640	正月至六月	甘肃兰州	旱	30000 *
1640	–	河南省	旱、饥	10000
1640	–	山东肥城	旱	10000
1641	五月	江苏南京	疫	30000 *
1641	夏	安徽巢县	疫	10000
1641	五月六日	湖南沅陵、溆浦、江陵	涝	10000

资料来源：陈玉琼、高建国：《中国历史上死亡一万人以上的重大气候灾害的时间特征》，《大自然探索》1984年第4期。凡加 * 者为估计数。饥灾与疫灾虽不属直接的气候灾害，但与气候变化密切相关，故也收入本目录。

综上，不难看出，大明帝国终其276年之国号，灾荒无时无之，无处无之；"灾区"亦无处无之，无时无之。各类灾区密布，甚至叠加在一起，形成"复式"灾区；"灾区"犹如一个幽灵，肆意游走于大明帝国各地。各个灾区，或"合纵"，或"连横"，演绎极为复杂的"灾区史"。换言之，偌大一个明王朝的统治区域，也是一个灾荒此起彼伏的大灾区。如果从环境史角度检视，明王朝不仅可以称之为"灾荒王朝"，亦可称之为"灾区"的王朝。进而言之，明代灾区以无数看似偶然的事件与现象展示着它的必然性，以貌似不可避免的必然性衍生着诸多偶然因素。于是，明代历史附和其他因素一并徘徊在必然与偶然之间，明代"灾区"则在明代历史上扮演着必然而多重的角色。

第二节　明人笔下“灾区”景象

有明一代，农民是灾荒最主要、最直接的受害者，也是灾民主体，他们对灾荒感受应该是最为深刻、最为真切的。然而，农民几乎是“灾荒史”失语者。除少量由灾民与流民集体创作的灾荒谣谚外，士大夫事实上独占了灾民形象及灾区民生状态的话语权。由于个体的情感倾向与道德价值尺度及认识水平不同，士大夫关于灾荒现象的认识有别，故而所记录灾荒内容“情节”各异。本节仅摘取其中一些士大夫关于明代灾荒的记录文字[①]，部分“复原”明代作为“失语者”的灾民的生活情况及灾区景象。

一　农民形象与灾民形象

有明一代，灾民主体是农民，灾区主要在乡村，灾区社会基本是沦为灾区的乡村社会。因此，在明人笔下，灾民形象多为受灾农民形象，灾区主要是指成为灾区的乡村聚落。若以正统时期为界，将明代分为两段，明代农民形象与灾民形象则可以两分。就农民形象而言，即由明初基本“足食者”向明中后期“饥饿者”与“灾民”转化；就灾民形象而言，即由明初偶尔饥饿的“劳动者”形象向明中后期经常性饥饿的“逃荒者”形象转化。

（一）“足食者”与“劳动者”

明初，地广人稀，政府劝民垦荒，农民多勤于农事，农民生计基本有所保障，只是遭遇水旱灾害时，生计会陷入暂时性困窘。由于明初政府救灾济贫较为积极，多能挨过灾荒。如明太祖称：“四民之业，莫劳于农。观其终岁勤劳，少得休息。时和岁丰，数口之家犹可足食；不幸水旱，年谷不登，则举家饥困。”[②] 如正德《松江府志》称：“农家最勤，习以为

---

① 中国古代士大夫描写灾区民生及“灾民形象”的文字形式与主要内容，也是研究历史上不同时期的士大夫文化心理状态及道德价值观念倾向的主要“材料”，这种研究视角也会让我们有所“管窥”，值得我们下功夫。但由于这种“管窥”不是本书重点研究的问题，恕不多做探讨。

② 《明太祖实录》卷250，洪武三十年三月壬辰条，第3618页。

常，至有终岁之劳无一朝之余，苟免公私之扰，则自以为幸，无怨尤者。前辈士大夫起自田里者，亦亲身为之。妇女馌饷外，耘获车灌，率与男子共事，故视他郡虽劳苦倍之，而男女皆能自立。"① 是时，安土重迁、尽心农事成为当时农民的一种幸福和追求。如宣德五年（1430）初，明宣宗与一位老农的对话，诠释"治世"的农民心理：

> 上（明宣宗）罢朝，御左顺门，召少师蹇义、少傅杨士奇、太子少傅杨荣等曰："朕昨谒陵还，道昌平东郊，见耕夫在田，召而问之，知人事之艰难，吏治之得失，因录其语成篇，今以示卿，卿亦当体念不忘也。其文曰：'庚戌春暮，谒二陵归，道昌平之东郊，见道旁耕者，俛而耕，不仰以视，不辍以休。召而问焉，曰：'何若是之勤哉?'跽曰：'勤，我职也。'曰：'亦有时而逸乎?'曰：'农之于田，春则耕，夏则耘，秋而熟则获，三者皆用勤也。有一弗勤，农弗成功，而寒馁及之，奈何敢怠?'曰：'冬其遂逸乎?'曰：'冬，然后执力役于县官，亦我之职，不敢怠也。'曰：'民有四焉，若是终岁之劳也，曷不易尔业为士、为工、为贾，庶几乎少逸哉?'曰：'我祖父皆业农，以及于我，我不能易也。且我之里，无业士与工者，故我不能知。然有业贾者矣，亦莫或不勤。率常走负贩，不出二三百里，远或一月，近十日而返，其获利厚者十二三，薄者十一。亦有尽丧其利者，则阖室失意戚戚。而计其终岁家居之日，十不一二焉。我事农，苟无水旱之虞，而能勤焉，岁入厚者，可以给二岁温饱；薄者，一岁可不忧。且旦暮不失父母、妻子之聚，我是以不愿易业也。'"②

（二）"饥饿者"与"逃荒者"

明中后期，土地兼并加剧，赋役繁重，灾荒频发，失地农民增多，农民境遇更加艰难，丰年尚能吃糠咽菜，勉强度日。一遇灾年，不为流民，则为饿殍。是时，"饥饿"成为农民摆脱不了的处境，"饥饿者"成为农民普遍的形象，"逃荒者"成为灾民的"代名词"。如成化年间的文人朱诚泳

---

① 正德《松江府志》卷4《风俗》，天一阁明代方志选刊续编，第203页。

② 《明宣宗实录》卷64，宣德五年三月庚戌条，第1502～1504页。

收集一首《农民谣》，描述当时关中农民生活处境："我昨过农家，农民于我陈。嗟嗟天地间，而唯农苦辛。春耕土埋足，夏耘汗霑巾。秋成能几何？仅得比比邻。老农惟二子，输边亲苦均。大儿援灵夏，惟命逐车轮。小儿戍甘泉，身首犯边尘。老妇卖薪去，老农空一身。荒村绝鸡犬，田壁罄仓囷。公家不我恤，里胥动生嗔。鞭笞且不免，敢冀周吾贫。我农老垂死，甘为地下人。尚祈孙子辈，犹为平世民。"① 至明后期，灾荒连年，赋役繁重，农民生活极为困苦，灾区相继，农民形象基本等同于灾民形象，即便京畿之地亦如此。如时人称："人民逃窜，而人口消耗，里分减并，而粮差愈难。卒致辇毂之下生理寡遂，闾阎之间贫苦刻骨。道路嗟怨，邑里萧条。"②

二　灾荒景象与灾区景象

关于明代"灾荒"景象与"灾区"景象，多为士大夫或各级政府记述的"景象"，透过这些被记述的"文字"，我们还是能够从中"追寻"灾荒情况的。

（一）前后类似，南北略同

明人笔下"灾区"景象的文字记录，有着基本相同的信息选择"标准"，即以灾区民生状态为主要内容；灾区民生状态，则以灾区粮食供给状况为基准。对于灾区社会状况的记录较少，或一笔带过，或稍作描述而已。

关于明代"灾荒"景象与"灾区"景象，正统前后，其"悲惨"景象大致相同；有明一代，南北灾区景象记录内容亦大致相同。如被后世誉为"洪永盛世"的永乐时期亦如此，如永乐十九年（1421），大臣邹缉称："今山东、河南、山西、陕西诸处人民饥荒，水旱相仍，至剥树皮、掘草根、簸稗子以为食。而官无储蓄，不能赈济。老幼流移，颠踣道路，卖妻鬻子，以求苟活，民穷财匮如此，而犹徭役不休，征敛不息。"③ 明中后期，灾民形象尤为悲惨。如成化时期，大臣丘濬（1421～1495）在其所著《大学衍义补》中描写："凶荒之时，吾民嗷嗷然以待哺，睊睊然以相视。

---

① 朱诚泳：《小鸣稿》卷1《农民谣》，《四库全书》第1260册，第174～175页。

② 陈子龙等辑《明经世文编》，中华书局，1962，第792页。

③ 陈子龙等辑《明经世文编》，中华书局，1962，第164页。

艺业者，技无所用。营运者，货无所售。典质，则富户无钱；举贷，则上户无力。鱼虾螺蚌，采取已竭，木皮草根，剥掘又尽。面无人色，形如鬼魅，扶老携幼，宛转以号呼。力疾曳衰，枵腹以呻吟，气息奄奄，朝不保暮。"[①] 如万历中后期，即便天子脚下，灾区民生亦很凄惨。如万历二十九年五月，大臣冯琦（1558～1603）如是陈述京畿附近灾情："臣等伏见自去年六月不雨，至于今日，三辅嗷嗷，民不聊生，草茅既尽，剥及树皮，夜窃成群，兼以昼劫，道殣相望，村突无烟。据巡抚汪应蛟揭称，坐而待赈者十八万人。过此以往，夏麦已枯，秋种未布，旧谷渐没，新谷无收，使百姓坐而待死，更何忍言？使百姓不肯坐而待死，又何忍言？……数年以来，灾儆荐至，秦晋先被之，民食土矣！河洛继之，民食雁粪矣！齐鲁继之，吴越荆楚又继之，三辅又继之。老弱填委沟壑，壮者展转就食，东西顾而不知所往。"[②] 又如明人屠隆（1543～1605）于《荒政考》中描述的灾区民生情形："夫岁胡以灾也？非五事不修？时有阙政？皇天示谴，降此大眚；则或小民淫侈，祟慝积衅，酝酿沴气，仰干天和。雨旸恒若，水旱为灾，岁以不登，四境萧条，百室枵馁，子妇行乞，老稚哀号，甚而拾橡子、采凫茈以为食，掩螺蚌、捕鼠雀以充粮，甚而断草根、剥树皮、析骸易子人互相食，积骨若陵，漂尸填河。"[③]

明代江南为富庶之地，相对说来，北方为经济落后地区。另则，南北气候与植被不同，地理环境各异。这些客观条件，都是影响灾荒程度及灾区状态的要素。如明中期重臣丘濬所言："人生莫不恋土，非甚不得已，不肯舍而之他也。苟有可以延性命，度朝夕，孰肯捐家业，弃坟墓，扶老携幼，而为流浪之人哉。人而至此，无聊也甚矣……今天下大势，南北异域。江以南，地多山泽，所生之物，无间冬夏，且多通舟楫，纵有荒歉，山泽所生，可食者众，而商贾通舟，贩易为易；其大江以北，若两淮，若山东，若河南，亦可通运。惟山西、陕右之地，皆是平原。古时运道，今皆湮塞。虽有河山，地气高寒，物生不多。一遇荒岁，所资者草叶木皮而已，所以其民尤易为流徙。"[④] 这种地域性差别虽然存在，但是，灾荒打击

---

① （明）丘濬：《大学衍义补》，京华出版社，1999，第157页。

② 陈子龙等辑《明经世文编》，中华书局，1962，第4817～4818页。

③ （清）俞森：《荒政丛书》卷3《屠隆荒政考》，《四库全书》，上海古籍出版社影印本，1987，第663册，第46页。

④ 丘濬：《大学衍义补》，第161页。

之下，灾区民生主要差别不是来自地域性，而是来自政府救灾能力。政府救助不力，即便号称富庶之乡的江南，灾区悲惨程度毫不“逊色”于北方地区。

（二）明人视域“灾区”景象

下文选取的是明人有关“灾荒”与“灾区”形象的几段描述性文字。明朝皇帝亦有写诗文记录灾荒者，为我们描绘几幅帝王视域里的灾区景象。其中，明宣宗就是一位代表。如宣德五年六月，“永平卫、兴州左屯卫及直隶河间府静海县各奏蝗蝻生。尚书郭敦言：‘比已遣官往捕。’上曰：‘遣官之际亦须戒饬，颇闻往年朝廷遣人督捕蝗者贪酷害人，不减于蝗，卿等须知此弊。’是日晚，出御制《捕蝗诗》示敦等曰：‘蝗之为患，此诗备矣。卿遣人往捕，当如救焚拯溺，不可缓也。’”①诗曰：

> 蝗螽虽微物，为患良不细。其生寔蕃滋，殄灭端匪易。方秋禾黍成，几几各生遂。所忻岁将登，奄忽蝗已至。害苗及根节，而况叶与穗。伤哉陇亩植，民命之所系。一旦尽于斯，何以卒年岁。上帝仁下民，讵非人所致。修省弗敢忽，民患可坐视。去螟古有诗，捕蝗亦有使。除患与养患，昔人论已备。拯民于水火，勗哉勿玩愒。②

又，宣德八年（1433）六月，明宣宗“以天久不雨，祷祠未应，忧之”。于是作《闵旱》之诗，并以之示群臣。诗曰：

> 亢阳久不雨，忧夏景将终。禾稼纷欲槁，望霓切三农。祠神既无益，老壮忧忡忡。饘粥将不继，何以至岁穷？予为兆民主，所忧与民同。仰首瞻紫微，吁天摅精衷。天德在发育，岂忍民瘝痌！施霖贵及早，其必昭感通。翘跂望有渰，冀以苏疲癃。③

---

① 《明宣宗实录》卷67，宣德五年六月己卯条，第1577～1578页。

② 《明宣宗实录》卷67，宣德五年六月己卯条，第1578页。

③ 《明宣宗实录》卷103，宣德八年六月乙酉条，第2295～2296页。

除了明宣宗，明太祖、明成祖、明世宗等多位明朝皇帝也都或多或少写过有感于灾荒与灾区民生的"忧民"诗作。作为帝王视域里的"灾荒"与"灾区"景象或形象，与官员及普通百姓及灾民所知所感有所不同，自然别有意蕴。诗文多从灾荒影响写来，表达"人主"为子民生计的"忧切"。至于其诗或工或拙，其情或真或伪，其意或深或浅，自当别论。

明代灾区民生问题越到后来越严重，灾民生计越来越悲惨。明人留下大量关于明中后期灾区民生状态的"带血带泪"的文字。下文，分别摘取几则明代士大夫"独撰"的较为典型的"灾区"与"灾荒"形象的文字。

"景泰中，吴民大饥"。时人昆山龚钝菴诗云：

> 一经水旱便流离，风景萧条思惨悽。到处唤春空有鸟，连村报晓寂无鸡。颓垣弃井荒芜宅，苦调哀音冻饿妻。更有社共同寂寞，年来不复享豚蹄。锅无粒粟灶无薪，只有松楸可济贫。半卖半烧俱伐尽，可怜流毒到亡人。[1]

天顺元年（1457）五月"丙子，巡按直隶监察御史史兰奏：'顺天等府，蓟州、遵化等县军民自景泰七年冬至今年春夏，瘟疫大作。一户或死八九口，或死六七口，或一家同日死三四口，或全家倒卧，无人扶持，传染不止，病者极多。'"[2] 又，天顺元年（1457）五月，小官吏张昭[3]奏疏：

> 今山东、直隶等处连年灾伤，人民缺食，穷乏至极，艰窘莫甚。园林桑枣、坟茔树砖砍掘无存，易食已绝，无可度日，不免逃窜。携男抱女，衣不遮身，披草荐蒲席，匍匐而行，流移他乡，乞食街巷。欲卖子女，率皆缺食，谁为之买？父母、妻子不能相顾，哀号分离，转死沟壑，饿殍道路，欲便埋弃又被他人割食，以此一家父子自相食。皆言往昔曾遭饥饿，未有如今日也，诚可为痛哭矣！[4]

---

① 嘉靖《昆山县志》（苏州府）卷 13，天一阁藏明代方志选刊。
② 《明英宗实录》卷 278，天顺元年五月丙子，第 5951 页。
③ 张昭当时职务为"忠义前卫司吏"。
④ 《明英宗实录》卷 278，天顺元年五月丁丑条，第 5953 页。

成化（1465～1487）以来，明代政治更加黑暗与腐败，传统社会危机加剧，荒政基本废弛，灾民遭遇最为悲惨，关于这一时期灾区与灾民景象描写的文字颇多。下面主要摘取成化与万历时期（1573～1620）时人关于灾荒与灾区“实况”的文字，从中透视明中后期灾区民生状况。

如成化二十年（1484），大臣徐溥（1428～1499）在《题为救荒事》疏中，也对政府禳灾与灾区民生情况有所描述：

> 成化二十年九月初八日，节该奏：钦依着臣前往山西地方致祭西海等神，为民祈福。臣仰惟皇上之心，视民惟恐有伤，保民真如赤子之盛心也。斯世斯民，何其幸欤！臣奉命惟谨，于本月十九日起程，二十八日到于山西布政司，行仰本司委官督属，将银两钞贯转行该府州县，照依时价，两平收买品物备祭。随择本年十月初十等日，如仪沐浴斋戒，躬率各该衙门官员人等，陆续致祭中镇霍山之神、西海之神、河渎之神。祭毕，仍行本布政司，将给领收买过银钞、品物数目径自奏缴外。臣自入山西太原府及抵蒲州，尽其境界，看得山西地方旱灾于前，霜灾于后。太原一府、汾州一州并所属州县，今年秋成约有三四分熟，此处人民今冬可过，来春乏食。平阳府迤北并潞、辽、沁三州所属州县今年秋成约有二三分熟，此处人民冬初可过，冬深乏食。至如平阳府迤南所属蒲、解等州，临晋等县及泽州所属沁水等县，秋成全无，即目人民已是采野菜、剥树皮度日，扶老携幼遍于原野，而流逋颠连塞于道路，已嗷嗷待哺矣。今冬加以寒冻所迫，不知何以存活？况闻山西地方连年薄收，仓库多空，官司虽欲赈济而莫知措手。又兼边事方殷，馈饷惟急，人民愈觉惊惶，诚恐流移日众，啸聚山林，意外之虞又不能保其必无也。洪惟皇上一德动天，百神感格，化灾为祥，行有日矣。但此等民情皆臣目击耳闻，不敢隐默。缘奉钦依救荒祭祀事理，为此具本亲斋，谨具题知。[1]

成化二十一年（1485），右副都御史何乔新（1407～1502）赴山西、陕西赈灾，一路所见，灾区连绵，饿殍遍地。如他在《答余司徒》信中具

---

① （明）徐溥：《谦斋文录》，上海古籍出版社，1991，第525页。

体描述灾区悲惨景象：

> 三月中，仆在蒲州，忽报阁下仍以节钺出总军务，盖朝廷以北虏为忧，故暂辍庙堂之象，以为边陲之重耳。方欲遣使问候起居，忽承华翰诲谕，且以不及与仆始终赈饥之事为歉。仁哉，大君子之用心也。阁下垂念及此，仆敢不尽言以献于左右乎？山西之民凋敝极矣，或父食其子，而子亦杀父而食之；或夫食其妻，而妻亦杀夫而食之。至于叔侄相食，姻娅相屠，又其小者耳。人类至此，有识寒心。盖自去岁春夏不雨，而麦菽无收；八月降霜，而黍糜尽槁，非惟平阳、泽州二处而已，潞、沁、汾、辽与太原之岢岚、保德二州与岚临河曲四县灾伤莫不皆然。有司已尝具奏，该部移文覆实，而分守分巡者，以边储方急，虑为己累，但将平阳所属十五州县、泽州并所属四县勘作全灾，其余州县或作七分有收，或作五分有收，俱派边粮，督责严急，人情不堪，军民所以逃亡，或去为盗贼者以此也。幸蒙阁下在朝翊赞皇猷，将平阳所属三十五州县并泽州所属四县税粮悉皆蠲免，已征者亦留赈济，而潞沁汾辽等处，以勘作半收之故，不沾恩典，此乃分巡分守者误国病民之罪也。仆至此以来，加意赈恤，流逋复业者十才一二，近闻贵部委官催征去岁所派边粮，百姓忧惶，咸欲逃窜。愚窃以为山西之民如久病之人，瘠已甚矣。饲之以粥，尤恐其不活，又从而夺其食，其有不死者耶。①

嘉靖时期（1522～1566），明代进入灾荒高发期。是时，大江南北，天灾与饥荒此起彼伏，连续不断。如嘉靖二年（1523）前后，江南闹水灾。是灾，灾区面积大，灾情非常惨烈，淹没农田，摧毁房屋及道路，淹死无数灾民，灾区卖儿卖女卖妻者比比皆是。如大学士杨廷和（1459～1529）如此描述灾区"地狱"般景象：

> 淮扬、邳诸州府，见今水旱非常，高低远近一望皆水，军民房屋、田土概被渰没，百里之内寂无爨烟，死徙流亡难以数计，所在白骨成堆，幼男稚女称斤而卖，十余岁者止可数十，母子相视，痛哭投水而死。官已议为赈贷，而钱粮无从措置，日夜忧惶，不知所出。自今抵麦

① 陈子龙等辑《明经世文编》，中华书局，1962，第571页。

熟时尚数月，各处饥民岂能垂首枵腹、坐以待毙？势必起为盗贼。近传凤阳、泗州、洪泽饥民啸聚者不下二千余人，劫掠过客商舡，无敢谁何。①

由于朝廷救灾不力，嘉靖二年前后的江南灾荒不断发酵，灾区蔓延，灾区民生持续恶化，灾区社会动荡不安，灾区不断扩大，贩卖人口，盗贼横行，杀人越货。如嘉靖四年（1525），吏部尚书费宏（1468～1535）对当年南方灾区的一些悲惨情形之描述：

窃见今年以来，四方无不告灾，而淮、扬、庐、凤等府，滁、徐、和等州其灾尤甚。臣等询访南来官吏，备说前项地方自六月至八月数十日之间，淫雨连绵，河流泛涨，自扬州北至沙河，数千里之地，无处非水，茫如湖海。沿河居民悉皆淹没，房屋椽柱漂流满河。丁壮者攀附树木，偶全性命；老弱者奔走不及，大半溺死。即今水尚未退，人多依山而居，田地悉在水中，二麦无从布种，或卖鬻儿女，易米数斗，偷活一时；或抛弃家乡，就食四境，终为饿字，流离困苦之状所不忍闻。臣等窃惟各府州处南北之冲，为要害之地。圣祖之创造帝业，实以此为根本，江南之输运钱粮，实以此为喉襟。况自古奸雄启衅召乱多从此地，若不急议赈恤，深恐冬尽春初，米价愈贵，民食愈难，地方之变殊不可测。盖小民迫于饥寒，岂肯甘就死地，其势必至弃耰锄而操梃刃，卖牛犊而买刀剑，攘夺谷粟，流劫乡村。虽冒刑宪，有所不恤。啸聚既多，遂为大盗，攻剽不已。且有逆谋，于是欲招之则法废而人玩，或未必从。欲剿之则兵连而祸结，或未必胜。贻害不小，善后实难。②

万历时期（1573～1620），特别是万历中后期，明朝政治黑暗腐败至极。官员以贪污纳贿为能事，以党争为事业，倾轧不已，视民瘼为儿戏。如明朝官员陈应芳（1537～1601）记载："万历拾柒年尝大水矣，势更凶于两岁者。偶有当路从上河来，父老群聚而控之，反逢其怒。曰：'吾亲闻两岸栽秧歌声不绝于耳，若曹何自言水灾也。是诳我！为首者磅（杖）

① 《明世宗实录》卷34，嘉靖二年十二月庚戌条，第868～869页。

② 费宏：《两淮水灾乞赈济疏》，陈子龙等辑《明经世文编》，中华书局，1962，第856页。

笞三十。’及如皋尹奉檄来勘，而尹故善谀当路风旨，州又适同知署事，时届端阳，方驾龙舟戏水上为乐。属视如皋不为礼，尹怒而去，报如前。当路言：是岁也，水尽滔天，兴则改折，泰则全征。漕舟抵河下，至鬻妻儿以供，而民不堪命矣。”① 大部分官员贪污是内行，救荒理政是外行，甚至遇灾匿灾、贪污赈银赈粮，灾区民生悲惨至极。如一生经历嘉靖、隆庆、万历三朝，曾在陕西、山西、山东及朝廷为官二十余年而熟稔民情的明代著名政治家、思想家吕坤（1536～1618），对万历九年、十年西北的连续旱灾与饥荒情形做了较为详细的记录：

> 想那万历九年、十年，连年天旱，说起那个光景，人人流泪。平凉、固原城外掘万人大坑三五十处，处处都满。有一富家女子，父母都饿死了，头插草标，上街自卖，被一个外来男子调戏一言，却又羞惭，两头撞死。有一大家少妇，见她丈夫饥饿将死，将浑身衣服卖尽，只留遮身小衣，又将头发剪了，沿街叫卖，通没人买。其夫饿死，官差人拉在万人坑中，这少妇叫唤一声，投入坑里。时当六月，满坑臭烂，韩王念他节义，将妆花纱衣一套要救他出来。他说我夫身已饿死，我何忍在世间吃饱饭，昼夜哭，三日而死。同州朝邑一带拖男领女几万人，半是不贯辛苦妇人，又兼儿女连累，困饿无力，宿在一个庙中，哄得儿女睡着，五更里抛撇偷去，有醒了赶着啼哭的，都着带子捆在树上，也有将毒药药死了的，恸哭流泪。岂是狠心？也是没奈何如此。又有一男子，将他妻卖钱一百文，离别时，夫妻回头相看，恸哭难分，一齐投在河中淹死。万历十四年，邯郸路上有一妇人，带三个小儿女，路上带累，走步难前，其夫劝妻舍弃孩儿，妇人恸哭不忍。其夫赌气儿先走了数十里，又心上不忍，回来一看，这妇人与三个孩儿吊死在树。其夫恸哭几声，也自吊死。又有一男子，同一无目老母与一妇人，抱个十数月孩儿同行。老母饥饿不堪，这男子先到前村乞食供母，这妇人口中还吃着沙土，仰卧而死。老母叫呼不应，摸着儿妇，知是死了，也就吊死道旁。这男子回来，见他母亲吊死，又见那孩儿看看将死，还斜靠着死娘身上吮奶，也就撞头身死。西安府城外有大村，千余家居住，一时都要逃走，那知府慌忙亲来劝

① 陈应芳：《敬止集》卷1《论勘灾异同》，影印文渊阁《四库全书》第577册，第12页。

留，说道："我就放赈济。"这百姓满街跪下诉说："多费爷爷好心，念我饥寒。就是每家与了三二斗谷子，能吃几日，怎么捱到熟头？趁我走的动时，还闸挣到那丰收地面，且救性命。"大家叩头，哭声动天。那知府也恸哭，放他散了。走到北直、河南，处处都是饥荒，那大家少妇那受的这饥饿奔走，都穿着纱段衣服死在路上。当此之时，慈母顾不了娇儿，孝子救不得亲父，眼睁睁饿死沟中路上。狗吃狼食，没人收尸。[①]

又如，万历四十三年至四十四年（1615～1616），山东一带闹灾荒，民情凄怆，悲惨异常。明臣毕自严（1569～1638）在其所撰《灾祲窾议》中，较为翔实地记录了这次大灾荒的民生状况，读之令人唏嘘不已：

天灾流行，何地蔑有？而齐鲁之凶荒，则非常一大劫数也。先是甲寅之秋，旱魃为虐，谷豆所入，业极微鲜。暨于乙卯之春，颇沾雨泽。民方播种谷苗，殚力胼胝，以期有秋，而入夏则大旱矣。蕴隆虫虫，数月不雨。入秋之后，谷苗尽槁，始降霡霂。民又高价购求黄黑绿豆荞麦等种，竭力布殖，冀资藿食，而无何则又旱矣。加以蝗蝻遍野，青草不留，农圃荡然，佣赁束手，民间之盖藏，尽费于耘耔，而田畴之收获，莫偿乎颗粒。环视六郡，比壤一辙，山谷险巇，舟楫难通，既移民移粟之维艰，实一死一生之可惧。延至今兹，余祸为殄，春来依旧亢旸，二麦又复无秋。询之父老，佥称数百年来无此灾荒，齐鲁之民未知所税驾也……东省自灾荒以来，粟价腾涌，斗粟千钱。齐民素鲜蓄积，比屋莫必其命，菜色载道，行乞靡怜。于是鬻衣袴啊，鬻釜爨，鬻器物门牌，尽室倾储，曾不足充数口之一饱。继而咽糠秕，咽树皮，咽草束、豆萁，犬豕弃余，咸足以供生灵之一餐。乃有散而之四方者，乃有立而俟其死者，亲族掉臂，埋掩无人。或僵而置之路隅，或委而掷之沟壑，鸱鸟啄之，狼犬饲之，而饥民亦且操刃执筐以随其后，携归烹饪，视为故常。已而死尸立尽，饥腹难持，则又不惮计啖生人以恣属厌，甚至有父子兄弟夫妇相吞啖者，狐兔之念

① 《吕坤全集》，中华书局，2008，第954～955页。

藐然，骨肉之情绝矣。其事发而寘于理者，若而人恬不知怪。有谓人肉咸而难食，食多困惫，必驯至于死者；有谓五脏脑髓，味甘脆，胜肢体，食之可得不死者。忠异比干，尽作剖心之客；虐非帝羿，或为御穷之具。伤哉！……东省自去秋以来，已有弃坟墓，远亲戚，去昆季而之异乡者。嗣因饔餐莫继，沦胥堪忧，谚云"添粮不敌减口"，又云"卖一口，救十口"，乃始鬻妇若女于赀财稍裕之家，为婢为妾。其价甚廉，往往一妇女之直，不足供壮夫数日之餐。然犹未离故土也。久而四方闻风，射利者众。浙直中州之豪咸来兴贩，东省青衿市猾，亦多结党转鬻，辇而致之四方，价直视昔稍赢。妇女一挥不返，骨肉抛弃，于兹极矣。此辈号为贩稍。又有短稍者出，要之中途，劫其妇女，不假资本，坐规重利。近闻淮徐夏镇地方，甚有误认流移家口以为贩稍之徒，剽夺淫污，远卖异境，无端割离，号天莫应者矣。乃又有鬻及童子者，马前追逐，若驱犬羊，力惫不前，鞭棰立毙。彼苍者天，胡使东民夭札荡析至此极也……齐鲁之民，自罹灾荒以来，糠秕已尽，树皮无存，百室之市，顿成丘虚，千家之村，杳绝烟火。以故饥民聚族而谋曰：等死耳，与其坐而待亡，不若揭竿而起，劫掠升斗，犹可以活旦夕之命。粤自客夏，业有以祈雨打旱魃为名，乘机而行攘寇者。此后萑苻肆起，强窃蔓延，愍不畏法，日甚一日，故益都有铁山之盗，安丘有崇山之盗，泰安有徂徕山之盗，动皆千百成群，啸聚为奸，致烦官兵剿捕，乃始捕灭。其它夜聚晓散，焚庐采囊者，至不可胜纪。①

明末，因为救灾粮食短缺，甚至采取"粥担"方式救济灾民。如时人称：崇祯年间，江南闹饥荒。流民"沿途求食，而坊曲之民，去丐无几，莫应其求，死者无数。初议设粥厂以济，而虑私储有限，饥民四集，散遣无方，将酿后忧，进退踌躇，有心无策。适见有担粥以施于市者，一再施而止，阁学钱公因仿行之，吾家遂踵行之。其法无定额，无定期，亦无定所。每晨用白米数斗煮粥，分挑至通衢若郊外，凡遇贫乏，令其列坐，人给一勺。约每担需米五六升，可给五六十人一餐，十担便延五六百人一日

① （明）毕自严：《灾祲窾议》，《中国荒政全书》（第一辑），北京古籍出版社，2003，第522～524页。

之命。或数日，或旬日，更有仁人继之，诸命又可暂延。”[1] 其实，翻阅明前期灾荒史料，灾民遭遇亦很悲惨。史籍中关于“民无粒食”“杂草芽木皮为食”“掘石屑食之”“发瘗胔以食”“人相食”“饿殍塞途”“死者枕藉”等灾民生存状态描写，不胜枚举。

又据明末清初叶梦珠撰《阅世编》载，崇祯后期，松江府一带闹蝗灾，继而饥荒，继而瘟疫，灾区景象极为悲惨：

> 崇祯十四年辛巳夏，亢旱，蜚蝗蔽天，焦禾杀稼。郡守方公岳贡，听讼赎锾，俱责令捕蝗瘗之，动以数百万石计，蝗终不能尽。是岁大饥。越明年春，壬午，有司各劝缙绅富室捐米煮粥，分地而给。饥民远近响应，提携襁负，络绎不绝。甚者不及到厂而毙于路，或饱粥方归而殒于途，道殣相望，婴儿遗弃，妇女流离，有望门投止，无或收惜而转死于沟壑者。是时，白米石价五两，斗麦稍差，糟糠秕秆，价亦骤贵，宾客过从，饷之一饭，便同盛筵，雇募工作，惟求一饱，不问年麦，世风为之一变。盖松民贸利，半仰给于织纺。其如山左荒乱，中州糜烂，尤甚吾乡，易子而食，析骸而炊，布商裹足不至，松民惟有立而待毙耳。加以军兴饷急，欠漕米一石，时须价银五两有奇。本邑无米，乞籴他境，莫不破家。值邑绅张讱叟先生入掌户部，疏请准麦折价，得允十分之二，每石折银一两五钱，较之米价，犹称易办。延至初夏，麦秋大稔，民庆更生，而疾疫大作，几于比户死亡相继。此予有生以来所见第一凶岁也。[2]

以上出自士大夫之手的有关灾荒与灾区景象文字，或描写，或议论；或悲怆，或怜悯；或出自士大夫对灾民真挚情感而催生，或源于政治利益考量而激发；或出于心灵深处内省而鼓与呼，或流于形式的上疏言事。凡此种种，也是一道值得探究的课题。通过上述摘取的几则文字，可以管窥明代灾区与灾民悲惨遭遇。其实，述及明代灾区民生，“悲惨”两个字焉能概括得了！

在《明实录》中，在记录明代“灾荒”内容的诸多方志及其他记载明

---

① 李文海、夏明方主编《中国荒政全书》第一辑《救荒策会》，北京古籍出版社，2003，第731页。

② （清）叶梦珠：《阅世编》，上海古籍出版社，1981，第14～15页。

代灾荒的典籍中，载有大量有关明代灾民"吃人"事件，灾民互食，或吃灾民尸体，或将灾民活活打死而食之；或生吞或熟食；或煮或烤。甚者，一些灾区还公然买卖"人肉"，肉身多为饿死或被杀死的灾民。历史上，灾荒之年吃人现象不独现于明朝，其他王朝亦有；不独现于古代中国，其他国家亦有。究其所以然，饥饿与死亡威胁造成人性泯灭，人的生存需要压服其他一切需要。其实，灾区灾民自杀现象特别普遍。对于灾民来说，死者死矣；劫后余生的灾民，亲朋走死逃亡，满目凄凉景象，又多贫病交加，政府往往有救济之名而无赈救之实，也是生不如死。研究表明，"灾害中对人的思想的伤害集中地表现在生存意志和生活信念上。由于生存条件严重损坏，使得生存几乎成为不可能，灾后幸存下来的人们在依然面临着死亡威胁而又无望无助的情况下，在一个短时间里，一部分人产生'没法活下去了'的思想。这已经不再是心理伤害，而是这些人对灾后生存条件和生存环境作了悲观、消极的观察总结之后，在心理上产生极度悲伤、悲观、忧愁失望情绪的基础上出现的理性认识，是一种带有总结性质的人生态度。这是一种对人的思想、观念、意志的伤害，它的直接结果是导致人的生存意志弱化乃至产生生存不下（去）的念头"。①

---

① 王子平：《灾害社会学》，湖南人民出版社，1998，第114页。

第二章　治世与江南“灾区化”

中国古代，“治世”[1] 时或有之。“治世”也是儒家标榜的一种政治、社会及经济生活状态，同时也是古代中国一类主要以“社会秩序”为指标的政治观与历史观。如“文景之治”“贞观之治”，等等。若以百姓基本温饱问题解决与否作为判定“治世”标准，许多“治世”实则不“治”。明前期“治世”就是不“治”之“世”。明前期80余年间，向有“治世”之名。史称：洪武时期（1368～1398），“太平三十余年，民安其业，吏称其职，海内殷富”。[2] 又，永乐时期（1403～1424），“宇内富庶，赋入盈羡，米粟自输京师数百万石外，府县仓廪蓄积甚丰，至红腐不可食。岁歉，有司往往先发粟振贷，然后以闻”。[3] 其后，洪熙（1425）、宣德（1426～1435）时期，社会稳定，天下太平。《明史》云：“洪、永、熙、宣之际，百姓充实，府藏衍溢。盖是时，劭农务垦辟，土无莱芜，人敦本业……上下交足，军民胥裕。”[4] 正统时期（1436～1449），“治世”余韵犹存。如《明史》称：“英宗承仁、宣之业，海内富庶，朝野清晏。大臣如三杨、胡濙、张辅，皆累朝勋旧，受遗辅政，纲纪未弛。”[5] 在后人想象里，“洪永之治”百姓灿烂笑脸与“仁宣之治”天下太平锣鼓，连同正统时期的“余庆”，一并构成一幅充满喜悦的“治世画卷”。但是，“想象”不等于现实。若从民生视角检视，明前期则是异样的“治世”——灾区反复沦为灾区，区域“灾区化”明显。本书所谓“灾区化”，系指天灾频发，

---

① 有学者指出：“所谓治世，指国家治理的一种理想状态，侧重于国家治理的水平，强调行帝王之道，主要特征是政治风气良好，社会秩序稳定，百姓对于国家政权充满信心。”（刘后滨：《从贞观之治看中国古代政治传统中的治世与盛世》，《北京联合大学学报》2003年第2期。）

② 《明太祖实录》卷275，洪武三十一年闰五月辛卯条，第3718～3720页。

③ （清）张廷玉等：《明史》，中华书局，1974，第1895页。

④ 《明史》，第1877页。

⑤ 《明史》，第160页。

政府救灾不力及民生贫困，造成某一地区在较长时期内一再沦为灾区，“灾区”出现频度（年/次）在1.5以下，并以发生饥荒为主要标志，“灾区”成为该区域持续存在的一种特殊社会现象，即常态化。本书“灾区化”概念也是对区域性灾区状态抽象概括，“灾区化”是古代中国具有普遍性的一种社会状态与现象。明前期“灾区化”现象堪称典型。兹谨以明前期江南与河南“灾区化”现象为例，就相关问题专门探究。

第一节　明前期江南“灾区化”

明前期江南，号称富庶之地，然而，其“灾区化”趋势非常明显。这种现象，此前为学界所忽略，多以“流民问题”及“灾荒现象”等概念蔽之，造成相关历史内容无法辨识与解读。现仅就明前期江南灾区化问题略加分析。

“江南”，一个典型的历史地理概念，其空间因时间不同而略有盈缩。[①]宋元以来，民物殷富的江南成为全国经济重心所在，为国家财赋重地与粮食主要生产基地。甚者，元朝京师粮食安全曾系于江南稻米供给。[②]明代“江南”，系指以苏州府、杭州府、松江府、常州府、嘉兴府、湖州府、镇江府等为核心的明代长江下游环太湖平原的经济发达区域——典型的“鱼米之乡”。有明一代，江南亦为“朝廷供给，岁用攸系”之地。[③]诚如明朝官员叶绅所言：“窃惟直隶之苏、松、常，浙江之杭、嘉、湖，约其土地，虽无一省之多，计其赋税，实当天下之半。况他郡所输，犹多杂赋，六郡所出，纯为粳稻。诚为国家之根本，生民之命脉，不可一日而不经理也。”[④]同时，

① 具体内容参见冯贤亮《明清江南地区的环境变动与社会控制》，上海人民出版社，2002，第2～9页；徐茂明《江南士绅与江南社会（1368－1911年）》，商务印书馆，2004，第1～13页；等等。

② 如元朝至正十九年，“京师大饥，民殍死者近百万，十一门外各掘万人坑掩之……太子召指空和尚，问民饥馑，何以疗之？指空曰：‘海运且至，何忧？’秋，福建运粮数十万至京师……由是，京师民始再活。当元统、至元间，国家成平时，一岁粮入至一千三百五十万八千六百六十四石，而江浙四分强，河南二分强，江西一分强，腹里一分强，湖广陕西辽阳一分强，通十分也。金入凡三百余锭，银入凡千余锭，钞本出一千余万锭，丝入凡一百余万斤，绵入凡七万余斤，布帛凡四十八万余疋，而江浙常居其半”（权衡：《庚申外史》卷下，苏州市图书馆藏明抄本）。

③ 《明英宗实录》卷5，宣德十年五月壬午条，第104页。

④ （明）徐光启：《农政全书》，岳麓书社，2002，第212～213页。

明代江南也是一个灾荒频发地区。这一特定历史地理空间内，人、自然环境及民生等诸多因素因朝廷“致治”战略而耦合变异，多维互动，一并演绎了明前期“治世”独特的“灾区化”现象。

明前期江南“灾区化”是一个被史学界忽略的重要历史现象，江南灾区与灾区民生关系则是解读“灾区化”现象的主要视角之一。要言之，明前期江南地区灾荒频繁。若从“灾区”视角视之，则是“灾区”频繁出现，此起彼伏，一些灾区短时期内还反复沦为灾区，呈现“灾区化”倾向。其中，洪武、永乐时期，为江南“灾区化”酝酿阶段；洪熙、宣德时期，为江南“灾区化”局部发生阶段；正统以来，江南“灾区化”进入形成阶段。“灾区化”改变了灾区民生状态，加剧灾区社会动荡与灾民苦难，甚至左右江南区域经济生活内容，在一定程度上还严重影响明中后期江南社会经济变迁。现仅就明前期江南“灾区化”现象的阶段性特征稍作论述。

一 “灾区化”酝酿阶段

洪武、永乐时期，受重赋政策及气候转冷等诸多因素影响，江南灾荒频度开始加快，天灾所及，许多灾民缺衣少食。是时，赈灾救荒成为明朝维系江南社会与民生基本稳定的经常性措施。由于当时政府救灾救荒还算积极，若非地方官有意匿灾，朝廷基本上做到有灾必救，加之国力充足，朝廷蠲免、赈济等救荒措施还能到位，“灾区”社会因此得以维持基本稳定，因灾荒而造成的流民问题并不普遍，也不严重，民生问题还不至于恶化。但是，“灾区”频现成为当时江南的一个摆脱不了的处境。如洪武时期苏州府灾荒情况堪称典型（见表2－1）。

表2－1 《明太祖实录》所载洪武时期苏州府各地沦为灾区情况

时间（洪武时期）	灾区分布情况	灾区类型	卷次
洪武元年闰七月	苏州府吴江州①水灾	水灾灾区	卷33
洪武五年七月	苏州府崇明县、通州海门县水灾	水灾灾区	卷75
洪武六年七月	苏州府属县民饥	饥荒灾区	卷83

① 明代吴江县，在苏州府东南，元及洪武元年为“吴江州”。据《明史·地理志》载：“元吴江州。洪武二年降为县。”（《明史》，中华书局，1974，第919页）

续表

时间（洪武时期）	灾区分布情况	灾区类型	卷次
洪武七年二月	苏州府奏属县民饥	饥荒灾区	卷87
洪武七年三月	苏州府嘉定县水灾，民饥	水灾与饥荒灾区	卷88
洪武七年五月	苏州府诸县民饥	饥荒灾区	卷89
洪武八年十二月	直隶苏州、湖州、嘉兴、松江、常州、太平、宁国、浙江杭州诸府水灾	水灾灾区	卷102
洪武九年十二月	直隶苏州等处水灾	水灾灾区	卷110
洪武十一年七月	苏州等府水灾	水灾灾区	卷119
洪武十五年八月	苏州府嘉定县民饥	饥荒灾区	卷147
洪武十七年闰十月	苏州府昆山县部分田地被水淹没，水灾	水灾灾区	卷167
洪武十九年三月	苏州府吴江县水灾	水灾灾区	卷177
洪武二十三年七月	苏州府崇明县大风雨三日，海潮泛溢，淹禾稼	水灾灾区	卷203
洪武二十五年二月	苏州府崇明县滨海之田为海潮淹没，水灾	水灾灾区	卷216

资料来源：均出自《明太祖实录》，笔者对其中部分无关内容之文字稍作删减。

据《明史》载：明代苏州府，所辖太仓州及吴县、长洲县、吴江县、昆山县、常熟县、嘉定县、青浦县七县。其于洪武二十六年（1393）人口有491514户，2355030口。[①] 据表2－1所录内容可知，洪武时期苏州府灾荒可谓多矣！水灾频发，饥民众多。其中，洪武元年至洪武二十五年（1392）间，《明太祖实录》载有14条灾荒记录，也就是说，该地发生灾荒不少于14次。就灾区出现频度（年/次）而言，洪武六年（1373）至九年（1376）为0.625；洪武九年至十一年为1.5；洪武十五年至洪武十九年为1.7；洪武二十三年（1390）至洪武二十五年为1.5。其中每次天灾之后，几乎都有饥荒发生。换言之，洪武时期，苏州一府多地多次沦为灾区，禾稼歉收或绝收。如洪武六年，苏州府属县民饥，以官粮赈贷59596户；洪武七年（1374），苏州府诸县民饥，遣官赈贷298699户。显见，两

① 《明史》卷40《地理一》，第918～920页。

次赈济饥民（含重复）约40万户次，约200万人次。[①] 除了苏州，江南其他地方亦如苏州府之“遭遇”，灾荒频发，小民生计维艰。如表2－1所载，洪武十年正月，朝廷赈济苏、松、嘉、湖等府居民旧岁被水患者，计45997户。洪武十年二月，朝廷赈济苏、松、嘉、湖等府民去岁被水灾者，凡131255户。洪武十一年五月，朝廷再次赈济苏、松、嘉、湖等府饥民62844户。[②] 也就是说，洪武时期，包括苏州府在内的江南等地，天灾频发，一些地区在一段时期内连年闹天灾，并在短时间内伴有饥荒发生。由于政府救助及时，饥荒“灾区”未能成为一种社会存在常态。

永乐时期，南方天灾仍然频发，江南是重灾区，水灾最为严重。如明成祖初登大宝，江南灾荒随之而来。以松江府为例：“成祖永乐元年癸未，上海饥。二年甲申六月，苏、松、嘉、湖四府饥。（二年）秋七月初二日，风雨大作，海溢，漂溺千余家，田为咸潮所浸，尽槁。三年乙酉夏六月，翔雨至十日，高原水数尺，洼下丈余。”[③] 何止松江府，是时江南天灾不断，灾区频现。为此，明成祖多次派要员治水江南，且积极救灾，蠲赈并行，甚至提供灾民耕牛农具种子以帮助其恢复农业生产，及时稳定灾区社会秩序、保障灾民生计。如永乐元年（1403），明成祖“命户部尚书夏原吉往浙西诸郡治水。时嘉兴、苏、松诸郡频岁水患，屡敕有司督治，讫无成绩，故有是命”。[④] 永乐二年，明成祖“复命户部尚书夏原吉往苏州治水。原吉时自苏州还言：‘水虽由故道入海，而旧河港未尽疏通，非经久计。’于是命复行，仍命大理寺少卿袁复副之”。[⑤] 然而，此次治水效果并不理想。于是，永乐三年（1405），明成祖又“命户部尚书夏原吉、都察院佥都御史俞士吉、通政司左通政赵居任、大理寺少卿袁复赈济苏、松、嘉、湖饥民。上谕之曰：‘四郡之民频年厄于水患，今旧谷已罄，新苗未成，老稚嗷嗷，饥馁无告。朕与卿等能独饱乎？其往督郡县亟发仓廪赈

---

① 据《明史》载：洪武二十六年，苏州府有491514户，2355030口（具体内容见《明史》卷40《地理一》，第918页。）以此户口比粗略统计，约户均5口人。以此类推，40万户约200万口。

② 《明太祖实录》卷111，洪武十年正月辛未条，第1843页；卷111，洪武十年二月甲子条，第1847页；卷118，洪武十一年五月丁酉条，第1931页。

③ 嘉庆《松江府志》卷80《祥异志》。

④ 《明太宗实录》卷19，永乐元年四月己丑条，第339页。

⑤ 《明太宗实录》卷27，永乐二年正月乙巳条，第491～492页。

之，所至善加绥抚，一切民间利害有当建革者，速具以闻。’”① 同年，明成祖“谓户部臣曰：比苏、湖被水，民饥多求食他郡，其令所在官司善加绥抚，毋驱逐之，候水退令复业，复业无粮食种子，并官给之”。② “（永乐）四年七月，户部言，浙江嘉兴县水，民饥。命发县廪赈之……（永乐）十年六月壬申，浙江按察司奏今年浙西水潦，田苗无收”。③ 概言之，永乐时期，江南灾荒以水灾为主，饥荒时有发生。如永乐四年（1406）九月，朝廷“赈苏、松、嘉、湖、杭、常六府流徙复业民户十二万二千九百有奇，给粟十五万七千二百石有奇”。④ 若以每户五口计之，此次复业流民多达60余万。江南饥民数量一直很大，一个庞大饥民群体徘徊于江南之地。如永乐十一年（1413），朝廷“赈浙江之仁和、嘉兴二县饥民三万三千七百八十余口”。⑤ 永乐十二年（1414）三月，“直隶扬州府水灾，命户部遣官验视被灾之民，赈之凡六千二百户”。永乐十二年六月，“扬州府通州被水灾田九十一顷六十四亩”。同年，“直隶常熟县被水，饥民万三千四百陆十余户”。同年闰九月，“苏州府崇明县耆民宋杰等言，比因风潮暴至，漂民庐舍，被灾之民五千八百三十余家”。同年十一月，明成祖诏令“蠲苏、松、嘉、湖、杭五郡水灾田租四十七万九千七百余石。初有司议减半征之，上谓户部尚书夏原吉曰：‘民田被水无收，未有以赈之，又可征税耶？’于是悉蠲之”。⑥

永乐时期，江南瘟疫也比较严重，“疫区”死亡人口较多。如“永乐六年正月，江西建昌、抚州、福建、邵武自去年至是月，疫死者七万八千四百余人……（永乐）十一年六月，湖州三县疫。七月，宁波五县疫”。⑦ 永乐八年（1410），“福建邵武府言，比岁境内疫，民死绝万二千余户”。永乐十一年初，“巡按福建监察御史赵升言，光泽、泰宁二县民五年、六年疫死四千四百八十余户”。永乐十一年六月，“浙江乌程、归安、德清三

---

① 《明太宗实录》卷43，永乐三年六月甲申条，第685～686页。

② 《明太宗实录》卷43，永乐三年六月辛卯条，第688页。

③ 崇祯《嘉兴县志》卷15《政事志·恤政》，书目文献出版社，1991，第626页。

④ 《明太宗实录》卷59，永乐四年九月戊辰条，第859页。

⑤ 《明太宗实录》卷142，永乐十一年八月戊申条，第1697页。

⑥ 《明太宗实录》卷149，永乐十二年三月庚辰，第1737页；卷152，永乐十二年六月戊申条，第1765页；卷152，永乐十二年六月丁卯条，第1768页；卷156，永乐十二年闰九月丁巳条，1795页；卷158，永乐十二年十一月庚申条，第1804页。

⑦ 《明史》，第442页。

县疫，男女死者万五百八十余口”。永乐十一年七月，“浙江宁波府鄞、慈溪、奉化、定海、象山五县疫，民男女死者九千一百余口”。[①] 又，永乐十七年五月，“福建建安县知县张准言，建宁、邵武、延平三府自永乐五年以来，屡大疫，民死亡十七万四千六百余口”。[②] 当然，有明一代，江南瘟疫频发，非独永乐时期有之。究其所以然，原因很多。江南乃是地势低洼、水网密布之“水乡泽国”，湖汉纵横，气候暖湿，水草丰茂，人口众多，各种病菌等微生物密集，极易暴发瘟疫。另则，明代处于“明清宇宙期”，气候转冷而多变，江南之地容易暴发瘟疫。研究表明：“过于寒冷的气候，可使人体呼吸道黏膜血管收缩，减少免疫物质分泌，防御疾病能力降低，为病菌侵入提供了条件。冬季室温又较高，室空气流通不畅，更有利于病菌的生存和传染，因而易发生传染病。”[③] 加之明前期江南防瘟治疫医学知识缺乏，民间巫术盛行，“吴俗尚鬼信巫”，小民通常依靠祈祷等迷信手段幻想祛除瘟疫，结果反倒加重瘟疫传播，造成疫区人口大量死亡。如明初诗人高启[④]撰《里巫行》所记：“里人有病不饮药，神君一来疫鬼却。走迎老巫夜降神，白羊赤鲤纵横陈。儿女殷勤案前拜，家贫无肴神勿怪。老巫击鼓舞且歌，纸钱索索阴风多。巫言汝寿当止此，神念汝虔赊汝死。送神上马巫出门，家人登屋啼招魂。”[⑤]

灾荒、瘟疫等交相袭击之下，永乐后期，荒政亦渐趋废弛，江南部分灾区反复沦为灾区，农业连续歉收或绝收，灾民生计窘迫，一些灾区“绝户”增多。如永乐二年十二月，“除直隶贵池等县及浙江嘉兴等府户绝田通六千九十七顷一百二十四亩租税”。[⑥] 如永乐二十年（1422），朝廷“除浙江乌程县户绝田粮二万九千五百四十七石有奇”。[⑦] 又如永乐二十二年（1424），朝廷“除福建建宁县户绝粮千六百一十石有奇”。[⑧] 人户或逃或亡，遗下赋

---

① 《明太宗实录》卷111，永乐八年十二月甲辰条，第1419页；卷136，永乐十一年正月己酉条，第1660页；卷140，永乐十一年六月癸亥条，第1689页；卷141，永乐十一年七月戊子条，第1693页。

② 《明太宗实录》卷212，永乐十七年五月戊子条，第2139页。

③ 梅莉、晏昌贵：《关于明代传染病的初步考察》，《湖北大学学报》（哲学社会科学版）1996年第5期。

④ 高启（1336－1374），字季迪，长洲人（今苏州），明代著名诗人。

⑤ 嘉靖《江阴县志》卷4《风俗》，天一阁藏明代方志选刊。

⑥ 《明太宗实录》卷37，永乐二年十二月癸亥条，第636页。

⑦ 《明太宗实录》卷246，永乐二十年二月庚寅条，第2307页。

⑧ 《明太宗实录》卷271，永乐二十二年七月壬寅条，第2470页。

税却由见在户“赔纳”，见在户经济负担更加沉重，生计艰难，抗灾自救能力低下，加剧区域社会脆弱性，农民遇灾则荒，江南部分地区抽绎“灾区化”。

二　局部“灾区化”

仁宣时期（1425～1435），江南灾害仍以水灾为主，灾荒严重。水灾频发则以农田水利失修为前提，水灾之后，饥荒随之；饥荒频发则以江南小民生活穷困，荒政废弛，政府救荒不力为前提。是时，灾荒密集袭来，民多逃亡，田地不断被抛荒，江南部分地区进一步陷入“天灾（以水灾为主）→饥荒→民众逃荒→灾区化→天灾→饥荒→民众逃荒→灾区化”的恶性循环怪圈。“灾区”成为江南部分地区一种社会“常态”。自此，江南局部出现“灾区化”。

永乐二十二年，即位不久的明仁宗就遭遇“苏、松、嘉、湖、杭、常六府，今岁六府田稼多为水渰没”之事。[①] 为此，洪熙元年初，明仁宗“遣布政使周干、按察使胡概、参政叶春巡行应天、镇江等八府，察民利病，赐敕谕曰：‘朕祗奉鸿图，君临兆庶，惓惓夙夜，康济为心，而南方诸郡尤廑念虑，诚以民众地远，情难上通。今特命尔等巡视应天、镇江、常州、苏州、松江、湖州、杭州、嘉兴八府，其军民安否？何弊当去？何利当兴？审求其故，具以实闻。’”[②] 然而，“惓惓夙夜”的明仁宗遭到天灾的“蔑视”。洪熙元年（1425），“直隶常州府奏：武进、宜兴、江阴、无锡四县去岁水涝，田谷无收，民缺食者二万九千五百五十余户，已劝富民分借米麦二万九千九百九十一石有奇赈之”。同年，“浙江海宁县奏，民逃徙复业者九千一百余户，所欠夏税丝绵四万余斤，粮三万余石。乞恩优免。上谓尚书夏原吉曰：‘一县几何？民而逃者九千余户。’”洪熙元年七月，“浙江乌程县知县黄槃宗奏：永乐二十二年五月苦雨，下田尽伤。时通政司左通政岳福以闻，蒙免所征秋粮。至七八月间，雨潦尤甚，渰没田稼一千六百一十一顷九十余亩，该粮五万三千九百九十石有奇，小民办纳为难”。洪熙元年九月，“左通政岳福奏：苏、松、嘉、湖诸郡春夏多雨，禾稼损伤”。[③] 明仁宗在位不足一年，江南苏松等地水灾与饥荒不断，灾区

① 《明仁宗实录》卷2下，永乐二十二年九月下庚寅条，第69页。

② 《明仁宗实录》卷6下，洪熙元年正月下己亥条，第226页。

③ 《明宣宗实录》卷8，洪熙元年八月己卯条，第205页；卷12，洪熙元年十二月丁亥条，第335页；卷3，洪熙元年七月己卯条，第91页；卷9，洪熙元年九月戊申条，第231页。

不断反复出现，灾区叠加灾区。

宣德时期，江南灾荒问题不断累积，部分府州县“灾区”已呈“常态化”，即“灾区化”。如宣德元年（1426）七月，“行在户部奏，苏州府吴江、昆山、长洲三县去年六月至闰七月霪雨为灾，低田渰没，禾苗尽伤，今覆勘已实，凡田二千二百六十余顷”。[①] “宣德元年九月，左通政岳福奏苏、松、嘉、湖诸郡春夏久雨，禾稼损伤……（宣德）三年八月，巡按直隶监察御史林文秩言，苏州府吴江、常熟等县、松江府华亭县久雨，山水冲决圩岸，渰没田苗……今年（宣德三年十月）苏松及绍兴等府水涝民饥”。[②] 另，宣德二年（1427）七月，“行在户部奏，直隶苏州府昆山县今年夏久雨，渰没官民田稼一千八百六十三顷有奇；镇江府金坛县雨，渰没官民麦田一千一百二十顷有奇”。[③] 其后，江南灾荒愈演愈烈。如宣德七年（1432）九月，“巡按直隶苏、松监察御史王来言，今年四月至六月苦雨，海潮泛溢，漫浸堤圩。苏、松、常、镇四府所属长洲、吴江、昆山、常熟、华亭、上海、宜兴、金坛八县低田皆没，苗稼无收”。[④] 同年九月，“浙江布政司奏：湖州府乌程、归安、德清、长兴、武康五县并嘉兴府嘉善县四月五月久雨，渰没田禾六千三百余顷”。[⑤] 又，同年十一月，“直隶常州府奏：宜兴县今年四月以来久雨，水没官民田二千一百三十九顷有奇，禾稼无收”。[⑥] 是年，“浙江杭州府临安县奏，民人缺食”。[⑦] 宣德时期，江南自然灾害与饥荒不断，灾区“缺食”或“民饥”成为普遍性问题，灾区民生问题不断恶化（见表2－2）。

表2－2 《明宣宗实录》所载宣德时期江南苏松嘉湖常等地饥荒

时间（宣德时期）	饥荒情况	卷次
宣德二年九月丁亥	浙江严州府遂安县人民缺食	卷31
宣德三年五月辛未	直隶扬州府通泰、高邮等州各奏人民缺食	卷43

① 《明宣宗实录》卷19，宣德元年七月丙辰条，第513页。

② 崇祯《松江府志》卷13《荒政》，书目文献出版社，1991，第338页。

③ 《明宣宗实录》卷29，宣德二年七月壬子条，第771页。

④ 《明宣宗实录》卷95，宣德七年九月辛酉条，第2147页。

⑤ 《明宣宗实录》卷95，宣德七年九月庚午条，第2154页。

⑥ 《明宣宗实录》卷96，宣德七年十月己未条，第2174页。

⑦ 《明宣宗实录》卷96，宣德七年十月甲申条，第2183页。

续表

时间（宣德时期）	饥荒情况	卷次
宣德三年九月乙亥	浙江于潜、新昌、嵊、龙游四县"今年春夏以来，民多缺食"	卷 47
宣德三年十一月辛酉	浙江杭州府奏：临安、新城二县今年秋冬人民缺食	卷 48
宣德四年十月己酉	浙江严州府建德县奏：岁荒民饥	卷 59
宣德四年十一月己巳	浙江杭州府奏：临安、于潜二县岁荒民饥	卷 59
宣德五年十月乙未	浙江于潜县民五百五十七户乏食	卷 71
宣德五年十一月庚申	会稽、余姚二县夏秋旱，田禾无收，民人饥困	卷 72
宣德六年六月丁未	直隶扬州府兴化县奏，贫民二千四百八十三户岁俭乏食	卷 80
宣德七年八月己酉	直隶常州府所属四县两岁水灾，田稼不收，人民饥窘	卷 94
宣德七年十一月甲申	浙江杭州府临安县奏，民人缺食	卷 96
宣德八年五月丙子	常州府宜兴、武进二县连年水涝，田禾薄收，民皆采拾自给	卷 102
宣德八年七月丙子	直隶高邮州人民二千二百七十户乏食	卷 103
宣德八年七月戊寅	直隶扬州府之如皋县"因灾伤，贫民缺食"	卷 103
宣德八年八月庚子	浙江严州府桐庐县奏，岁饥民窘	卷 104
宣德八年九月癸未	杭州府余杭、新城、于潜、临安四县及严州府建德、遂安、分水三县皆奏民饥	卷 106
宣德九年三月乙未	直隶常州府武进县、扬州府兴化县"去岁水旱，田谷不收，今民缺食，已劝富人分粟赈济，而犹不足" 直隶扬州府通州"连年水旱，禾稼不收，民多艰食"	卷 109
宣德九年四月壬申	杭州府富阳、钱唐、昌化及绍兴府上虞、山阴、会稽，宁波府定海、鄞，处州府缙云，嘉兴府嘉善，台州府黄岩等县，人民俱因岁歉缺食	卷 110
宣德九年五月癸未	直隶苏州府及和州"去岁亢旱，田谷无收，今民多饥窘"	卷 110
宣德九年七月辛卯	浙江严州府分水县奏，岁荒民饥	卷 111

续表

时间（宣德时期）	饥荒情况	卷次
宣德九年七月壬辰	扬州府之如皋县去年春夏旱，二麦薄收，田稼不实，人民饥窘	卷111
宣德九年八月乙丑	苏、松等府今夏旱蝗荐臻，凡灾伤之处，民多缺食	卷112
宣德九年十月丁未	直隶扬州府通州、高邮州及江都县奏，民人缺食	卷113
宣德九年十一月乙未	直隶镇江府所属三县及浙江金华府之武义县，“各奏人民缺食”	卷114
宣德九年十二月庚申	直隶扬州府泰州仪真、宝应二县“各奏今年夏秋旱，陂池湖泺皆涸，田稼枯槁，民饥，加以疫疠，死亡相继”	卷115

资料来源：《明宣宗实录》卷31～115。

从表2－2内容可知，宣德二年至九年（1427～1434）的八年间，仅《明宣宗实录》记载，江南各地发生灾荒就有26条，灾荒次数多于26次，灾荒频度不超过0.31。下面以崇祯《松江府志》所载宣德时期松江府灾荒为例，略作说明：

宣德元年九月，左通政岳福奏苏、松、嘉、湖诸郡春夏久雨，禾稼损伤。

（宣德）三年八月，巡按直隶监察史林文秩言：“苏州府吴江、常熟等县、松江府华亭县久雨，山水冲决圩岸，渰没田苗。”

（宣德三年）十月，巡抚苏松等处大理寺卿胡概奏，今年苏松及绍兴等府水涝民饥。

（宣德）七年九月，巡按苏松监察御史王来言：“今年四月至六月苦雨，海潮泛溢，漫淹堤圩，所属长洲、吴江、昆山、常熟、华亭、上海、宜兴、金坛八县低田皆没，苗稼无收。”

（宣德）九年八月，敕谕应天、苏、松等府州县：“今水旱蝗蝻，灾伤之处民人缺食，好生艰辛。”

（宣德九年）十月，敕谕巡抚侍郎周忱言：“比闻直隶亢旱，兵民饥窘。”①

---

① 崇祯《松江府志》卷13《荒政》，书目文献出版社，1991，第338页。

可见，明初江南松江府，宣德元年至三年（1426～1428），宣德七年至九年（1432～1434）的两个时段内，相继发生水灾、饥荒、海浸、蝗灾及旱灾，各类灾区相连，甚至各类灾区重合，灾荒频度不超过1，均出现“民饥”与“民人缺食”结果。也就是说，明前期松江等地，断续出现“灾区化”。可见，江南作为国家财赋重地，明朝经济最富庶地区，水灾与饥荒等反复袭击江南各地。宣德时期，江南一些府州县，并非闾里殷富，民生安康，而是灾荒频发，几乎年年有饥荒，处处有灾区，“灾荒”把江南分割成一个又一个流动着的反复出现的灾区。

三　“灾区化”加剧

宣德十年正月，明宣宗卒，刚即位的明英宗朱祁镇开始为灾荒“烦心”。是时，包括江南在内的南方各地，一些灾民因饥饿所迫，据险啸聚，灾区动荡不安。如《明英宗实录》载：宣德十年初，“巡按江西监察御史程富奏：‘贼曾子良等伪立名号，势益猖獗。臣等会三司官议，调官军民壮至大盘山下与贼对敌，生擒严季茂等男妇千余人，前后杀死者不可胜计。子良为乱军所杀，已获首级，余党俱溃散。’上命以正贼首枭示，余贼俱发戍广西，胁从者悉皆疏放。先是，江西连年水旱，人民艰窘，有司不能赈恤，子良等因而据险啸聚，伪称永顺王、都督、太师、万户、指挥、行刑主事等名号，造妖言，张伪榜，逼胁居民为乱，众至三万余”。[①] 灾民由饥民而“暴民”，救荒济贫成为朝廷当务之急。为此，宣德十年（1435）四月，明英宗连续发布三道圣谕。其一，明英宗“敕谕行在兵部尚书王骥等曰：‘朕初即位，凡百造作征需，悉皆停罢，期与天下军民共享太平之福。比闻河南军民有因荒年饥馑，不得已而流离就食者，因而群聚为盗。原其初心本皆良善，窘迫至此，良可矜悯。尔兵部即出榜文谕之，榜至之日悉宥其罪，军还原伍，民还原籍。若不从者，必调官军剿捕无赦’”。[②] 其二，明英宗“敕谕吏部都察院：‘朕自嗣位以来，夙夜惓惓，上体皇天仁民之德，广敷宽恤之政。而今万物长育之时，天久不雨，又间有水潦蝗蝻，深轸朕心。究厥所由，或谓牧守之官未尽得人，贪虐暴刻，所在有之；及命官考察，又或徇私，

---

① 《明英宗实录》卷3，宣德十年三月甲午条，第75～76页。

② 《明英宗实录》卷4，宣德十年四月壬寅条，第81页。

捷于科征。巧于谄事者，以为能事；勤于抚字、廉介自守者，以为不称。公道弗明，人怨弗恤，所为如此，何望和气之应？尔典铨选之官，任风纪之职，独不思为国家生民虑乎？今直隶府州县官，从吏部遣官及巡按御史考。在外府州县官，从布政司、按察司及巡按御史考察。务在广询细民，不许偏徇，以昧至公。若考察得实，贤才者悉留在职，具名奏闻；不才者起送吏部，照例发遣。其布政司、按察司堂上官，从吏部、都察院考察，属官从巡按御史、按察司考察。今后方面及郡守有缺，仍遵皇考宣宗皇帝敕旨举保，不许故违，但犯赃罪并坐举者，尔等钦承之，用副朕恤民求治之意'"。[①] 其三，明英宗"敕谕刑部、都察院、大理寺：'朕承祖宗大位，体祖宗之至仁，夙夜孜孜，惟恤刑之在念，诚以人命至重，不可忽也。今万物长育之时，而久旱不雨，又间有蝗潦，为农民忧。得非囹圄之中，有冤滥未伸者乎？一夫之冤，致六月之霜；一妇之冤，致三年之旱。怨气致沴，厥征显然，其可不慎！今自大赦以后，有犯罪者即会官于本衙门覆审，务在公平，毋致冤抑，庶几导迎至和，消弭沴气而民获安。夫朝廷简擢尔等典司刑狱，任至重也。如不上体钦恤之心，枉人于非辜，不有阳祸，必有阴戮！钦哉毋忽'"。[②] 又，明英宗"敕谕行在礼部尚书胡濙曰：'今当谷麦长茂之时，而畿甸之间，天久不雨。又闻远近间有水潦蝗蝻，深轸朕怀。宜遣大臣于在京庙观祈祷，仍分遣道士诣天下岳镇海渎，用祈丰稔，无稽无忽'"。[③] 明英宗此举，无论是矜悯"盗贼"，还是整饬吏治，或是怜爱小民，旨在"消弭沴气"而"用祈丰稔"。三道圣旨，道破官员恪尽职守、勤政爱民与否之成败利害，表明初登大宝的明英宗救荒求治的强烈愿望，也表明正统初年最高统治集团积极求治的政治愿望。

明英宗"有意"，灾荒"无情"，江南灾荒依然频繁发生。据《明英宗实录》"宣德十年五月甲戌条"载："先是，诏天下贫民缺食有司量为赈济。直隶扬州府、徐州、滁州并属邑旱伤尤甚，人民乏食者亿万计。"[④] 下面再以明前期常州府"灾区化"为例（见表2-3），略作说明。明代常州府，"万历末，避讳曰尝州府"。其中，武进、无锡、宜兴、江阴、镇江等

---

① 《明英宗实录》卷4，宣德十年四月丁卯条，第93~94页。

② 《明英宗实录》卷4，宣德十年四月丁卯条，第94页。

③ 《明英宗实录》卷4，宣德十年四月丁卯条，第94页。

④ 《明英宗实录》卷5，宣德十年五月甲戌条，第99页。

五县隶属常州府。[1] 常州府为明代富庶之地。如江阴县，明人赵锦[2]称：“江阴素称殷富，为国家财赋之区，而地多高印，民常苦旱。昔人并开诸渠，皆自江以达于运河。议者因谓以洩震泽之水，始入于江，而不知其正欲引江之流以便乎农也！惟其潮汐往来，沙渰易积，疏浚未几，而湮淤如故，故言水利者莫急于江阴，而言治水之难者亦惟江阴为甚。”[3]

表 2－3　明前期常州府灾荒一览（灾荒情况，灾荒次数及资料出处、卷次）

灾荒情况	次数	卷次
洪武二十年，常州旱；（洪武）二十五年，常州旱；（洪武）二十九年，常州大旱，水竭，禾槁死	旱灾 3 次	嘉靖《江阴县志》卷 2
永乐三年，常州大水	水灾 1 次	嘉靖《江阴县志》卷 2
永乐四年五月，直隶常州水，民饥，命给米稻赈之	水灾 1 次 饥荒 1 次	《明太宗实录》卷 54
永乐二十二年十二月，常州府宜兴、武进等县水灾	水灾 1 次	《明仁宗实录》卷 5 下
洪熙元年八月，常州府武进、宜兴、江阴、无锡四县去岁水涝，田谷无收，民缺食者二万九千五百五十余户	水灾 1 次 饥荒 1 次	《明宣宗实录》卷 8
洪熙元年十月，常州府无锡县今年春夏连雨，河水泛溢	水灾 1 次	《明宣宗实录》卷 10
宣德七年八月，常州府属四县两岁（宣德六年、宣德七年——笔者注）水灾，田稼不收，人民饥窘	水灾 2 次 饥荒 1 次	《明宣宗实录》卷 94
宣德七年十一月，常州府宜兴县今年四月以来久雨，水没官民田二千一百三十九顷有奇，禾稼无收	水灾 1 次	《明宣宗实录》卷 96

① 《明史》卷四十《地理志一》，第 921～922 页。

② 赵锦，嘉靖年间曾任江阴县知县。嘉靖“二十五年，知县赵锦濬（江阴县）九里河、市河”（《嘉靖江阴县志》，卷九《河防记第七》，天一阁藏明代方志选刊）。

③ （清）顾炎武：《天下郡国利病书》之《江阴县志》，上海古籍出版社，2012，第 792～793页。

续表

灾荒情况	次数	卷次
宣德八年五月，巡按直隶监察御史王来言：直隶常州府宜兴、武进二县连年水涝，田禾薄收，民皆采拾自给	水灾2次 饥荒1次	《明宣宗实录》卷102
宣德八年八月，常州府江阴县去年（宣德七年）冬无雪，今年春夏不雨，田谷旱死	旱灾1次	《明宣宗实录》卷104
宣德九年三月，常州府武进县去岁（宣德八年）水旱，田谷不收，今（宣德九年）民缺食，已劝富人分粟赈济	水灾1次 旱灾1次 饥荒1次	《明宣宗实录》卷109
常州自宣德九年六月以来亢旱不雨，河港干涸，田稼旱伤；宣德九年九月，常州旱，民饥	旱灾1次 饥荒1次	嘉靖《江阴县志》卷2 《明宣宗实录》卷112
正统元年十一月，扬州、苏州、常州府十月初一日飓风大作，海潮涨涌，所属州县居民漂荡者各数百家	水灾1次	《明英宗实录》卷24
正统三年十月，常州府今年夏秋不雨，田禾槁死，人民缺食；正统三年旱，江阴免粮四百六十七石	旱灾1次 饥荒1次	《明英宗实录》卷47 嘉靖《江阴县志》卷2
正统四年七月，常州去岁（正统三年）水旱相仍，禾苗卑窳者渰没，高阜者焦枯，租税无征	水灾1次 旱灾1次	《明英宗实录》卷57
正统四年八月，常州府宜兴县岁歉，民饥	饥荒1次	《明英宗实录》卷58
正统五年旱，江阴免粮一万一百四十九石	旱灾1次	嘉靖《江阴县志》卷2
正统六年八月，常州府武进、江阴、无锡、宜兴县被灾，饥民三十一万九千一十七户	天灾1次 饥荒1次	《明英宗实录》卷82
正统八年常州夏旱，秋大水	旱灾1次 水灾1次	嘉靖《江阴县志》卷2
正统十年六月，免常州府所属诸县去年（正统九年）被灾粮九万一千四十余石，草六万二千八十余包	天灾1次	《明英宗实录》卷130

续表

灾荒情况	次数	卷次
正统十一年七月，常州今年五月、六月天雨连绵，渰没田苗，漂流居民庐舍畜产	水灾 1 次	《明英宗实录》卷 143
正统十二年四月，免常州被灾秋粮。正统十二年，江阴旱	天灾 1 次 旱灾 1 次①	《明英宗实录》卷 152 嘉靖《江阴县志》卷 2

资料来源：《明太祖实录》《明太宗实录》《明仁宗实录》《明宣宗实录》及嘉靖《江阴县志》（天一阁藏明代方志选刊）。

据表 2－3 可知，洪武二十年（1387）至正统十二年（1447）近 60 年间，仅《明实录》及嘉靖《江阴县志》等所载常州府各类天灾及饥荒次数就有 38 次，灾荒频度为 0.633。其中，水灾 15 次，旱灾 11 次，饥荒 9 次，未明确灾害种类的 3 次，而且自然灾害与饥荒交相发生，饥荒加剧灾区社会动荡、经济脆弱。也就是说，常州府成为“灾区”的“灾区”。常州的灾荒，仅仅是明前期江南地区“遭遇”的冰山一角而已。

正统时期，江南灾区化趋势非但未能遏制，而是“灾区化”加速，饥民人数剧增。下文以《明英宗实录》所载正统五年至正统十二年（1440～1447）期间的松江府灾荒为例，再作说明。

> （正统五年五月）命直隶松江府华亭、上海二县今年折粮大三梭布五万九千七百三十二疋……以其民困于水灾故也。②
>
> （正统六年九月）直隶松江府奏所属华亭、上海二县五月以来不雨，旱伤田土八千八百五十九顷。③
>
> （正统七年七月）直隶松江、扬州等地各奏久旱不雨。④
>
> （正统七年九月）直隶松江、池州、扬州等府各奏五六月间大旱伤稼。⑤

---

① 《明英宗实录》卷 152 所载“正统十二年四月，免常州被灾秋粮”的“被灾”未能明确何种灾害，常州府下辖四县，灾害种类无法断定；而嘉靖《江阴县志》卷 2 载“正统十二年，江阴旱”。故各计为灾害一次。

② 《明英宗实录》卷 67，正统五年五月庚申条，第 1293 页。

③ 《明英宗实录》卷 83，正统六年九月丙辰条，第 1664 页。

④ 《明英宗实录》卷 94，正统七年七月己未条，第 1889 页。

⑤ 《明英宗实录》卷 96，正统七年九月壬戌条，第 1924 页。

（正统九年八月）监察御史赵忠奏：浙江、苏、松雨水经月不消，苏、松地下西有太湖，东有吴淞江、刘家港，北有杨城湖、白茅塘，皆引流注海。今不利泄水者，缘近水居民畏水，预筑堤堰自御，遂令水势淤遏不泄。[①]

（正统十一年七月）顺天府、应天府及直隶河间、保定、苏州、松江、常州、镇江、太平、宁国、池州九府，浙江杭州、湖州、嘉兴三府，河南开封、卫辉二府各奏今年五月、六月天雨连绵、渰没田苗、漂流居民庐舍畜产。[②]

（正统十二年四月）免直隶常州、苏州、松江、镇江四府，苏州镇、海二卫被灾秋粮籽粒八十八万四千七百七十余石，草二十一万六百三十余包。[③]

（正统十二年九月）直隶松江府、浙江绍兴府所属各奏夏秋亢旱，田亩无收，人民饥窘。[④]

据上可知，正统五年（1440）五月前，松江府旱灾；正统五年五月至正统七年（1442）九月，松江府连续旱灾；正统九年八月与正统十一年七月，松江府又一再闹水灾。也就是说，这期间，松江府“灾区”反复沦为“灾区”，并以饥荒为标志。

第二节 “灾区化”与明太祖的作为

明前期江南“灾区化”是一种自然—社会复合现象，也是一种特殊的历史现象。就其生成机制而言，“灾区化”也是明前期江南经济社会生活“政治化”的必然结果，明太祖是其始作俑者。其后嗣诸君，则是“俑”之维护者。其中，明太祖给明初大明帝国“涂上”鲜明的“朱元璋”色彩，这种色彩虽在建文时期（1399 ~ 1402）一度短暂淡化，转而又为明成祖“加重”。正如黄仁宇先生所说：“朱元璋的明朝带有不少乌托邦的色彩，它看来好像一座大村庄而不像一个国家……它在创始时，因借着农村

① 《明英宗实录》卷120，正统九年八月甲子条，第2428页。

② 《明英宗实录》卷143，正统十一年七月辛未条，第2824页。

③ 《明英宗实录》卷152，正统十二年四月丁巳条，第2988页。

④ 《明英宗实录》卷158，正统十二年九月辛未条，第3074 ~ 3075页。

中最落后的部门为基础，以之为全国的标准，又引用各人亲身服役为原则，看来也是合乎当日的需要了。朱元璋并非不通文墨，他自己即曾著书数种，身边也有不少文臣替他策划，此人思想上的见解不能吸引今日一般读者，可是他的设计，最低程度在短时间内确实有效。他牺牲了质量以争取数量，于是才将一个以农民为主体的国家统一起来。”[①] 其实，为了“将一个以农民为主体的国家统一起来”，朱元璋不择手段，为稳定南北社会秩序而采取诸多非常举措，如他实行的“抑南方略”就是其中之一。“抑南方略”与江南“灾区化”有着必然联系。

一　“图治”与江南社会经济的脆弱性

明太祖是一位理想主义者，有着较为明确的社会理想，并在政治方略及国家建设中积极实践。如张显清先生所论：“明太祖继承发展儒家、法家和道家、佛教学说，并保留了某些农民思想意识、情感和要求，以‘中’、‘和’、‘安’、‘平’、‘均’为理想社会的最高境界。为了构建这样一个社会，他提出，在官民关系上，治国要以‘人’、以‘民’为本，要‘适人情’、‘合人情’、‘顺人情’、‘本人情’，要‘为民’、‘爱民’、‘敬民’、‘安民’、‘富民’、‘忧民’、‘依民’；在贫富、强弱关系上，要形成‘富者得以保其富，贫者得以全其生’的协调共处关系，避免‘役民致贫富不均’，功臣勋贵的状态则是决定官民、贫富、强弱关系的关键；欲形成这样的官民、贫富、强弱关系，必须约束、节制勋贵、豪强、官吏们的贪欲，防范、打击他们的违法行为，实施‘除奸贪、去豪强’，‘右贫抑富’，‘锄强扶弱’，‘哀穷赈乏’，‘赏善罚恶’政策；同时平民百姓必须遵礼守法、纳粮当差，不得越礼犯分、造反作乱。他以为，如此则可‘家和户宁’、‘人民大安’、‘天下公平’、‘而与天地同其和’。”[②] 明太祖治国实践，是其“社会理想”实践。如明太祖治下的江南地区，元末以来社会组织及经济社会被彻底“改造”，而江南在明初国家政治中的角色也被赋予了新的内容。翻阅相关史料，不难发现，明太祖及明前期帝王对“江南”在大明帝国这盘棋中的作用及其角色有着独特的认识与谋划，有明一代，江南经济社会生活诸多现象与此不无关系，包括“灾区化”。

---

① 黄仁宇：《中国大历史》，生活·读书·新知三联书店，1997，第183～184页。

② 赵毅、秦海滢主编《第十二届明史国际学术研讨会论文集》，辽宁师范大学出版社，2009，第3页。

（一）“抑南方略”：明初国家战略

洪武时期，对江南征收重赋，表面看来，国家是为了多收“三五斗”而已，实则不然。江南重赋是明太祖“抑南方略”具体实践，是其明初国家战略。关于明初“抑南方略”问题，学者多有论述。如方志远先生称：明太祖“通过有意识地遏制‘南人’特别是江南经济发达地区的士人，以缩小南北之间的政治、经济、文化差异，达到南北平衡和政权巩固，是明代政治体制和统治方针的重要特征。明太祖以降的历代君主对南人的压制，正是这一体制和方针的表现。虽然这种压制以牺牲局部经济发展为代价，但在客观上却保证了政治大局的稳定”。[①] 其实，为了保证“政治大局的稳定”，明太祖不仅压制“江南经济发达地区的士人”，而且还实行江南重赋及抑富措施“压制”江南地区，借以缩小南北经济差距。

明初江南重赋之下，小民生计艰难。明太祖对此等情况也算了然，故而不时救助。如洪武六年，明太祖有旨：“今年三四月间，苏州各县小民缺食，曾教府县乡里接济。我想那小百姓好生生受，原借的粮米不须还官，都免了。”洪武七年，又下旨：“苏州、松江、嘉兴三府百姓缺食生受，今岁夏税和纳的丝绵钱麦等物尽行蠲免，恁省家便出榜去教百姓知道，有司粮长每毋得科扰。”[②] 关于“民生缺食生受”症结，明太祖自有说辞。如洪武十三年(1380)，明太祖称：“比年苏、松各郡之民，衣食不给，皆为重租所困。”[③] 洪武十六年（1383)，明太祖又称：“数年以来，颇致丰稔，闻民间尚有衣食不足者，其故何也？岂徭役繁重而致然欤？抑吏缘为奸而病吾民欤？今岁丰而民犹如此，使有荒歉，又将何如？四民之中，惟农最苦，有终岁勤动而不得食者。”[④] 不过，对明太祖而言，说几句“冠冕堂皇”的话又有何难！对他来说，说是说，做是做，二者不是一回事。明前期诸君，如明成祖、明仁宗及明宣宗等，对江南重赋情况也“了然”，然而他们深谙明太祖“心思”。所以，明知江南赋重，知道灾区民众“衣食不给”，还是重赋不止。对于明朝皇帝来说，独据最高统治权才是核心利益所在，“江南”这个棋子如何摆放，必须从政治上判断，从有利于其统治权着眼，而不以社会经济发展为目

---

① 方志远、李晓方：《明代苏松江浙人“毋得任户部”考》，《历史研究》2004 年第 6 期。

② 嘉靖《江阴县志》，卷十五《田赋》，天一阁藏明代方志选刊。

③ 《明太祖实录》卷 130，洪武十三年三月壬辰条，第 2065 页。

④ 《明太祖实录》卷 156，洪武十六年九月甲辰条，第 2427 ~ 2428 页。

的。换言之，对于明朝来说，江南的政治作用远远大于经济意义，“重赋”本质上是政治行为。明太祖为了政治需要，在所不惜。

除了重赋，明太祖还在江南等地实行抑富措施，对地方豪强采取打压政策，旨在削弱其地方势力及社会影响力，强化朝廷权威，维护以自耕农为主体的乡村社会环境与经济生活秩序，借以保障国家赋役征收。为了达到上述目的，抑富成为明太祖“抑南方略”又一主要措施。元末以来，江南等地豪强富室多横行不法，他们盘踞乡里，恃强凌弱，为害一方，甚至左右地方政府，挟持官员以谋私利，动摇朝廷威权。此“风”未随元亡而稍息。如洪武初，“吴民熏染夷僭，靡习豪室，田宅舆服往往逾检，明法以整齐之。嚚者或更籍持短长，贼谲蜂起，复号难理”。[①] 又，“洪武初，艮山门外有民华兴祖，其家巨富，金蓄千万，田地不计，大池三百六十处，期以一日生息，供一日饮馔，因家大难保，常交结权贵，以压乡里，以防祸患”。[②] 明太祖亦称：“富民多豪强，故元时，此辈欺凌小民，武断乡曲，人受其害。”[③] 为了巩固大明政权，明太祖清楚，唯有大力扶植自耕农，发展自耕农经济，锄强扶弱，才能有利于乡村社会控制。因此，他使出铁腕手段，对江南豪强采取严厉打击政策，通过罗织罪名，或牵连论罪而籍没其家[④]，或迁徙异地[⑤]，或加重经济剥夺等手段，铲除他们“控制”地方的经济实力与政治及社会基

① 正德《姑苏志》，卷四十《宦绩四》，天一阁藏明代方志选刊续编，第515页。

② 嘉靖《仁和县志》卷13《纪事》，光绪钱塘丁氏嘉惠堂客武林掌故丛编本。

③ 《明太祖实录》卷49，洪武三年二月庚申条，第966页。

④ 如洪武十八年郭桓案，追赃时波及全国各地一批富户，“核赃所寄借遍天下，民中人之家大抵皆破”（《明史》卷94《刑法二》，第2318页）。如洪武二十六年的蓝玉案，明太祖借机打压江南地主，于是党祸大起，蔓延天下。其中，吴江县富户大多被籍没。当时，有无名氏赋诗描绘一些情节：“一朝籍没遭荼苦，铁甲将军把潭府。鲛绡被底捉鸳鸯，翡翠楼中锁鹦鹉。千条墨纸封绿窗，一尺金钉钉朱户。……将军面如生铁盘，手中伏剑青锋寒。家财一一广推究，令严不敢相欺瞒。大妻呈上碧玉钏，小妾献出珍珠冠。将军勘财多则喜，不免生机巧扳指。一双白璧藏东家，千两黄金附西里。东家西里偿不了，鞫问才终复鞭拷。”（莫旦：弘治《吴江县志》卷12《杂记》）

⑤ 如时人贝琼称，洪武时期，“三吴巨姓，享农之利，而不亲其劳，数年之中，既盈而复，或死或徙，无一存者”（贝琼：《清江贝先生文集》卷19《横塘农诗序》，四库丛刊本）。方孝孺亦称：“太祖高皇帝以神武雄断治海内，疾兼并之俗，在位三十年间，大家富民多以逾制失道亡其宗。”（方孝孺：《逊志斋集》卷22《故中顺大夫福建布政司左参议郑君墓表》，四库丛刊本）吴宽亦记载，三吴地区“皇明受命，政令一新，豪民巨族，划削殆尽”，“一时富室或徙或死，声销景灭，荡然无存”（吴宽：《匏翁家藏集》卷58《莫处士传》；卷51《跋桃园雅集记》，四部丛刊本）。牛建强先生提出，洪武时期移徙江南富民于异地之举，就其动机而言，属于“瓦解性移民”（牛建强：《明代人口流动与社会变迁》，河南大学出版社，1997，第17页）。笔者认为，牛建强先生所论至为精准，切中要害。

础。其后嗣诸君亦“萧规曹随”。如《明史》称：明太祖“惩元末豪强侮贫弱，立法多右贫抑富。尝命户部籍浙江等九布政司、应天十八府州富民万四千三百余户，以次召见，徙其家以实京师，谓之富户。成祖时，复选应天、浙江富民三千户，充北京宛、大二县厢长，附籍京师，仍应本籍徭役。供给日久，贫乏逃窜，辄选其本籍殷实户佥补。宣德间定制，逃者发边充军，官司邻里隐匿者俱坐罪……太祖立法之意，本仿汉徙富民关中之制，其后事久弊生，遂为厉阶”。[①] 又，时人称：“吴中素号繁华，自张氏之据，天兵所临，虽不被屠戮，人民迁徙实三都、戍远方者相继，至营籍亦隶教坊。邑里萧然，生计鲜薄。”[②]

（二）重赋与“图治”：洪武时期江南战略定位

明初江南为何实施“重赋”政策？与“图治”战略有无关联？清修《明史》称：“初，太祖定天下官、民田赋，凡官田亩税五升三合五勺，民田减二升，重租田八升五合五勺，没官田一斗三升。惟苏、松、嘉、湖，怒其为张士诚守，乃籍诸豪族及富民田以为官田，按私租簿为税额。而司农卿杨宪又以浙西地膏腴，增其赋，亩加二倍。故浙西官、民田视他方倍蓰，亩税有二三石者。大抵苏最重，松、嘉、湖次之，常、杭又次之。洪武十三年命户部裁其额，亩科七斗五升至四斗四升者减十之二，四斗三升至三斗六升者俱止征三斗五升，其以下者仍旧。时苏州一府，秋粮二百七十四万六千余石，自民粮十五万石外，皆官田粮。官粮岁额与浙江通省埒，其重犹如此。”[③] 显然，《明史》编纂者未能洞悉明太祖重赋的真正意图，而为其表面现象所迷惑。论及重赋原因，当代学者亦不乏卓见。[④] 兹从“图治”战略着眼，就江南重赋问题略加分析。

---

① 《明史》卷77《食货一》，第1880页。

② （明）王琦：《寓圃杂记》，中华书局，1984，第42页。注：王琦（1433～1499），长洲人。

③ 《明史》，中华书局，1974，第1896页。

④ 关于江南重赋原因，学界诸说纷纭。有明太祖重赋惩治该地民众说、籍没富豪田产说、因张士诚之旧说、俗尚奢靡重赋以困说、杨宪加赋说、民田变官田说、经济发展结果说，等等。如方志远等认为：明朝统治者对苏、松、嘉、湖等地实施重赋，“既出于政治上的报复和惩罚，也是为了增加中央的财政收入。但从本质上看，则是中国古代社会‘杀富济贫’行为在经历了一场大的社会动荡之后的延续，是‘不患寡而患不均’的平均主义思想和‘取有余而补不足’的治国理念在明初特殊政治环境下的特殊体现。至少在苏松嘉湖地区如此”（方志远、李晓方：《明代苏松江浙人“毋得任户部”考》，《历史研究》2004年第6期）。本文撰写亦得到以上诸说启示，在此表示感谢。

元朝末年，乃“乱世”之秋。是时，暴政、灾荒与兵燹横行，田多荒芜，饿殍塞途。其中，北方地区受祸最惨，地荒人稀，经济社会破败不堪。如黄河以北，“道路皆榛塞，人烟断绝”。[①] 明太祖亦称：“中原之地，自有元失政，生民（灵）涂炭，死者不可胜计。”[②] 相对说来，江南等处受战乱影响较小，人口众多，经济繁荣。显然，明初，朝廷如果不能及时解决中原等地经济衰退、民生凋敝等关乎王朝命运之迫切问题，其必将恶化而累及南方，进而拖垮整个明王朝。严峻的形势，加重明太祖忧患意识与急切“图治”愿望。开国以来，他“宵旰图治，以安生民”。[③] 然而，“图治”绝非易事，尤其是在国家百废待兴之时，“图治”更为不易。如何“图治”？明太祖自有主张。如洪武元年（1368），明太祖提出：“今丧乱之后，中原草莽，人民稀少，所谓田野辟，户口增，此正中原今日之急务。若江南，则无此旷土流民矣！”[④] 又，洪武十八年（1385），明太祖称：“中原诸州，元季战争受祸最惨，积骸成丘，居民鲜少。朕极意安抚，数年始苏。”[⑤] 问题在于，建朝之初，国用浩繁，朝廷必须取舍，如何取舍？洪武初，明太祖称：“今疆宇虽定，然中原不胜凋敝；东南虽已苏息，而钱谷力役又皆仰之。”[⑥] 又，“朕自布衣起事，故知黎庶之艰难，粮税从宽必先郡县之凋敝，有司其尚谨于奉承，以体朕恤民之意”。[⑦] 显然，明太祖认为，中原等处为“粮税从宽”之地，而江南则“钱谷力役又皆仰之”。事实亦如此。史称：“初，太祖平吴，尽籍其功臣子弟庄田入官，后恶富民豪并，坐罪没入田产，皆谓之官田，按其家租计征之，故苏赋比他府独重。官民田租共二百七十七万石，而官田之租乃至二百六十二万石，民不能堪。”[⑧] 其实，重赋之地何止苏州一府，而是基本囊括江南地区。如洪武七年（1374），“上（明太祖）以苏、松、嘉、湖四府租税太重，特令户部计其数”。[⑨]

---

① 《明太祖实录》卷33，洪武元年闰七月庚子条，第579页。

② 《明太祖实录》卷118，洪武十一年四月戊午条，第1921页。

③ 《明太祖实录》卷196，洪武二十二年六月戊午条，第2949页。

④ 《明太祖实录》卷37，洪武元年十二月辛卯条，749页。

⑤ 《明太祖实录》卷176，洪武十八年十一月乙亥条，第2670页。

⑥ 《明太祖实录》卷40，洪武二年三月丙午条，第810页。

⑦ 《明太祖实录》卷50，洪武三年三月庚寅条，第976页。

⑧ 《明史》，第4212～4213页。

⑨ （清）顾炎武：《天下郡国利病书》之《松江府志》，上海古籍出版社，2012，第639页。另见《崇祯松江府志》卷8《田赋》，日本藏中国罕见地方志丛刊。

笔者认为，“重赋”之举，实为明初国家“图治”重要战略。全国一盘棋，国用有定数。洪武时期，苏松嘉湖等地赋重，其他地区得以“薄征”、甚至“永不起科”，与民休息。换言之，明初“取”重赋于苏松嘉湖等江南之地而“休养”中原等处，“疲”一地而利天下，借以实现全国经济复苏及天下大治。也就是说，明太祖从“图治”层面认识“赋税”功能，即国家赋税政策为“图治”战略服务。事实如此。如洪武三年(1370)，明太祖“令以北方府县近城荒地召人开垦，每户十五亩，又给二亩种菜，有余力者不限顷亩，皆免三年租税。十三年，令各处荒闲田地，许诸人开垦，永为已业，俱免杂泛差役，三年后并依民田起科。又诏陕西、河南、山东、北平等布政司及凤阳、淮安、扬州、庐州等府民间田土许尽力开垦，有司毋得起科”。[①] 洪武十九年（1386），明太祖又有旨：“自今河南民户止令纳原额税粮，其荒闲田地听其开垦自种，有司不得复加科扰。”[②] 洪武二十八年（1395），明太祖再次诏令：“方今天下太平，军国之需皆已足用。其山东、河南民人田地、桑枣除已入额征科，自二十六年以后栽种桑枣果树与二十七年以后新垦田地，不论多寡，俱不起科。”[③] 无疑，在明初政治语境中，圣谕“毋得起科”“不得复加科扰”及“不起科”均为“永不起科”之意。洪武时期，“永不起科令”主要于北方部分地区实施。其中，以河南、山东等地为重点，旨在发展经济，借以“图治”。

明太祖从政治高度筹划“重赋”政策，使其变成一种精心设计的政治计划与“图治”行为。首先，朝廷在“重赋”地区实施田地产权调查，摸清江南田地家底，明确耕地所属及征收赋税对象，优化人地结构，借以保障“重赋”顺利征收。如洪武元年，明太祖“诏遣周铸等一百六十四人往浙西核实田亩。谓中书省臣曰：兵革之余，郡县版籍多亡，田赋之制不能无增损，征敛失中则百姓咨怨……定某赋税，此外无令有所妄扰”。[④] 又，明太祖以江南为重点，下令地方政府编制“鱼鳞图册”，明确田产所属关系。如洪武二十年（1387），“浙江布政使司及直隶苏州等府县进鱼鳞图册。先是，上命户部核实天下土田，而两浙富民畏避徭役，往往以田产诡

① （明）申时行等修《明会典》卷十七，中华书局，1989，第112页。

② 《明太祖实录》卷178，洪武十九年六月丁未条，第2697页。

③ 《明太祖实录》卷243，洪武二十八年十二月壬辰条，第3532页。

④ 《明太祖实录》卷29，洪武元年正月甲申条，第495页。

托亲邻佃仆，谓之铁脚诡寄。久之，相习成风，乡里欺州县，州县欺府，奸弊百出，谓之通天诡寄。于是富者愈富，而贫者愈贫。上闻之，遣国子生武淳等往各处随其税粮多寡，定为几区。每区设粮长四人，使集里甲耆民，躬履田亩，以量度之，图其田之方圆，次其字号，悉书主名及田之丈尺四至，编类为册，其法甚备”。[①] 除此，为优化人地结构，洪武三年，明太祖有旨：“苏、松、嘉、湖、杭五郡地狭民众，细民无田以耕，往往逐末利而食不给。临濠，朕故乡也，田多未辟，土有遗利，宜令五郡民无田产者往临濠开种，就以所种田为己业，官给牛种舟粮以资遣之，仍三年不征其税。于是，徙者凡四千余户。”[②] 洪武二十二年（1389），明太祖又“命杭、湖、温、台、苏、松诸郡民无田者许令往淮河迤南滁、和等处就耕，官给钞，户三十锭，使备农具，免其赋役三年。上谕户部尚书杨靖曰：朕思两浙民众地狭，故务本者少而事末者多。苟遇岁歉，民即不给，其移无田者于有田处就耕，庶田不荒芜，民无游食”。[③] 其次，重视教化，加强江南民众思想控制与政治教化，劝民安分守法，为“重赋”创造稳定有序的社会环境。如洪武三年，明太祖“面谕”苏松等地富民，劝其争做守法“良民”：“尔等当循分守法，能守法则能保身矣。毋凌弱，毋吞贫，毋虐小，毋欺老，孝敬父兄，和睦亲族，周给贫乏，逊顺乡里。如此，则为良民。若效昔之所为，非良民矣！”[④] 又，洪武十五年（1382），明太祖“命户部榜谕两浙、江西之民曰：为吾民者，当知其分。田赋力役，出以供上者，乃其分也。能安其分，则保父母妻子，家昌身裕，斯为仁义忠孝之民，刑罚何由而及哉。近来两浙、江西之民，多好争讼，不遵法度，有田而不输租，有丁而不应役，累其身以及有司，其愚亦甚矣……今特谕尔等宜速改过从善，为吾良民；苟或不悛，则不但国法不容，天道亦不容矣”。[⑤] 最后，明太祖在户部官员选用上实行地域回避制度，即“凡户部官，洪武二十六年奏准，不得用浙江、江西、苏、松人”。[⑥] 户部主管赋税征收，明太祖此举，意在防止江南籍官员从本位主义出发更改或反对重赋

---

① 《明太祖实录》卷180，洪武二十年正月戊子条，第2726页。

② 《明太祖实录》卷53，洪武三年六月辛巳条，第1053页。

③ 《明太祖实录》卷196，洪武二十二年四月己亥条，第2941页。

④ 《明太祖实录》卷49，洪武三年二月庚午条，第966页。

⑤ 《明太祖实录》卷150，洪武十五年十一月丁卯条，第2362～2363页。

⑥ （明）申时行等修《明会典》，中华书局，1989，第24页。

税则。[①] 经过一系列筹划，江南“重赋”在国家政治层面得到强力保障。

明初江南重赋，赋“重”到何等程度？实则比较而言。如永乐初，松江府人杜宗恒称：“五季钱氏税两浙之田，每亩三斗；宋兴，均两浙田，每亩一斗；元入中国，定天下田税，上田每亩税三升，中田二升半，下田二升，水田五升。至于我太祖高皇帝受命之初，收天下田税，每亩三升、五升，有三合五合者，反轻于古者井田之税，于是天下之民咸得其所。独苏松二府之重，盖因赋重而流离失所者多矣。今之粮重去处，每里有逃去一半上下者，甚者则不止于是而已……国初籍没土豪田租，有因为张氏义兵而籍入者，有因虐民得罪而籍入者，有司不体圣心，将籍入田地一依租额起粮，每亩四五斗、七八斗至一石以上，民病自此而生，何也？田未没之时，小民于土豪处还租，朝往暮回而已。后变私租为官粮，乃于各仓送纳，远涉江湖，动经岁月，有二三石纳一石者，有四五石纳一石者，有遇风波盗贼者，以致累年拖欠不足……至洪武以来，一府税粮共一百三十余万石。租既太重，民不能堪。于是皇上怜民重困，屡降德音，将天下系官田地粮额递减三分之二外，松江一府税粮尚不下一百二万九千余石。愚历观往古，自有田税以来，未有若是之重者也。以是，农夫蚕妇冻而织，馁而耕，供税不足则卖儿鬻女，又不足然后不得已而逃，以致民俗日耗，田地荒芜，钱粮年年拖欠。”[②] 正德《姑苏志》亦称：“今天下财赋多仰于东南，而苏为甲……唐天宝而后，东南财赋始增，至宋元弥盛。然考之旧志，宋元岁数在苏者，宋三十余万石，元八十余万石，国朝几至一二百万。自古东南财赋又未有若今日之盛者也。夫聚于上者多，则存于下者能无餍乎？此为治者之所当念也。”[③] 江南“重赋”为明代公认之事。又，景泰中，长洲之民杨芳称：“五季钱氏两浙亩三升，宋王方贽均两浙田亩一斗。元耶律楚材定天下田税，上田亩三升，中田二升五合，下二升，水田五升。我朝天下田租亩三升、五升、三合、五合，苏松因后籍没，依私租额起税，有四五斗、七八斗至一石者。苏在元，粮三十六万，张氏百万，今二百七十余万矣。”[④] 明中叶，朝廷重臣丘濬亦称：“东南，财赋之渊薮

---

① 具体内容见方志远、李晓方撰《明代苏松江浙人“毋得任户部”考》，《历史研究》，2004 年第 6 期。

② 正德《松江府志》卷 7《田赋中》，天一阁藏明代方志选刊续编，第 334 ~ 335 页。

③ 正德《姑苏志》，卷 11《水利（上）》，天一阁藏明代方志选刊续编，第 937 页。

④ （明）叶盛：《水东日记》，中华书局，1980，第 38 页。

也。自唐宋以来，国计咸仰于是。其在今日，尤为切要重地……考洪武中，天下夏税秋粮，以石计者，总二千九百四十三万余，而浙江布政司二百七十五万二千余。苏州府二百八十万九千余，松江府一百二十万九千余，常州府五十五万二千余。是此一藩三府之地，其民租比天下为重，其粮额比天下为多。”[①] 当今学界对明代江南“赋重”事实也有研究。如范金民先生认为，明代江南苏州、松江、应天、镇江、常州、杭州、嘉兴、湖州八府，明初田地不到全国的6%，而税粮却高达23%。也就是说，江南以全国十六分之一的田土缴纳了五分之一以上的税粮。就每亩平均缴纳的税粮而言，明初亩均税粮，全国仅为0.038石，江南竟高达0.143石，为全国平均水平的近4倍，后因减赋有所下降，但仍为全国的3.5倍。[②] 牛建强先生指出：明代“苏、松地区是全国赋税最重的地区，几乎达到了超负荷的剥削程度。因自然因素的变化和人为因素的影响，这种赋税征取常常是不稳定的。再加上人口增长等因素的作用，赋税负担的最后完成依靠单一的农业经营根本是不可能的，遂依赖江南自然环境所提供的便利条件，发展包括渔业、种植业、加工业等在内的其他副业经营，以补偿农业经营中超必要劳动剥削的损耗”。[③]

综上，不难看出，较之明以前历朝，明代江南等地赋税颇重；较之明代其他地区赋税而言，江南“赋重”亦是事实。

（三）重赋、抑富与江南社会经济脆弱性

明初“取”重赋于江南而“休养”中原等地，借以实现北方经济恢复与全国经济同步发展。为此，江南成为明初“图治”战略的一个重要支点，江南民生状况因之而改变。在“抑南方略”之下，重赋而抑富，加剧明初江南社会经济脆弱性。如洪武初年，有官员疏陈：“致治之道，固不可骤至……今之守令，以户口钱粮、簿书狱讼为急务，至于农桑学校，王政之本，乃视为虚文，而置之不问，将何以教养黎民哉？以农桑言之，方春，州县下一文帖，里中回申文状而已，守令未尝亲点视种莳次第、旱涝预备之具也……所谓求治太速之过也。”[④] 其实，在明太祖眼

---

① （明）丘濬：《大学衍义补》，京华出版社，1999，第236页。

② 范金民：《明清江南重赋问题述论》，《中国经济史研究》1996年第3期。

③ 牛建强：《明代人口流动与社会变迁》，河南大学出版社，1997，第125页。

④ 陈子龙等辑《明经世文编》，中华书局，1962，第56～57页。

里，巩固政权、保住朱家天下才是治国之根本目的，其他都是手段，包括“重赋”，包括“图治”。明人丘濬称：国家“所以理财者，乃为民而理，理民之财尔。岂后世敛民之食用者，以贮于官而为君用度者哉？古者藏富于民，民财既理，则人君之用度无不足者。是故善于富国者，必先理民之财，而为国理财者次之”。[①] 关于这种道理，明太祖说得冠冕堂皇。如他有言：“保国之道，藏富于民。民富则亲，民贫则离，民之贫富，国家休戚系焉。自昔昏主恣意奢欲，使百姓困乏，至于乱亡。”[②] 然而，洪武时期，富国而非富民。时人称：是时，“茶椒有粮，果丝有税。既税于所产之地，又税于所过之津……今日之土地，无前日之生植，而今日之征聚，有前日之税粮。或卖产以供税，产去而税存；或赔办以当役，役重而民困。土田之高下不均，起科之轻重无别，膏腴而税反轻，瘠卤而税反重”。[③] 又如明初，巡视苏嘉湖等地官员称：“诸府民多逃亡，询之耆老，皆云重赋所致……十分取八，民犹不堪，况尽取乎？尽取，则民必冻馁，欲不逃亡，不可得也。”[④] 明初江南重赋，造成小农税负过重，一年劳作到头，所剩无几，一遇灾荒，无以为生，重赋加重了江南社会经济的脆弱性。

明初打击豪强、“抑富”之举，造成江南等地豪民富户大多破产亡家，朝廷基本上消除了豪强控制地方社会的组织系统及其经济实力，把元末以来被地方豪强所侵夺的地方利权收归政府，加强了国家对乡村社会直接控制权。[⑤] 明太祖此举，也对江南社会与民生影响较大，除了导致元代以来江南富豪在地方经济活动中的重要枢纽作用瓦解，亦使在朝廷引导下（如“入粟补官”“劝分”等）建构起来的以富民为主的民间社会自我救助组织体系丧失。问题还在于，明初，百废待兴，荒政亦在逐步建设过程中，而当地新兴的自耕农群体财力单薄，抗灾自救能力低下，正常年景尚能勉

① 《大学衍义补》，第 197 页。

② 《明太祖实录》卷 176，洪武十八年十一月甲子条，第 2699 页。

③ 《明史》，第 4118 页。

④ 《明史》，第 1896 页。

⑤ 如元明史专家李治安认为：“洪武时期‘南北榜’，仁宗朝‘南北卷’，朱元璋制造空印案、胡惟庸之狱、郭桓案、李善长之狱、蓝玉之狱和朱棣‘靖难’后残酷镇压建文帝阵营的南人集团以及最终迁都北京等等，都是以打击江南地主，突破明初定都南京后‘南方政权’的狭隘局限，建立朱氏南北统一王朝为最高目标的。”（李治安：《元和明前期南北差异的博弈与整合发展》，《历史研究》2011 年第 5 期）

强度日，一遇天灾则闹饥荒。国家稍有救济不及，或救助不力，则大量富民或被迁徙外地或破产，欲参与赈灾而不能。凡此，加剧当地社会经济生活脆弱性，造成小民遇灾则荒。

二 求治心切，尤重“秩序”

明太祖图治，尤其重视礼法“秩序”建设，求治心切，以致治国用法量刑过繁过重。史称：明太祖“即位以来，制礼乐，定法制，改衣冠，别章服，正纲常，明上下，尽复先王之旧，使民晓然知有礼义，莫敢犯分而挠法”。[①] 如洪武二十一年（1388），大臣解缙云：“国初至今将二十载，无几时不变之法，无一日无过之人。尝闻陛下震怒，锄根剪蔓，诛其奸逆矣。未闻褒一大善，赏延于世，复及其乡，终始如一者也。”[②] 又，《客座赘语》载：“洪武二十二年三月二十五日奉圣旨：‘在京但有军官军人学唱的，割了舌头；下棋打双陆的，断手；蹴圆的，卸脚；做买卖的，发边远充军。’府军卫千户虞让男虞端，故违吹箫唱曲，将上唇连鼻尖割了。又龙江卫指挥伏颙与本卫小旗姚晏保蹴圆，卸了右脚，全家发赴云南……国初法度之严如此，祖训所谓顿挫奸顽者。后一切遵行律诰，汤纲恢恢矣。”[③] 嘉靖《太平县志》亦载：明太祖“惩元季政偷，法尚严密，百姓或奢侈踰度犯科条，辄籍没其家，人罔敢虎步行。丈夫力耕稼给徭役，衣不过细布土缣。士非达官员，领不得辄用纻丝。女子勤纺织蚕桑，衣服视丈夫子。士人之妻非受封不得长衫束带，居室无厅事，高广惟式”。[④] 甚者，洪武十九年，明太祖有旨：“朕有天下，务俾农尽力畎亩，士笃于仁义，贾以通有无，工技专于艺业，所以然者，盖欲各安其生也……尔户部即榜谕天下，其令四民务在各守本业，医卜者土著不得远游，凡出入作息，乡邻必互知之，其有不事生业而游惰者，及舍匿他境游民者，皆迁之远方。”[⑤] 凡此，旨在规范民众生产生活以强化社会“秩序”。无疑，明太祖这种严厉而紧张的为政之道及严酷血腥的政治手段，产生了超强的政治威慑力与影响力，成为他推行“礼法”、实行强权与独裁及推行“重赋”

---

① 《明太祖实录》卷176，洪武十八年十月己丑条，第2665~2666页。
② （清）张廷玉：《明史》，中华书局，1974，第4115页。
③ （明）顾起元：《客座赘语》，中华书局，1987，第346~348页。
④ 嘉靖《太平县志》，卷2《地舆志下·风俗》，天一阁藏明代方志选刊。
⑤ 《明太祖实录》卷177，洪武十九年四月壬寅条，第2687~2688页。

政策的重要政治保障。

明太祖用心于礼法建构，却不以民生为重。[①] 对于江南等地而言，政府征收重赋于江南，而该地农田水利则疏于建设。明代江南，水稻是主要粮食作物，水田为主。江南水田核心区域为太湖平原，其地势起伏，湖荡汊港密布其间；湖州、常州、镇江三府位于太湖水系上游之地，苏州、嘉兴及松江三府处在下游流域。如明初，户部尚书夏原吉所言："浙西诸郡，苏、松最居下流，嘉、湖、常三郡土田下者少，高者多，环以太湖绵亘五百余里，纳杭、湖、宣、歙诸州溪涧之水，散注淀山等湖，以入三泖，顷为浦港，堙塞汇流，涨溢伤害苗稼。拯治之法，要在浚涤吴松诸浦港，泄其壅遏，以入于海。"[②] 显见，明代江南农业，水利最为重要，治水成为国计民生要务，灌溉为农业前提与基础，所谓"旱则车水而入，潦则车水而出"。[③] 如明人称："东南民命，悬于水利，水利要害，制于三江。"[④] 然而，洪武初年，明太祖征重赋于江南而疏于农田水利建设[⑤]，听任民众任意围堰造田，水灾则频繁"出现"。如"洪武九年八月，长洲县民俞守仁等诣县，状诉苏州之东、松江之西皆水乡，地形洿下。上游之水迅发，虽有刘家港，难泄众流之横溃。张氏开白茅港与刘家港分杀水势。自归附以来，十余年间，并无水害。今夏淫雨，又山水奔注，江河增涨。况常熟、昆山之民于白茆四近，昆承湖南诸泾及至和塘北港汊，尽为堰坝，不使通流。虽曾差官开浚，彼民随开随堰"。[⑥] 也就是说，由于朝廷在农田水利建设方面不作为，又听任江南民众私自圈围河汊，人为加重水患。天灾人祸交相为恶，洪武初年江南水灾频发。

---

① 如美籍著名学者黄仁宇所论：明初，"明朝采取严格的中央集权，施政方针不着眼于提倡扶助先进的经济，以增益全国财富，而是保护落后的经济，以均衡的姿态维持王朝的安全"（黄仁宇：《万历十五年》之《自序》，生活·读书·新知三联书店，1997，第2~3页）。

② 《明太宗实录》卷22，永乐元年八月戊申条，第405~496页。

③ （明）袁黄：《了凡杂著》（不分卷）"劝农书"，万历三十三年建阳余氏刻本。

④ （明）沈几：《东南水利议》，载张国维撰《吴中水利全书》卷22《议》，《四库全书》本。所谓"三江"，系指明代环太湖流域的吴淞江、浏河、望虞河等。

⑤ 关于明代以太湖流域为核心的江南治水事业，多有学者论及。如张芳认为，明代太湖治水主要分三个方面，即在太湖上游减少注入太湖的水量，在其中游浚治湖水出口及分流排水，在其下游疏浚以吴淞江为主的人海干道及太湖东北港浦的治理（张芳：《明代太湖地区的治水》，中国农业遗产研究室太湖农史组编《太湖地区农史论文集》第一辑，1985）。

⑥ 正德《姑苏志》，卷十一"水利上"，天一阁藏明代方志选刊续编，第880~881页。

三　政治高压与“重赋政策”

“重赋”之举，和明太祖治国风格与理想有关。明太祖渴望创造“治世”伟业，他希望通过开创“治世”来佐证明朝继统的“合法性”及大明政权的巩固。故而他积极求治，甚至有些急切。如明太祖有言：“朕闻尧、舜、禹、汤、文、武之君，德侔天地，仁洽民心，嘉祥屡臻，号称至治。朕以菲德，不能任贤图治以副民望，是以上天垂戒，灾异荐兴。夙夜兢业，不遑宁处。”[①] 到了晚年，他仍心中惴惴，“治世”情结越发浓重。如洪武二十七年（1394），明太祖对官员讲：朕历年久而益惧者，恐为治之心有懈也。懈心一生，百事皆废，生民休戚系焉。故日慎一日，惟恐弗及，如是所治，效犹未臻。甚矣！为治之难也。自昔先王之治，必本于爱民，然爱民而无实心则民必不蒙其泽，民不蒙其泽则众心离于下，积怨聚于上，国欲不危，难矣。朕每思此，为之惕然。”[②] 求治心切，为了“图治”，明太祖自然会使用各种手段。救灾官员赵乾被杀事件，就是解读明太祖“图治”心态与洪武时期政治风气的典型案例。

明初“重赋”之下，江南发生诸多变化与反应，如民生贫困，灾荒频发；江南籍士人、地主及小农对“重赋”政策也发出抗议。[③] 这些变化与反应不断刺激明太祖政治神经，影响了他的政治判断力与行为，甚至影响到一批官员的命运，如救灾官员赵乾被诛。明太祖“诛赵乾”事件，表面上看，是朝廷严惩救灾不力官员，为了整肃吏治，实际上是实行“重赋”政治高压而已。

事情还得从洪武初年的频繁灾异说起。洪武九年（1376），明太祖有诏：“迩来钦天监报，五星紊度，日月相刑。于是静居日省，古今乾道变化，殃咎在乎人君。思之至此，皇皇无措，惟冀臣民许言朕过。”[④] 同年底，“直隶苏州、湖州、嘉兴、松江、常州、太平、宁国，浙江杭州，湖

---

① 《明太祖实录》卷 132，洪武十三年六月甲申条，第 2099 页。

② 《明太祖实录》卷 231，洪武二十七年正月辛酉条，第 3375 页。

③ 如建文（1399～1402）时，翰林院侍书史仲彬疏曰：“国家有惟正之供，赋役不均，非所以为治。浙江赋本重，而苏松嘉湖又以籍入沈万三（松江）、史有为（嘉兴）、黄旭（苏州）、纪定（湖州），准租起税。此以绳一时之顽，岂得据为定则？乞悉减免，以苏民困。窃照各处起科，亩不过斗，即使江南地饶，亦何得倍之？奈有重至石余者！”（贺复征：《文章辨体汇选》卷 626《录二》）

④ 《明太祖实录》卷 109，洪武九年闰九月庚寅条，第 1809 页。

广荆州、黄州诸府水灾。遣户部主事赵乾等赈给之”。[1] 随即，水灾之地，又闹饥荒，且京师亦为其所累，粮价上涨，人心惶惶。如翌年正月，有官员称：“京师乃天下都会之地，迩来米价翔踊，百物沸腾，盖由苏湖等府水涝，年谷不登，素无储积所致。”[2] 洪武十年（1377）正月，明太祖“诏赐苏、松、嘉、湖等府居民旧岁被水患者户钞一锭，计四万五千九百九十七户”。[3] 问题在于，灾区与灾民急需粮食，朝廷先赈钱钞，必然导致“米价翔踊”。如史称：同年二月，朝廷“赈济苏、松、嘉、湖等府民去岁被水灾者，户米一石，凡一十三万一千二百五十五户。先是，以苏、湖等府被水，尝以钞赈济之，继闻其米价翔踊，民业未振，复命通以米赡之”。[4] 与此次江南水灾同期，湖广等地也闹水灾。洪武十年五月，明太祖“故伎重演”——先赈钞而非赈粮，他“复命户部赈济黄州、常德、武昌三府并岳州、沔阳二州去岁被水灾户六千二百五十，户给钞一锭”。[5] 不过，明太祖还有一手，即下令“诛户部主事赵乾。敕中书省臣曰：‘向荆、蕲等处水灾，朕寝食不安，亟命赵乾往赈之。岂意乾不念民艰，坐视迁延，自去年十二月至今年五六月之交，方施赈济，民饥死者多矣。夫民饥而上不恤，其咎在上；吏受命不能宣上之意，视民死而不救，罪不胜诛。其斩之，以戒不恤吾民者’”。[6]

救灾官员赵乾因“不念民艰，坐视迁延”而被诛，看似罪有应得，其实不然。仅就“荆、蕲等处”灾区“民饥死者多”的原因而言，一则在于朝廷“先赈钞”救荒政策失误，致使灾区“米价翔踊”及“民饥死”，错在朝廷；二则灾区面积过大，横卷长江中游与下游地区，“荆、蕲等处”又系多山之地，交通不便，灾区分散而灾民过多，朝廷救灾程序教条而繁复，负责具体救灾事务官员未有便宜从事之权；其三，洪武九年至十年间，赵乾在苏松嘉湖等处救灾[7]，然后奔赴“荆、蕲等处”灾区救济。赵

① 《明太祖实录》卷110，洪武九年十二月甲寅条，第1830页。
② 《明太祖实录》卷111，洪武十年正月丙戌条，第1840页。
③ 《明太祖实录》卷111，洪武十年正月丁未条，第1843页。
④ 《明太祖实录》卷111，洪武十年二月甲子条，第1847页。
⑤ 《明太祖实录》卷112，洪武十年五月癸卯条，第1858页。
⑥ 《明太祖实录》卷112，洪武十年五月丙午条，第1859页。
⑦ 具体情况见《明太祖实录》卷111，洪武十年正月丁未条，第1843页；卷111，洪武十年二月甲子条，第1847页；卷111，洪武十年四月庚申条，第1851页；卷111，洪武十年四月戊辰条，第1851页。

乾被诛原因，明太祖只提“荆、蕲等处”灾情及其“坐视迁延”罪责，而不提“苏、松、嘉、湖等府”灾情及救灾活动。所以，赵乾被杀，实为明太祖为规避重赋致灾事实仍坚持重赋政策，转移朝野视线，借赵乾之“头”以谢天下，故赵乾实则死于“重赋”政策。尽管朝廷积极赈钞、赈粮，又杀赵乾以儆效尤，然而江南几十万灾民还是处于“艰于衣食”状态。如洪武十一年（1378），明太祖“以苏、松、嘉、湖之民尝被水灾，已尝遣使赈济，至是复虑其困乏，再遣使存问，仍济饥民六万二千八百四十四户，命户赐米一石，免其逋租六十五万二千八百二十八石”。[①] 同年十二月，明太祖又“以苏、松、嘉、杭、湖五府之民屡被水灾，艰于衣食，命悉罢五府河泊所，免其税课，以其利与民，今岁鱼课未入征者”。[②] 显然，江南饥荒问题一直存在，还很严重。其实，赵乾被杀之后的洪武时期，其他地区救灾不力官员相继，却少有被重刑者。如洪武二十九年正月，“监察御史辛彦德出按事，道经彭泽，闻民间岁歉，官吏不以时存恤，至有鬻其儿女者。还奏之。上曰：‘县令于民最亲，民乏食鬻及儿女，乃坐视其困，恬不加恤，而又不以上闻，为民父母者如是耶？命杖之，令发粟赈其民’”。[③]

洪武之后，江南“重赋”政策虽有变通，未能从根本上改变“重赋”事实，甚至相关“配套”措施亦被继承，借以保证明王朝对江南进行持久的合法的经济掠夺及保持南北社会经济平衡需要。论及明太祖诏令“浙江、江西、苏松人毋得任户部”[④] 动机，方志远等撰文称：“苏松江浙人不得官户部的‘祖制’虽然是为着保证田赋的经济目的，但一开始就带有浓厚的政治色彩。随着苏松嘉湖地区的繁荣富庶越来越被人们所认识，以及用东南之财养西北之兵的理念日渐成为当政者的共识，减免苏松‘重赋’的呼声已越来越弱。无论哪一地区的官员任于户部，处于国家财政的考虑，都无法也没有必要为苏松减赋。”[⑤]

---

① 《明太祖实录》卷118，洪武十一年五月丁丑条，第1931页。

② 《明太祖实录》卷121，洪武十一年十二月辛丑条，第1964页。

③ 《明太祖实录》卷244，洪武二十九年正月乙卯条，第3550～3551页。

④ 《明史》载“（洪武）二十六年令浙江、江西、苏松人毋得任户部。”（《明史》卷七十二《职官一》，第1774页），相关内容见弘治《明会典》卷2《吏部一·事例》及万历《明会典》卷五《吏部·选官》。

⑤ 方志远、李晓方：《明代苏松江浙人“毋得任户部”考》，《历史研究》2004年第6期。

第三节　江南“灾区化”生成机制

论及明前期江南“灾区化”原因，除了重赋，还有“天”的“作为”，以及“天”与社会的共同作用。下文主要以环境与社会相互关系为视域，以明前期松江府“灾区化”为个案，就江南“灾区化”机制予以剖析。

明代松江府隶属南京。史称：“洪武改元，以松江隶南京，巍然自成一雄蕃矣……松江府领县三，曰华亭、上海、青浦。”① 松江府东南濒临大海，吴淞江纵横其境，内有淀山湖、泖湖、黄浦、大盈浦、顾会浦、松子浦、盘龙浦，水网密布，农业生产环境比较复杂。② 正德《松江府志》称：“松江虽名富饶郡，其实古一县尔。分而为二，庸赋日滋而封域犹故也。观于此可以知民力云。”③ 作为典型的南国水乡，“（松江）府境诸水亦自杭天目及苏之太湖而来，渟浸萦迴，由松江、黄浦而会归于海上之。沃以是，而害亦以是。其源委之曲折，蓄泄之方略，非经国者所当知邪？”④ 又，“（松江）府境诸山皆自杭天目而来，累累然，隐起平畴间，长谷以东通波，长谷以西望之如列宿，排障东南，涵浸沧海，烟涛空翠，亦各极其趣焉”。⑤ 洪武时期，文人袁凯曾作《沙涂行》诗一首，较为生动地描述了松江地域景观——“沙涂”及当地民生状况。诗云：“西起吴江东海浦，茫茫沙涂皆沃土。当时此物不归官，尽养此地饥民户。红尖小麦亩二石，荻芦输囷竟三尺。纷纷赤线何足论，瓜芋青秧密如栉。饥民得此不复饥，昔无一物今五衣。子孙相仍二十载，饱暖得与平民齐。君恩如天不可负，君恩能前不能后。力微势怯官不理，一一奄与强家有。强家犬马厌菽粟，强家下陈尽珠玉。君不闻江头浦边三万家，秋风秋雨夜无烛。”⑥ 生活在“富饶郡”的松江府小民，缘何遭遇“秋风秋雨夜无烛”的贫困生活？为何地域性“灾区化”趋势不能扭转？

① 崇祯《松江府志》卷二《沿革》，日本藏中国罕见地方志丛刊，第48页。
② （清）张廷玉：《明史》卷四十《地理志一》，中华书局，1974，第920～921页。
③ 崇祯《松江府志》卷一《疆域》，日本藏中国罕见地方志丛刊，第31页。
④ 正德《松江府志》卷二《水上》，天一阁藏明代方志选刊续编，第53页。
⑤ 崇祯《松江府志》卷一《疆域》，日本藏中国罕见地方志丛刊，第34～35页。
⑥ 正德《松江府志》卷二《水上》，天一阁藏明代方志选刊续编，第60～61页。

兹仅以松江府“灾区化”形成原因为个案而稍加剖析，借以探析江南“灾区化”生成机制。

一　脆弱生态环境与“灾区化”

研究表明：“脆弱生态环境是一种对环境因素改变反应敏感而维持自身稳定的可塑性较小的生态环境系统。”① 而“脆弱生态环境的成因主要包括自然成因和人为作用。自然成因表明脆弱性态环境的形成是受全球或地区性环境变迁的影响，在目前的技术水平下，人类还难以左右这种变化；人为作用是人类活动的干预使生态环境发生改变，走向脆弱”。② 明前期江南的生态环境，在自然因素与人为作用之下，很快陷于脆弱状态。江南部分地区的脆弱生态环境成为江南“灾区化”策源地与环境基础。

（一）气候趋冷，江南农业生态环境恶化

在农业经济体系中，气候是重要的影响因子。第一，气候变化影响作物的适应地域。研究表明，在历史气候温暖期，单季稻在黄河流域种植，双季稻可以推进到长江两岸；寒冷期，单季稻普遍栽培在淮河流域，双季稻在岭南地区比较普遍。历史时期气候冷暖变化，引起单双季稻种植地区南北变动，变动约为两个纬度。③ 第二，气候变迁会影响到作物的成熟时间。北半球年平均气温每增减 1℃，农作物生长周期随之增减3～4周。第三，气候变化会影响农作物的产量。如果其他条件不变，年平均气温变化1℃，粮食亩产量相应变化为 10%；年平均降水量变化 100 毫米，亩产量的相应变化也为 10%。④

历史上，我国气候一直处在冷暖交替之中。其中，元末以来，气候转冷，农业灾害增多。如元“至正六年九月，彰德雨雪，结冻如琉璃。七年八月，卫辉陨霜杀稼。九年三月，温州大雪。十年春，彰德大寒，近清明节，雨雪三尺，民多冻馁而死。十一年三月，汴梁路钧州大雷雨雪，密县平地雪深三尺余。十三年秋，邵武光泽县陨霜杀稼。二十三年三月，东平

---

① 刘燕华、李秀彬：《脆弱生态环境与可持续发展》，商务印书馆，2001，第 6 页。
② 刘燕华、李秀彬：《脆弱生态环境与可持续发展》，商务印书馆，2001，第 17 页。
③ 倪根金：《试论气候变化对我国古代北方农业经济的影响》，《农业考古》1988 年 1 期。另，平均每个纬度相差 111 公里左右，相差两个纬度约相差 222 公里左右。
④ 李伯重：《气候变化与中国历史上人口的几次大起大落》，《人口研究》1999 年第 1 期。

路须城、东阿、阳谷三县陨霜沙桑，废蚕事。八月，钧州密县陨霜杀菽。二十七年三月，彰德大雪，寒甚于冬，民多冻死。五月辛巳，大同陨霜杀麦。秋，冀宁路徐沟、介休二县雨雪。十二月，奉元路咸宁县井水冰。二十八年四月，奉元陨霜杀菽"。[①] 据竺可桢等研究，1300～1900年，我国进入明清寒冷期。其中，15～17世纪是五千年来中国气温最低时期，史称"明清宇宙期"，或称之"小冰河期"。[②] 据刘昭民研究，1368～1457年，气候寒冷，年平均气温比现在低1℃；1458～1552年，气候寒冷，年平均气温比现在低1.5℃；1553～1599年，夏寒冬暖，年平均气温比现在低0.5℃；1600～1644年，气候寒冷，年平均气温比现在低1℃～2℃。[③] 显然，明前期，江南遭遇气候变冷。凡此，易旱易涝，各种自然灾害频发，农业灾害增多，造成粮食产量下降，生态环境恶化而其脆弱性加剧。

（二）人为因素加重江南生态环境脆弱性

江南地处亚热带季风区，气候湿热，雨水充足，原田腴沃，湖泊河汊纵横，治水事关农业成败，水利系其经济命脉。明代江南，治水并非易事。作为暖热湿润之地，江南湖汊纵横，圩田密布，故而难以形成大规模的长久的公共水利工程。一遇洪涝，堤坝极易漫决，汪洋一片。如明人耿橘在《大兴水利申》中所言："窃照东南之难，全在水利。而赋税之所出，与民生之所养，全在水利。盖潴泄有法，则旱涝无患，而年谷每登，国赋不亏也。"[④] 如崇祯《嘉兴县志》称："江南水田，高者设坝闸留水，低者筑围埂拒流。酌燥润之中，以资浸灌。盖田不可一日无水，又不可一日多水也。"[⑤] 时人亦云："松江之田，高下悬绝。东乡最高，畏旱；西乡最低，畏水。但东乡每年开支流小河，西乡每年筑围岸，而水利之事尽矣。"[⑥] 然而明前期的江南农田水利建设实则缺失。

---

① 《元史》，中华书局，1976，第1097页。

② 竺可桢：《中国五千年来气候变迁的初步研究》，《考古学报》1972年第1期；徐道一等：《明清宇宙期》，《大自然探索》1984年第4期。

③ 刘昭民：《中国历史上气候之变迁》，台湾商务印书馆，1995，第五章"中国历史上各朝代之气候及其变迁情形"。

④ （明）徐光启：《农政全书》，岳麓书社，2002，第225页。

⑤ 崇祯《嘉兴县志》卷1《地理志》，日本藏中国罕见地方志选刊。

⑥ （明）何良俊：《四友斋丛说》，中华书局，1959，第121页。

学界一般认为，明前期，江南农田水利备受朝廷重视，治水效果较好。实则不然。事实上，明前期，江南农田水利建设缺少长远规划，缺少系统性与全局性统筹。灾时多为临时应急修治，修修补补，急功近利；灾后则“靠天吃饭”，放任自流。水利建设具有临时性与随意性特点，人为加剧江南生态环境脆弱性。也就是说，明前期江南缺少必要的农田水利建设，农业生产缺少基本保障，而松江府在内的江南“灾区化”与农田水利失修关系密切。如建文末年，“苏州府嘉定县民周程上言：东吴水利旧有三江，曰钱塘，曰吴淞，曰娄江。民间数百万钱粮皆仰于此。吴淞一江跨连苏、松之境，东抵沧海，西接太湖、淀湖，湖水溢则泄于海，海潮涨则通于湖。近年以来，沙土壅塞为平地二百五十余里，水脉不通，五六月间天时亢旱，高田稻苗乏水灌溉，百姓坐视枯槁；至七八月，秋雨霖霪，湖水涨溢，低下之处尽为污池。通泄无所，垂成之禾，坐视渰没。至于征粮之际，则典鬻男女，荡折产业，不能尽偿，甚至弃业逃散，骨肉分离，诚可怜悯”。[①] 又，史称：“永乐元年四月，命户部尚书夏原吉往浙江诸郡治水。时，嘉兴、苏、松诸郡频年水患，屡敕有司督治，迄无成功，故有是命。”[②]《明太宗实录》亦载永乐元年（1403），户部尚书夏原吉称：“盖浙西诸郡，苏、松最居下流，嘉、湖、常三郡土田下者少，高者多，环以太湖绵亘五百余里，纳杭、湖、宣、歙诸州溪涧之水，散注淀山等湖，以入三泖，顷为浦港，堙塞汇流，涨溢伤害苗稼，拯治之法要在浚涤吴松诸浦港，泄其壅遏，以入于海。按吴淞江旧袤二百五十余里，广百五十余丈，西接太湖，东通大海，前代屡疏导之。然当潮汐之冲，沙泥淤积，屡浚屡塞，不能经久。自吴江长桥至下界浦，约百二十余里，虽云疏通，多有浅窄之处，自下界浦抵上海县，南跄浦口，可百三十余里，潮沙壅障，菱芦丛生，已成平陆，欲即开浚，工费浩大，且滟沙游泥泛泛动荡，难以施工。”[③] 夏原吉对于此次江南治水活动之难有感于心，故而作诗云：“东吴之地真水乡，两岸涝涨非寻常。稻畴决裂走鱼鳖，居民没溺乘舟航。圣皇勤政重农事，玉札颁来须整治。河渠无奈久不修，水势纵横多阻滞。爰遵图志穷源流，经营相度严咨诹。太湖天设不可障，松江沙遏难为谋。上洋凿破范家浦，常熟挑开福山土。滔滔更有白茆河，浩渺委蛇势

---

① 《明太宗实录》卷15，洪武三十五年（建文四年）十二月丁丑条，第288～289页。

② 崇祯《嘉兴县志》卷1《地理志》，日本藏中国罕见地方志选刊。

③ 《明太宗实录》卷22，永乐元年八月戊申条，第405～406页。

相伍。洪荒从此日颇销，只缘田水仍齐腰。丁宁郡邑重规画，集车分布田周遭。车兮既集人兮少，点检农夫下乡保。妇男壮健记姓名，尽使踏车车宿潦。自朝至暮无停时，足行车转如星驰。粮头里长坐击鼓，相催相迫惟嫌迟。乘舟晓向车边看，忍视艰难民疾患。戴星戴月夜忘归，闷倚篷窗发长叹。噫嘻我叹诚何如？为怜车水工程殊。趼生足底不暇息，尘垢满面无心除。数内疲癃多困极，饥腹枵枵体无力。纷纷望向膏粱家，忍视饥寒那暇恤？会当朝觐黄金宫，细将此意陈重瞳。愿今天下游食辈，扶犁南亩为耕农。"①

治水有日，水患无时。有明一代，朝廷多次派官员负责兴修江南水利，不谓无功，但是由于缺乏远略，多为应付一时的权宜之计，制度弊端尤重，终为“修补式”治水而已，屡修屡废，水患不止，不能根治。换言之，包括夏原吉在内的明前期诸多官员的江南治水活动，不过是水灾之时临时性救灾举措，非为治本，而是治标，草草了事，故而未能有效解决江南水旱问题，未能给江南民众及区域社会经济带来多大裨益，水患还是不时发生。史载：“成祖永乐元年癸未，上海饥。（永乐）二年甲申六月，苏松嘉湖四府饥。秋七月初二日，风雨大作，海溢漂溺千余家，田为咸潮所浸，苗尽槁。（永乐）三年乙酉夏六月，翔雨至十日，高原水数尺，洼下丈余。”② 再如，永乐六年（1408），“浙江平阳县耆民言：县四乡之田资河水灌溉，近年河道壅塞，有司虽尝开浚其支河，实未用工，旬日不雨则涸，斥卤之地，咸气上蒸，田禾枯槁，民罹饥荒”。③ 其实，“耆民”所言平阳县水利不治情形，江南处处有之。水灾等灾害影响，灾区农业多减产，甚至绝收，饥荒严重。如永乐初，明成祖亦称：松江等“四郡之民，频年厄于水患，今旧谷已罄，新苗未成，老稚嗷嗷，饥馁无告”。④ 又如，永乐三年（1405）六月，“上谓户部臣曰：‘比苏湖被水，民饥多求食他郡，其令所在官司善加绥抚，毋驱逐之’”。⑤

仁宣时期，江南水利失修问题更加严重，农业环境愈加恶化，江南不断沦为水患之乡，民生问题越发突出。如明仁宗即位之初，“通政使司左通政

① 正德《松江府志》卷32《祥异》，天一阁藏明代方志选刊续编，第912~913页。

② 嘉庆《松江府志》卷80《祥异志》，“中国方志丛书”，第1817页。

③ 《明太宗实录》卷82，永乐六年八月己卯条，第100页。

④ 《明太宗实录》卷43，永乐三年六月甲申条，第687~688页。

⑤ 《明太宗实录》卷43，永乐三年六月辛卯，第688页。

乐福（此处乐福当为岳福）言：‘奉命治水苏、松、嘉、湖、杭、常六府，今岁六府田稼多为水渰没，请宽其税，俟来岁并征’”。[①] 岳福“奉命治水”，而水不治。故而，洪熙元年，大臣周幹称：“治农左通政岳福老疾不任事，宜别委任，庶使耕种以时，民免饥馁，而流亡可归。”[②] 其实，荒废农田水利者何止岳福一人！洪熙元年，“浙江黄岩县知县刘道成奏：本县所属二十余都田低下，率多水潦；四十余都田高，沟港浅隘，恒虑旱干。旧于海际筑闸一十八所，土坝一十余处，启闭以时，预防旱潦，后皆颓坏。永乐间，本府增设通判一员，专理农务，重加修治，甚为民便。比以汰冗员去，而本县公务益繁，提督不周，兼值连岁洪水，海潮冲荡者多”。[③] 又，宣德三年（1428），“浙江临海县民奏：‘本县旧有胡谗诸闸，积水灌田。比因大水坏闸，而金鳌、大浦、湖涞、举屿等河遂皆壅塞。或遇天旱，禾稼不收，粮税多欠，乞为开筑。’上曰：水利为政急务，使民自诉于朝，此守令不得人尔”。[④] 再如，宣德六年（1431），“浙江余姚县奏，所属东山等都旧有河池灌田，洪武中，尝疏浚，民受其利。今沙土壅塞，水利减少，无以救灾”。[⑤] 宣德七年，时任苏州府知府况钟称：“苏、松、嘉、湖四府之地，其湖有六，曰太湖、傍山、杨城、昆承、沙湖、尚湖，广袤凡三千余里，久雨则湖水泛滥，田皆被溺。湖水东南出嘉定县吴淞江，东出昆山县刘家港，东北出常熟县白茆港……年久淤塞不通，乞如旧遣大臣一员，督府、县官于农隙时发民疏浚，则水有所泄，田禾有收。”[⑥] 又，宣德六年，大臣周忱言：“上海县旧有吴淞江，年久湮塞。昔尚书夏原吉等按视，以为不可疏浚，止开范家浜阔一十三丈，通水溉田。因潮汐往来，冲决八十余丈，渰没官民田四十余顷，计粮一千八百二十余石，小民困于赔纳。”[⑦]

明前期江南水灾之所以严重，还在于当地政府对农田水利疏于日常管理，听任民间自利自为，导致江南水利问题复杂化与混乱化。江南豪民乘势堵塞河道、淤平河港以为良田，民间百姓也自顾自家、以邻为壑，造成

① 《明仁宗实录》卷2下，永乐二十二年九月下庚寅条，第69页。
② 《明宣宗实录》卷6，洪熙元年闰七月下丁巳条，第167～168页。
③ 《明宣宗实录》卷4，洪熙元年七月下甲午条，第119页。
④ 《明宣宗实录》卷37，宣德三年二月壬午条，第924页。
⑤ 《明宣宗实录》卷78，宣德六年四月辛酉条，第1817页。
⑥ 《明宣宗实录》卷95，宣德七年九月丁卯条，第2151～2152页。
⑦ 《天下郡国利病书》之《松江府志》，上海古籍出版社。2012，第669～670页。

农田水利废弃，河道排水系统瘫痪而内涝严重。如明人称：“吴淞江为三吴水道之咽喉，此而不治，为吾民之害未有已也。先时言水利者不知本原，苟徇目前，修一港一浦以塞责而已。”[①] 朝廷意欲整顿，故而多次严旨敕谕。如正统九年（1444），明英宗“敕谕工部右侍郎周忱：近闻浙江嘉、湖等府，直隶苏、松等府地方，今年多雨，潦水暴溢，渰没田稼，漂荡民居，溺死人畜。盖因各处递年将旧通江海河港乘干旱之时筑塞为田耕种，及因递年沙涨，以致水流不通，人受其患。今特命尔会同巡抚御史严督各该府县，拘集耆民、里老人等，询访踏勘各处原通江海河港故道，果被豪强之人筑塞为田，即令退还，并年清淤塞之处。尔等公同计议，督令府县官起倩人夫开挑，务要水道通行，不至为患。其余湖池陂塘圩岸，可以蓄泄水利防备旱潦者，悉其修筑开通。其间果有豪强之徒占据把持以为己利者，尔即拿问”。[②] 其实，豪民盘踞地方，交结官府，这种“敕谕”多为纸上文字，鲜有效果。此外，乡里平头百姓亦多为“蝇头小利”而侵占河道、乱筑圩田，任意开挖沟洫，甚至以邻为壑，使得基础治水系统受到破坏。如明朝官员林应训不得不通过《修筑河圩以备旱涝以重农务事文移》来督责民间农田水利修筑问题：“为照沟洫圩岸，皆以倍旱潦，而为三农之急务，人人所当自尽者。纵使官府开深江浦，而各区各国之沟洫圩岸不修，则终无以获灌溉之利，杜浸淫之患也。除干河支港，工力好打者，官为估计处置兴工外，至于田间水道，应该民力自尽。为此酌定式则，出给简明告示，缘圩张挂，仍课程书册，给散粮里，令民一体遵守施行……吴中之田，虽有荒熟贵贱之不同，大都低乡病涝，高乡病旱，不出二病而已。”[③] 终明之世，江南水患不断，越到后来越严重。弘治七年（1494），明孝宗感叹：“朕惟直隶苏、松、常，浙江杭、嘉、湖六府，数年以来，屡被水灾，田园淹没，庐舍漂溺，民既无以聊生，财赋何自而出？”[④] 弘治十四年（1501），官员吴岩在《兴水利以充国赋疏》中称：“窃惟国家财赋，多出于东南，而东南财赋，皆资于水利……宋元以来，诸儒以开江置闸治田为东南第一义，有由然矣。夫何近年以来，东南地方，下流淤塞，

---

① （清）顾炎武：《天下郡国利病书》之《苏州备录上》，上海古籍出版社，2012，第475页。

② 《崇祯松江府志》，卷十六《水利》，日本藏中国罕见地方志选刊，第412页。

③ （明）徐光启：《农政全书》，岳麓书社，2002，第216~217页。

④ 《明孝宗实录》卷90，弘治七年七月丙午条，第1658页。

围岸倾颓，疏导不得其法，董治不得其人?”[①] 其实，明前期，江南亦如吴岩所论，水利失修。嘉靖时，大臣吕光洵（1508～1580）在《修水利以保财赋重地疏》中称：“臣闻善治病者，必攻其本。善救患者，必探其源。水利之兴废，乃吴民利病之源也。蠲赈优矣，而水利不修，是由治病者专疗其标而不攻其本，未有能生者也。”[②] 吕光洵所言切中江南民生“利病”根源。又，万历初，工科给事中王道成亦称：“国初以来，一切圩岸、陂塘之属，尽皆荒圮。年复一年，水利大坏。一遇旱潦，坐而待毙。宜责成水利官巡行郡邑，将各处水利陂塘、圩岸逐一查理。占夺者清楚之，损坏者修治之，应新开者即行开浚，以致一切有碍水利者尽为查复。中有豪占抗违不服者，依律究治。”[③] 明前期，江南必要的农田水利逐渐缺失，农业环境恶化，成为江南“灾区化”主要症结之一。

二　社会环境恶化与“灾区化”

（一）洪武以来，江南人口不断增加，人多地少矛盾突出

据研究：“苏松杭嘉湖的纳税田地总量在洪武年间是一个高峰，达到28588517明亩……将它们折合成市亩，则洪武二十四年（1391）人均纳税田地3.27市亩。……明洪武时，江南人均税亩的府，由少及多的排列是：嘉兴税地最少，为2.36；其次为应天3.00、杭州3.09、宁波3.49、苏州3.57、松江3.61、湖州3.78，在3～4之间；绍兴4.15、镇江6.15、常州8.95，分别在4、6、9亩的等级上，基本上为纯农业区。”[④] 另，研究表明：“在明清江南以农业为主的时代，平均每人必须4市亩土地才能维持生计最低需要的口粮。”[⑤] 也就是说，洪武时期，江南人均耕地数量较低，民众生活处于温饱边缘，极易发生饥荒。洪武以后，凤阳、滁州、徐州三地人口高增长，人口的年均增长率可能达到7‰；庐州、安庆及江淮之间的淮安、扬州等地，人口的

① （明）徐光启：《农政全书》，岳麓书社，2002，第211页。
② （明）陈子龙等辑《明经世文编》，中华书局，1962，第2306页。
③ 《明神宗实录》卷77，万历六年七月丁卯条，第1659～1660页。
④ 吴建华：《明清江南人口社会史研究》，群言出版社，2005，第139页。另，1明亩=0.8707市亩。参见珀金斯《中国农业的发展（1368－1968年）》，上海译文出版社，1984，第244页。
⑤ 吴建华：《明清江南人口社会史研究》，群言出版社，2005，第144页。

年平均增长率可能为4‰～5‰；江南诸府人口自然增长率可能在3.4‰左右。[①] 尽管明初一些地区实际耕地数多于纳税耕地，但是，就人多地少的江南而言，这种可能性则不大，反倒因为江南等地人口持续增长而加剧人地矛盾。

（二）备荒仓储多废弛，民生缺少必要社会保障

备荒仓储多废弛，乡村社会生产保障缺失；吏治日趋腐败，漠视民瘼，甚至灾年催征赋税，救灾失时，加重灾民苦难；“害民”因素不断增多，民生恶化。凡此，区域社会脆弱化[②]，小农生存环境不断恶化。凡此，加大了灾害破坏力，加速江南“灾区化”进程。如永乐初，大臣杨溥称：“洪武年间，每县于四境设立四仓，用官钞籴谷，储贮其中。又有近仓之处，佥点大户看守，以备荒年赈贷。官籍其数，敛散皆有定规。又县之各乡，相地所宜，开浚陂塘及修筑滨江近河损坏堤岸，以备水旱，耕农甚便。皆万世之利。自洪武以后，有司杂务日繁，前项便民之事率无暇及。该部虽有行移，亦皆视为文具。是以一遇水旱饥荒，民无所赖，官无所措，公私交窘。只如去冬今春，畿内郡县艰难可见。况闻今南方官仓储谷，十处九空。甚者谷既全无，仓亦无存。皆乡之土豪大户侵盗私用，却妄捏做死绝及逃亡人户借用，虚立簿籍，欺瞒官府。其原开陂塘，亦多被土豪大户侵占，以为私己池塘养鱼者，有陻塞为私田耕种者。盖今此弊南方为甚。虽闻间有完处，亦是十中之一，其实废弛者多。其滨江近河圩田堤岸岁久坍塌，一遇水涨，渰没田禾。及闸坝蓄泄水利去处，或有损坏，皆为农患。”[③] 洪武以后，备荒仓储废弛问题的严重性与日俱增，由点而面，由地区性而全国性。如宣德三年，户科给事中宋征称：“洪武中，所籴郡县预备仓谷，岁歉则散，秋熟则还。数年来，有司官吏与守仓之民或假为己有，或私借与人，俱不还官。仓廒颓废，宜令户部下郡县修仓征收，以备荒歉。”[④] 又，宣德四年（1429），行在吏部“听选官”欧阳齐

---

① 曹树基：《中国人口史》（第四卷），复旦大学出版社，2005，第275页。

② 研究表明：“社会的脆弱性指各社会群体或整个社会易因风险事件、灾害等造成各种潜在的损失（结构性的或非结构性的）”（刘燕华、李秀彬：《脆弱生态环境与可持续发展》，商务印书馆，2001，第4页。）

③ （明）陈龙正：《明经世文编》，中华书局，1962，第199页。

④ 《明宣宗实录》卷41，宣德三年四月辛未条，第1011页。

言：“洪武中，于各州县置仓积粟，令耆民大户典守，遇岁凶以赈济，秋成还官。今各仓多废，一遇荒歉，民无所望。”[①] 同年，儒学生员张叙称：“国家设预备仓，积粟以防水旱，有益于民甚大。比典守者以粟给民，不以时征还官，或侵盗为己用，甚至仓廒多为风雨摧败，一遇饥馑，民无所仰。”[②] 宣德七年，巡按湖广监察御史朱鉴言：“洪武间，各府、州、县皆置东西南北四仓，以贮官谷，多者万余石，少者四五千石。仓设老人监之，富民守之。遇有水旱饥馑，以贷贫民，民受其惠。今各处有司以为不急之务，仓廒废弛，谷散不收，甚至掩为己有，深负朝廷仁民之意。”[③] 正统以来，备荒仓储废弛已是普遍性问题。如正统初，户部官员奏：“各府县洪武中俱设预备仓粮，随时敛散，以济贫民，实为良法。近岁有司视为泛常，仓廪颓塌而不葺，粮米逋负而不征，岁凶缺食往往借贷于官。”[④] 由于备荒仓储多废弛，乡村社会生产保障缺失，灾民遇灾缺粮而无以为生，故而大量外流。

（三）吏治腐败加重灾民苦难与灾区混乱

明太祖以元亡为鉴，重典治吏，大力整顿吏治。然而，洪武时期，吏治腐败问题及官员漠视民瘼事件一再发生，加剧灾民苦难，加重灾区混乱。

明太祖整顿吏治可谓严厉，出手较狠。如洪武十年（1377），明太祖告诫官员：“有司以抚治吾民为职，享民之奉而不思恤民，惟以贪饕掊克为务，此民之蠹也。宜纠治其罪，毋以姑息纵其为害。”[⑤] 又，明太祖称：“近来有司不以民为心，动即殃民，殃民者，祸亦随之，苟能忧民之贫而虑民之困，使民得以厚其生，此可谓善为政也。”[⑥] 尽管明太祖不断整治吏治，要求官员勤政爱民，然而效果并不好。一些地方官自觉“天高皇帝远”，不以民生为重。如正德《姑苏志》称：“国朝洪武初，七县[⑦]官民田

---

① 《明宣宗实录》卷55，宣德四年六月壬午条，第1310页。

② 《明宣宗实录》卷57，宣德四年八月丙申条，第1367页。

③ 《明宣宗实录》卷91，宣德七年六月丙申条，第2077页。

④ 《明英宗实录》卷30，正统二年五月辛卯条，第593页。

⑤ 《明太祖实录》卷116，洪武十年十二月癸酉条，第1903页。

⑥ 《明太祖实录》卷172，洪武十八年三月壬戌条，第2625页。

⑦ 明初，苏州府（即姑苏）所辖一州七县，系吴县、长洲县、常熟县、吴江县、昆山县、嘉定县、太仓州，崇明县（具体内容见《明史》，中华书局，1974，第918～920页）。

地共六万七千四百九十顷有奇。官田地二万九千九百顷有奇，起科凡一十一则。一则七斗三升，一则六斗三升，一则五斗三升，一则四斗三升，一则三斗三升，一则二斗三升，一则一斗三升，一则一斗一升，一则五升，一则三升，一则一升。又功臣还官田、开耕田俱名官田，重则有一石六斗三升者。民田地二万九千四十五顷有奇，起科凡十则。一则五斗三升，一则四斗三升，一则三斗三升，一则二斗六升，一则二斗三升，一则一斗六升，一则一斗三升，一则五升，一则三升，一则一升。抄没田地一万六千六百三十八顷有奇，内有原额今科之分，原额田起科，凡六则，一则七斗三升，一则六斗三升，一则五斗六升，一则五斗三升，一则四斗三升，一则四斗。今科田自五斗三升至三升者，凡二十八则。"① 仅就这则材料而言，似乎明初苏州等地税赋因地力而不同，轻重有别。事实并非如此。如建文年间（1399～1402），官员王叔英称："田有官民之分，税有轻重之异。官既事繁，而需于民者多。故田之系民者，其赋不得不重；惟系于官者，其赋轻而亦有过于重者。官民之田肥瘠不等，则赋税有差。然或造籍徇私，以肥为瘠，当轻反重者，往往有之。若夫官田之赋，虽比之民田为重，而未必重于富民之租。然输之官仓，道路既遥，劳费不少。收纳之际，其弊更多，故抑或有甚于输富民之租者。繇是官民之田，其实有可输富民之余，而又有可酬其力者，民然后可得而耕；其不然者，则民不可得而耕矣。此赋敛未平之害，是以田多荒芜也……今天下有司，役民无度，四时不息，繇其不能省事故也。至于民稀州县，人丁应役不给，丁丁当差。男丁有故，役及妇人。奈何而民不穷困乎？盖繇州县有应并省而不并省者，其民既稀，其役自繁；是以民稠州县，虽不尽其力，亦夺其时。民稀州县，既夺其力，又夺其时。斯二者，岂非有害于为之未疾者乎？"② 可见，税则操作层面问题比较严重，甚至"以肥为瘠，当轻反重者"，这自然进一步加重"重赋"效应。赋重役繁，官吏及粮长等又借机侵占盘剥。史称：苏、松、湖、杭、常、镇粮长"征收之时，于各里内置立仓囤，私造大样斗斛而备量之，又立样米、抬斛米之名以巧取之，约收民五倍却以平斗正数付与小民运赴京仓输纳，缘途费用所存无几。及其不完，着令赔

① 《正德姑苏志》卷十一"水利上"，天一阁藏明代方志选刊续编，第977～978页。

② （明）王叔英：《资治策疏》，陈子龙等辑《明经世文编》卷12，中华书局，1962，第87～89页。

纳，至有亡身破产者。连年逋欠，倘遇恩免，利归粮长，小民全不沾恩”。[①] 故而，时人指出：“洪武受命，天下咸称得所，而苏、松独流移载道，良有以也。”[②]

洪武时期，尽管明太祖大力整顿吏治，吏治腐败问题却时有发生。永乐以来，荒政中吏治腐败问题越发严重，主要表现在匿灾不报、报灾迟延、报灾不实、勘灾敷衍、救灾玩忽职守且贪赃枉法，等等。[③] 如永乐十年(1412)，“浙江按察使周新言，湖州府乌程等县永乐九年夏秋霖潦，洼田尽没，湖州府无征粮米十七万二千四百余石，所司不与分豁，一概催征。今年春多雨，下田废耕，饥民已荷赈贷，而前年所负田租有司犹未蠲免，民被迫责，日就逃亡”。[④] 又据《明太宗实录》载，永乐十七年（1419），“通政司左通政赵居任卒……居任虽以清介自持，而无恤民之心。在苏松十余年，督治水及农务，每霖雨没田禾，不待雨止，广集民男妇踏车出水，随去随溢，低田终不可救，高乡之民困于其役，不得尽力农事，而居任恒以丰稔闻”。[⑤] 明成祖亦称：“朕欲周知民之休戚，尝命凡布政司、按察司及府州县官至京者陈民间利病。近有以时和岁丰、民安物阜为言者，及验视之，田野荒芜，人民饥寒，甚至水旱虫蝗，皆不以闻。”[⑥] 由于匿灾不报，徭役繁重，加剧灾民苦难。如永乐二十二年（1424），明成祖“谕户部尚书夏原吉曰：田土，民所恃以衣食者。今所在州县奏除荒田，得非百姓苦于征徭，相率转徙欤？抑年饥，衣食不足，或加以疫疠而死亡欤？自今一切科徭务撙节；仍令有司，凡政令不便于民者，务具以闻，被灾之处早奏振恤。有稽违者，守令处重刑”。[⑦] 仁宣时期，承平日久，朝廷乐于粉饰太平，荒政中吏治腐败问题更加严重。为此，皇帝不得不三令五申。如洪熙元年，仁宗诏谕，要求“各处遇有水旱灾伤，所司即便从实奏报，以凭宽恤。毋得欺隐，坐视民患”。[⑧] 宣德十年（1435），朝廷有旨：“水旱灾伤之处，并听府州县及巡

---

① 《明宣宗实录》卷6，洪熙元年闰七月丁巳条，第165~166页。

② （明）范濂：《云间据目抄》卷四《记赋役》，笔记小说大观本。

③ 具体内容见鞠明库《灾害与明代政治》，中国社会科学出版社，2011，第262~280页。

④ 《明太宗实录》卷129，永乐十年六月庚申条，第1598页。

⑤ 《明太宗实录》卷209，永乐十七年二月庚寅条，第2113~2124页。

⑥ 《明太宗实录》卷139，永乐十一年四月丙寅条，第1675页。

⑦ （明）陈仁锡：《荒政考》，《中国荒政全书》（第一辑），北京古籍出版社，2003，第541页。

⑧ （明）俞汝为：《荒政要览》，《中国荒政全书》（第一辑），北京古籍出版社，2003，第298页。

抚官从实奏闻，朝廷遣官覆勘处置，并不许巧立名色，以折粮为由，擅自聚敛小民金银缎匹等物，挪移作弊，侵欺入己。违者罪之。”[①] 由于地方官在荒政中的种种腐败行为，加重了灾民苦难与灾区混乱，成为“灾区化”重要影响因子。

（四）江南“害民”因素不断增多，加重民生苦难

明前期，基层社会“害人”因素很多，贪官污吏及杂役等鱼肉乡里，造成小农生活的社会环境恶化。关于这种情况，早在洪熙元年，奉旨于江南等处巡视民瘼的官员周幹做了详细论述。周幹称：“臣窃见苏州等处人民多有逃亡者，询之耆老，皆云由官府弊政困民及粮长、弓兵害民所致。如吴江、昆山民田，亩旧税五升，小民佃种富室田亩出私租一石。后因没入官，依私租减二斗，是十分而取其八也。拨赐公侯驸马等顷田，每亩旧输租一石，后因事故还官，又如私租例，尽取之。且十分而取其八，民犹不堪，况尽取之乎？尽取则无以给私家，而必至冻馁，欲不逃亡，不可得矣！又如杭之仁和、海宁，苏之昆山，自永乐十二年以来，海水沦陷官民田一千九百三十余项，逮今十有余年，犹征其租。田没于海，租从何出？常之无锡等县，洪武中，没入公侯田庄，其农具车牛给付耕佃人用纳税，经今年久，牛皆死，农具及车皆腐朽已尽，而有司犹责税如故，此民之所以逃也。粮长之设，专以催征税粮。近者常、镇、苏、松、湖、杭等府无籍之徒，营充粮长，专掊克小民以肥私己。征收之时，于各里内置立仓囤，私造大样斗斛而倍量之，又立样米、抬斛米之名，以巧取之，约收民五倍，却以平斗正数付与小民运赴京仓输纳，缘途费用所存无几，及其不完，着令赔纳，至有亡身破产者，连年逋负。倘遇恩免，利归粮长，小民全不沾恩，积习成风，以为得计。巡检司之设，从以弓兵，本用盘诘奸细，缉捕盗贼。常、镇、苏、松、嘉、湖、杭等府巡检司弓兵，不由府县佥充，多是有力大户令义男家人营谋充当，专一在乡设计害民，占据田产，骗要子女，稍有不从，辄加以拒捕私盐之名，各执兵仗围绕其家擒获，以多桨快舡装送司监收，挟制官吏，莫敢谁何，必厌其意乃已。不然，即声言起解赴京，中途绝其饮食，或戕害致死，小民畏之，甚于豺虎，此粮长、弓兵所以害民而致逃亡之事也。臣等覆勘，信如所言……豪

① 《明英宗实录》卷2，宣德十年二月辛亥，第47页。

强兼并，游惰无赖之徒为民害者尤重，众究其所以，亦由府县官多不得人。”[①] 诚如周幹所言，江南既有“官府弊政困民及粮长弓兵害民”问题，亦有江南豪强坐大而危害地方，连同朝廷“厉民”之政，一并加剧民生苦难。凡此，小民“必至冻馁，欲不逃亡，不可得矣！”如明宣宗称：“比岁田里之民，鲜得其所。究其所自，盖守令匪人。或恣肆贪刻，剥削无厌，或阘茸庸懦，坐视民患。相为蒙蔽，默不以闻。致下情不能上通，上泽不能下施。”[②] 宣德六年，“监察御史张政言：洪武间，设粮长专办税粮。近见浙江嘉、湖，直隶苏、松等府粮长兼预有司，诸务徭役则纵富役贫，科征则以一取十，词讼则颠倒是非，粮税则征敛无度，甚至役使良善，奴视里甲，作奸犯科，民受其害”。[③] 又如，宣德七年，明宣宗亦敕谕：“曩为所任不得其人，百姓艰难，略不矜念，生事征敛，虐害百姓。致其逃徙弃离乡土，栖栖无依。朕甚悯之。已专遣人招抚复业，优免差役一年。今闻诸司官吏仍有不体朕恤民之心，恣意擅为。复业之民来归未久，居无庐舍，耕无谷种，逼其补纳逋租，陪偿倒死孳生马骡牛羊，科派诸色颜料，刑驱威迫，荼毒不胜，此皆任不得其人也。”[④] 又如正统三年，工部右侍郎周忱言：“华亭、上海二县灶丁计负盐课六十三万二千余引，催责不已，煎盐不敷，灶丁日以逃窜……松江盐场总催头目一年一代，中间富实良善者少，贫难刻薄者多，催纳之际，巧生事端，百计朘削，以致灶丁不能安业，流移转徙，职此之由。”[⑤]

（五）“重赋”成为“成法”，“重赋”而“民穷”

洪武以后，江南“重赋”成“成法”，成为江南“灾区化”重要原因，“重赋”成为民生与环境恶性互动催化剂。建文时，江南虽有“减赋”之举，旋即为明成祖所中止。永乐以后，由于多方利益纠葛及帝国经济形势所迫，“重赋”遂成“永制”。如清修《明史》称：“建文二年诏曰：‘江、浙赋独重，而苏、松准私租起税，特以惩一时之顽民，岂可为定则以重困一方。宜悉与减免，亩不得过一斗。’成祖尽革建文政，浙西之赋

---

① 《明宣宗实录》卷 6，洪熙元年闰七月下丁巳，第 164～167 页。

② 成化《重修毗陵志》，卷 5《诏令·宣德赐知府敕》，天一阁藏明代方志选刊续编，第 323 页。

③ 《明宣宗实录》卷 78，宣德六年四月癸亥，第 1818 页。

④ 《明宣宗实录》卷 91，宣德七年六月上乙巳，第 2081～2082 页。

⑤ 《明英宗实录》卷 47，正统三年十月乙丑条，第 914 页。

复重。宣宗即位，广西布政使周幹，巡视苏、常、嘉、湖诸府还，言：‘诸府多逃亡，询之耆老，皆云重赋所致。如吴江、昆山民田租，旧亩五升，小民佃种富民田，亩输私租一石。后因事故入官，辄如私租例尽取之。十分取八，民犹不堪，况尽取乎。尽取，则民必冻馁，欲不逃亡，不可得也。仁和、海宁、昆山海水陷官、民田千九百余顷，逮今十有余年，犹征其租。田没于海，租从何出？请将没官田及公、侯还官田租，俱视彼处官田起科，亩税六斗。海水沦陷田，悉除其税，则田无荒芜之患，而细民获安生矣。’帝命部议行之。宣德五年二月诏：‘旧额官田租，亩一斗至四斗者各减十之二，四斗一升至一石以上者减十之三。著为令。’于是江南巡抚周忱与苏州知府况钟，曲计减苏粮七十余万，他府以为差，而东南民力少纾矣。忱又令松江官田依民田起科，户部劾以变乱成法。宣宗虽不罪，亦不能从。而朝廷数下诏书，蠲除租赋。持筹者辄私戒有司，勿以诏书为辞。帝与尚书胡濙言：‘计臣壅遏膏泽。’然不深罪之。”① 又如，嘉靖时，官员袁袠称：“今之天下皆王土也，何独天下之赋皆轻，为苏松独重乎？议者必以变乱成法为言。夫为变乱者，妨奸臣之专权乱法、罔上行私也。今朝野之人，皆知苏松之重赋，法当变通，而莫有言者，畏变乱之律重也。诚使天子下明诏集群议以行之，又何变乱之有？无已则减额乎？议者必谓郡国之需，一日不可缺，加赋且不足，而乃欲减额乎？”②

（六）江南赋役繁重而不均，加重小民经济负担，百姓生计维艰

明前期，江南等地不仅赋役繁重，赋役不均问题也很突出。是时，不仅豪族大户多转嫁赋役于小民头上，朝廷蠲免赋税又多为富民独享，小民很少受惠。如永乐时期，经年修建北京城，大军多次横扫漠北，加之宝船出海，扬威异域，如此众多浩大工程，民众负担极为沉重，江南之地尤甚。是时，大臣邹缉所言：“爰自肇建北京以来，焦劳圣虑几二十年，工力浩大，费用不赀，调度既广，科派亦繁，群臣不能深体圣心，致使措置失宜，所需无艺，掊克者多，冗官滥员，内外大小动至千百，使之坐相蚕食，耗费钱粮，而无益于事。是竭尽生民之膏髓，犹不足以供工作之用。

① 《明史》，第 1896 ~ 1897 页。
② （明）袁袠：《世纬》卷 11《苏松浮赋议》，四库全书本。

由是财用匮乏，莫之所图。民穷无告，犹不之恤。”[①] 赋役繁重，加之赋役不均，农民生活更加困苦。如永乐二十年（1422），明成祖敕谕：“户部臣曰：往古之民死徙无出乡，安于王政也。后世之民，赋役均平、衣食有余亦岂至于逃徙？比来抚绥者不得人，但有科差不论贫富，一概烦扰，致耕获失时，衣食不给，不得已乃至逃亡。及其复业，田地荒芜，庐舍荡然，农具种子皆无所出，政宜周恤之，乃复征其逋负，穷民如此，岂有存活之理？”[②] 宣德初年，工部侍郎周忱“巡抚江南诸府，总督税粮。始至，召父老问逋税故，皆言豪户不肯加耗，并征之细民，民贫逃亡，而税额益缺”。[③] 又，宣德十年，官员奏陈：“江南小民佃富人之田，岁输其租。今诏免灾伤税粮，所蠲特及富室，而小民输租如故……又言各处饥馑，官无见粮赈济，间有大户赢余，多闭粜增价以规厚利，有司绝无救恤之方。”[④] 其中，松江府赋役不均问题尤为突出，不仅表现在“征之细民”问题，还表现在地力不均而赋役相同问题。江南各处地力不同，各处民生水平差别较大。如明人何良俊称：“夫均粮，本因其不均而欲均之也。然各处皆以均过，而松江独未者。盖各处之田虽有肥瘠不同，然未有如松江之高下悬绝者。夫东、西两乡，不但土有肥瘠。西乡田低水平，易于车戽。夫妻二人可种二十五亩，稍勤者可至三十亩。且土肥获多，每亩收三石者不论，只说收二石五斗，每岁可得米七八十石矣！故取租有一石六七斗者。东乡田高岸陡，车皆直竖，无异于汲水。稍不到，苗尽槁死。每遇旱岁，车声彻夜不休。夫妻二人极力耕种，止可五亩。若年岁丰熟，每亩收一石五斗。故取租多者八斗，少者只黄豆四五斗耳。农夫终岁勤动，还租之后，不够二三月饭米。即望来岁麦熟，以为种田资本。至夏中只吃粗麦粥，日夜车水，足底皆穿。其与西乡吃鱼干白米饭种田者，天渊不同矣。”[⑤] 若遇天灾，则境遇异常。如时人称松江一府，“大抵东乡之民勤而耐劳，西乡之民习于骄懒。东乡若经旱灾，女人日夜纺织，男子采梠而食，犹可度命。西乡之人一遇大水，束手待毙，此则骄懒害之，实自取也”。[⑥]

---

① 陈子龙等辑《明经世文编》，第 164 页。
② 《明成祖实录》卷 252，永乐二十年十月戊子条，第 2353 页。
③ 《明史》，第 4212 页。
④ 《明英宗实录》卷 5，宣德十年五月乙未条，第 110 页。
⑤ （明）何良俊：《四友斋丛说》，中华书局，1959，第 115 页。
⑥ 《四友斋丛说》，第 120 页。

地力不同而赋役相同，实则加重地瘠之处农民负担。史称：明代松江“农家最勤，习以为常，至有终岁之劳，无一朝之余。苟免公私之扰，则自以为幸，无怨尤者……妇女馌饷外，耘获车灌，率与男子共事，故视他郡虽劳苦倍之，而男女皆能自立……农无田者，为他人佣耕曰长工。农月暂佣者曰忙工，田多而人少者倩人为助己而还之，曰伴工……无牛犁者以刀耕。其制如锄而四齿，谓之铁搭。人日耕一亩，率十人当一牛。灌田以水车，即古桔槔之制，而巧过之”。[①] 尽管松江府“农家最勤”，却无法改变小农生计惨淡之事实，因为“环境”不因小民勤俭而改变，故而时人称：“松江财赋之乡，田下下而赋上上，近者军兴不息，而国计单虚，非特小民枵腹攒眉，即上官催征之时，亦且含涕敲扑，而不欲正视之矣。此岂得已而不已哉！”[②]

要言之，“重赋”成为江南民生与生态环境二者恶性互动之催化剂，并催生江南“灾区化”之环境机制。如明朝官员耿橘以常熟县民生为例而论之：“计常熟县民间，田租之人，最上每亩不过一石二斗，而实入之数，不过一石。乃粮之重者，每亩至三斗二升，而实费之数，殆逾四斗，是十四之赋矣。以故为吾民者，一遇小小水旱，辄流散四方，逋负动以数万计焉。嗟嗟，赋不可减，岁不可必，元元其何以为命？”徐光启对耿橘所言“重赋”亦有感慨：“苏松大率如此，常镇嘉湖次之。”[③] 又，“重赋”所负载的政治功能及其社会副作用，注定江南农田水利建设缺失和乡村社会保障脆弱的必然结果。[④] 重赋、“害民”诸因素、气候变冷，三者之间恶性互动，一并构成明前期江南“灾区化”生成机制，构成了独特的“环境”。“环境”使然，明前期，松江等地出现“灾区化”。

第四节　“灾区化”：变态与常态

明前期江南“灾区化”虽是其社会与民生的一种“变态”，并未再进一步恶化，而是基本维持“灾区化”的社会秩序与经济生活基本稳定，进

① （明）顾清：《正德松江府志》卷四《风俗》，天一阁藏明代方志选刊续编，第203～205页。

② （明）顾炎武：《天下郡国利病书》之《松江府志》，上海古籍出版社，2012，第635页。

③ （明）徐光启：《农政全书》，岳麓书社，2002，第225页。

④ 赵玉田：《明前期北方灾荒与乡村建设》，《东北师大学报》2007年第1期。

而使其成为一种长期存在的“常态”。“变态”与“常态”，一并构成江南独特的社会与经济现象，并在此基础上酝酿着明代中后期社会转型与商业社会萌动。进而言之，仅就“灾区化”之“变态”而言，未造成江南陷入地荒人稀、社会经济凋敝的破落境地，一直保持着明代经济社会发展的领先地位，一直处于“常态”下的社会秩序与经济生活稳定。此等区域经济社会现象，值得我们进一步思考。

一 治水与得人：朝廷之举

江南之地，为明代财赋重地。史称：“晋、宋以降，仓廪所积，悉仰给于浙西水田之利，故曰：苏、湖熟，天下足。”[①] 水利是江南经济命脉所系，明朝君臣对此尤为清楚。如明弘治八年（1495），孝宗“升常州府通判姚文瀚为工部都水司主事，治苏松等七府水利，赐之曰：‘直隶苏、松、常、镇及浙江杭、嘉、湖七府，并苏州、镇江等卫所，地方广阔，钱粮浩大，每岁收成全资水利。积年以来，河沟渠港湖塘等项尽皆壅塞，或被豪强之人占为已业，旱无所溉，雨无所泄，以致田谷不登，军民缺食。近差工部侍郎徐贯往会巡抚等官，通行疏浚，已奏功成。但恐岁月寖久，港渎渐致湮遏，水利不能兴举，圩岸愈见坍塌，财赋无从出办。兹特升尔前职，命尔专一往来”。[②] 为使江南“重赋”政策得以贯彻并持续实行，从明太祖开始，明前期的君臣不断探寻江南“重赋”之下而“使人不劳困，输不后期”[③] 的经国良方。概要说来，“良方”主要有二：一是朝廷对江南农田水利建设比较重视；二是选派有能力官员任职江南。

（一）相对说来，明政府对江南水利建设还比较重视，朝廷此举，是江南得以保持社会经济生活“常态”的根本保障

明前期，江南治水效果虽不理想，然而，相对说来，政府还算重视，

---

① （明）徐光启：《农政全书》，岳麓书社，2002，第199页。

② 《明孝宗实录》卷102，弘治八年七月癸巳条，第1865～1866页。

③ 《明宣宗实录》卷70，宣德五年九月，第1640页。又，崇祯《松江府志》载：“宣德五年，敕工部右侍郎周忱：今命尔往南京、应天、苏州、松江、常州、镇江、太平、宁国、池州、徽州、案情、广德巡抚。递年一应税粮，务在从长设法区画得宜，使人不劳困，输不后期，尤在敷宣德意，抚恤人民，扶植良善。其水田圩岸，尔亦相度时宜整理，俾无旱涝之患，庶副朕委任之重。”（崇祯《松江府志》，卷十六《水利》，日本藏中国罕见地方志选刊，第412页）

若无水旱灾害之年景，农田水利系统基本还能维持正常运转。研究表明："明人兴修水利的注意力，就河流的治理而言，最主要的是北方地区的黄河、运河，其次是淮河、洳河、卫河、漳河、沁河、滹沱河、桑干河、胶莱河等，以及江南地区，其次为西北。江南多付诸实行，西北则多流于空谈……明太祖从一开始就极为重视东南地区，尤其是国家财赋重地江南苏州、松江诸府水利的兴修。在洪武年间开工兴建且规模较大的十多项工程中，有半数以上分布在南直隶境内。从建文四年（一四〇二年）迄万历四十二年（一六一四年）的二百一十多年间，在《明实录》记载的七十五个较大的水利工程中，南直隶地区占四十四个。"① 另，冀朝鼎综合地方志等史料，对明代各地治水次数统计如下：陕西 48 次，河南 24 次，山西 97 次，直隶（河北）228 次，甘肃 19 次，四川 5 次，江苏 234 次，安徽 30 次，浙江 480 次，江西 287 次，福建为 212 次，广东 302 次，湖北 143 次，湖南 51 次，云南 110 次。② 这些数字再次证明明朝对江南水利建设之重视。

（二）选派有能力的官员任职江南，朝廷此举，是江南得以保持社会经济生活"常态"的重要组织保障

古代中国，无论农田水利建设，还是救灾济贫措施以及地方社会秩序维护，等等，最终都要靠地方官落实，所谓上面千条线，下面一根针。"父母官"勤政廉洁与否，关乎地方治乱。换言之，得人则治，不得人则废。如明初官员杨士奇（1366～1444）称："大抵亲民之官，得人则百废举，不得人则百弊兴。"③ 明代思想家丘濬（1421～1495）有言："盖以国之所以为国者，民也。民之所以有生者，食也。然欲民之得食，在乎不违农时。农不失时，则得以尽力田亩。而仰事俯育之有余，而公私咸给矣。不然，则非但民不得以为民，而国亦不得以为国矣。然欲吾民之得其所，又在乎所用之得其人。苟非受民牧之寄者，所厚者皆有德之人，所信者皆仁厚之士，而包藏凶恶之人，皆知所以拒而绝之，不使之得以预吾政，临吾民焉，

---

① 王毓铨：《中国经济通史》（明代经济卷），中国社会科学出版社，2007，第 231～232 页。

② 冀朝鼎：《中国历史上的基本经济区与水利事业的发展》，中国社会科学出版社，1981，第 36～37 页。

③ 陈子龙等辑《明经世文编》，中华书局，1962，第 114 页。

虽有仁心仁闻，而民不被其泽矣。是以人君为治，必择牧民之长，而又使其长择其所用，以分牧之人。一处不得其人，则一处之民受其害。必无一处之不得其人，使家家皆有衣食之资，岁岁不违耕作之候，则家给人足，而礼义兴行，协气嘉生，薰为太和，而唐虞雍熙泰和之治，不外是矣。”①

明前期，朝廷为保障财赋重地——江南的税粮征收与社会稳定，特别重视江南各地主要官员选任，所任之官多为能臣廉吏，堪称“得人”。明宣宗曾敕谕江南官员：“国家之政，重在安民。安民之方，先择守令。朕临御以来，孜孜夙夜，保民为心。”② 是时，江南苏、松等地每有水灾，朝廷即派要员前去治理；苏松等处“父母官”，亦不乏循吏。如徐垕，“洪武初应荐入朝”，后“擢苏州府通判，奏发粟二十万以活饥民。春涨病堤，（徐）垕相度原隰，大兴筑捍之役。部使者以为妨农劳民。（徐）垕言他役诚妨农，水不退则田不可耕，妨农孰甚焉？且令有田者量募贫力，饥人得哺，正所谓佚道使民，何为劳民哉？”③ 如夏原吉（1367～1430），《明史》本传载：“浙西大水，有司治不效。永乐元年命（夏）原吉治之。寻命侍郎李文郁为之副，复使佥都御史俞士吉赍水利书赐之……原吉布衣徒步，日夜经画，盛暑不张盖，曰‘民劳，吾何忍独适’。事竣，还京师，言水虽由故道入海，而支流未尽疏浊，非经久计。明年正月，原吉复行，浚白茆塘、刘家河、大黄埔。大理少卿袁复为之副。已，复命陕西参政宋性佐之。九月工毕，水泄，苏、松农田大利。三年还，其夏，浙西大饥，名原吉率俞士吉及左通政赵居任往振，发粟三十万石，给牛种。有请召民佃水退淤田益赋者，原吉驰书止之。姚广孝还自浙西，称原吉曰：‘古之遗爱也’。”④ 如罗汝敬（1372～1439），“宣德初，为工部侍郎，奉使看详苏郡岁赋二百二十万，天下无与比，而郡民远运不胜困弊，卒之力不能为继，官存其数实为始足，列请于朝，得赦常赋三分为数，七十万宿逋为清”。⑤ 又，况钟（1383～1442），宣德初，任苏州府知府，“郡田有官民之别，官田税额特重。（况）钟拟奏求减，焚香自祝，或动以祸福，不顾。疏上，

---

① （明）丘濬：《大学衍义补》，京华出版社，1999，第185～186页。

② 成化《重修毗陵志》，卷5《诏令·宣德赐知府敕》，天一阁藏明代方志选刊续编，第323页。

③ 正德《姑苏志》，卷四十《宦绩》，天一阁藏明代方志选刊续编，第517页。

④ 《明史》卷149《夏原吉传》，第4150～4152页。夏原吉在江南治水之事，另见《明太宗实录》卷19、卷21、卷22、卷27、卷43所载相关内容。

⑤ 正德《姑苏志》，卷42《宦绩》，天一阁藏明代方志选刊续编，第706页。

卒得所请。凡奏减省重额正赋田粮七十二万一千有奇，募民开垦荒田起科，以免递年包荒之粮至一十四万九千五百有奇，停征渰没田粮二十九万五千，免旧欠粮草钞数百万锭，罢平江伯董漕，岁取民船五百艘，免买船米十五万一千八百石”。[①] 再如杨贡，“景泰五年，以监察御史按苏，时大饥，死者相枕，郡邑多缺官，巡抚大吏号令繁碎，民无所控诉。（杨）贡独任其责，殚力整饬，奏免灾粮若千万，开仓赈贷。天顺元年，被荐受敕来守，立惠民仓，实粟以备凶歉”。[②] 这些能吏治理江南，或专职治水，或负责督粮，或为地方官，他们有针对性的、因地制宜的一些作为，对于“灾区化”江南的民生与社会保持基本稳定及缓慢发展有所裨益。对于朝廷来说，用人得当，可谓“得人”。

二　革弊与兴利：官员作为

明前期，江南部分官员积极作为是“灾区化”江南得以维持社会基本稳定的重要原因，这也是“变态”中的江南保持“常态”的主要原因之一。下面谨以巡抚苏、松各地的工部右侍郎周忱（1380～1453）的“作为”为个案，就明前期有作为的江南官员稍作分析。

周忱何许人也？“周忱，字恂如，吉水人。永乐三年进士。选庶吉士。明年，成祖择其中二十八人，令进学文渊阁。忱自陈年少乞预。帝嘉其有志，许之。寻擢刑部主事，进员外郎。忱有经世才，浮沉郎署二十年，人无知者，独夏原吉奇之。洪熙改元，稍迁越府长史。宣德初，有荐为郡守者。原吉曰：‘此常调也，安足尽周君。’（宣德）五年九月，帝以天下财赋多不理，而江南为甚，苏州一郡，积逋至八百万石，思得才力重臣往厘之。乃用大学士杨荣荐，迁（周）忱工部右侍郎，巡抚江南诸府，总督税粮……周忱治财赋，民不扰而廪有余羡”。[③]

作为“总督税粮”的江南诸府巡抚，周忱的职责有哪些？史载：“宣德五年，敕工部右侍郎周忱：‘今命尔往南京、应天、苏州、松江、常州、镇江、太平、宁国、池州、徽州、安庆、广德巡抚。递年一应税粮，务在从长设法区画得宜，使人不劳困，输不后期，尤在敷宣德意，抚恤人民，扶植良善。其水田圩岸，尔亦相度时宜整理，俾无旱涝之患，庶副朕委任

① 正德《姑苏志》，卷42《宦绩》，天一阁藏明代方志选刊续编，第520页。
② 正德《姑苏志》，卷40《宦绩》，天一阁藏明代方志选刊续编，第523～524页。
③ 《明史》卷153《周忱传》，第4211页，第4212页，第4217页。

之重。'"[1] 周忱的职责是统筹赋税、抚恤百姓，惩恶扬善、兴修水利，等等。在任期间，周忱之所以能够做到"民不扰而廪有余羡"，主要在于他重视调查研究，关心民瘼，积极兴利除害，尽职尽责，而且勇于担当。无疑，责任意识是周忱为官的重要心理激励机制，调查研究是其解决地方民生问题及社会治理的重要手段与途径。《明史》称：周忱"久任江南，与吏民相习若家人父子。每行村落，屏去驺从，与农夫饷妇相对，从容问所疾苦，为之商略处置。其驭下也，虽卑官冗吏，悉开心访纳。遇长吏有能，如况钟及松江知府赵豫、常州知府莫愚、同知赵泰辈，则推心与咨画，务尽其长，故事无补举。常诣松江相视水利，见嘉定、上海间，沿江生茂草，多淤流，乃浚其上流，使昆山、顾浦诸所水，汛流驶下，壅遂尽涤。暇时以匹马往来江上，见者不知其为巡抚也。历宣德、正统二十年间，朝廷委任益专。两遭亲丧，皆起复视事。忱以此益发舒，见利害必言，言无不听"。[2] 又如《明英宗实录》载：周忱巡抚苏、松等处，"召父老问弊所当革、利所当兴者何在？次第举行，民翕然称便。不二三年，公私皆足，羡余之积，殆不可数计……每遇岁歉，巡历所部，发廪赈之，活饥民数十万……每视地之丰凶、事之缓急，以为弛张变通，是以赋足而民不困，前后理财赋者率不能及"。[3] 又，"宣德六年三月，巡抚、侍郎周忱言：'松江府华亭、上海二县，其东濒海地高，止产黄豆，得雨有收。其西近湖地低，堪种禾稻，宜雨少。洪武间，秋粮折收棉布。永乐间，俱令纳米。今远运艰难，乞仍折收棉布、黄豆。又上海县旧有吴淞江，年久湮塞。昔尚书夏原吉等按视，以为不可疏浚，止开范家浜阔一十三丈，通水溉田。因潮汐往来，冲决八十余丈，渰没官民田四十余顷，计粮一千八百二十余石，小民困于赔纳。又华亭、上海旧有官田税粮二万七千九百余石，俱是古额，科粮太重。乞依民田起科，庶征收易完。'上命行在户部会官议。于是太子太师郭资、尚书胡濙等议奏：'华亭、上海地有高卑，时有旱涝，收成不一，宜折收棉布起运京库，余折黄豆，存留本处军仓备用。官民田沦没者，请再行踏勘。上海县大户凡有多余田亩，请分拨与民耕种，以补常数。其欲减官田古额，依民田科收，缘自洪武初至今，册籍

---

① 崇祯《松江府志》，卷十六《水利》，日本藏中国罕见地方志选刊，第 412 页。

② 《明史》卷 153《周忱传》，第 4211、4215 页。

③ 《明英宗实录》卷 234，景泰四年十月丙戌条，第 5103 ~ 5104 页。

已定，征输有常，忱欲变乱成法，沽名要誉，请罪之。’上曰：‘忱职专粮事，此亦其所当言，朝议以为不可则止，何为遽欲罪之，卿等大臣必欲塞言路乎？忱不可罪’”。[①] 宣德九年，南直隶“岁歉，有司报饥民三百余万口”。工部右侍郎周忱受命赈救，因“乏储，思广义仓以为水旱常备。初，征纳之际，粮长、里胥掊克多状，百姓动至逋多……又奏三府之田虽广，而农力甚苦，比岁朝廷屡诏劝籴以备济恤，缘旱涝相仍，谷价腾踊，难以举行”。[②]《明史》称：周忱善理财，设济农仓，“赈贷之外，岁有余羡。凡纲运、风漂、盗夺者，皆借给于此。秋成，抵数还官。其修圩、筑岸、开河、濬湖所支口粮，不责尝。耕者借贷，必验中下事力及田多寡给之，秋与粮并赋，凶岁再赈。其奸顽不偿者，后不复给。定为条约以闻。帝嘉奖之。终忱在任，江南数大郡，小民不知凶荒，两税未尝逋负，臣之力也……忱既被劾，帝命李敏代之，敕无轻易忱法。然自是户部括所积余米为公赋，储备萧然。其后吴大饥，道殣相望，课逋如故矣。民益思忱不已，即生祠处处祀之”。[③] 地方政务，事无巨细，凡是涉及民生大事，周忱大多积极为之筹谋，甚者事必躬亲。如周忱为了使济农仓发挥济贫救灾功效，亲自制定具体运作规则及技术要求，使其产生良好的社会效益。周忱济农仓条约等附下。

周忱济农仓条约（宣德九年定）

劝借则例（四条）

一、每岁秋成之际，将商税等项及盘点过库藏布匹，照依时价收籴。

一、丰年米贱之时，各里中户，量与劝借一石；上户不拘石数，愿出折价者，官收籴米上仓。

一、粮长、粮头、收运人户，秋粮送纳之外，若有附余加耗，俱仰送仓。

一、粮里人等，有犯违错斗殴等项，情轻者，量其轻重，罚米上仓。

---

① （清）顾炎武：《天下郡国利病书》之《松江府志》，上海古籍出版社，2012，第669～670页。

② 正德《姑苏志》，卷四十二《宦绩六》，天一阁藏明代方志选刊续编，第702～705页。

③ 《明史》卷153《周忱传》，第4213、4217页。

赈放则例（五条）

一、每岁青黄不接、车水救禾之时，人民缺食，验口赈借，秋成抵斗还官。

一、孤贫无倚之人，保勘是实，赈济食用，秋成还官。

一、人户起运远仓粮米，中途遭风失盗及抵仓纳欠者，验数借纳，秋成抵斗还官。

一、开浚河道，修筑圩岸，人夫乏食者，量支食用，秋成不还。

一、修盖仓廒、打造白粮舡只，于积出附余米内，支给买办，免科物料于民，所支米数秋成不还。

稽考则例（二条）

一、府县及该仓每年各置文卷一宗，俱自当年九月初一日起，至次年八月三十日止，将一年旧管新收，开除实在数目，明白结算，立案附卷。仍将一年人后原借该还粮米，分豁已还、未还总数立案，付与一年卷首，以凭查收。

一、府县各置廒经簿一扇，循环簿一扇，每月三十日，盖仓具手本，明白注销。①

然而，即便赈济，灾区赈济粮米有数，亦很难及时发放。非常时刻，则有赖于地方官员之“作为”。如史称：明初，“周忱巡抚直隶。初至苏州，属岁大饥，米价翔（昂）贵。忱遣人日出，察米价高下。江浙湖广方大熟，令人橐金至其地，故抑其直勿籴，且给言吴中米价高甚。由是，江浙湖广大贾，皆贩米赴吴中，数百艘一时俱集。忱知四方米已至，下令发官廪米，尽出之以贷民，而收其半直，城中米价骤减。而四方米欲还哉，度路远不能，乃亦贱粜。忱复椎牛醴酒以谢四方，米贾皆大醉欢去。米价既平，乃复官籴以实廪”。②

其实，明中后期，江南也有一些如周忱一样忠于职守、尽心民事的地方官员，由于他们关心民瘼，在民生问题上积极作为，对于灾区社会秩序恢复与灾民生计问题多方筹措，预防灾害与尽量减少灾害造成的损失，守

① （明）陈龙正：《救荒策会》，《中国荒政全书》（第一辑），中国书籍出版社，2002，第713页。

② （明）何淳之：《荒政汇编》，《中国荒政全书》（第一辑），中国书籍出版社，2002，第228~229页。

得一方秩序。如万历年间，曾任南直隶巡按的林应训在《修筑河圩以备旱涝以重农务事文移》称："为照沟洫圩岸，皆以备旱潦，而为三农之急务，人人所当自尽者。纵使官府开深江浦，而各区各国之沟洫圩岸不修，则终无以获灌溉之利，杜浸淫之患也。除干河支港，工力好打者，官为估计处置兴工外，至于田间水道，应该民力自尽。为此酌定式则，出给简明告示，缘圩张挂，仍课程书册，给散粮里，令民一体遵守施行。一、定样式以便稽查。吴中之田，虽有荒熟贵贱之不同，大都低乡病涝，高乡病旱，不出二病而已。病涝者，则以修筑圩岸为急。圩岸既各高厚，虽有水溢，自难溃入而淹没之矣。病旱者，则以开浚沟洫为急。沟洫既各深通，虽遇旱干，自可引流而灌注之矣。况开渠者，势必置土于圩旁，筑圩者，理当取土于沟内。二者又自有相成之机乎？今后不必差官泛然丈量，该府县止分别孰为低乡，当急修圩，孰为高乡，当即开渠。每年府县水利官先时议定开筑之法。如开沟洫，不论旧时疏通与否，其阔即以两旁老岸为主，其深务以一丈二尺为率……至于极高地方，不用堤岸，而土无堆放者，即以就靠内一边摊放。盖高乡多种豆、棉，一时不妨陆种……如极低乡，或近河荡深处，难于取土者，就便分别令民于圩内旁圩之田，起土增筑。岸外再筑圩岸一层，高只一半，如阶级之状。岸上遍插水杨，圩外杂植茭芦，以防风浪冲击。"①

无论是周忱制订《济农仓条约》，还是林应训颁行《文移》，都是对江南某一具体民生问题有针对性的规则设计与技术指导，极具实用性与操作性。因为有诸多务实肯干的地方官员，襄助"灾区化"江南由"变态"而"常态"。

三　地方性知识：民众的生存智慧

地方性知识主要是指有关地域性的自然环境认识、农业技术及百姓日常生活经验的一般性知识。其主要源于民间创造，其内容浅显易懂，其形式简单明了而易于传播，富于指导性与实用性。明代江南地方性知识丰富，为民众生产生活提供了许多有益的知识技能与生存经验，这些地方性知识增强了农民生存能力，对农业生产与抗灾自救起着重要指导作用，也为灾后江南及时恢复社会秩序及经济生活保持"常态"提供主要"技术"支持，是民众重要的生存智慧。

---

① （明）徐光启：《农政全书》，岳麓书社，2002，第216～217页。

明代江南的地方性知识一般以民谚民谣形式在民间口耳相传，亦有士人归纳整理而使之成书，得以长期保存，扩大了传播范围。如元明之际学者钱惟善（？~1369）所言：“五行之说见于经传，其来尚矣。岂特为田家设哉！然舍田家而言五行，不知本者也，此古二至之书，氛祲三时之纪风雨，皆为田家设也。田家以耕桑为重，民生以衣食为本，有天下国家者，必先将乎此，而后可得而理……华亭之士有隐于农者陆伯翔氏，尽心于农事而妙契乎天时，尝遍考历代诸氏之说以为一家之书，其占风雨、视氛祲地利有高下之宜，天道有旱涝之分，罔不备具，而所以朝占暮观者，用心亦良苦矣。是书，固若为吴下设也，然而谨修筑以御旱潦，勤树艺以致丰歉，训之以尊卑长幼之节，定之以冠婚丧祭之仪，戒之以疾病患难相挟之际，贫穷、盗贼相周相恤之举。”[①] 上文所谓“田家五行”就是地方性知识的重要内容之一。明代江南地方性知识内容特别丰富，包罗万象，涉及各个方面。其中，有关地域性农业生产经验的知识总结是最主要的内容。如农业天气预测，正德《松江府志》载：“农人占测气候雨阳丰歉多有征验，其书谓‘田家五行’，亦参以众说。元旦侵晨，占风云；云青为虫，白为兵，赤为旱，黑为水，黄为丰年。自元旦至于十二日，以瓶汲水，日准其重轻以定其月之水旱，重为水，轻为旱，江湖间人以除夜汲江水称之，元旦又称，重则大水……三月三，听蛙声，午前鸣者高田熟，午后鸣者低田熟……立秋后虹见为天收，虽大稔亦减分数，即白露日雨皆为荒歉之应。”[②] 这些现象之间看似的“牵强”的“知识”不是想当然，而是民众积年累月观察总结的结果，是一般性知识。如农业种植技术的总结与运用，据崇祯《松江府志》载：“永乐中，东南大水。命尚书夏忠靖公治之。[③] 其法常以春初编集民夫，修筑圩岸，取土于附近之田，以杵坚筑，务令牢固。复于堤岸之内再帮子岸以广基，谓之抵水岸。又令民于岸上种蓝，不许种豆。种蓝则土日增而岸高，种豆则土随根去而岸日削也。”[④] 明

---

① 正德《松江府志》卷4《风俗》，天一阁明代方志选刊续编，第210页。

② 正德《松江府志》卷4《风俗》，天一阁明代方志选刊续编，第206~210页。

③ 史载：“永乐三年，敕谕户部尚书夏原吉、都察院佥都御史俞士吉、通政司左通政赵居任、大理寺少卿袁复：‘四郡之民，频年厄于水患。今旧谷已罄，新苗未成，老稚嗷嗷，饥馁无告，朕与卿等能独饱乎？其往督郡县丞发仓廪赈之，所至善加抚绥，一切民间利害有当建革者，速具以闻。卿等宜体朕忧民之心，钦哉无忽。’”（崇祯《松江府志》卷16《水利》，日本藏中国罕见地方志选刊，第412页）

④ 崇祯《松江府志》卷16《水利》，日本藏中国罕见地方志选刊，第481页。

人王锜①在《寓圃杂记》亦载："乡人云：苗易长为不熟之候。成化辛丑，苗插于田，不数日，皆勃然而兴，黝然而黑，农皆相聚而忧。至八月之望，其日如火，其水如煮者一旬，风雨暴作，水复横流，苗皆缩而不实。明年大饥。弘治改元，以正月置闰，时令甚早，五月初，苗插遍矣，易长复如辛丑，祀田祖者，奔走不绝。十八日早，大风忽自东南来，须臾有拔山之势，大雨随之，不半日水涌数尺，屋坏树倒者十之三四，夜半方止，苗被陷者大半，其验如此。"② 再如，宋代以来，占城稻传入江南等地，促进双季稻复种和稻麦轮作制发展，从而使水稻等粮食产量大为增加。明代江南占城稻种植技术进一步提高，相关"技术"知识化而口口相传。如《松江府志》记载："旧志：吴俗以春分节后种，大暑节后刈者为早稻；芒种及夏至节后种，白露节后刈者为中稻；夏至节后十日内种，至寒露节后刈者为晚稻。过夏至后十日，虽种不生矣。今吴松最早必交立夏节后，其或雨水不时，大暑后种者亦生，但不盛耳。东乡迟种而蚤收，西乡蚤种而晚收，风土之不同如此。"③ 明人陈龙正论曰："浙西八月，禾稻正秀，非种麦之时。近王子房治河内，有种冬谷法。冬至日，以上好谷种置瓷缸中，用稀布包口，倒埋地下，约深数尺，令得子半元阳之气。隔十四日取出，大寒日播种，春到而出，五月而熟。既得早食其利，又不忧水涝蝗蝻，真奇方也。但东南下麦种，每在十一十二月，至四月终收；随下谷种，十月获稻。一岁二熟，夏麦冬稻，率以为常。今若种冬谷，则不得复种麦，应于五月收谷之后，随种晚稻，一岁二熟皆稻，与浙东土宜同矣。地力果孰便，谷息果孰厚，在明农者习试而消息之。"④ 这些都是极具实用性的一般性知识。再如积肥法，明代江南地区的农田肥料主要有厩肥和沤肥，时人关于积肥与施肥方法积累了丰富知识。如明代吴江籍官员袁黄在其所辑《宝坻劝农书》中介绍其家乡的积肥法："窖粪者，南方皆积粪于窖，……家中不能立窖者，田首亦可置窖，拾乱砖砌之，藏粪于中。"⑤ 又如明代《沈氏农书》载有太湖一带的积肥理念与方法："租窖乃根本之事，

---

① 王锜（1433～1499），字元禹，明代长洲人（今江苏省吴县），世业农，自幼好学，虽终身不仕，却关心国家政治得失与百姓生产生活状况，著有《寓圃杂记》。

② （明）王锜：《寓圃杂记》卷9《近年大风雨》，中华书局，1984，第71页。

③ 正德《松江府志》卷4《风俗》，天一阁明代方志选刊续编，第219页。

④ （明）陈龙正：《救荒策会》，《中国荒政全书》（第一辑），北京古籍出版社，2002，第704～705页。

⑤ （明）袁黄：《劝农书》第七《粪壤》，万历十九年刻本。

但近来粪价贵，人工贵，载取费力，偷窃弊多，不能全靠租窖，则养猪羊尤为简便。古人云：‘种田不养猪，秀才不读书’，必无成功。则养猪羊乃作家第一着。计羊一岁所食，取足于羊毛、小羊，而所费不过垫草，晏然多得肥壅。养猪，旧规亏折猪本，若兼养母猪，即以所赚抵之，原自无亏。若羊，必须雇人斫草，则冬春工闲，诚靡廪糈。若猪，必须买饼，容有贵贱不时。今羊专吃枯叶，枯草，猪专吃糟麦，则烧酒又获赢息。有盈无亏，白落肥壅，又省载取人工，何不为也!”① 除了积肥，追肥技术对农作物生长也非常重要，尤为明代江南农户所重。如明代湖州沈氏对追加“穗肥”与“粒肥”技术颇有研究：“下接力，须在处暑后，苗做胎时，在苗色正黄之时。如苗色不黄，断不可下接力；到底不黄，到底不可下也。若苗茂密，度其力短，俟抽穗之后，每亩下饼三斗，自足接其力。切不可未黄先下，致好苗而无好稻。”②

在地方性知识指导下，农民或增加经济收入以增强抗灾自救能力，或“预测”灾害而减少灾害造成的经济损失。更为重要的是，它有助于增加生产生活能力，有助于民众对灾害的认识与感知，减轻灾害恐惧心理，增强其继续留在灾区生产生活的能力与信心，也有利于灾区重建与灾后生产恢复。

四 间歇性经济与地域性差异

江南是明代经济发展引擎，在社会生活领域也代表了明代的潮流。如李伯重先生所论：江南“至少是从宋代以来，这个地区一直是中国经济最发达的地区，中国经济的各种进步，毫无疑问也在江南表现得最为充分，而且在许多方面常常比其他地区先走一步，因此以之为研究对象，可能会使人更容易看到近代以前中国经济变化的若干重要特点”。③ 仅就明代以江南为代表的“经济变化的若干重要特点”而言，根据其发展状态，本书称之为“间歇性经济”。

（一）间歇性灾荒与间歇性经济

所谓“灾区化”，简而言之，主要是指某一时期江南某地持续二年及两年以上沦为灾区的一种特殊社会现象，这种现象频现于明代江南。如江

① 张履祥辑补：《补农书校释》上卷《沈氏农书·运田地法》，农业出版社，1983。

② 《沈氏农书·运田地法》，农业出版社，1983。

③ 李伯重：《江南的早期工业化（1550－1850）》，中国人民大学出版社，2010，第14～15页。

南于“弘治四年、五年，连岁大水，田禾尽没，室庐漂荡，……两年税粮，或减或蠲，不啻亿万。延至六年，疫疠交作，七郡之民，死者亦不啻亿万。虽曰天灾流行，亦由人事不修之故”。[①] 不过，“灾区化”并非一定发生区域性持续的灾荒而造成社会经济衰败、人口锐减问题。通常，许多灾区化区域，由于灾荒多非连续多年发生，而且是非定期的，有一定的间隔期，又多是荒年与丰年交替出现，本文称这种灾荒现象为“间歇性灾荒”。“间歇性灾荒”影响下的传统社会经济的发展虽然不定期的呈现间歇性停滞与破坏，不过，“灾后补种”成为江南等地重要的抗灾农事活动，而且灾后多为丰年。如明代“湖州水乡，每多水患。而淹没无收，止万历十六年、三十六年、崇祯十三年，周甲之中不过三次耳”。[②] 所以，明代江南社会经济终能在一次次停滞基础上螺旋式地缓慢持续发展。本文称这种经济现象为“间歇性经济”。事实上，间歇性灾荒也给灾区经济社会有效恢复提供了时间，间歇性经济则为其恢复提供了经济条件。随着灾区社会备荒能力增强（主要是指备荒仓储及农田水利建设）及民众灾害心理趋于成熟，对于民众而言，灾区化现象也就成为一种“寻常”现象，并逐渐适应“灾区化”社会生活。

明代吴江县[③]的间歇性灾荒与间歇性经济现象就是典型个案（见表2-4），形成“若干灾年→若干丰年→若干灾年→若干丰年”等类似循环反复的现象。

表2-4 明代吴江县灾荒情况统计表

年号纪年	灾情	丰歉状	粮价
洪武八年	大旱		
洪武九年	秋大水		
永乐二年	夏五月大水		
永乐五年	水		
		秋，大有年	

① 顾炎武：《天下郡国利病书》之《苏州府备录上》，上海古籍出版社，2012，第436页。

② （清）张履祥：《补农书》上卷《沈氏农书·运田地法》，农业出版社，1983。

③ 明代吴江县隶属苏州府，“府东南。元吴江州。洪武二年降为县。西滨太湖。东有吴淞江，又有运河。又东南有白蚬江”（《明史》卷40《地理一》，第918~919页）。

续表

年号纪年	灾情	丰歉状	粮价
宣德元年	大雨水	无秋，饥	
宣德六年	水		
宣德七年		秋，大有年	
宣德九年	大水	无秋，饥	
宣德十年		秋，大有年	
正统元年	水		
正统二年		秋，大有年	
正统五年	春大雪二十日；夏大水；秋旱，大疫	无秋，饥	
?			斗米千钱
正统六年		秋，大有年	
正统七年	大水，太湖溢，秋七月十七日大风	无秋，饥	
正统十四年	大水	无秋，饥	
景泰五年	春大伤果植，夏大水	饥	
?			升米百钱
?			斗米百钱
天顺元年	大水	无秋，饥	
天顺三年		夏麦稔	
?	水		
天顺六年		夏麦稔	
?	水		
成化元年	大雨水	无秋，饥	
成化十七年	夏大旱，秋八月淫雨，太湖溢，九月朔风大风雨	无秋，饥	
成化二十年	水	大饥	斗米百钱
弘治四年	大水		
弘治五年	大水		
弘治七年	大水	无秋，饥	
正德三年	大旱		

续表

年号纪年	灾情	丰歉状	粮价
正德四年	夏大旱，地震有声，秋七月淫雨十七日	无秋，饥	
正德五年	春淫雨，自三月至四月不止，太湖溢	无秋，大疫饥	
正德七年	春三月八日地震		
嘉靖元年	七月二十五日，大风竟日，太湖水高丈余，滨湖三十里内人畜屋庐漂溺无算		
嘉靖三年	先旱、蝗，后多风雨	大饥	斗米百钱
嘉靖十九年	大旱、蝗	饥	
嘉靖二十三年	大旱	饥，大疫	
嘉靖二十四年	大旱	饥，大疫	
嘉靖四十年	春淫雨，至夏不止，大水	饥	
隆庆元年		秋，大有年	
隆庆三年	夏大水		
万历七年	夏五月大水		
万历十年	七月五日，大风雨，拔木覆舟；十三日，又大风雨，太湖泛滥，居民飘荡，十存二三，溺死人畜无算		
万历十二年		秋，有年	
万历十三年		秋，有年	
万历十四年		秋，大有年	
万历十五年	夏淫雨，大水。秋七月二十一日大风雨		
万历十六年	夏，恒雨	大饥	米石银一两八钱
万历十七年	夏六月大旱		
万历三十一年		秋，有年	
万历三十六年	春，地震，淫雨自三月至五月不止，大水	无秋，饥	
万历四十八年	正月五日，大雷雨，而沿途额连雨		米石银一两四钱
天启四年	春，淫雨大水	秋，无禾，饥	

续表

年号纪年	灾情	丰歉状	粮价
崇祯八年	大水		
崇祯十四年	大旱，漕米改兑麦		
崇祯十五年		春大饥	
崇祯十七年		春大饥	

资料来源：洪璞著《明代以来太湖南岸乡村的经济与社会变迁——以吴江县为中心》，中华书局，2005，第58～61页。洪璞关于上表所列资料的主要来源为道光《震泽镇志》卷3《灾祥》、光绪《吴江续志》卷38《杂志一》、乾隆《吴江县志》；同治《苏州府志》、乾隆《震泽县志》；道光《平望志》。

明代吴江县地处太湖东南，隶属苏州府。吴江县地势低平，河渠密布，湖荡众多，气候温暖湿润，日照充足，无霜期长，土质以水稻土为主。农业盛行稻麦（或油菜）两熟制，桑蚕植养较为普及，素有“鱼米之乡”美誉。在间歇性灾荒频发打击下，间歇性经济也在充分发展。在此基础上，至明中后期，吴江城镇经济与商品经济繁荣起来，区域内的平望镇米市、震泽镇丝市及盛泽镇绸市成为全国闻名的“三市”，“三市”在传统经济窠臼中不断“冲撞”。

（二）经济发展的地域性差异

江南地区作为明代最重要的基本经济区，区域内经济社会生活内容大致相同。但是，由于各处地形、地力及每年丰歉有别，造成区域内经济发展存在一些比较明显的差异，所谓此处歉收、彼处增产，此年灾荒、彼年丰收，年景处处有别。这种经济发展的地域性差异事实，不至于出现区域性灾荒与经济衰敝，在一定程度上有利于区域内部经济协调与社会稳定。如明人称，江南“江都美矣，虽有邵伯之灾，不以蔽其美，何也？美之地百而灾之地一，其数不胜也。高（邮）、宝（应）灾矣，虽有湖西之美，不以蔽其灾，何也？灾之地百而美之地一，其数亦不胜也”。[①] 又，明人有言：“盖三吴之地，古称泽国。其西南翕受太湖、阳城诸水，形势尤卑。而东北际海冈陇之地，视西南特高。大抵高者其田常苦旱，卑者其田常苦

① 顾炎武：《天下郡国利病书》之《泰州志》，上海古籍出版社，2012，第1308～1309页。

涝。”[①] 凡此，造成多雨之年高地丰收，干旱之年地势低洼之处丰产。如时人总结：江南“高阜之地，远不如低洼之乡。低乡之民，虽遇大水，有鱼鳖菱芡之利，长流采捕，可以度日。高乡之民，一遇亢旱，弥望黄茅白苇而已。低乡水退，次年以膏沃倍收。瘠上之民，艰难百倍也”。[②]

（三）农业生产环境相对较好，农民勤劳

相对其他地域而言，明代江南农业环境较好，农业技术水平较高。发生灾荒后，如果政府于灾后处置得宜，灾后生产就会很快组织起来，这对于稳定灾区社会秩序、保障灾民民生意义重大。虽然间歇性灾荒造成明代江南经济社会低水平缓慢发展，延缓了经济社会发展进程与速度，但不是终止了发展。事实上，粮食种植业与桑蚕业区域内实现经济互补，成为江南民众解决生计问题的重要途径与经济持续发展的主要原因之一。另外，明初以来，随着珠江三角洲及西江流域农田水利开发，稻米产量剧增，福建成为调剂珠江流域与江南区域粮食供给的重要中转站，进一步保障了江南区域粮食协调与供给。而江南农民又众勤劳肯干，勤于生计，开源节流以增加经济收入，也是江南经济持续发展不可小觑的原因。如明人谢肇淛（1567～1624）所言：“三吴赋税之重，甲于天下，一县可敌江北一大郡，破家亡身者往往有之，而阎闾不困者，何也？盖其山海之利，所入不赀，而人之射利，无微不析，真所谓弥天之网，竟野之罘，兽尽于山，鱼穷于泽者矣。其人亦生而辨晰，即穷巷下佣，无不能言语进退者，亦其风气使然也。”[③]

第五节 “灾区化”与江南模式

明代中后期，江南地区商品经济与手工业经过一段时间“繁荣”之后，便陷于低迷状态——缓慢的低水平发展，一直处于“萌发”状态的“社会变迁”则成为遥不可及的目标。究其原因，诸说纷纭。一般认为是封建生产关系桎梏所致，亦有称之为小农经济必然性使然。近年来，黄宗智先生提出，明清时期未能有效控制人口增长和调整产业结构，造成经济“过密化”（或称“内卷化”）增长，中国社会近代化变迁陷于经济“过密

① 顾炎武：《天下郡国利病书》之《苏州府备录上》，上海古籍出版社，2012，第437页。
② 顾炎武：《天下郡国利病书》之《苏州府备录上》，上海古籍出版社，2012，第473页。
③ （明）谢肇淛：《五杂俎》，上海古籍出版社，2012，第47页。

化”陷阱而难以自拔，无法完成。[①] 李伯重先生则从江南早期工业化[②]问题入手，予以剖析。关于黄宗智“过密化”解释模式与李伯重“早期工业化”观点，学界已有较为翔实而深刻的研究评价[③]，这里不再赘述。笔者拟从“灾区化”与明中后期江南社会变迁关系入手，仅就“江南的早期工业化”认识略作陈述。

一　“英国模式”与“超轻结构”

无论“资本主义萌芽说”，还是“社会变迁论”，以及“早期工业化”观点，有力支撑这些“假说”之依据，均为明中后期以江南为中心的商品经济与手工业发展事实。不过，明清时期社会经济走在“新旧”模式边缘的江南地区，为何最终喜“旧”而厌“新”，重操“旧业”？原因极为复杂。其中，李伯重先生关于“英国模式”与明清江南工业为“超轻结构”解释，有一定说服力。

李伯重先生提出，明代中后期，江南出现早期工业化。他称：“我们讨论的早期工业化，不是某项或者某几项工业的发展，而是整个工业发展使得其在经济中所占的地位日渐重要，以至赶上或超过农业。由此而言，江南早期工业化的出现，最可能的是始于明代中期，……我们把嘉靖、万历之际作为江南早期工业化的开始。大体而言，可以说始自嘉靖中后期的1550年（嘉靖二十九年）。”[④]

18世纪中叶至19世纪中叶，英国通过工业革命成功实现早期工业化向近代工业化转变。历史上，以英国经验为基础的近代工业化模式，学界称之为“英国模式”。明代早期工业化为何未能走上“英国模式”而完成近代工业化？对于这个问题，李伯重先生做了深入研究，他认为明清江南工业为“超轻结构”所致。即：“早期工业化向近代工业化转变的实质，

---

① 黄宗智：《长江三角洲小农家庭与乡村发展》，中华书局，1992，第11页。

② 什么是早期工业化？李伯重先生撰文称：“所谓早期工业化，指的是近代工业化之前的工业发展，使得工业在经济中所占的地位日益重要，甚至超过农业所占的地位。由于这种工业发展发生在一般所说的工业化（即以工业革命为开端的近代工业化）之前，因此又被称为‘工业化前的工业化’（Industrialization before Industralization），以区别于近代工业化。”［李伯重：《江南的早期工业化（1550－1850）》，中国人民大学出版社，2010，第1页］

③ 具体内容见高寿仙《明代农业经济与农业社会》，黄山书社，2006，第253～277页。

④ 李伯重：《江南的早期工业化（1550－1850）》，中国人民大学出版社，2010，第18～19页。

是社会生产两大部类比例关系发生重大改变，即生产资料生产迅速扩大（表现为重工业的快速增长），导致它在社会生产中所占比重明显上升……明清江南工业发展最主要的特点之一，是其结构特点。由于重工业畸轻而轻工业畸重，江南工业形成了一种‘超轻结构’。规模庞大的轻工业加上规模同样庞大（甚至更为庞大）的农业，生活资料生产占了社会生产的绝大比重。以重工业为主的生产资料生产在社会生产中所占必重十分微小。更加值得注意的是，明清时期，随着江南工业的发展，这种畸轻畸重的情况还日益加剧。因此，如果我们承认英国模式所体现出来的再生产规模具有普遍意义，我们就必定会得出这样的结论：如果没有外部因素介入，明清江南工业的发展不会导致近代工业化。”①

我们无法证实“超轻结构”造成“明清江南工业的发展不会导致近代工业化”这一论断正确与否。不过，明清江南工业“超轻结构”却是当时社会经济现实，是一种客观存在，是与现实经济社会生活相适应的一种工业格局。如果把明清工业“超轻结构”看作一种结果，我们应该思考这种结果的“所以然”，并以此为基础，进一步探寻“江南模式”成因及其影响。

二 “江南模式”与“灾区化”

明清时期，江南作为全国社会经济最发达地区，在传统经济模式之下，开启手工业生产规模化与专门化、社会经济生活商业化进程。这种区域社会经济新气象与新生活，最终未能引领江南走向近代社会，而是因为无法摆脱传统经济“窠臼”。这种社会经济现象，学界称之为“江南模式”。“江南模式”出现，除了传统社会制度桎梏、经济“过密化”、赋役沉重及工业“超轻结构”等解释模式，笔者认为，“灾区化”也是一种值得思考的解释。

如上文所论，明代前期，由于水利失修，加之天灾频发、赋役繁重，江南过早陷于“灾区化”。终明一代，江南“灾区化”成为一种常态——“小民无盖藏，一遇凶岁，束手就毙”，灾区此起彼伏。如成化九年，巡抚浙江右副都御史刘敖等奏：“浙江连年灾伤，财力困竭，常赋尚多逋欠，额外岂能陪纳？今条上分豁事宜：一、奉化县广利等塘，官民田河三十余

① 李伯重：《江南的早期工业化（1550－1850）》，中国人民大学出版社，2010，第403页。

顷；山阴、会稽、萧山、上虞、余姚、诸暨六县临海田地六百八十余顷，共该税粮七千五百石有奇。自永乐迄今，被水不可耕种，而税粮皆陪纳于民，累奏勘实，所宜蠲免。”① 又如嘉靖《维扬志》称：“国初，扬郡查理户口，土著始十八户，继四十余户而已，其余皆流寓尔，盖兵火之余也。然自国初至今已百七十余年矣，田粮则有定额，户口亦不大增，何也？灾伤、饥疫、江海漂溢，节遭事变也，无亦赋重役劳生理不遂乎？……夫扬地旷衍，湖荡居多，而村落少巨室，小民无盖藏，一遇凶岁，束手就毙。何也？地利未尽垦，沟防未尽兴，俗奢未尽革，游手未尽归农，治田多卤莽，蚕织不加意也。夫扬民之役视他府不减也，而官河船夫昼夜络绎，苦无协助，妨废耕获也。扬民之赋，视他府不轻也，而运司盐课视天下为重。”故而，时人提出：“圣主重民数而制其产，薄其征，广其储，所以怀保小民、惠鲜鳏寡也。良有司节用爱民，轻徭薄赋，崇俭禁侈，劝农积谷，所以承君之命而致之民也。”②

无疑，频繁灾荒袭击，“灾区化”造成江南经济长期处于经常性的大量耗损与被破坏状态，无法积累起足够的社会财富与技术力量。换言之，间歇性灾荒导致间歇性经济现象，江南社会经济因之一直处于低水平的重复发展。是时，粮食问题一直处于紧张状态，威胁地方安全。换言之，民生问题成为经济社会发展阻碍因素，而不是促进因素，区域社会经济一直处在破坏—恢复—再破坏—再恢复的循环之中。如明代官员吕光洵（1508～1580）所论：“苏松等府，地方不过数百里，岁计其财赋所入，乃略当天下三分之一。由其地阻江湖，民得擅水之利，而修耕稼之业故也。近岁水路渐湮，有司者既不以时奏闻，而民间又不肯自出其力随处修治，遂至于大坏。而潴泄之法，皆失其常。自嘉靖十八年以来，频遭水患，而去年尤剧，今年又值旱灾。其始高阜槁枯，至七八月间河浦绝流，虽素称沃壤之田，皆荒落不治。而耕稼之民，困饿流离，无以为命。伏蒙皇上怜其疾苦，诏蠲常税数十万石，又令郡县发廪以赈之，恩泽甚厚，田野父老莫不感激泣下。然困者未苏，饥者未饱，而公私储蓄已告空竭矣！万一来岁雨旸少愆其候，民复告饥，又将何以继之？”③

明前期，江南各地不间断的“灾区化”不仅加剧生民苦难，而且极大

① 《明宪宗实录》卷119，成化九年八月庚申，第2284页。

② 嘉靖《维扬志》卷8《户口志》，天一阁藏明代方志选刊。

③ 陈子龙等辑《明经世文编》，中华书局，1962，第2206页。

地消耗了小民家资与社会财富；表面繁华的个体商业及手工业生产，也是以完纳赋税与维持家庭成员基本温饱为目的，即便稍有余财，由于受到市场及制度观念限制，也很难扩大再生产，购置土地宅院成为余财花销大项，江南社会财富总体上难有积聚。万历以后，明代江南社会经济虽然走上艰难"辞旧迎新"之途，又逢江南灾荒最为严重之时。是时，灾区跨州县，甚者席卷数省，"灾区化"已经地域化，灾民遍野，饥民嗷嗷，社会动荡不安。至此，原本"孱弱"的明代江南社会经济不仅无力支撑"近代工业化"及"社会变迁"完成，而且自己已经濒临崩溃之地。

第三章　土地开发、灾荒与灾区社会

有明一代，北方地区[①]灾荒频繁，远甚于南方。据统计，明代水灾、旱灾、地震、雹灾、蝗灾、风沙、瘟疫、霜雪八种灾害的总数为6199次。北方“自然灾害总量最多，达到3340次，约占全国总数的53.8%。其中，北直隶更是达到了惊人的1092次，平均每年发生灾害近4次”。[②] 明前期，河南、山东作为北方土地开发重点区域，也是主要灾区之一，饥民众多，饿殍盈途，灾区社会失范，动乱时有发生。本章拟以河南与山东灾区为个案，借以探究明前期北方土地开发、灾荒与灾区社会互动关系及其所演绎内容。

第一节　土地开发与乡村建设

明前期，乡村社会秩序重建与农业经济恢复是其时代主题。是时，明朝以河南等北方地区为重点，以增加耕地面积和调整人口布局为中心，以休养生息为方针，以土地开发为途径，积极构建以自耕农经济为主的丰衣足食、统治有力的小农社会。实质上，明前期北方土地开发是一场由政府组织、以“纵民滥垦”为主要特征的大开荒运动。短时间内，它使大量荒地（包括生态脆弱的边远土地）变为农田；同时，土地开发运动本身也化为一种主要致灾因子，加剧环境恶化，灾民与“灾区”增多。下面主要从土地开发运动与河南灾区社会关系视角，就明前期河南灾区社会现象予以剖析。

---

① 根据明代的行政区划与时人地域划分习惯，本文拟定明代河南、山东、山西、陕西四布政使司及北直隶所辖区域为其北方地区，大致包括今天的华北平原及黄土高原，明代北方地区位于暖温带，在农业景观上属于传统旱作农业区。相对于江南地区而言，明代北方为经济社会落后地区。

② 鞠明库：《灾害与明代政治》，中国社会科学出版社，2011，第68页。

一 明前期河南土地开发

元末以来，黄河中下游地区灾荒与瘟疫肆虐，兵燹横行，人口死亡甚多，村镇萧条，社会经济已陷于崩溃境地。其中，河南所受破坏尤重。史称：洪武初，“河南、山东、北平数千里沃壤之土，自兵燹以来，尽化为榛莽之墟；土著之民流离，军伍百不存一。地广民稀，开辟之无方”。[①] 如河南卫辉府获嘉县，“口，土著不满百，井闾萧然”。[②] 又如河南邓州，“元季，王寇[③]据邓久之，民流城破，阖境数百里，草昧于荆棘者二十余年”。[④] 为了尽快恢复河南等地农业生产，明太祖组织并实施了包括河南在内的大规模的土地开发运动。

（一）开发目标：“雍熙之治”

朱元璋出身寒微，年少时，家乡闹灾荒、瘟疫，其双亲及长兄相继病死，他不得不行乞四方。凡此遭遇，使其深谙民间疾苦，也激发其朴素的政治抱负。他尝言：“天下一家，民犹一体，有不获其所者，当思所以安养之。昔吾在民间，目击其苦。鳏寡孤独、饥寒困踣之徒常自厌生，恨不即死。吾乱离遇此，心常恻然。故躬提师旅，誓清四海，以同吾一家之安。”[⑤] 在明太祖心目中，“时和岁丰，家给人足，父慈子孝，夫义妇顺，兄爱弟敬，风俗纯美”[⑥] 是其理想社会与民生状态。故而，立国之初，朱元璋明言：“治天下当先其重且急者，而后及其轻且缓者。今天下初定，所急者衣食，所重者教化。衣食给而民生遂，教化行而习俗美。足衣食者在于劝农桑，明教化者在于兴学校。学校兴则君子务德，农桑举则小人务本。如是为治，则不劳而政举矣！”[⑦] 因此，围绕“衣食”与“教化”两大目标，明初实施大规模移民屯田，积极劝课农桑，兴修水利，加强乡村

---

① （明）宋端仪：《立斋闲录》卷1，《处士高巍上时事》，国朝典故本。

② （明）张蕴道修、陈禹谟纂万历《获嘉县志》卷五《官师志·宦绩》，万历三十年刻本。

③ 系指王保保，即扩廓帖木儿。元末，王保保曾任元朝太尉、中书平章政事、知枢密院事，被封为河南王，他曾驻军河南（具体内容见《明史》卷124《扩廓帖木儿传》，第3709～3712页）。

④ 嘉靖《邓州志》卷11《陂堰志》，天一阁藏明代方志选刊。

⑤ 《明太祖实录》卷96，洪武八年正月癸酉条，第1651页。

⑥ 《明太祖实录》卷52，洪武三年五月丙辰条，第1031页。

⑦ 《明太祖实录》卷26，吴元年冬十月癸丑条，第387～388页。

社会组织制度建设，重视教化等举措，借以建构以自耕农阶层与自耕农经济为主体的丰衣足食、统治有力的小农社会，实现“雍熙之治”。[①] 其中，河南等地是明初经济与社会建设的主要地区。

（二）开发战略：“田野辟，户口增”

人口与土地是传统农业生产得以发展的两个最主要因素。古代中国，劳动力基本等同于生产力，人口增殖与耕地面积增长为封建王朝重要经济指标，也是治世主要标志之一。重农以安天下，这等浅显道理，明太祖当然看得清楚。因此，“田野辟，户口增”成为明初北方土地开发主要战略。

洪武初，明太祖明确提出北方土地开发战略。洪武元年，明太祖敕谕开封府知府宋冕：“今丧乱之后，中原草莽，人民稀少，所谓田野辟、户口增，此正中原今日之急务。若江南，则无此旷土流民矣。汝往治郡，务在安辑民人，劝课农桑，以求实效。”[②] 洪武三年，郑州知州苏琦奏：元末战乱，“十年之间，耕桑之地变为草莽……为今之计，莫若计复业之民垦田外，其余荒芜土田宜责之守令，召诱流移未入籍之民，官给牛种，及时播种”。明太祖采纳苏琦部分建议，因而提出：“垦田实地，亦王政之本。但丧乱以来，中原之民久失其业，诚得良守令劝诱耕桑，休养生息，数年之后，可望其成。琦言有可采者，其参酌行之。”[③] 为加快北方土地开发，洪武三年，明太祖“以中原田多芜，命省臣议，计民授田。设司农司，开治河南，掌其事。临濠之田，验其丁力，计亩给之，毋许兼并。北方近城地多不治，召民耕，人给十五亩，蔬地二亩，免租三年。每岁中书省奏天下垦田数，少者亩以千计，多者至二十余万。官给牛及农具者，乃收其税，额外垦荒者永不起科。二十六年核天下土田，总八百五十万七千六百二十三顷，盖骎骎无弃土矣”。[④] 此外，明初还向中原等地大规模移民，增加当地劳动力数量，实现土地与劳动力充分结合。

---

① 如明太祖于洪武元年称：“民堕涂炭十有七年，今天下甫定，光岳之气于焉始复，继今宜各修尔业，厚尔生，共享太平之福，以臻雍熙之治。”（《明太祖实录》卷34，永乐元年八月己卯条，第616页）

② 《明太祖实录》卷37，洪武元年十二月辛卯条，第749页。

③ 《明太祖实录》卷50，洪武三年三月丁酉条，第977～978页。

④ 《明史》，中华书局，1974，第1882页。

（三）特殊惠农政策："永不起科令"

明初颁行"永不起科令"，旨在劝民垦荒。史称：洪武"十三年，（明太祖）令各处荒闲田地，许诸人开垦，永为己业，俱免杂泛差役，三年后并依民田起科。又诏陕西、河南、山东、北平等布政司及凤阳、淮安、扬州、庐州等府民间田土许尽力开垦，有司毋得起科"。[①] 洪武十九年，明太祖有旨："自今河南民户止令纳原额税粮，其荒闲田地听其开垦自种，有司不得复加科扰。"[②] 又，洪武二十八年，明太祖诏令："方今天下太平，军国之需皆已足用。其山东、河南民人田地、桑枣除已入额征科，自二十六年以后栽种桑枣果树与二十七年以后新垦田地，不论多寡，俱不起科。"[③] 在明初政治语境中，圣谕"毋得起科""不得复加科扰"及"不起科"均为"永不起科"之意。

"永不起科令"主要于中原等地实施，其中，以河南、山东等地为重点。如明朝官员夏言指出："太祖高皇帝立国之初，检核天下官民田土，征收租粮具有定额，乃令山东、河南地方额外荒地，任民尽力开垦，永不起科。至我宣宗皇帝，又令北直隶地方比照圣祖山东河南事例，民间新开荒田不问多寡，永不起科。"[④] 尽管明代"永不起科令"并未能"永"，又有诸多限制条件，但它仍是前所未有的惠农政策。"永不起科令"是明初"图治"的国家战略，"藏富于民"是其经济目的，争取民心、积极求治是其政治目的，其政治目的则寓于经济目的之中。如时人所言："切惟洪武、永乐年间，北直隶、山东地方土广人稀。太祖、太宗屡涣纶音，许民尽力耕种，永不起科，盖欲地辟民聚，以壮基图，圣虑神谟深且远矣！"[⑤] 随着"永不起科令"等惠农政策推行，北方农业经济逐渐恢复过来。

二　社会秩序与制度建设

建国伊始，如何巩固大明政权？如何增强乡村社会抗灾自救能力？除了"田野辟，户口增"，明太祖还从社会秩序层面考量，加强社会建设。

---

① （明）申时行等修《明会典》卷十七，中华书局，1989，第112页。

② 《明太祖实录》卷178，洪武十九年六月丁未条，第2697页。

③ 《明太祖实录》卷243，洪武二十八年十二月壬辰条，第3532页。

④ 陈子龙等辑《明经世文编》，中华书局，1962，第2107页。

⑤ 《明宪宗实录》卷52，成化四年三月甲申条，第1062页。

（一）“礼法立则人志定，上下安”

元明之际，在战争与灾荒双重打击之下，原有乡村权力结构被打破，一些地区处于混乱状态，社会失控。明太祖认为，加强礼法建设，有利于维持社会有序与稳定，有利于巩固统治，故而加强“礼法”建设。如明太祖强调：“元氏昏乱，纪纲不立，主荒臣专，威福下移。由是法度不行，人心涣散，遂致天下骚乱……礼法，国之纪纲，礼法立则人志定，上下安。建国之初，此为先务。”[①] 明朝建立以来，明太祖通过颁发律令、制礼作乐，以“礼法”加强社会控制力。[②] 如明太祖称：“朕观刑政二者，不过辅礼乐为治耳……大抵礼乐者，治平之膏粱；刑政者，救弊之药石。”[③] 故而，明太祖“诏复衣冠如唐制……于是，百有余年胡俗悉复中国之旧矣”。[④] 他积极组织编制《大明集礼》，明确臣民“身份”意识与等级观念，界定官民之间尊卑贵贱；他强化封建纲常伦理，大力宣扬程朱理学，将其奉为国家意志，诏令在校生员必修《四书》《五经》，又“令学者非《五经》、孔孟之书不读，非濂、洛、关、闽之学不讲”。[⑤]

其中，乡村社会秩序建设是明初“礼法”建设重点。为此，明太祖多次颁布诏令，规范乡村社会礼法秩序。如洪武五年，明太祖颁发《正礼仪风俗诏》则具有一定代表性。该诏书主要内容如下：

> 天下大定，礼义风俗可不正乎？兹有所示谕尔臣民：曩者兵乱，人民流散，因而为人奴隶者即日放还；士庶之家毋收养阉竖，其功臣不在此例。古者邻保相助，患难相救。今州县城市乡村或有冻馁不能自存者，令里中富室假贷钱谷，以资养之。工商农业皆听其故，俟有余赡，然后偿还。孤寡残疾不能生理者，官为养赡，毋致失所。其有疾愈愿占籍为民者，听。乡党论齿，从古所尚，凡平居相见揖拜之礼，幼者先施；岁时燕会坐次之列，长者居上。佃见田主，不论齿

① 《明太祖实录》卷14，吴元年正月戊辰条，第176页。

② 所谓社会控制，陆学艺主编《社会学》（知识出版社，1991，第572页）如是界定：社会控制系指“社会或社会某一组织或群体为维护社会秩序，保证社会生活和生产正常进行，运用社会力量影响、约束和规定社会成员的思想和行为的一种手段和过程”。

③ 《明太祖实录》卷162，洪武十七年六月庚午条，第2517页。

④ 《明太祖实录》卷30，洪武元年二月壬子条，第525页。

⑤ （清）陈鼎：《东林列传》，卷2《高攀龙传》，四库全书本。

> 序，并如少事长之礼。若在亲属，不拘主佃，则以亲属之礼行之。乡饮之礼，所以明长幼、厚风俗，今废缺已久，宜令中书详定仪式，颁布遵守。婚姻，古之所重。近代以来，狃于习俗，专论聘财，有违典礼。丧事以哀为本，葬祭之具称家有无，今富者奢侈，贫者假贷，务崇炫耀，又有惑于阴阳，停柩经年，以至暴露，宜令中书集议颁示天下。四方既定，流民各归田里，其间有丁少田多者，不许仍前占据他人之业。若有丁众田少者，许于附近荒田内，官为验其丁力，给与耕种。中国衣冠坏于胡俗，已尝考定品官命妇冠服及士庶人衣巾、妇女服饰，行之中外。惟民间妇女首饰、衣服尚循旧习，宜令中书颁示定制，务复古典。僧道之教，以清静无为为本。往往斋荐之际，男女溷杂，饮酒食肉自恣，已令有司严加禁约。福建、两广等处豪强之家，多以他人子阉割役使，名曰火者。今后有犯者，以阉罪抵之，没官为奴。于戏！用夏变夷，风俗之所由；厚哀穷赈乏，仁政之所当施。因时制宜，与民更化，其臻礼义之风，永底隆平之治。①

显然，“臻礼仪之风，永底隆平之治”是明太祖强化礼法制度、加强乡村社会建设的首要目标，重视“秩序”成为明初社会建设的重要特征，也是明初治世的主要内容。明太祖通过《正礼仪风俗诏》等一系列治国举措，旨在构建结构稳定、秩序井然的乡村社会，使乡民基本经济社会生活礼仪化、秩序化、固定化。

除了形而上的礼法规则颁布与实施，明太祖还从四个方面加强乡村社会建设。

一是强化基层权力组织系统与乡民“职役”身份，构建里甲制、老人制及粮长制等，将部分乡村社会治理权让渡给基层“富户”与“耆老”，使其以“职役”身份承担，既有利于基层政府对乡村社会控制，又有利于基层社会自我管理与自我维护。如《明史》称：“洪武十四年诏天下编赋役黄册，以一百十户为一里，推丁粮多者十户为长，余百户为十甲，甲凡十人。岁役里长一人，甲首一人，董一里一甲之事。先后以丁粮多寡为序。凡十年一周，曰排年。在城曰坊，近城曰厢，乡都曰里。里编为册，册首总为一图。鳏寡孤独不任役者，附十甲后为畸零……人户以籍为断，

① 《明太祖实录》卷73，洪武五年五月戊辰条，第1352～1354页。

禁数姓合户附籍。漏口、脱户，许自实。里设老人，选年高为众所服者，导民善，平乡里争讼。”[①] 明人丘濬亦记载：“今制，每一里百户，立十长。长辖十户，轮年应役，十年而周。当年者，谓之见役。轮当者，谓之排年。凡其一里之中，一年之内，所有追征钱粮，勾摄公事，与夫祭祀鬼神，接应宾旅，官府有所征求，民间有所争斗，皆在见役者所司。惟清理军匠，质证争讼，根捕逃亡，换究是由，则通用排年里长焉。此外，又分为区，以督赋税，谓之粮长。盖签民之丁力相应者充之，非轮年也。”[②] 明初里甲制等乡村社会组织的功能与作用，高寿仙先生的论述比较客观：“朱元璋在全国推行的里甲制度，尽管是自上而下赋予地方社会的统一的行政性组织，但却具有很大的包容性，可以容纳基于地缘和血缘而形成的各种关系和组织……可以说，朱元璋的目的并不是抛弃或打碎原有的社会组织原则和秩序，而是试图在现存的社会结构的基础上，形成人口居住、土地占有和赋役责任高度结合的机制，实现基层社会控制的一元化格局。从《教民榜文》等文献中可以明显看出，在朱元璋的政治蓝图中，里甲的功能绝非仅限于赋役的科派和征收，每个里甲都应当是一个对地方各种公共事务统一管理的行政组织，同时也应当是一个相对封闭且有很强集体认同感的合作社区。社区中的成员要相互帮助，也要相互监督；本社区的成员未经批准不准擅自离开，外来的成员也不能在本社区随意活动与居留。”[③]

二是重视乡村教化，以纲常礼法为核心内容，以社学及“木铎老人”为主要途径，以“乡饮酒礼”、旌善亭及申明亭为辅助，多途并举，强化乡民思想控制。如明太祖称：“治道必先于教化，民之善恶，即教化之得失也……不明教化之本，致风陵俗替，民不知趋善，流而为恶，国家欲长治久安，不可得也。”[④] 洪武十四年，明太祖“命礼部申明乡饮酒礼。上谓之曰：‘乡饮之礼，所以叙尊卑，别贵贱。先王举以教民，使之隆爱敬，识廉耻，知礼让也。朕即位以来，虽已举行，而乡闾里社之间恐未遍习。今时和年丰，民间无事，宜申举旧章。其府州县则令长官主之，乡闾里社则贤而长者主之。年高有德者居上，高年淳笃者次之，以齿为序。其有违条犯法之人，列于外坐，同类者成席，不许杂于善良之中。如此，则家识廉耻，人知礼让，父慈子孝，兄友弟

① 《明史》，第1878页。

② （明）丘濬：《大学衍义补》，京华出版社，1998，第288页。

③ 高寿仙：《明代农业经济与农村社会》，黄山书社，2006，第165页。

④ 《明太祖宝训》卷1《论治道》，“中研院”历史语言研究所1962年校勘本，第17页。

恭，夫和妇顺之道不待教而兴。所谓宴安而不乱，和乐而不流者也'"。[①] 又，洪武三十年，明太祖有旨："每乡里各置木铎一，内选年老或瞽者，每月六次持铎徇于道路曰：'孝顺父母，尊敬长上，和睦乡里，教训子孙，各安生理，毋作非为。'又令民每村置一鼓，凡遇农种时月，清晨鸣鼓集众。鼓鸣皆会田所，及时力田。其怠惰者，里老人督责之。里老纵其怠惰，不劝督者有罚。又令民凡遇婚姻死葬吉凶等事，一里之内互相赒给，不限贫富，随其力以资助之，庶使人相亲爱，风俗厚矣！"[②]

三是加强户籍管理，使"户籍"成为乡村社会控制之重要途径。《明会典》载："凡立户收籍，洪武二年令：凡各处漏口脱户之人，许赴所在官司出首，与免本罪，收籍当差。凡军、民、医、匠、阴阳诸色户，许各以原报抄籍为定，不许妄行变乱，违者治罪，仍从原籍。三年，令户部榜谕天下军民，凡有未占籍而不应役者，许自首。军发卫所，民归有司，匠隶工部。又诏户部籍天下户口及置户贴，各书户之乡贯、丁口、名岁，以字号编为堪合，用半印钤记，籍藏于部，贴给于民，令有司点闸比对，有不合者，发充军。官吏隐瞒者，处斩。十九年，令各处民，凡成丁者，务各守本业，出入邻里，必欲互知。其有游民及称商贾，虽有引，若钱不盈万文，钞不及十贯，俱送所在官司，迁发化外。"[③]

四是固化"四民"身份及其职业，借以维护小民生计，并建构村民互相监督机制，维护社会稳定。明太祖鉴于元末"四民失序，加以舞文之吏玩法于上，豪强之家兼并于下，事无统纪，民无定志，一遇凶荒而乱者四起，由法制不明而彝之道坏也"。[④] 为强化"四民"秩序及其职业定向，明太祖提出："古先哲王之时，其民有四，曰士农工贾，皆专其业。所以国无游民，人安物阜，而致治雍雍也。朕有天下，务俾农尽力畎亩，士笃于仁义，贾以通有无，工技专于艺业，所以然者，盖欲各安其生也。然农或怠于耕作，士或隳于修行，工贾或流于游惰，……然则民食何由而足？教化何由而兴也？尔户部即榜谕天下，其令四民务在各守本业，医卜者、土著不得远游。凡出入作息，乡邻必互知之，其有不事生业而游惰者及舍匿

---

① 《明太祖实录》卷135，洪武十四年二月丁丑条，第2146～2147页。

② 《明太祖实录》卷255，洪武三十年九月辛亥条，第3677～3678页。

③ （明）申时行等修《明会典》（万历朝重修本），卷十九《户口》，中华书局，1989，第129页。

④ 《明太祖实录》卷176，洪武十八年十月己丑条，第2665页。

他境游民者，皆迁之远方。”[1] 另外，为了确保政府对乡村社会的控制，使百姓束缚于其所隶属的行政区域而不外逸，明太祖还建立了“文引”制度，凡民人出入都要检查文引，严惩“逸民”。

（二）重视基层社会保障，加强荒政建设

明初，朝廷除了加强各地基层社会组织建设外，还致力于增强基层社会的保障能力，增强其抗灾济贫功能，借以保障基层社会稳定与安全。其中，河南作为明初重要的土地开发区，自然备受朝廷关注，朝廷颁布并实施的诸多社会保障措施及基层社会制度，河南概不例外。概要说来，主要包括三个方面。

其一，继承并完善荒政制度，构建以预备仓、济农仓、养济院、惠民药局[2]、义冢等为标志性内容的社会保障体系。如“洪武三年，令州县东西南北设预备仓四，以振凶荒，即前代常平之制。选耆民运钞籴米，即令掌之”。[3] 洪武二十二年，明太祖“诏户部遣官运钞往河南、山东、北平、山西、陕西五布政使司，俟夏秋粟麦收成，则于乡村辐辏之处市籴储之，以备岁荒赈济”。[4] 洪武二十三年，明太祖称：“朕屡敕有司劝课农桑，而储蓄之丰未见其效。一遇水旱，民即饥困。故尝令河南等处郡县各置仓庾，于丰岁给价籴谷，就择其地民人年高而笃实者主之。或遇荒歉，即以赈给。庶使民得足食，野无饿夫，其有未备之处，宜皆举行。是时，方召天下老人至京，随朝因命择其可用者，使赍钞往各处，同所在老人籴谷为备。”[5] 故而，明初大臣杨士奇称：“我太祖高皇帝惓惓以生民为心，凡于预备，皆有定制。洪武年间，每县于四境设立四仓，用官钞籴谷，储贮其中。又在近仓之处佥点大户看守，以备荒年赈贷。官籍其数，敛散皆有定规。又于县之各乡，相地所宜，开浚陂塘，及修筑滨江近河损坏堤岸，以备水旱。耕农甚便。皆万世之利。”[6] 又，永乐六年，官员沈升称：“太祖高皇帝命各府州县多置仓廪，令老人守之，遇丰年收籴，歉年散贷，此诚

---

① 《明太祖实录》卷 177，洪武十九年四月壬寅条，第 2687～2688 页。

② 惠民药局并非明朝首创，前代亦有。如洪武初叶子奇云：“元惠民有局，养济有院，重囚有粮，皆仁政也。”（叶子奇：《草木子》，中华书局，1959，卷 3《杂制篇》，第 64 页）

③ （清）龙文彬：《明会要》，卷 56《食货四》，中华书局 ，1956，第 1073 页。

④ 《明太祖实录》卷 195，洪武二十二年三月辛巳条，第 2937 页。

⑤ 《明太祖实录》卷 202，洪武二十三年五月壬子条，第 3025～3026 页。

⑥ （明）陈子龙等辑《明经世文编》，中华书局，1962，第 114 页。

爱养生民万世不易之大法。”①

其二，明初里甲制等除了承担赋役征派及户口管理，就其设立初衷而言，还具有教化及社会保障功能。如明太祖曾诏令邻里互助，并使之成为常态化自觉行为。即“古者邻保相助，患难相救。今州县城市乡村或有冻馁不能自存者，令里中富室假贷钱谷，以资养之。工商农业皆听其故，俟有余赡，然后偿还”。② 又，洪武二十八年，明太祖有旨：“古者风俗淳厚，民相亲睦。贫穷患难，亲戚相救；婚姻死丧，邻保相助。近世教化不明，风俗颓敝，乡邻亲戚不相周恤，甚者强凌弱、众暴寡、富吞贫，大失忠厚之道。朕即位以来，恒申明教化，于今未臻其效，岂习俗之固未易变耶？朕置民百户为里，一里之间，有贫有富。凡遇婚姻死丧、疾病患难，富者助财，贫者助力，民岂有穷苦急迫之忧？又如春秋耕获之时，一家无力，百家代之，推此以往，百姓宁有不亲睦者乎？尔户部其谕以此意，使民知之。”③

其三，制定与实施鳏寡孤独救助政策，加强对社会弱势群体救助与生活保障，借以赢得民心、维护社会稳定。《礼记·礼运》云：“使老有所终，壮有所用，幼有所长，矜寡孤独废疾者皆有所养……是谓大同。”明太祖推崇《礼记》所描绘的“理想社会”，他强调国家有义务对无依无靠、身有残疾者进行救济。如洪武五年，明太祖“诏天下郡县立孤老院，以孤老残疾不能生育者入院，官为依例赡养。如或出外乞觅，乡市人民，听以余剩之物助养其生。敢有笞楚者，有司以斗殴论。诬告者抵罪。此等残疾之人，如或痊，可愿出为民入籍者，听从其便，有司毋得稽留”。④ 又如，洪武十九年，明太祖有旨：“今特命有司存问于高年，恤鳏寡，孤独者必得其所，笃废残疾者收入孤老，岁给所用，使得终天年，所有合行事理，条列于后：凡民年八十、九十而乡党称善者，有司以时存问；若贫无产业、年八十以上者，月给米五斗，肉五斤，酒三斗；九十以上者，岁加赐帛一匹，絮一斤。其有田产能赡者，止给酒肉絮帛……各处鳏寡孤独不能自给者，悉蠲其差徭。若孤儿有田不能自艺，则令亲戚收养；无亲戚者，

---

① 《明太宗实录》卷80，永乐六年六月丁亥条，第1068页。

② 《明太祖实录》卷73，洪武五年五月戊辰条，第1352页。

③ 《明太祖实录》卷236，洪武二十八年二月乙丑条，第3456~3457页。

④ 嘉靖《仁和县志》卷7《恤政·养济院》，《四库全书存目丛书》本，齐鲁书社，1996。

邻里养之。其无田者，岁给米六石，亦令亲邻养之。俱俟出幼，收籍为民。笃废残疾不能自存者，即日验口收籍，依例给米布，俾遂其生。”① 当然，明太祖实行鳏寡孤独救助政策的根本目的，是为了收买人心，维护王朝统治。正如日本学者夫马进所论：“《礼记》中所描述的完全是一种理想社会。没有人认为也没有人期待那种社会真的会在现实中诞生。那不过是应该永远追求的奋斗目标而已。进一步说，历代王朝在实际上推行的鳏寡孤独政策，甚至连奋斗目标都谈不上，仅仅是历代皇帝为了证明自己是‘民之父母’或者有时要用某种仪式向人民显示‘民之父母’的慈爱。因为，为了使自己的统治正当化，需要将理念用某种形式加以表现。”②

明初，国家关于乡村社会组织形式③及社会保障制度的设计与规划，在河南基层社会基本得到落实。下面谨以河南尉氏县社会保障制度为例，权作说明。据嘉靖《尉氏县志》载：“国初，每一县本立四仓，所以便赈济四乡之人。尉氏八仓，尤为便也。”又称：“洪武初，令天下县分各立预备仓四所，官为籴谷收贮，以备赈济。就择本地年高笃实民人管理……洪武二年令天下置养济院以处孤贫残疾无依者。是院，在宋谓之居养院，在元谓之孤老院。今改是名，每孤老一名每月关支本县官仓存留小麦三斗，冬衣布花该于本县官军无碍银钱内照依时价递年给领……惠民药局原在县治东南医学前，洪武十七年知县李彧建……宣德三年，令天下军民贫病者，惠民药局给与医药……洪武三年，令民间立义冢，仍禁焚尸。若贫无地者，所在官司择近城宽闲之地立为义冢……洪武元年，令民年七十之上者许一丁侍养，免其杂泛差役。十九年，令所在有司审耆民八十、九十，邻里称善者备其年甲行实具状奏闻。贫无产业者，八十以上每人月给米五斗，肉五斤，酒三斗。九十以上，岁加给帛一疋，絮五斤，其有田产仅足自赡者，所给酒絮帛亦如之。永乐十九年，诏民年八十以上有司给绢二疋，布二疋，酒一斗，肉十斤。时加存恤。二十二年，令民年七十以上及

---

① 《明太祖实录》卷178，洪武十九年六月甲辰条，第2695~2696页。

② 〔日〕夫马进：《中国善会善堂史研究》，商务印书馆，2005，第33页。

③ 农村社会组织是什么？李守经主编《农村社会学》（高等教育出版社，2000，第73页）认为：“社会组织是相对静态的组织实体和动态的组织活动过程的统一。农村社会组织是农村中为了完成特定的社会目标、执行特定的社会职能并根据一定的规章制度和程序进行活动的人群共同体；是农村社会从无序到有序发展的一种状态和过程；是一定的社会成员所采取的某种社会活动方式。”关于农村社会组织概念之表述，相关著述多有不同。李守经《农村社会学》之界定，基本要义与内容具有代表性。

笃废残疾者许一丁侍养，不能自存者有司赈给。八十以长者，仍给绢二疋，棉二斤，酒一斗，时加存问……洪武五年，令城市、乡村若有身无残疾老幼少壮男子、妇女，一时不得已而乞觅本里，里长及同里上中人户量为资给，候其培养成家，还复人户所资之物，有司常加检察，毋令失所。”[①] 这些制度建设，政治效果较好，但经济与社会意义不大。

第二节 农民贫穷与乡村“灾祸”

明前期河南农民生活并不富裕，一遇天灾，许多地区饥荒问题随即发生。这与明太祖积极实施河南农业开发、实现国富民足目标相去甚远。其中原因，与乡村社会所处“环境”关系密切。

一 贫困与灾荒：开发者家园

通过大规模土地开发，河南大面积荒地变为耕地，耕地面积扩大了，粮食总产量也增多了。但是，饥荒问题还是没能解决。兹以明前期河南农民贫困现象为例，略作论述。

（一）洪武、永乐时期，河南农民比较贫困，饥荒频发

洪武、永乐时期，号称国家富庶。然而，“富庶”者是国家，而非普通小民，国富民穷是明前期普遍现象。如明前期的河南，平日生计艰难的小农，绝大多数没有抗灾自救能力，遭遇天灾侵袭，农作物绝收，则饥荒严重。这种事实，可以从洪武、永乐时期灾荒情况得到证明。

洪武时期，河南饥荒严重。如洪武十九年初，朝廷“赈河南诸府州县饥民凡四万八千八百户”。[②] 为了换取食物，灾区典卖人口者渐多。如洪武十九年四月，明太祖“诏河南府州县：民因水患而典卖男女者，官为收赎。女子十二岁以上者，不在收赎之限。若男女之年虽非嫁娶之时，而自愿为婚者，听”。[③] 该年八月，“河南布政使司奏：收赎开封等府民间典卖男女，凡二百

---

① 嘉靖《尉氏县志》，卷2《贡赋》，天一阁藏明代方志选刊。

② 《明太祖实录》卷177，洪武十九年正月癸丑条，第2681页。

③ 《明太祖实录》卷177，洪武十九年四月甲辰条，第2688页。

七十四口”。[①] 由于饥民太多，还有众多遗漏者，为了有所补救，洪武十九年四月，明太祖又“诏遣御史蔡新、给事中宫俊往河南检核被水人民，有赈济不及者补给之。上谕之曰：‘民之被水旱者，朝夕待哺。已遣人赈济，朕恐有司奉行不至，有赈济不及者不得粒食，濒于死亡。深用闵念，特命尔往彼核实。有未赈济者，即补给之’”。[②] 于是，洪武十九年五月，“监察御史蔡新等检核河南开封等府民被水患而赈济不及者三千一百户”。[③] 至此，朝廷赈济饥民累计五万一千九百户。若一户以五口人计，此次仅赈济饥民人数约有 30 万左右。而河南“洪武二十六年编户三十一万五千六百一十七，口一百九十一万二千五百四十二”。[④] 以洪武二十六年河南户口总数而比较之，饥民约占全省人数的六分之一左右，可见饥荒之严重。此次几乎席卷河南全省的灾荒，说明一个事实，经过近 20 余年休养生息，河南农民依然贫困，抗灾自救能力低下；河南社会保障组织在灾荒面前基本无法起到“保障”民生作用。洪武十九年以后，河南各地仍是灾荒频发。其中，洪武二十四年至二十七年，河南又连续发生大水灾，而且饥荒随之。如洪武二十四年四月，“河南河水暴溢。时，开封府陈留、睢州、归德、夏邑、宁陵被水患民千三百七十四户，诏遣官循例赈之。未几，陈州项城县亦奏河溢，民被水患”。[⑤] 洪武二十五年年初，“（黄）河决河南开封府之阳武县，浸淫及于陈州、中牟、原武、封丘、祥符、兰阳、陈留、通许、太康、扶沟、杞十一州县。有司具图以闻，乞发军民修筑堤岸以防水患，从之”。并且，明太祖“以开封府祥符等县河决，诏免今年田租”。又，“诏赈济陈州、原武等县被水灾贫民七万四千六百余口，米凡四万二千九百余石”。[⑥] 洪武二十五年三月，“河南光州固始县丞黄世禄奏，民因年饥艰食”。[⑦] 洪武二十七年，明太祖“诏免河南府祥符、阳武、封丘三县水灾田租。时，三县之田连三岁为河水暴决，浸没，有司不以言”。[⑧] 为了增强社会保障能力，解决灾区民

---

① 《明太祖实录》卷 179，洪武十九年八月庚子条，第 2705 页。

② 《明太祖实录》卷 177，洪武十九年四月丁亥条，第 2684 ~ 2685 页。

③ 《明太祖实录》卷 178，洪武十九年五月丁丑条，第 2693 页。

④ 《明史》，第 977 页。另见申时行等修《明会典》（万历朝重修本）卷 19《户口》，中华书局，1989，第 124 页。

⑤ 《明太祖实录》卷 208，洪武二十四年四月乙丑条，第 3100 页。

⑥ 《明太祖实录》卷 215，洪武二十五年正月庚寅条，第 3170 页；卷 215，洪武二十五年正月丙午条，第 3173 页；卷 217，洪武二十五年四月己丑条，第 3197 页。

⑦ 《明太祖实录》卷 217，洪武二十五年三月戊戌条，第 3191 页。

⑧ 《明太祖实录》卷 234，洪武二十七年八月辛未条，第 3415 页。

生问题，洪武二十四年八月，明太祖“遣使往山东、河南郡县，以预备仓粮贷给贫民”。问题在于，预备仓也成“无米之炊”。如洪武二十四年八月，明太祖“罢耆民籴粮。先是，朝廷出楮币，俾天下耆民籴粮储之乡村，以备凶年。州县所储充积而籴犹未已。至是，上恐耆民缘此以病民，遂罢之”。[①] 因噎废食，无益民生。

靖难之役，黄淮海平原经济社会再遭破坏，一些地方再度地荒人稀；永乐以来，河南灾荒问题不断累积，灾区民众生计愈加困难，流民增多。是时，招抚流民、组织农业生产成为朝廷要务。如永乐元年，“巡按河南监察御史孔复言：‘奉命抚按河南百姓，今招抚开封等府复业之民三十万二千二百三十户，男女百九十八万五千五百六十口；未复业者尚三万二千五十余户，男女十四万六千二十余口，新开垦田地十四万七千三百五十八顷。’上谕户部臣曰：‘人情不得已而去其乡。令既复业，即令有司厚抚绥之’”。[②] 为解决灾荒问题，明成祖及时下旨：“河南、山东、北平、淮南北流移人民各还原籍复业，合用种子牛具，官为给付……抛荒田土，除有人佃种纳粮外，其无人佃种荒田，所司取勘明白，开除税粮，免致包荒损民。”[③] 永乐时期，伴随着河南土地开发，灾荒一直在河南大地上游荡，忽南忽北，忽东忽西，或横行一隅，或席卷一方，灾民大量逃亡。是时，赈济与蠲免赋税还是朝廷最主要救灾方式。除了经济手段（赈济与蠲免），未有其他社会控制之举。是时，灾区“饥荒”问题较为普遍，说明灾区民众抗灾自救能力较低。仅《明太宗实录》所载河南灾荒及赈济事件就有 42 次，若称之无年不灾、无处不荒，并不为过，灾荒多横跨州县（见表3 - 1）。从表 3 - 1 可以看出，每一次灾荒，都给河南灾区乡村社会带来诸多破坏，都给农民生命与财产造成较大损失，都在不断累积灾区社会矛盾，加速河南“非灾区”的灾区化过程。相对于灾荒的“积极作为”，政府在灾荒控制与灾民救助及灾区社会重建等领域则非常滞后。也就是说，灾荒“作为”与政府“不作为”，造成灾区社会动荡及灾民更大苦难。其中，地方官匿灾不报现象还较为普遍。如永乐十五年

① 《明太祖实录》卷 211，洪武二十四年八月己卯条，第 3139 页；卷 211，洪武二十四年八月壬午条，第 3140 页。

② 《明太宗实录》卷 25，永乐元年十一月丁未条，第 416 ~ 417 页。

③ 《明太宗实录》卷 10，洪武三十五年七月壬午条，第 147 页。

五月，明成祖称："四方旱、涝、蝗、疫比比有之，而鲜有为朕言者。"①由于民生贫困，赋税亦逋欠。如宣德二年，"河南按察司奏，前奉旨，河南税粮自永乐二十年至二十二年逋欠不足，其布政司堂上官、府正官经管者皆责状，布政司首领官及府佐以下并州县官吏皆杖一百，限半年完。今踰半年，尚未完，请罪之。上曰：'税粮不完，盖由民力艰难，再限半年责完'"。②

表 3-1　《明太宗实录》所载永乐时期河南灾区民生状况一览表

时间	灾况	卷次
永乐元年二月戊子	河南开封等府蝗，民饥	卷 17
永乐元年三月甲午	河南民饥	卷 18
永乐二年正月庚申	河南郑州荥泽县蝗蝻伤稼	卷 27
永乐二年八月壬午	河南府洛阳县雨雹，伤稼	卷 33
永乐二年十月丁丑	河南黄河水溢	卷 35
永乐三年二月丁卯	河南黄河决马村堤	卷 39
永乐三年二月癸巳	河南怀庆等府比岁蝗，伤稼	卷 39
永乐三年三月戊午	河南温县水决驮坞村堤堰四十余丈，济、涝二河水溢，淹民田四十余里	卷 40
永乐五年十一月癸酉	汤阴县黄河水泛溢，没民田一百九十一顷有奇	卷 73
永乐七年八月甲子	河南汝宁府遂平县雨水伤稼	卷 95
永乐八年八月庚申	河南五月八月霪雨，黄河泛滥，坏开封旧城，民被患者万四千一百余户，没田七千五百余顷	卷 107
永乐九年六月庚戌	磁州武安等县民疫死者三千五十余户	卷 116
永乐九年九月丙寅	以水灾免河南汝州鲁山县永乐八年粮刍	卷 119
永乐十年三月戊申	河南汝宁府遂平县雨，山水决河堤，没田四十余顷，被灾一百三十六户，皇太子遣人赈恤之	卷 126
永乐十年四月庚午	河南许州、襄城、长葛、临颍、郾城、泌阳等州县民饥	卷 127
永乐十年五月辛丑	以水灾免河南开封等府县粮四万三千四百二十石有奇	卷 128
永乐十年六月癸亥	河南鄢陵、临漳二县骤雨，河水坏堤岸，没田禾	卷 129

① 《明太宗实录》卷 191，永乐十五年七月戊寅条，第 2019 页。
② 《明宣宗实录》卷 24，宣德二年正月丙午条，第 636～637 页。

续表

时间	灾况	卷次
永乐十年八月壬戌	河南中牟等县民饥	卷131
永乐十一年三月己丑	巩县饥民九百五十余户，男妇二千八百余口	卷138
永乐十一年八月己巳	河南遂平县河决堤岸，漂没民居四百二十余所，坏田稼六十顷有奇。皇太子遣官抚视修筑	卷142
永乐十一年十一月辛丑	河南汝宁等府所属十六州县连年水灾，田谷不登	卷145
永乐十二年正月甲午	除河南鲁山县户绝税粮二千五百七十石有奇	卷147
永乐十二年三月壬寅	河南洛阳、汝阳、项城诸县民饥	卷149
永乐十二年四月辛未	是月，河南睢州及仪封、杞县、考城、太康、洛阳、灵宝、嵩县、新安八县雨雹伤麦	卷150
永乐十二年六月己巳	是日，皇太子除河南府嵩县户绝荒田租四千四百六十石有奇	卷152
永乐十二年七月己亥	是日，皇太子命以粟赈给河南之新安、嵩县、宜阳、登封、永宁诸县饥民	卷153
永乐十三年四月甲午	河南嵩县岁歉民乏食	卷163
永乐十三年六月乙未	是月，河南淫雨，河水泛溢，坏庐舍，没田稼	卷165
永乐十三年八月丁亥	赈河南之河南府新安等五县饥民万四千二百九十七户	卷167
永乐十三年八月庚辰	赈河南南阳、汝宁、开封、卫辉、彰德、怀庆等府民五万七千六百七十余户，给粟十三万八千四百九十余石	卷167
永乐十三年九月庚申	免河南被水之民徭役一年	卷168
永乐十三年十二月乙丑	河南彰德府磁州今夏多雨，滏、漳二河水溢，漂民庐舍，淹没田稼；间有高阜，稼亦不实	卷171
永乐十三年十二月戊辰	免河南卫辉府汲县被水灾租税	卷171
永乐十三年十二月癸巳	免河南等府州县水旱粮刍	卷171
永乐十四年正月己酉	北京、河南、山东饥，命行在户部遣官赈其饥民，总九十九万九千三百八十户，给粮百三十七万九千九百石有奇	卷172
永乐十四年正月己未	以水灾免河南怀庆、彰德等府去年租税	卷172
永乐十四年七月丁酉	河南卫辉府新乡县、山东乐安州、北京通州及顺义、宛平二县蝗。命速遣人捕瘗	卷178

续表

时间	灾况	卷次
永乐十四年六月癸酉	赈河南偃师县饥民三千一百七户	卷 177
永乐十四年七月壬寅	河南开封等府十四州县淫雨，黄河决堤岸，没民居田稼……彰德府属县蝗	卷 178
永乐二十一年三月戊子	河南登封县民饥，命发预备仓谷赈之	卷 257
永乐二十一年五月癸未	河南开封府归德、睢州、祥符、阳武、中牟、宁陵、项城、永城、荥泽、太康、西华、兰阳、原武、封丘、通许、陈留、洧川、杞县及南阳府内乡、卫辉府新乡、获嘉、汲、淇、辉县并凤阳府宿州去年夏秋淫雨，黄河泛溢，并伤田稼	卷 259
永乐二十二年五月己亥	免河南等府累岁水灾田粮	卷 271

资料来源：《明太宗实录》卷 17 ~ 271。

（二）洪熙、宣德时期，河南饥民大增，农民贫困问题加剧

洪熙、宣德时期，河南经过50余年大规模土地开发，一些地区生态环境遭到严重破坏，各种天灾频繁袭击河南，灾荒更加严重。同时，永乐以来，匿灾问题越发突出，加重河南灾荒危害性。凡此，河南农民贫困问题加剧。

永乐二十二年九月，刚即位不久的明仁宗“以河南黄河泛滥，祥符、陈留、鄢陵、太康、阳武、原武诸县多伤禾稼。敕免今年税粮马草，仍命都察院右都御史王彰、都指挥同知李信往镇抚军民。上谕彰曰：‘卿任朝廷耳目之寄，且河南乡邦下情郁不上达久矣’”。[①] 匿灾不报，或救灾失措，加之小民生活贫窘，造成河南灾区面积不断扩大，饥民数量庞大。如洪熙元年四月，“巡按河南监察御史潘纯奏，河南郑、许、钧、汝四州及延津、杞、襄城、汜水、考城、临颍、通许、太康、永城、郾城、原武、扶沟、河阴、登封、卢氏、孟津、鲁山、南阳、郏河、内武、陟、遂平、西平二十三县民饥”。[②] 一些生态环境恶劣州县，农民生计更加困难。如洪熙元年，“河南新安知县陶熔奏：县在山峪，土瘠民贫，从来薄收。去年尤甚，今民食最艰，采拾自给，公私无储，遑遑失措”。[③]

① 《明仁宗实录》卷 2 上，永乐二十二年九月庚辰条，第 47 页。
② 《明仁宗实录》卷 9 下，洪熙元年四月己酉条，第 289 页。
③ 《明宣宗实录》卷 2，洪熙元年六月丙辰条，第 42 页。

河南连年灾荒令明宣宗为之忧惧，他赐诗救灾官员以督劝之。如宣德五年初，明宣宗令“工部左侍郎许廓巡抚河南，敕曰：‘今命尔往河南巡抚，凡军民有利当兴者即举之，有害当除者即革之。民有饥窘逃徙者，抚令复业，免其税粮一年。应行诸事皆与河南三司计议行之，具由来奏，诸司官吏贪赃、坏法、虐害军民者，擒问解京；奉公守法、爱养军民者，具名以闻。务使军民安业，不致失所，庶几体朕之意，尽尔之职，尔其敬承毋怠。’并赐之诗曰：‘河南百州县，七郡所分治。前岁农事缺，始旱涝复继。衣食既无资，民生曷由遂？顾予位民上，日夕怀忧愧。尔有敦厚资，其往勤抚字。徙者必绥辑，饥者必赈济。咨询必周历，毋惮躬劳勚。虚文徒琐碎，所志见实惠。勉旃罄乃诚，庶用副予意’”。[①] 是年十月，“巡抚河南工部侍郎许廓奏：‘各处逃民久不复业，近蒙宽恩，令于所在入籍。然有已居十余年者，耕种甚广，赋役不供，宜令有司取勘。凡居五年之上而户有三丁者，取一丁；不及三丁，令朋合一丁，编定班次，轮流赴京充杂役，每半年一更。再逃则编发充军，庶使民知所惧。’上（明宣宗）谕行在户部臣曰：‘民逃为避役耳，方令入籍，岂可遽役，廓之言勿听’”。[②] 宣德五年以后，河南灾荒频度加快，形成宣德五年至宣德六年，宣德七年至宣德八年等多个灾荒集中爆发时段，造成一些受灾州县一定时期内反复沦为灾区（见表3-2）。如宣德五年，“河南南阳府奏：七月初旬，骤雨连日，山水泛涨，冲决河岸，漂流人畜、庐舍，渰没农田，粟谷豆皆已无收”。[③] 宣德六年二月，河南左布政使魏源奏：“南阳府鲁山县、郏县，河南府嵩县，彰德府林县，岁荒民饥，已于积粟之家劝分济之，又借州县仓粮验口支给。”[④] 宣德六年二月，巡视侍郎于谦言：“河南逃徙之民，朝廷虽招抚复业，未有生计。开封等府夏秋水溢，田多渰没。”[⑤] 宣德六年二月，河南府知府李骥言：“巩、嵩、永宁、登封四县连岁民饥，寄食他所，今虽复业，上年所负粮草不能办纳。”[⑥] 同年三月，“河南彰德府涉、林二县皆奏，贫民缺食，不能务农，请借本县官仓米麦验口赈给，秋熟偿官。

① 《明宣宗实录》卷63，宣德五年二月己丑条，第1485页。
② 《明宣宗实录》卷71，宣德五年十月庚午条，第1658页。
③ 《明宣宗实录》卷71，宣德五年十月癸巳条，第1670页。
④ 《明宣宗实录》卷76，宣德六年二月庚戌条，第1768页。
⑤ 《明宣宗实录》卷76，宣德六年二月戊午条，第1772页。
⑥ 《明宣宗实录》卷76，宣德六年二月己未条，第1775页。

命户部从其所请”。[1] 又，宣德六年八月，巡抚侍郎于谦奏：“今年七月黄河暴溢，渰没河南开封府所属祥符、中牟、阳武、通许、荥泽、尉氏、原武、陈留八县民居田稼。”[2] 另，据表 3－2 所载内容，不难得出，宣德七年（1447）初至九年（1449）初，河南发生不少于 15 次灾荒，多地多次沦为灾区。灾区民众“缺食”已成较为普遍的现象。

表 3－2 《明宣宗实录》所载宣德七年至十年河南灾区民生状况一览表

时间	灾况	卷次
宣德七年四月癸卯	河南汝州及鲁山县复业民缺食	卷 89
宣德七年六月乙卯	开封府祥符、中牟、尉氏、扶沟、太康、通许、阳武、夏邑八县去年七月黄河泛滥，冲决堤岸，淹没官民田五千二百二十五顷六十五亩	卷 91
宣德七年九月乙丑	开封等府郑州、中牟等州县四十四处，今年四月至七月亢旱不雨，谷麦无收，人民艰食	卷 95
宣德八年二月庚寅	河南卫辉府所属六县，开封府之阳武县，各奏去岁亢旱，田禾无收，人民艰食	卷 99
宣德八年二月辛亥	河南南阳府邓州、南阳、新野、镇平、泌阳、舞阳、鲁山、唐、郏等州县去年亢旱，田禾无收，人民饥窘	卷 99
宣德八年三月戊午	河南开封府原武县、汝宁府西平县、怀庆府修武县、彰德府磁州武安、涉二县等，各奏连岁灾伤，耕稼无收，民饥为甚	卷 100
宣德八年四月壬辰	河南南阳府汝州、裕州去岁夏秋无雨，田禾薄收，今农务方兴，民多缺食	卷 101
宣德八年四月戊戌	河南旱	卷 101
宣德八年四月丙午	河南开封府尉氏县，皆奏去岁水旱，民多乏食	卷 101
宣德八年五月乙亥	河南汝州及西平县，各奏春夏无雨，二麦不实，秋田未种	卷 102
宣德八年七月壬子	河南府宜阳、永宁二县奏，蝗蝻生	卷 103

① 《明宣宗实录》卷 77，宣德六年三月癸酉条，第 1787 页。
② 《明宣宗实录》卷 82，宣德六年八月癸巳条，第 1891 页。

续表

时间	灾况	卷次
宣德八年七月己巳	彰德府磁州今岁亢旱，夏麦无收，秋苗未种，民多缺食	卷103
宣德八年八月甲午	河南府洛阳、偃师、孟津、巩四县，各奏去年冬无雪，今年春夏不雨，田谷旱死	卷104
宣德八年八月丁未	河南所属州县连岁旱伤，而卫辉、彰德、怀庆、河南四府路当冲要，各驿供馈粮草多缺	卷104
宣德九年正月癸卯	河南新乡县比年沁河水涨，冲决马曲湾，湍势涌急	卷108

资料来源：《明宣宗实录》；说明：表中“灾况”栏内个别无关“灾况”文字均以剔除。

明朝中后期，北方地区灾荒问题与流民问题恶性互动，许多地区再度陷入地荒人稀的境地。河南不但成为流民策源地，而且成为各地流民聚集地，社会处于动乱边缘。如明前期的官员孙原贞（1388～1474）所陈：“臣前任河南参政时，查各处逃户周知文册，通计二十余万户。内山东、山西、顺天等府逃户数多。其河南之开封、汝宁，山东兖州，直隶之凤阳、大名，此几府地境相连，往时近黄河湖泺蒲苇之乡，后河浅水消，遂变膏腴之地。逋逃潜住其间者尤众，近因河溢横流，此几处水荒，流民复散，间有回乡，多转徙南阳、唐、邓，湖广襄、樊、汉、沔之间趁食。恐其饥寒相聚为盗。闻朝廷遣官赈恤，已不失所，未至为非。缘此等逃民始因躲避粮差，终至违背德化，食地利而不输租赋，旷丁力而不应差徭，弃故乡而不听招回，住他郡而不从约束。累诏宽恤，其原籍与所在官司，两难挨究，莫之如何。况今声教所暨，四海归心，独此辈恃恩玩法，梗化若此。然以中原腹心之地为流民渊薮，如昔陈涉、王常、张角诸盗，皆由此起。今圣明抚运，万无此虞。然虑积岁滋久，时遇饥荒，安知无奸盗煽惑其间，毒流百姓，故宜防之于未然。”① 官员商辂（1414～1486）在《招抚流移疏》亦称：“臣闻河南开封等府并南直隶凤阳府等处地方，近年为因水患，田禾无收，在彼积年逃民，俱各转徙往济宁、临清等处四散趁食居住。中间有系正统十四年以后山西并北直隶真、保定等处军民被鞑贼惊散，逃移未久及原籍见有田产之家。虽以陆续回还复业，其正统十四年以前逃移在外年久革民及陕西、山西所属艰难州县并口外地方，及原无田产之家，俱不肯复业。流移转徙，

① 陈子龙等辑《明经世文编》，中华书局，1962，第185页。

动以万计。近闻各处有司，遇有外县逃民到来，一切驱逐，不容在境潜住。若果能趋令复业，固是美事。但恐前项艰难地方，及素无产业或系在外逃匠囚犯等项，宁死道路，不愿复业之人被所在官司驱逐急迫，无所依归，必至失所，不无激变。及今水患已息，仍虑逃回河南凤阳原处地方居住，异日虽欲再行招抚，必不肯从。去留之机，实系于此。"①

二　农民贫困与乡村"人祸"

论及河南等地灾荒频发与农民贫困原因，明代君臣亦有反省。洪武十八年，明太祖有言："中原诸州，元季战争受祸最惨，积骸成丘，居民鲜少。朕极意安抚，数年始苏，不幸加以水涝，朕甚悯之。"② 宣德八年，明宣宗诏曰："朕以菲德恭嗣天位，统御兆民，夙夜惓惓图惟安利。今畿内及河南、山东、山西并奏自春及夏雨泽不降，人民饥窘。朕甚恻焉。夫上天降灾，厥有攸自，其政事之有阙欤？刑罚之失中欤？征敛之频繁欤？抚字不得人欤？"③ 宣德九年，明宣宗又称："去年南、北直隶、山东、山西、河南诸郡天旱无收，民多饥窘，朕闻之寝食不安，思所以宽恤之。尔户部职在养民而不究心，何也？"④ 这些关于灾荒原因的探讨虽然不尽全面，亦不深刻，不过还是有一些道理。明前期，河南灾荒严重，几乎连年不断，对于"休养生息"之中的民众与粗具规模的乡村社会，极具破坏性。同时，灾荒之际，朝廷精心设计的乡村社会组织及基层社会保障制度竟然如同虚设，抗灾中几乎没有起到多少保障作用。这种现象虽以河南灾区为典型，也是"泛河南现象"，即山东、北直隶等地亦有之。究其所以然，原因很多。其中，这种现象与土地开发期间乡村"人祸"有着直接而重要的关系。

（一）政治高压与乡村社会"形式化"

笔者认为，乡村建设"形式化"为明前期河南农民贫困主要原因之一。

明初，为巩固新生的朱明政权，明太祖以极其娴熟而残酷的政治手段，削除大明王朝境内一切威胁王朝安全的"势力"，整合可以利用的一切政治与经济资源以维护其统治，这对当时经济社会亦产生诸多深刻影响。显然，

① 陈子龙等辑《明经世文编》，中华书局，1962，第290页。
② 《明太祖实录》卷176，洪武十八年十一月乙亥条，第2670～2671页。
③ 《明宣宗实录》卷101，宣德八年四月戊戌条，第2265页。
④ 《明宣宗实录》卷108，宣德九年二月乙卯条，第2420页。

从明初颁布的诸多关于基层社会制度措施内容来看，乡村民生保障制度与基层社会抗灾救灾组织建设已经完善起来，似乎有备无患。然而，就其本质而言，这些“制度”不是为了保障民生与救贫济困，而是为了加强政府的社会控制力，保障朝廷赋役征收。如果从“富民”或者“为民理财”目的视之，这些“制度”都是“形式”。明初，这些“形式”不是为“目的”服务，而以“形式”取代“目的”。概言之，注重组织制度建设而忽视民生问题是明初社会制度建设的主要特点。事实上，明初积极建构起来的“形式化”组织制度，在灾荒面前不堪一击，而且加重灾民苦难。乡村“形式化”是明太祖强化社会秩序、实行政治高压的必然结果。

明太祖以英明君主相期许，为天下代言立则。如他称：“朕闻曩古历代君臣，当天下之大任，闵生民之涂炭，立纲陈纪，昭示天下，为民造福。当是时，君臣同心，志同一气，所以感皇天后土之鉴，海岳效灵，由是雨旸时若，五谷丰登，家给人足。斯君臣之逝，遐且久矣！育民之功，载诸方册，犹如见存。”① 明太祖崇尚“礼法之治”，为之殚思竭虑。之所以然，其有借以标榜朱明王朝正统地位需要，也有明太祖迷信礼法制度统治功能的“秩序情结”。如加拿大学者卜正民（Timothy Brook）称：明太祖“曾刻意设计出里甲制度，以求打破通常要与前代的空间组织保持一致的政治原则，虽然很少有证据表明这一制度在地方上的执行带来了朱元璋的那种整齐划一。更没有证据表明，其他几项乡治制度能将‘自然的’社区捏合了‘人为的’社区”。他又称：“明朝初年，朝廷强制推行了各类乡治制度，包括行政管理的、赋役的以及控制性的，目的是将地方社会置于朝廷的视野及可控制范围内。”② 设计了看似“精美”的乡村社会制度与基层社会控制体系，然而在民众生活贫困的事实面前，其社会保障与救灾功能大大降低，就其实质而言，当属“形式化”的社会。

作为开国之君，明太祖有着强烈使命感，他以国富民足为治国目标，主张藏富于民，认为民富则国富，而不是以政府库藏充足为富国标准。③如史称：“洪武时，近臣有言当理财以纾国用者，言之颇悉。太祖曰：‘天地生财以养民，故为君者，当以养民为务。夫节浮费，薄税敛，犹恐伤人，况重为征敛，其谁不怨咨也。’近臣复言自天子至于庶人未有不储积

---

① （明）刘惟谦等：《大明律三十卷》，《四库全书存目丛书》史部第276册，第473页。

② 〔加拿大〕卜正民（Timothy Brook）：《明代的社会与国家》，黄山书社，2009，第27页，63页。

③ 《明太祖实录》卷176，洪武十八年十一月甲子条，第2699页。

而能为国家者。太祖言：'人君制财与庶人不同，庶人为一家之计，则积财于一家，人君为天下之主，当贮财于天下。岂可塞民之养，而阴夺其利乎？昔汉武帝用东郭咸阳、孔仅之徒为聚敛之臣，剥民取利，海内苦之；宋神宗用王安石理财，小人竞进，天下骚然。此可为戒。'言者愧悚，自是无敢以财利言者。"① 又，明太祖有言："善理财者，不病民以利官，必生财以阜民。前代理财名臣，皆罔知此道，谓生财裕国，惟视剥削蠹蚀，穷锱铢之利，生事要功，如桑弘羊之商贩、杨炎之两税，自谓能尽理财之术，殊不知得财有限，而伤民无穷。我国家赋税已有定制，撙节用度，自有饶余。减省徭役，使农不废耕，女不废织，厚本抑末，使游惰皆尽力田亩，则为者疾，而食者寡，自然家给人足，积蓄富盛。而户部正当究心，毋为聚敛，以伤国体。"② 为了"生财以阜民"，明太祖实施奖励垦荒、不时蠲免赋税等措施。

如何保障民众"家给人足"？按照明太祖谋划，既要"生财以阜民"，又要严惩"恶人"以保护"良民君子"。综合明太祖严惩"恶人"所为，实则实行政治高压政策，强化社会控制，极力追求井然社会秩序。其中，《大诰》最能反映明太祖这种政治心态。如洪武十八年十月，明太祖在《御制大诰序》中称："昔者，元处华夏，实非华夏之仪，所以九十三年之治，华风沦没，彝道倾颓。学者以经书专记熟为奇，其持心操节，必格神人之道，略不究衷。所以临事之际，私胜公微，以致愆深旷海，罪重巍山。当犯之期，弃市之尸未移，新犯大辟者即至。若此乖为，覆身灭姓，见存者曾几人而格非。呜呼？果朕不才而致是欤？抑前代污染而有此欤？然旷由人心不古致使而然？今将害民事理诏示天下诸司，敢有不务公而务私、在外赃贪酷虐吾民者，穷其原而搜罪之。"③ 显然，明太祖对官员学识与德操普遍性怀疑，对官员贪赃舞弊行为深恶痛绝，对文官队伍持基本否定态度。这是他重典治吏、不断"清洗"官僚队伍的认识基础。洪武十九年春，明太祖在《御制大诰续编序》中认为："上古好闲无功，造祸害民者少，为何？盖谓九州之田，皆系于官，法井以给民，民既验丁以授田，农无旷夫矣。所以造食者多，闲食者少。其井间之间，士夫工技，受田之日验能准业，各有成效，法不许诳。由是士农工技各知稼穑之艰难，所以

---

① （明）余继登：《典故纪闻》，中华书局，1981，第63～64页。

② （明）余继登：《典故纪闻》，中华书局，1981，第73～74页。

③ （明）刘惟谦等：《大明律三十卷》，《四库全书存目丛书》史部第276册，第473页。

农尽力于畎亩，士为政以仁，技艺专业，无敢妄谬。维时商出于农，贾于农隙之时。四业提名，专务以三，士农工。独商不专，易于农隙。此先王之教精，则野无旷夫矣。今朕不才，不能申明我中国先王之旧章，愚夫愚妇效习夷风，所以泯彝伦之攸叙，是致寿非寿，富非富，康宁不自如攸，好德鲜矣。虽出五刑以诛之，亦何惧焉。朕皇皇宵昼，死治穷源，无乃旷夫多，刁诈广，致有五福不臻，凶灾迭至，殃吾民者，为此也。今朕复出是诰，大播寰中，敢有不遵者，以罪罪之。”① 显然，《御制大诰续编序》表明，明太祖运用礼法制度，并以之为理论基础，对平民特别是对旷夫游民实行政治高压统治。洪武十九年十二月，明太祖在《御制大诰三编序》中称：“朕为臣民有不善者，往往造罪渊深。及其犯也，法司究问，情弊显然。以其弊也，弊甚多端；以其情也，情甚奸深。由是法司原情拟弊，凡律所该载者，各随所犯，备施五刑，如此者非一年矣。其奸顽之徒未尝肯格心向善，良民君子每被扰害，终无一岁优闲。朕才疏德薄，控驭之道竭矣。遂于洪武十八年冬十一月首出《大诰前编》，以示臣民。其诰一出，良民君子欣然遭奉；恶人以为不然，仍蹈前非者叠叠，不旋踵而发觉。发觉速者为何？为良民君子知前诰之精微，一心钦遵，有所怙恃，乃与奸恶辨。所以强凌人者，众暴人者，以计量致赚人者，设诸不正、邪谋之徒，专以此为良民之害者，一施即为良善之所擒。所以发觉之疾也，所以良善之志伸矣，含冤者渐少。然无籍奸顽尚不知善良秉大诰以除奸顽，设心无知，轻生易死。若寻常，上累朝廷用刑之惨，下灭身家，若此者又非一二人。朕虑不忍，以《续编》再出，警省愚顽，使毋仍蹈。诰出，良民一见，钦敬之心如流之趋下。巨恶之徒尚以为不然，中恶之徒将欲迁善而不能。云何以其恶已及人，盈于胸怀、著于耳目矣！终被善良所擒。朕观若是，斯二诰于民间良民君子，坦然无忧，伸于诸恶之上；其奸顽之徒，屈于善良之下，虽不死者，终是囚徒。以前二诰，良民君子钦遵有益，人各获安。迩来凶顽之人不善之心犹未向化，朕复出诰以三示之。奸顽敢有不钦遵者，凡有所犯，比诰所禁者治之。呜呼！良民君子之心，言不在多，其心善矣。凶顽之徒，虽数千万言，终不警省，是其自取也。此诰三颁，良民君子家传人诵，以为福寿之宝，不亦美乎！”② 至于《御制

① （明）刘惟谦等：《大明律三十卷》，《四库全书存目丛书》史部第276册，第474页。

② （明）刘惟谦等：《大明律三十卷》，《四库全书存目丛书》史部第276册，第474～475页。

大诰三编序》，一再佐证明太祖对全社会实行高压统治的强烈愿望与铁腕手段。

在政治利益高于一切、统治秩序高于一切的政治高压之下，“生财以阜民”之举完全变了味道，改变了“阜民”目的。换言之，相对于明太祖痴迷的政治秩序与社会秩序而言，“阜民”不过是其实现“秩序”的手段而已。为了保障秩序，国家实力则尤为重要。仅就洪武时期及明前期国富民穷事实而言，明朝并未做到“生财以阜民”，进而言之，“生财以阜民”变成一种政治宣传，事实则是“生财以富国”。基于这种形而上的思考，反过来分析明前期民生问题，一切问题就会迎刃而解，其中，河南灾区民生状况堪称典型个案。

（二）赋役繁重，小民抗灾自救能力低下

清代史学家赵翼称：“前明一代风气，不特地方有司私派横征，民不堪命，而缙绅居乡者，亦多倚势恃强，视细民为弱肉，上下相护，民无所控诉。”[①] 此论切中明朝要害。有明一代，包括河南在内的北方各地，赋役也不轻，加之地方官吏私征横派，豪强鱼肉乡里，农民负担沉重。如明代京师与北边驻军所需小麦与各种豆类、杂粮以及马料、马草等需求，均仰给于河南、山东及北直隶等处。尤其是河南，明前期经济艰难复苏之际，小民起运粮草于千百里之间，动经旬月，民劳而财伤，民力消耗巨大。明初以来，河南在赋税、徭役、兵役等方面负担一直沉重，成为民众贫困的重要原因。另外，河南藩王众多，剥夺民众太狠。如明太祖云：“河南诸府州县军马数多，民间供给频年不休，地亩征输重于他处。”[②] 时人称：“在开封则有周府，在彰德、怀庆则有赵府、郑府，在南阳汝宁则有唐府、崇府，在河南禹州则有万安、建德等府……是天下藩封之多，未有如河南者……河南路当冲繁，差役比各省独重。而修河之费，又他省所无。每年额办起运京边银一百余万，正改兑米三十八万，有司严刑催比、尚不能如期尽完，若再责以存留，使之无欠，其势万万不能。”[③] 再如河南汝州，民众苦于官粮的运输，多有因之倾家荡产者。如明人称：“国家岁挽天下粟实之京师，而不胜咽喉之虑，故于

① （清）赵翼：《廿二史札记》，中华书局，1984，第785页。

② 《明太祖实录》卷178，洪武十九年五月丁未条，第2697页。

③ 徐学谟：《题酌议宗藩事宜疏》，陈子龙等辑《明经世文编》，中华书局，1962，第3655～3656页。

临德要害处，分署司农领直隶、山东、河南方数百里之军储为漕运。夫此方数百里郡县，皆包衍原隰，非如江以南可以风樯舰致，则费且不赀，而汝又越在西南千里外，山阻谷隘，率二三钟不能致一钟。计汝漕四千有奇，中人产以上，力不能挽。百所没倍是，是一岁间立瑕中人产数十家，而况大祲累年，十室九罄，安所得中人产而岁瑕之。"①

（三）官员漠视民瘼，加重灾民苦难，加剧灾区问题恶化

明初，部分地方官员漠视民瘼，为"制造"政绩而匿灾不报，甚者把"荒年"说成"丰年"，听任灾荒蔓延。凡此，加重灾民苦难，加剧灾区问题恶化。如洪武二十七年，明太祖"诏免河南府祥符、阳武、封丘三县水灾田租。时，三县之田连三岁为河水暴决浸没，有司不以言"。② 如永乐元年六月，"户部尚书郁新言：'河南郡县蝗，所司不以闻，请罪之。'上曰：'朝廷置守令资其惠民，凡民疾苦皆当恤之。今蝗入境不能扑捕，又蔽不以闻，何望其能惠民也?"③ 永乐元年，"南阳邓州官牛疫死者多，有司责民偿甚急，民贫至有鬻男女以偿者"。④ 同年，明成祖敕谕臣僚："今闻河南数岁蝗旱、水灾为民患，牧民者多失抚字，甚者又侵渔剥削之。而按察司官未尝有一人言者，坐视民病而不留意，徒费重禄，何补于用?"⑤ 匿灾官员不以明成祖"敕谕"为戒，依旧匿之。如永乐五年，明成祖"闻河南饥，有司匿不上闻。命刑部悉逮寘于法。又敕都察院左都御史陈瑛等曰：'国之本在民，而民无食，是伤其本。朕自嗣位以来，夙夜以安养生民为心，每岁春初及农隙之时，敕郡县浚河渠、修筑圩岸陂池、捕蝗蝝，遇有饥荒即加赈恤。比者，河南郡县荐罹旱涝，有司匿不以闻。又有言雨阳时若，禾稼茂实者，及遣人视之，民所收有十不及四五者，有十不及一者，亦有掇草实为食者，闻之恻然。亟命发粟赈之，已有饥死者矣。此亦朕任用匪人之过，已悉置于法，其榜谕天下有司，自今民间水旱灾伤不以闻者必罪不宥。'"⑥ 又，永乐十年，明成祖敕户部："近者，河南民饥，有司不以闻，而往往有言谷丰者。

---

① （清）顾炎武：《天下郡国利病书》之《汝州志》，上海古籍出版社，2012，第1469～1470页。

② 《明太祖实录》卷234，洪武二十七年八月辛未条，第3415页。

③ 《明太宗实录》卷21，永乐元年六月甲子条，第389页。

④ 《明太宗实录》卷18，永乐元年三月辛丑条，第332页。

⑤ 《明太宗实录》卷25，永乐元年闰十一月庚申条，第465页。

⑥ 《明太宗实录》卷67，永乐五年五月辛未条，第939页。

若此欺罔，获罪于天，此亦朕任非其人之过。其速令河南发粟赈民，凡郡县及朝廷所遣官，目击民难不言者，悉追下狱。"[①] 匿灾不报问题虽然不具有普遍性，但数量亦不菲，无疑加剧灾民苦难、加剧灾区动荡。换言之，本应履行救灾济贫、安抚民众职责的地方政府，反倒成为"灾荒"帮凶，官员不作为本身亦转为化为新的致灾因子，结果加大了灾害破坏程度，往往使得小灾变成大灾，轻灾变成重灾，小范围灾荒变成大范围灾荒。更有甚者，一些地方官员堪比"灾荒"，对灾民还要"穷追猛打"。如永乐元年，"河南南阳县言：'本县民多逃徙他县，赋役无所出，乞下令捕之。'上顾谓户部尚书郁新等曰：'人情怀土，谁是乐去其乡？河南诸郡连岁水旱蝗螟，饥馑相仍，守令又鲜能尽抚绥之道，不得已举家逃徙，自图存活之计。尔今其乡田庐生业必已废弃，归且何依？捕之徒益困之尔。南阳县所言不可听。'"[②] 此类匿灾之举何止河南，永乐十一年六月，明成祖告谕户部官员："人从徐州来言，州民以水灾乏食，有鬻男女以图活者。人至父子相弃，其穷已极矣。"同年九月，明成祖又对户部官员讲："近山东蝗生，有司坐视不问。及朝廷知之，遣人督捕，则已滋蔓矣。此岂牧民者之道？"永乐十二年二月，"有自陕西来者言，凤翔、陇州民饥。上谕行在户部臣曰：'水旱世恒有之，国家广储积，正以备民之急。朕数诏有司恤民，今乃坐视其饥寒不言，亟令监察御史发廪赈之，并按问其长吏坐视不言之罪'"。[③] 宣德九年，明宣宗称："近年各处奏灾伤者，卫所府州县官吏多附下罔上，诬稔为荒，以图苟免。其深戒斯弊，若仍蹈前非，必罚不宥。"[④]

（四）荒政建设缺失，加重灾荒破坏力，灾荒连年而民众愈加贫困

洪武以后，荒政渐趋废弛，灾民因缺少必要的灾荒救助而生活更加困苦。如宣德五年，行在都察院左佥都御史李浚言："洪武中，直隶及河南、山西等处俱设预备仓储，随时丰俭敛散得宜，虽遇水旱，民无饥馁。近各处有司不能奉承德意，致使仓储俱废，倘年谷不丰，贫民失所。"[⑤] 又如宣

---

① 《明太宗实录》卷129，永乐十年六月甲戌条，第1602页。

② 《明太宗实录》卷25，永乐元年闰十一月丙寅条，第469～470页。

③ 《明太宗实录》卷140，永乐十一年六月甲寅条，第1687～1688页；卷143，永乐十一年九月壬午条，第1703页；卷148，永乐十二年二月庚申条，第1733页。

④ 《明宣宗实录》卷112，宣德九年八月甲子条，第2519页。

⑤ 《明宣宗实录》卷66，宣德五年五月丙辰条，第1562页。

德七年，“巡按湖广监察御史朱监言，洪武间，各府、州、县皆置东西南北四仓，以贮官谷，多者万余石，少者四五千石。仓设老人监之，富民守之。遇有水旱饥馑，以贷贫民，民受其惠。今各处有司以为不急之务，仓廒废弛，谷散不收，甚至掩为己有，深负朝廷仁民之意”。[①] 除了备荒仓储废弛，民众医疗机构也有名无实。如宣德三年初，礼部尚书胡濙言：“在外府州县旧设惠民药局。洪武间，官置药材，令医官、医者在局，凡军民之贫而病者给医药。今虽有医官医者，而无局舍、药材。”[②] 如宣德四年，“河南布政司右参议邢旭奏：洪武中，直隶安庆等府、宿松等县四乡俱有预备仓粮，令耆民大户典守，岁凶民饥，借给赈之，秋成还官。今河南布政司州县俱无预备仓粮，及遇凶岁，无以赈济”。[③]

（五）正统以降，小农“永不起科田”渐被攘夺

明初统一战争持续多年，既而靖难之役，既而营建北京城，五次征讨漠北及郑和船队七下“西洋”。凡此，赋役繁重，民力消耗巨大。如林金树所论：“在明代初年，最高统治者一方面主张‘爱惜民力’，一方面却又大肆消耗民力。明太祖为了完成统一大业，连续进行大规模的南北征战。明成祖为了夺得帝位，发动‘靖难’战争，兵火所及，村里为墟；费时十九年，用工上千万，耗资不计其数，迁都北京；出兵安南；派郑和下西洋。正统朝三征麓川，连兵十二载，用军数十万，‘转饷半天下’，西南为之骚动。为此，大肆催征赋税，增发劳役，兵连祸结，国匮民穷。于是，在号称‘太平盛世’的背后，已经潜伏着不可克服的严重危机。从洪武年开始，各地穷民不顾危险，冲破王朝编户为里，严禁随意外出、迁徙的法令，蜂拥而起，在中国大地上形成了另一股人口大流动潮……山西、山东、北直隶、河南、湖广、陕西等处，包括复业和‘累岁屡招不还’的逃亡之民，计为898673户，如按每户五口估计，总数为4493365人。逃亡的原因，‘赋税浩繁’、‘徭役繁重’者占16次，‘累岁旱涝’者3次，‘避兵流移’者1次，未具体说明原因者2次。”[④] 另一方面，当时北方农业生产落后，农业环境较差，所以，耕种“永不起科田”成为小农初步解决温饱问题、完纳税粮的主要途径。如时人称：

---

① 《明宣宗实录》卷91，宣德七年六月丙申条，第465页。

② 《明宣宗实录》卷40，宣德三年三月癸巳条，第973页。

③ 《明宣宗实录》卷55，宣德四年六月癸未条，第1312页。

④ 林金树：《明代农村的人口流动与农村经济变革》，《中国史研究》1994年4期。

"盖缘北方地土平夷广衍，中间大半泻卤瘠薄之地，葭苇沮洳之场，且地形率多洼下，一遇数日之雨，即成淹没，不必霖潦之久，辄有害稼之苦。祖宗列圣有见于此，所以有永不起科之例，有不许额外丈量之禁。是以北方人民虽有水潦灾伤，由得随处耕垦，以帮助粮差，不致坐窘衣食。"[①] 换言之，"永不起科令"在最短时间内最大限度地激发了明初北方农民垦荒积极性，小农成为该项政策的直接受益者，壮大了自耕农群体，增加了粮食产量，还赢得了民心。是时，"永不起科田"数量较多（见表3－3、表3－4）。再如河南杞县，史称："国初，蒙元之乱，地多旷野，杞之畇田仅九千二百九十九顷五十五亩九分六厘五毫。洪武十八年、三十一年及永乐初年皆诏令河南、山东等处荒田，许民尽力开垦，永不起科。于是杞民开垦日多，除境内不计外，其境外之可考者，共二千八百九十八顷三亩有奇，而失其数者不与焉。外县之民开杞地者，亦有一千四百八顷六十亩有奇，名为无粮白地。"[②]"永不起科令"持续推行及农民垦殖"永不起科田"面积不断扩大，北方小农温饱问题有所缓解，社会安定了，北方经济生活渐趋活跃。这样，连同富庶的南方，一同托起了明初治世。然而，正统以降，"永不起科令"渐被废弃，小农"永不起科田"渐被攘夺，民生受到严重影响。

表3－3　河南布政司部分州县起科桑枣柿棵数与永不起科桑枣柿棵数一览表

<table>
<tr><th>洪武二十四年</th><th>永乐十年</th><th>成化十八年</th><th>弘治十五年</th></tr>
<tr><td>长葛县</td><td>长葛县</td><td rowspan="6">兰阳县
起科：
桑
260649棵、
枣2682棵
不起科：
桑
755799棵、
枣676484棵</td><td rowspan="6"></td></tr>
<tr><td>起科：桑62922棵</td><td>起科：枣7864棵
不起科：桑570575棵、枣308190棵、柿180196棵</td></tr>
<tr><td colspan="2">出处：嘉靖《许州志》卷3《田赋》</td></tr>
<tr><td>襄城县</td><td>襄城县</td></tr>
<tr><td>起科：
桑63499棵、
枣5261棵</td><td>起科桑枣棵数与洪武二十四年相同
不起科：桑570575棵、枣308190棵、柿180196棵</td></tr>
</table>

① 陈子龙等辑《明经世文编》，中华书局，1962，第2107页。

② （清）顾炎武：《天下郡国利病书》，上海古籍出版社，2012，第1415～1416页。

续表

<table>
<tr><td>洪武二十四年</td><td>永乐十年</td><td>成化十八年</td><td>弘治十五年</td></tr>
<tr><td colspan="2">出处：嘉靖《许州志》卷3《田赋》</td><td rowspan="4">出处：
嘉靖《兰阳县志》卷2《税粮》</td><td rowspan="4"></td></tr>
<tr><td>尉氏县</td><td>尉氏县</td></tr>
<tr><td>起科：
桑30494棵、
枣8761棵</td><td>起科桑枣棵数与洪武二十四年相同
不起科：桑347750棵、枣345100棵、软枣246200棵</td></tr>
<tr><td colspan="2">出处：嘉靖《尉氏县志》卷1《田土》</td></tr>
<tr><td>起科：桑枣47037棵</td><td>起科：桑枣柿1607412棵</td><td>不起科：
枣465803棵</td><td>不起科：
桑561870棵、
枣482079棵</td></tr>
<tr><td colspan="4">出处：嘉靖《偃师县志》卷1《田赋》</td></tr>
</table>

表3-4　明代河南鲁山县土地赋役情况表

<table>
<tr><td>时间
情况</td><td>洪武二十四年</td><td>永乐十年</td><td>成化十八年</td><td>弘治十五年</td><td>嘉靖元年</td></tr>
<tr><td rowspan="3">不起科田地</td><td>夏地1777顷14亩2分</td><td>夏地1777顷19亩5分9厘</td><td>夏地1777顷19亩</td><td>夏地1777顷19亩</td><td>夏地1545顷3分</td></tr>
<tr><td>秋地1228顷37亩1分1厘</td><td>秋地1239顷48亩2分1厘</td><td rowspan="2">秋地1239顷48亩</td><td rowspan="2">秋地1239顷48亩</td><td>秋地1350顷80亩1分</td></tr>
<tr><td>棉花地11顷19亩1分</td><td>棉花地11顷11亩1分</td><td>棉花地20顷6亩5分</td></tr>
<tr><td rowspan="3">不起科经济作物</td><td>枣263044株</td><td>枣263044株</td><td>枣263044株</td><td>枣263044株</td><td>官枣29株</td></tr>
<tr><td>桑314607株</td><td>桑314607株</td><td>桑314607株</td><td rowspan="2">柿250590株</td><td rowspan="2">民枣3265株</td></tr>
<tr><td>柿251509株</td><td>柿251509株</td><td>柿251509株</td></tr>
<tr><td>户数</td><td>3476</td><td>2993</td><td>4112</td><td>3712</td><td>4692</td></tr>
<tr><td>口数</td><td>21369</td><td>29866</td><td>40886</td><td>41840</td><td>48558</td></tr>
</table>

资料来源：嘉靖《鲁山县志》，天一阁藏明代方志选刊。

其一，正统以降，随着“永不起科令”废弃及小农“永不起科田”被攘夺，相对说来，农民负担加重，加之天灾频发，北方许多农民多陷入生存困境。至此，北方成为饥民渊薮，哀鸿遍野，流民奔突于大江南北，国家赋役基础及半壁江山动摇。北方流民问题、贫困问题及日益激化的阶级矛盾等恶性互动，进而累及南方而加剧南方社会矛盾与冲突，明朝统治危机加深，大明帝国开始滑入危机四伏境地，“治世”随之草草收场。如河南杞县“永不起科田”（又称“无粮白地”）被攘夺就是一个典型案例。时人称：

> 杞之田赋凡几变矣。愈搜之而愈以不明，愈争之而愈不可得。讼狱累年，文案山积，总之一言可尽。盖泥于境界之说，而惑于二粮之奸也。国初，蒙元之乱，地多旷野，杞之畇田仅九千二百九十九顷五十五亩九分六厘五毫。洪武十八年、三十一年及永乐初年皆诏令河南、山东等处荒田，许民尽力开垦，永不起科。于是杞民开垦日多，除境内不计外，其境外之可考者，共二千八百九十八顷三亩有奇，而失其数者不与焉。外县之民开杞地者，亦有一千四百八顷六十亩有奇，名为无粮白地。宣德中，诸王府多请此地为庄田，杞民不听，甚至杀其校尉。朝廷乃收其地，照民田起科，定以黄粮，初令所在州县征解。景泰中，考城知县刘鹏奏归之，杞于是始附籍科粮矣（鹏奏为滥占田地事，奉户部河字二百一号勘合，开送本县税粮数多。景泰三年，黄册开载甚明县册。嘉靖壬午，架阁库火，止存安村保九册司册。成化年，河灌省城，淹没不存，是以奸民乘机妄告）。天顺六年，又榜谕隐漏地土，定为轻则粮地，于是考城复开送粮三百四十余石（亩科米三升三合，考城关送粮三百四十二石七斗六升一合五勺）。名考城余地，此奉巡捕堪合之例也（奉都察院巡按河南一百三十六号堪合，为巡捕等事丈量，照依今定则例起科。有天顺五年黄册，有司可查）。后变文称“一则粮地”，即滥占田土，堪合之粮也。称一则轻则黄粮，即榜例巡捕堪合之粮也。总之垦地起粮，景泰三年为多，天顺六年特其余漏者。尔后至弘治、正德间，境外之田日多，转易欺隐，又兼民间鬻田称“白地”，则售民多诈称“白地”，既鬻不复割粮。由此，地去粮存，而赋日以重矣。嘉靖八年，知县段续始倡为均地，以救其弊，于是原额外得无粮地一万一千七百四十顷四十六亩二分八厘七毫，不为不多矣（先是河经县南，据地数千顷，三护卫卒又占屯数千。其后河北徙，护卫卒撤去弃地，悉为民业，故地加多一倍云）。而境外地止得一千二十八顷一十八亩三分八厘而已，其余俱欺隐。今

> 考其可知者，以前八百六十九顷八十五亩有零，而其不可知者尚多也。段公以额外地多，不之深究，乃通融税额：亩为麦八合四勺六抄六撮，米一升九合六勺三抄四撮，合之为二升八合一勺，而桑枣之税，悉在其中矣。其后邻境不以开占为断，止以境界为说，将杞人所垦之地，仍复洒派彼之二税。缫民吴朋等知杞赋重而考赋轻，利于去杞归考，乃诈为一地二粮之讼（嘉靖十二年，考城县匀粮，七步为尺，四百八十步为亩，亩不过数合），遂成大狱。后杞民刘持道等检出天顺六年黄册，执以对狱，奸始伏辜。[①]

随着“无粮白地”被攘夺或纳入起科之地，以及纳粮地被掠夺，北方失地小农产去而税存，赋役沉重乃至无以为生，“坐窘衣食”。

其二，“永不起科田”认证及管理制度缺失，使其成为纷争之地，也成为激化乡村社会矛盾的重要因子。好事未办好，利民之举反成启衅之源。“永不起科令”本身并无过错，错在明初政府对农民垦荒成果未能加以有效管理，而是听之任之。凡此，农民已开垦之“永不起科田”仍可视作“无主荒地”，于是乡村中恃强凌弱者反复争夺之，矛盾累积，不时激化。如景泰初，户部尚书张凤等奏：“山东、河南、北直隶并顺天府无额田地，甲方开荒耕种，乙即告其不纳税粮，彼此互争不已。”[②] 又如官员彭韶[③]在《乞恩分豁土地疏》中，以真定府农民土地被兼并之事为例，对其影响如此论述：“真定在尧舜时为冀州之域，其赋为第一等，或杂出第二等，说者以为如周官田一易再易之类。盖以其地有间一岁一收者，有间二岁一收者，所以赋有不同。则是未尝逐亩定赋，而一亩必兼数亩之地明矣。我太祖皇帝于洪武二十八年户部官节该钦奉圣旨，百姓供给繁劳，已有年矣。山东、河南民人除已入额田地，照旧科征外，新开荒的田地，不

① （清）顾炎武：《天下郡国利病书》，上海古籍出版社，2012，第1415～1417页。

② 《明英宗实录》卷254，景泰六年六月丙申条，第5488～5489页。

③ 据《明史》载：“彭韶，字凤仪，莆田人。天顺元年进士。授刑部主事，进员外郎。”成化十四年，任广东左布政使；成化二十年，擢升右副都御史；弘治元年，任刑部右侍郎；弘治四年，任刑部尚书。史称：“韶涖部三年，昌言正色，秉节无私，与王恕及乔新称三大老，而为贵戚、近习所疾，大学士刘吉亦不之善。韶志不能尽行，连章乞休，乃命乘传归。月廪、岁隶如制。明年，南京地震，御史宗彝等言韶、乔新、强珍、谢铎、陈献章、章懋、彭程俱宜召用，不报。又明年，卒，年六十六。”（《明史》卷183《彭韶传》，第4855～4857页）

问多少，永远不要起科，有气力者尽他种。宣德六年，本部官又奏，北京八府供给尤多，钦蒙宣宗皇帝准令照例，是祖宗之心，即尧舜之心也。以此真定所属武强等县，新开地土一向不曾增科。至天顺二年，太监韩谅奏讨武强县踏勘得无粮地五百一顷三十五亩。蒙英宗皇帝钦拨一百与韩谅外，有四百余顷仍旧与民耕种，不曾科粮。是英宗皇帝之心，即祖宗之心也。后因广宁侯家人刘聪等累年搅扰民间，方将前地并韩谅还官地减轻起科，诚出无奈。今周彧又奏求前地，有司不能明白敷奏，再量出无粮地七十余顷。盖缘其地间有多余故也。然地虽间有，势难尽量。臣等不敢欺蔽，请言其实。顷者，亲诣本县，见其地有高阜者，有低洼者，有平坦硗薄者，天时不同，地利亦异。且如亢旱则低处得过，而高处全无。水涝则高处或可，而低处不熟。沿河者流徙不常，鹻薄者数年一收，截长补短，损彼益此，必须数亩之地仅得一亩之入，是以尧舜行错法于前，我祖宗许开种于后，良为此也。即今彼处人民追赔马匹，起运粮草，砍柴人夫，京班皂隶等项，一年约有数般差役，以致丁丁皆受役之人，岁岁无空闲之日，所深赖者，顾恋地业，尽力耕种，以取给朝夕而已。今若一亩量与一亩，余皆夺为闲地，则仰事俯育，且无所资。其于粮差何暇复计？臣知其非死则徙耳。自古立国皆重根本，今真定近在畿内，理宜加厚，此臣等所谓不可尽量者也。而戚里功臣之家，锦衣美食，与国咸休，但能存心忠孝，自然富贵两全，奚待与民争艰食之利哉？”①

其三，包括河南在内，明初北方缺少必要的农田水利设施建设，“永不起科令”变为纵民滥垦之举，造成生态环境恶化，加速小农贫困化。如明初官员称：洪武年间，“县之各乡相地所宜，开浚陂塘及修筑滨江近河损坏堤岸，以备水旱，耕农甚便，皆万世之利。自洪武以后，有司杂务日繁，前项便民之事率无暇及，该部虽有行宜，一皆视为文具。一遇水旱饥荒，民无所赖，官无所措，公私交窘”。② 明人徐恪③（1431～1503）在《地方五事疏》中称：“窃照河南郡县自去秋八月不雨，至于今夏闰五月赤地相望，流移载道，和气乖隔，祷祈罔营，所谓旱荒无大于

① 陈子龙等辑《明经世文编》，中华书局，1965，第708～709页。

② 陈子龙等辑《明经世文编》，第199页。

③ 徐恪（1431～1503），“字公肃，常熟人。成化二年进士。授工科给事中……出为湖广左参议，迁河南右参政。”弘治四年，任右副都御史，巡抚河南。弘治“十一年考绩入都，得疾，遂致仕，卒”（《明史》卷185《徐恪传》，第4904～4905页）。

此。伏念天意所在，固非人力可回，而水利之兴，乃吾人所能致力者。然与其徒悔于已往，不若预图于方来。访得河南府有伊、洛二渠，彰德府有高平、万金二渠，怀庆府有广济渠方口堰，许州有枣祇河渠，南阳府有召公等渠，汝宁府有桃坡等堰。自此之外，故渠废堰，在在有之，浚治之功，灌溉之利，故老相传，旧志所载，不可诬也。但岁久堙芜，难于疏导。"①

其四，明朝当局起科"永不起科田"或变相纵容豪强兼并之，实则为了小集团私欲而牺牲北方广大农民根本利益，失信于民。在失地农民心中，明王朝威信扫地。饥寒交迫的失地农民对朝廷的不满、怨恨等情感不断累积、扩散，更多的穷人则逐渐联合起来走向政府的对立面，甚至揭竿而起。正如时人所言："权倖亲昵之臣，不知民间疾苦，不知祖宗制度，妄听奸民投献，辄自违例奏讨，将畿甸州县人民奉例开垦永业，指为无粮地土，一概夺为己有。繇是公私庄田踰乡跨邑，小民恒产岁朘岁削。至于本等原额征粮养马产盐入跕之地，一例混夺。权势横行，何所控诉？产业既失，粮税犹存。徭役苦于并充，粮草困于重出。饥寒愁苦，日益无聊，辗转流亡，靡所底止。以致强梁者起而为盗贼，柔善者转死于沟壑……小民脂膏吮剥无余，由是人民逃窜而户口消耗，里分减并而粮差愈难。卒致辇毂之下，生理寡遂；闾阎之间，贫苦到骨。向使此弊不革，将见数十年后，人民离散，土地日蹙，盗贼蜂起，奸雄借口，不知朝廷何以为国？"②

三　农民贫困与乡村天灾

有明一代，河南灾荒频繁，加剧民生苦难，成为农民贫困化及灾区化重要致因。明代河南灾荒以水灾为主，旱灾次之，蝗灾及饥歉等亦多。据鞠明库统计，明代河南共计发生水灾 176 次，旱灾 63 次，地震 44 次，雹灾 17 次，蝗灾 49 次，风灾 10 次，瘟疫 5 次，霜雪灾害 5 次，共计 369 次。③ 刘旭东提出，明代河南发生水灾 192 次，旱灾 124 次，地震等灾害 120 次，共计 611 次，年均 2.21 次。④ 又，马雪芹研究得出：明代"河南

① 陈子龙等辑《明经世文编》，第 725 页。
② 陈子龙等辑《明经世文编》，第 2107 页。
③ 鞠明库：《灾害与明代政治》，中国社会科学出版社，2011，第 67 页。
④ 刘旭东：《明代河南灾荒与荒政研究》，陕西师范大学 2012 年硕士学位论文，第 1 页。

自然灾害主要有旱、涝、风、雹、震、雪等几种。其中以旱灾与涝灾发生频次最高，对农业生产的危害也最为严重……在明代发生的二十八次大旱中，又有十八个年份是连续干旱……明朝时期的大涝共有十八个年份……除雨水过多外，河流决溢也是涝灾发生的重要因素。河南境内主要河流除黄、淮外，漳、沁、洪、汝、颍、沙、伊、洛、唐、白、贾鲁等河的流量也是很大的，决溢泛滥极为频繁。”①

由于失于有效治理，黄河遂成明代河南第一害河。明代黄河决口和改道高达456次，约每七个月一次。② 明朝人视黄河为最大“水患”。如明人丘濬有言：“中国之水非一，而黄河为大。其源远而高，其流大而急疾，其质浑而浊，其为患于中国也，视诸水为甚焉。”③ 又称：“天下之为民害者，非特一水也。水之在天下，非特一河也。流者若江海之类，潴者若湖陂之属，或徙或决，或溢或溃，堤岸以之而崩，泉源以之而涸，沙土由是而淤，畛域由是而失，以荡民居，以坏民田，皆能以为民害也。然多在边徼之壖，宽闲之野，旷僻之处。利害相伴，或因害而得利，或此害而彼利。其所损有限，其所灾有时。地势有时而复，人力易得而修。非若河之为河，亘中原之地，其所经行，皆是富庶之乡。其所冲决，皆是膏腴之产。其为民害，比诸其它尤大且久。”④ 是时，黄河干流长期“霸道”。如洪武二十四年（1391）至正统十三年（1448），黄河夺颍入淮；永乐十四年（1416），黄河又辗转夺涡入淮。⑤ 其恣意纵横，造成岔流增多。明初（1368～1435年）六十余年间，黄河河南段决溢十八次以上，不时淹没人口与农田，为害一方。据《明史》载：

（洪武）八年，河决开封太黄寺堤……十四年决原武、祥符、中牟，有司请兴筑……十五年春，决朝邑。七月决荥泽、阳武。十七年决开封东月堤，自陈桥至陈留横流数十里。又决杞县，入巴河……二十二年，河没仪封，徙其治于白楼村。二十三春，决归德州东南凤池

① 马雪芹：《明清河南自然灾害研究》，《中国历史地理论丛》1998年第1期。
② 张含英：《明清治河概论》，水利电力出版社，1986，第11页。
③ （明）丘濬：《大学衍义补》，京华出版社，1999，第171页。
④ 丘濬：《大学衍义补》，第175页。
⑤ 韩昭庆：《黄淮关系及其演变过程研究——黄河长期夺淮期间淮北平原湖泊、水系的变化和背景》，复旦大学出版社，1999，第61～73页。

> 口，径夏邑、永城……其秋，决开封西华诸县，漂没民舍……二十四年四月，河水暴溢，决原武黑洋山，东经开封城北五里，又东南由陈州、项城、太和、颍州、颍上，东至寿州正阳镇，全入于淮，而贾鲁河故道遂淤。又由旧曹州、郓城两河口漫东平之安山，元会通河亦淤。明年复决阳武，泛陈州、中牟、原武、封丘、祥符、兰阳、陈留、通许、太康、扶沟、杞十一州县……三十年八月决开封，城三面受水……冬，蔡河徙陈州。先是，河决，由开封北东行，至是下流淤，又决而之南。永乐三年，河决温县堤四十丈，济、涝二水交溢，淹民田四十余里，命修堤防。四年，修阳武黄河决岸。八年秋，河决开封，坏城二百余丈。民被患者万四千余户，没田七千五百余顷……九年七月，河复故道，自封丘金龙口，下鱼台塌场，会汶水，经徐、吕二洪南入于淮……已而决阳武中盐堤，漫中牟、祥符、尉氏……十四年决开封州县十四，经怀远，由涡河入于淮……宣德元年霪雨，溢开封州县十。三年，以河患，徙灵州千户所于城东。六年从河南布政使言，浚祥符抵仪封黄陵冈淤道四百五十里。是时，金龙口渐淤，而河复屡溢开封。①

黄河水灾，给沿岸民众带来沉重灾难，改变了人们日常生活。永乐以来，因黄河“累岁为患，修筑堤防，民用困敝”。永乐九年初，“至是河决，坏民田庐益甚……命户部凡开浚民丁，皆给米钞，及蠲户内是年租税。于是河南、山东之人，闻风而自愿效力者甚众。因谕户部臣曰：‘开河效力之人，赏蠲之惠，一如编役。’民由是益戴之”。② 又如“天顺五年秋七月四日，客水暴至，河溢逾防，土城遂决。越六日，猛风激浪，拥突北门，以入平地，水深丈余。王府及官卫儒黉，庐井室廛，无虑数万区，尽浸没摧圮。力能结筏者，仅以身免，而老弱者，往往溺死。事闻，上特命工部右侍郎琼台薛君远往拯治之。玺书授以事宜，君星驰汴，敷宣帝德，绥援众慼。即移粟以赈其饥。躬率三司官僚，按视地形，商度工用，及以缓急询之故老。（经过修浚）……自是地稍高者，咸得修葺舍宇；凡王府官廨，亦渐可居；而居民荡析流离者，接踵复业；野田堪乂者，俱播

① 《明史》，中华书局，1974，第2013～2015页。

② （清）顾炎武：《天下郡国利病书》之《开封府志》，上海古籍出版社，2012，第1371页。

宿麦矣。顾城地低洼，积水莫能尽出，则令参议萧俨、李浩，佥事王绍，督夫车戽。参议何陞又导而分之。阅月，水尽干涸。初环城五门俱有潦水，河决后，水益弥漫，无津畔。往来者必藉舟楫，一遇风涛，莫或敢济。由是米薪之价，涌贵数倍。则又令项璁等筑道路于大梁、仁和等三门以通车马，内外莫不便之。且令李浩修补成元缺处，及创筑各门月堤。军民有贫馁者，给以宿麦，凡八千余石。有屋居漂荡无存者，给以榱槫，共一万三千余株”。[①]

除了水灾，河南作为明前期主要的土地开发区，还遭到旱灾、蝗灾、饥荒等反复袭击。以永乐元年为例：永乐元年三月，“河南开封等府蝗，民饥”。是月，河南“南阳邓州官牛疫死者多，有司责民偿甚急。民贫至有鬻男女以偿者”。是年五月，“河南钧州属县蝗”。又，“河南蝗，免其民今年夏税”。九月，“河南陈州西华县沙河水溢，冲决堤堰，以通黄河，伤民禾稼”。十一月，“河南阌乡县知县王霖言，累岁蝗旱，民饥”。凡此灾荒，造成灾民大量外逃。如永乐元年十一月，“巡按河南监察御史孔复言：奉命抚安河南百姓，今招抚开封等府复业之民三十万二千二百三十户，男女百九十八万五千五百六十口。未复业者尚三万二千五十余户，男女十四万六千二十余口”。又，该年闰十一月，“河南南阳县言：本县民多逃徙他县”。十二月，“河南耆民赵八等言，州连岁蝗旱，人民饥困”。是月，又因“淫雨伤稼”，朝廷“免河南陈州今年租税”。[②] 笔者仅据《明太宗实录》不完全记载统计，仅永乐时期（1403～1424），河南发生水灾 24 起，饥荒 13 起，蝗灾 7 起，旱灾、瘟疫及雹灾亦多起。事实上，参照上述灾害数字统计，并检视《明实录》及方志等有关明代河南灾荒之记录，可以得出，明前期河南灾荒异常严重，呈多发与群发趋势。

生态环境脆弱是河南灾荒频发的又一重要原因。明前期，河南农业生产，除了遭遇以东部季风区为主的气候变冷因素影响，另一个则是胁迫型

---

① （清）顾炎武：《天下郡国利病书》之《开封府志》，上海古籍出版社，2012，第1372～1373页。

② 分别见《明太宗实录》卷18，永乐元年三月戊子条，第327～328页；卷18，永乐元年三月辛丑条，第332页；卷20下，永乐元年五月癸巳条，第367页；卷20下，永乐元年五月丁酉条，第372页；卷23，永乐元年九月壬午条，第419页；卷23，永乐元年十一月癸未条，第452页；卷25，永乐元年闰十一月丙寅条，第461～462页；卷26，永乐元年十二月己酉条，第482页；卷26，永乐元年十二月壬辰条，第484页。

环境脆弱性的影响，二者耦合于河南区域，造成环境灾变频发，破坏农业生产，灾荒严重的事实。明前期，河南灾荒主要集中在生态环境脆弱区。生态环境脆弱，环境抗逆性较差，农作物减产或绝收，环境灾变频发，故而时常闹饥荒。如时人称："河南开封所属，迫近黄河，如兰阳县城，一夕垫溺，遂成巨浸；卫辉之获嘉、新乡二县，南临沁水，北枕卫河；胙城县沙鹻盈望，生理萧条；辉县与彰德之安阳、汤阴二县西连太行，土薄石厚；磁州东有滏河，积沙成皋；临漳县南有漳河，泛滥不常。"① 由于水利失修，河南沿黄村镇旱涝相仍，灾荒频发，而且受灾面积往往很大，灾民流离失所。如宣德元年，"河南布政司奏：六月至七月连雨不止，黄、汝二河溢，开封府之郑州及阳武、中牟、祥符、兰阳、荥泽、陈留、封丘、鄢陵、原武九县，南阳府之汝州、河南府之嵩县多漂流庐舍，渰没田稼。"② 除了水灾频发，生态脆弱问题也日趋严重。如官员原杰（1417～1477）在《黄河自古为患疏》中称："彰德、怀庆、河南、南阳、汝宁五府山多水漫，卫辉一府沙鹻过半，军民税粮之外，仅可养生。开封一府，地虽平旷，然河决无时。"③ 又如官员徐恪云："开封府、河南、怀庆等府抛荒地亩数万余顷，该粮数万余石，盖因连岁灾伤，人民离散，外来军民畏惧粮差，不肯尽数承佃，以致田地抛荒，粮额如故，及照彰德府汤阴县硝鹻地一千二百九十余顷，该粮一万六千七百六十余石，卫辉府辉县金章、沙冈等十五社石沙壅压地七百五十余顷，该粮六千八百五十余石，俱不堪耕种。"④

第三节 "民多惰于农事"

明初，山东、河南等地在朝廷实施奖励垦荒政策背景之下，竟然出现"民多惰于农事"⑤ 现象，即农民"懒惰，不肯勤务农业"。⑥ 主要表现为部分土地抛荒，一些农民弃耕。这种现象，当今学者在研究明代流民及灾

① 陈子龙等辑《明经世文编》，中华书局，1962，第723页。
② 《明宣宗实录》卷19，宣德元年七月己未条，第514页。
③ 陈子龙等辑《明经世文编》，中华书局，1962，第824页。
④ 陈子龙等辑《明经世文编》，中华书局，1962，第726～727页。
⑤ 《明太祖实录》卷256，洪武三十一年正月乙丑，第3696页。
⑥ 嘉靖《尉氏县志》卷1《田土》，天一阁藏明代方志选刊。

荒问题时，或有注意，却少有专门研究。“民多惰于农事”作为一种社会现象，既是一种“民生状态”，也是一种灾区社会现象，其历史内涵复杂而丰富。兹以山东“民多惰于农事”现象为个案，从环境史视角加以检视。

一　明前期山东土地开发

元末以来，山东等地兵连祸结，生灵涂炭，经济凋敝，社会残破。史载：“自兵兴以来，民无宁居，连年饥馑，田地荒芜。”[①] 如时人称：“两淮之北，大河之南，所在萧条……燕、赵、齐、鲁之境，大河内外，长淮南北，悉为丘墟，关陕之区，所存无几。”[②] 是时，北方可谓地荒人稀，礼法荡然，一片荒凉惨败景象。古代中国，农业是国民经济基础，基础不牢，地动山摇，国计民生难以维持。凡此，威胁大明政权巩固，这是摆在明太祖面前的一道最大难题。

为复兴农村经济，增强国力，巩固政权，明前期开展了大规模的土地开发运动，即明朝运用政治经济等手段，以恢复农业生产为中心，制定和完善各种典章制度，通过兴修水利，鼓励垦荒，移民屯田，培育小农经济，扶持自耕农[③]，借以建构具有稳定性的社会经济结构与确立抗逆性强的生产生活方式，实现社会稳定与国家安全。山东是明前期主要的土地开发区之一。

明初，朝廷还在山东实施移民政策，调整劳动力分布。如洪武二十一年，户部郎中刘九皋言：“古者狭乡之民迁于宽乡，盖欲地不失利，民有恒业，今河北（黄河以北）诸处自兵后，田多荒芜，居民鲜少；山东、西之民自入国朝，生齿日繁，宜令分丁徙居宽闲之地，开种田亩。如此，则国赋增而民生遂矣。”“上谕户部侍郎杨靖曰：‘山东地广，民不必迁；山西民众宜如其言。’于是，迁山西泽、潞二州民之无田者往彰德、真定、

① 《明太祖实录》卷12，至正二十三年二月壬申条，第148页。

② 《元史》，中华书局，1976，第4267~4268页。

③ 申时行等修：万历《明会典》，卷17《田土》，中华书局，1989，第112页。相关内容另见《明史》卷77，第1881－1882页。关于洪武二十八年“永不起科令”，不仅仅包括耕地，还有“桑枣”。如《明太祖实录》载：“洪武二十八年十二月，上谕户部官曰：‘方今天下太平，军国之需皆已足用。其山东、河南民人田地、桑枣除已入额征科，自二十六年以后栽种桑枣果树与二十七年以后新垦田地，不论多寡，俱不起科。若有司增科扰害者，罪之。’”《明太祖实录》卷243，洪武二十八年十二月壬辰条）

临清、归德、太康诸处闲旷之地，令自便置屯耕种，免其赋役三年，仍户给钞二十锭，以备农具。”① 洪武二十二年，“后军都督朱荣奏山西贫民徙居大名、广平、东昌三府者，凡给田二万六千七十二顷”。② 洪武二十二年十一月，“上（明太祖）以河南彰德、卫辉、归德，山东临清、东昌诸处土宜桑枣，民少而遗地利。山西民众而地狭，故多贫。乃命后军都督佥事李恪等往谕其民，愿徙者验丁给田，其冒名多占者罪之，复令工部榜谕”。③ 洪武二十五年，“监察御史张式奏徙山东登、莱二府贫民无恒产者五千六百三十五户就耕于东昌”。④ 洪武二十八年，“山东布政使司言，青、兖、济南、登、莱五府民稠地狭，东昌则地广民稀。虽尝迁闲民以实之，而地之荒闲者尚多。乞令五府之民五丁以上、田不及一顷，十丁以上、田不及二顷，十五丁、田不及三顷并小民无田耕者，皆令分丁就东昌开垦闲田。庶国无游民，地无旷土，而民食可足也。上可其奏，命户部行之”。洪武二十八年，“山东布政使杨镛奏，青、兖、登、莱、济南五府民五丁以上及小民无田可耕者，起赴东昌编籍屯种，凡一千五十一户，四千六百六十六口”。⑤ 明初移民规模较大。据曹树基估计，洪武时期，明朝移民规模达1100万人，其中军籍移民400多万人；永乐年间，移民规模为230万左右，其中军籍移民144万人。⑥ 包括山东在内，大量人口迁入，为农业发展提供了必要的劳动力。为了帮助移民发展农业生产，明政府除了减免赋役、“给钞”使之“备农具”外，还提供耕牛。如洪武二十五年，“（明太祖）命户部遣官于湖广、江西诸郡县买牛二万二千三百余头，分给山东屯种贫民”。洪武二十八年，“（明太祖）命户部以耕牛一万头给东昌府屯田贫民。先是，命迁登、莱之民屯田东昌。至是，又虑小民贫窭，无资市牛，故有是命”。⑦

整个明前期，山东一直为土地开发重点区域，而且不断得到朝廷关

① 《明太祖实录》卷193，洪武二十一年八月癸丑条，第2895页。

② 《明太祖实录》卷197，洪武二十二年九月壬申条，第2958页。

③ 《明太祖实录》卷198，洪武二十一年十一月丙寅条，第2967页。

④ 《明太祖实录》卷216，洪武二十五年二月庚辰条，第3185页。

⑤ 《明太祖实录》卷236，洪武二十八年二月戊辰条，第3451页；《明太祖实录》卷239，洪武二十八年七月乙未条，第3480页。

⑥ 曹树基：《中国移民史》第五卷《明时期》，福建人民出版社，1997，第471~473页。

⑦ 《明太祖实录》卷223，洪武二十五年闰十二月己卯条，第3266页；《明太祖实录》卷236，洪武二十八年正月庚戌条，第3455页。

注，洪武时期的开发政策基本得以继续。如《兖州府志》亦载：“宣德六年，令近京地方比照洪武年间山东事例，民间新开荒田不问多寡，永不起科。正统四年，诏垦田。”[①] 无疑，这些政策措施对于造就大量自耕农、保障明朝赋役征收、扩大其统治基础的作用和意义非常大。在国家大力支持下，山东社会经济发展较快。如洪武二十四年，山东人口为 753894 户，5255876 口；弘治四年增至 770555 户，6759675 口；正德七年则为 878491 户，7618660 口。[②] 如嘉靖《山东通志》编纂者也感叹：“予观山东户口，自洪武定籍以来，至正德七年间，号称殷盛。”[③] 此间，山东粮食总产量也不断提升。从翰香据《大明一统志》记载统计得出，天顺时期（1457～1464），全国 13 个布政使司的 172 个府州当中，税粮超过 30 万石的府有 25 个，山东独占 5 个，即济南府、兖州府、东昌府、青州府、莱州府。[④] 又，据梁方仲编著《中国历代户口田地田赋统计》之“乙表 35”相关内容统计，弘治十五年（1502），山东所缴纳夏税为小麦，总计为 855246 石，约占全国夏税总额的 18. %；所缴纳秋粮是粟米，计 1995881 石，占全国秋粮总额的 9.0%。[⑤] 可见，明初以来，山东在全国的经济地位不断提升，也表明其本身经济发展较快之事实。这一事实引起学界关注，如许檀研究得出：“经过一个多世纪的恢复与发展。到 15 世纪末 16 世纪初，山东经济已恢复甚至超过唐宋时的水平，山东在国家赋税财政中的重要地位也已经确立。”[⑥] 山东社会经济复兴，还有更大意义。正如从翰香所论：“从十四世纪后期开始，到十六世纪末为止，经过二个多世纪的大力开发，中国的又一个重要农业基地——华北平原农业区重新确立起来。华北平原农业经济的迅速发展，大大加强了北方地区的经济实力，并逐渐缩小着南北之间经济发展之不平衡状态，从而加强了封建王朝的大一统政权的物质基础。”[⑦]

---

① 万历《兖州府志》卷 24 上，天一阁藏明代方志选刊续编本。

② 嘉靖《山东通志》卷 8《户口》，天一阁藏明代方志选刊续编本。

③ 嘉靖《山东通志》卷 8《户口》，天一阁藏明代方志选刊续编本。

④ 从翰香：《十四世纪后期至十六世纪末华北平原农村经济发展的考察》，《中国经济史研究》1986 年第 3 期。

⑤ 梁方仲：《中国历代户口田地田赋统计》，上海人民出版社，1980。

⑥ 许檀：《明清时期山东商品经济的发展》，中国社会科学出版社，1998，第 14 页。

⑦ 从翰香：《十四世纪后期至十六世纪末华北平原农村经济发展的考察》，《中国经济史研究》1986 年第 3 期。

二 “惰于农事”与农业致贫

明前期的土地开发运动旨在“田野辟，户口增”。如上所论，通过土地开发，促进了山东经济发展与人口增殖，区域社会经济生活渐趋活跃。不过，山东土地开发运动使国家赋役征收得到保障，却未能解决山东农民的基本温饱问题，而是国富而民贫。是时，饥荒与“民多惰于农事”事件在土地开发期间及以后一再发生。下面拟从土地开发视角就山东农民“惰于农事”现象略作分析。

（一）“惰于农事”现象

所谓“惰于农事”，系指农民“懒惰，不肯勤务农业”。其具体表现：或不愿用力农业生产而懒散混生活，或撂荒土地（又可称之为“弃耕”）而流移他方。明前期，北方出现农民“惰于农事”并不是个别现象，也不是一时现象，更不是民风使然。明中后期，农民“惰于农事”现象更加普遍，形成大规模的弃耕潮。部分农民“惰于农事”，究其原因，并非他们饱食终日而越发懒惰，亦非其家资饶富而无须稼穑，而是生活原本贫窘，即便用力种地亦无法改变其现状，故而主观上不愿致力于农事，甚者宁愿携妻挈子为流民。

洪武时期，山东、河南等地就已出现农民“惰于农事”问题，令明太祖忧虑。为此，“（洪武）二十四年，（明太祖）令山东概管农民见丁着役，限定田亩，着令耕种。敢有荒芜田地流移者，全家迁化外”。[①] 明太祖还反思其“治术”，注重加强农业生产技术干预与指导。史载：“洪武二十七年，命工部行文，教天下百姓务要多栽桑枣，每一里种二亩秧，每一百户内共出人力挑运柴草以之烧地，耕过再烧三遍下种，待秧高三尺，然后分栽，每五尺阔一垅，每一户初年二百株，次年四百株，三年六百株，栽种过数目造册回奏，违者全家发云南金齿充军。”[②] 如《洪武年间教民榜文》称：“一、河南、山东农民中，有等懒惰不肯勤务农业，以致衣食不给。朝廷已尝差人督并耕种。今出号令，此后止是各该里分老人劝督，每村置鼓一面，凡遇农种时月，五更擂鼓，众人闻鼓下田。该管老人点闸，

---

① 万历《兖州府志》卷24上《田赋》，天一阁藏明代方志选刊续编。另见万历《明会典》卷17《田土》，中华书局，1989，第112页。

② 嘉靖《尉氏县志》卷2《贡赋》，天一阁藏明代方志选刊。

若有懒惰不下田者，许老人责决，务要严切督并，见丁着役，毋容懒夫游食。若是老人不肯勤督，农民穷窘为非，犯法到官，本乡老人有罪。一、如今天下太平，百姓除本分纳粮当差之外，别无差遣，各宜用心生理，以足衣食。每户务要照依号令，如法栽种桑、株、枣、柿、绵花。每岁养蚕所得丝绵可以衣服，枣柿丰年可以卖钞使用，俭年可以当粮食，此事有益尔民。里甲老人如常提督点视，敢有违者，家迁化外。”① 为了解决农民“惰于农事”问题，明太祖再次出招，他责令户部派遣“专员”赴山东、河南“督耕”。如洪武三十一年（1398）初，“上（明太祖）以山东、河南民多惰于农事，以致衣食不给。乃命户部遣人材分诣各县，督其耕种，仍令籍其丁男所种田地与所收榖菽之数来闻”。② 显然，明太祖把农民“衣食不给”原因仅归结为“惰于农事”，此乃偏颇之论。洪武以后，农民“惰于农事”现象一直存在。如正统十二年九月，“停征山东济南、青、莱、登州四府所属二十州县逃户田地二万一千九百八十顷所出租税”。③ 如嘉靖《尉氏县志》编纂者亦称：“农不力穑，惟播种望获而已。虽谓之贪天功以为己力可也。其视江以南火耕水耨之勤、雨忙露宿之苦，大有径庭。然丰年粒米狼戾，一遇水旱，坐视漂槁以趋死亡。我圣祖惰农不田之言，为游民戒也。用心生理之言，为农民戒也。盖田而不力犹不田也，况游民乎？”④ 洪武以后，特别是明中后期，北方地区农民“惰于农事”及“弃耕”现象更加普遍。如明朝官员李士翱（1488～1562）称：“臣尝经过南、北直隶，河南，山东地方，每见膏腴之田率多荒芜。乃问百姓何不耕种？皆曰缺少牛力。”⑤

（二）赋役繁重与农民“惰于农事”

明前期山东等地农民“惰于农事”原因，主要有三：其一，明前期，乡村社会建设重于形式而忽视实际效果，乡村社会保障能力偏低。所谓求治太速，欲速则不达。其二，赋役繁重，赋税不均，人民负担过重，农民贫困，造成区域性民众赋役负担畸重，加剧区域性贫困化，民众抗灾自救能力降

① 嘉靖《尉氏县志》卷1《田土》，天一阁藏明代方志选刊。
② 《明太祖实录》卷256，洪武三十一年正月乙丑条，第3696页。
③ 《明英宗实录》卷158，正统十二年九月丁酉条，第3073页。
④ 嘉靖《尉氏县志》卷1《田土》，天一阁藏明代方志选刊。
⑤ 陈子龙等辑《明经世文编》，中华书局，1962，第2194页。

低，遇灾则荒。其三，天灾频发，农业收成无保障。其中，赋役繁重是主要原因。

明太祖认为农民由于“懒惰”，因此“不肯勤务农业”。若农民致力稼穑而得以衣食无忧，政府何须派官员“督其耕种”？其实，山东等地农民“惰于农事”的根本原因是农民勤于稼穑而生计不遂，农业致贫原因主要是农民赋役负担过重。如洪武二十一年（1388），大臣解缙称：“臣观地有盛衰，物有盈数，而商税之征率皆定额，是使其或盈也，奸黠得以侵欺；其歉也，良善困于补纳。夏税一也，而茶椒有粮，果丝有税，既税于所产之地，又税于所过之津，何其夺民之利至于如此之密也。且多贫下之家，不免抛荒之咎，或疾病、死丧、逃亡、弃失。今日之土地，无前日之生植；而今日之征聚，有前日之税粮。里胥不为呈，州县不为理。或卖产以供税，产去而税存；或裨办以当役，役重而民困。又土田之高下之不均，而起科之轻重无别。或膏腴而税反轻，瘠卤而税反重。此丈量之际，里胥之弊也。欲拯困而革其弊，莫若行授田均田之法，兼行常平、义仓之举，积之以渐，至有九年之食无难者。”[①] 明太祖也清楚农民“惰于农事”原因所在，他实行“永不起科令”，让利于民。如洪武二十八年（1395），明太祖“谕户部官曰：‘方今天下太平，军国之需皆已足用，其山东、河南民人田地、桑枣，除已入额征科，自二十六年以后栽种桑、枣、果树与二十七年以后新垦田地，不论多寡，俱不起科。若有司增科扰害者，罪之。’”[②]

明太祖曾对山东等地农民淳朴务农表现较为满意，但也有一些隐忧。如洪武十五年，明太祖称：“河南、山东民人淳实，无巧以取愚，无强以凌弱，笃力于田亩，且山东之民东给辽东，北给北平，民资倍焉。”[③] 问题在于，明太祖承认山东农民赋役沉重，却又不去改变过重的事实。洪武时期，经过二十余年开发，山东许多地区出现饥荒问题及农民“惰于农事”现象，这种情况与明政府构建稳定有序小农社会初衷相悖。如洪武二十年底，“赈恤济南、东昌、东平三府饥民，凡六万三千八百一十余户，为钞三十一万九千八十锭”。[④] 同年十二月，“遣刑部尚书唐铎运钞百余万锭抵

---

① 陈子龙等辑《明经世文编》，中华书局，1962，第73～77页。

② 《明太祖实录》卷243，洪武二十八年十二月壬辰条，第3532页。

③ 朱元璋：《量免江西等省田租诏》，（明）傅凤祥：《皇明诏令》卷2，《四库全书存目丛书》第58册。

④ 《明太祖实录》卷187，洪武二十年十二月己巳条，第2806页。

山东，赈登、莱二府民饥”。[①] 洪武二十一年正月，“遣使赈青州民饥。先是，青州府所隶州县旱蝗，诏免贫民夏税麦一万六千四百七十余石。又令本年秋粮许以棉布代输，凡折粮三万六千四百九十五石，而民尚艰食。有司不以闻，使者有自青州还者奏之。上谓户部侍郎杨靖曰：‘夫代天理民者，君也；代君养民者，守令也。今使者还言，青州民饥，有司不以闻，是岂有爱民之心哉?’亟遣人驰驿往赈之，就逮治其官吏。于是，所赈人户凡二十一万四千六百，为钞五百三十六万锭有奇”。[②] 洪武二十一年三月，“复遣安庆侯仇成赈山东饥。先是，青州府饥，朝廷既遣官赈之。而东昌府东平诸州县旱饥，亦如青州。故遣（仇）成复赈之，凡户六万四千八百八十六，为钞一百三十七万七千五百八十七锭”。[③] 洪武十九年以来，山东连年闹饥荒，灾荒频发（见表3－5）。

表3－5　《明太祖实录载》洪武十九年至二十六年山东灾荒一览表

时　　间	灾　　况	卷　次
洪武十九年六月	青州府旱灾，民饥，饥民20750余户	卷178
洪武二十年十二月	济南、东昌、东平三府民饥，饥民63810余户	卷187
洪武二十年十二月	莱州、登州二府民饥	卷187
洪武二十一年正月	青州府民饥，饥民214600余户	卷188
洪武二十一年三月	东昌、东平诸州县旱饥，饥民64886户	卷189
洪武二十二年四月	莱州、兖州潦，民饥。山东郯城等县陨霜伤稼	卷196
洪武二十三年六月	山东闰四月至六月多地持续降雨，区域性水涝	卷202
洪武二十三年十一月	青州、兖州、莱州、登州、济南五府二十九州县闹水灾	卷206
洪武二十三年十二月	兖州、登州所属州县因河决，小民荡析离居，缺衣少食	卷206
洪武二十四年正月	平度、博兴、福山、宁阳、长山五州县闹水灾	卷207
洪武二十五年二月	青州、兖州、登州、莱州、济南五府饥歉	卷208
洪武二十六年六月	青州、兖州、济南三府水灾	卷230
洪武二十六年十二月	山东济南府长山县水灾	卷230

史料来源：《明太祖实录》卷178～230。

① 《明太祖实录》卷187，洪武二十年十二月壬申条，第2807页。
② 《明太祖实录》卷188，洪武二十一年正月甲午条，第2815页。
③ 《明太祖实录》卷189，洪武二十一年三月丙戌条，第2855页。

洪武时期，山东流民就出现了。如洪武二十二年初，明太祖“命户部起山东流民居京师，人赐钞二十锭，俾营生业”。[①] 洪武二十三年底，明太祖“遣国子生钟必兴等十四人巡视山东流民。上命必兴等曰：‘山东兖、登二府所属州县，近因河决，小民荡析离居，难于衣食，已尝遣官赈济，尚恐流离乡井，未遂其生。今遣尔等往巡视，遇其所在，令有司厚加存恤，无令失所’”。[②] 洪武后期，山东等地农民弃耕现象越发普遍，流民问题更为严重。如永乐九年，抚按山东给事中王铎言：“青、登、莱三府地临山海，土瘠民贫，一遇水旱，衣食不给，多逃移于东昌、兖州等府受雇苟活”。[③] 即便不逃，饥饿问题也时时与山东农民相伴。如永乐十三年八月，朝廷赈济“山东东昌、兖州、济南、青州等府民万六千四百六十余户，给粟三万八千九百六十余石”。[④] 再如，永乐十八年十一月，“是月，赈山东青、莱、平度等府州县被水饥民凡十五万三千七百三十四户”。[⑤]

早在洪武十六年，明太祖称：“数年以来，颇致丰稔，闻民间尚有衣食不足者，其故何也？岂徭役繁重而致然欤？抑吏缘为奸而病吾民欤？今岁丰而民犹如此，使有荒歉，又将何如？四民之中，惟农最苦，有终岁勤动而不得食者，其令有司务加存抚，有非法苛刻者，重罪之。”[⑥] 这类“疑问”一直存在，实属明朝皇帝明知故问。如永乐二十年，明成祖针对山东高密县逃民事件感慨：“往古之民死徙无出乡，安于王政也。后世之民，赋役均平、衣食有余亦岂至于逃徙？比来抚绥者不得人，但有科差不论贫富，一概烦扰，致耕获失时，衣食不给，不得已乃至逃亡。”[⑦] 显然，明太祖与明成祖关于农民“惰于农事”及流民问题的认识与解决方案——重罪“非法苛刻者”。此解决方案并非根本有效，因为真正“苛刻者”不是地方官，而是朝廷，是国家赋役政策。明朝也不可能采用真正有效办法——轻徭薄赋，“养民”而非“养己”。[⑧] 明太祖虽然宽以待民，重典治吏，但就其目的而言，

---

① 《明太祖实录》卷196，洪武二十二年四月丁未条，第2942页。

② 《明太祖实录》卷206，洪武二十三年十二月戊寅条，第3075页。

③ 《明太宗实录》卷116，永乐九年六月甲辰条，第1476页。

④ 《明太宗实录》卷167，永乐十三年把月甲辰条，第1864页。

⑤ 《明太宗实录》卷231，永乐十八年十一月癸巳条，第2240页。

⑥ 《明太祖实录》卷156，洪武十六年九月甲辰条，第2428页。

⑦ 《明太宗实录》卷252，永乐二十年十月戊子条，第2353页。

⑧ 明太祖有言：“人主职在养民，但能养贤与之共治，则民皆得其所养。”（《明太祖实录》卷40，洪武二年三月乙未条，第801页）显然，明太祖所谓“养民”，实则为“牧民”及“治民”。

养民是假，“养己”是真。这样看来，山东农民“惰于农事”问题并非简单。究其所以然，直接原因当是农民通过耕种土地而无法获得基本生活需要。农民种地为何不能维持其基本生活？主要原因在于赋役繁重。当然，这不是全部原因。进而言之，明前期，土地开发对生态环境肆意破坏，包括山东在内的明代北方地区的农业生态环境不断恶化，开发者必然受到生态环境的“报复”。

三　环境恶化与地荒人稀

从短期目标看，明政府是明前期土地开发的唯一受益者——耕地面积扩大了，粮食总产量增加了，府库充实了；开发的主力——绝大多数自耕农（除少数升为地主者除外）并没有真正拥有开发的成果——基本温饱的生活，而是承担着繁重赋役及盲目开发所造成的环境恶化、灾变频发之恶果。从长期结果分析，明朝政府与土地开发主力都是土地开发的受害者，“恶果”不仅是山东等地“民多惰于农事”的重要原因，也是明前期流民生成的主要环境机制。明前期土地开发在增加粮食产量的同时，也造成一些原本生态环境脆弱地区的环境问题加速恶化，以纵民滥垦为特征的土地开发实则为致灾因子，与环境之间形成极为复杂的关系。

（一）“惰于农事”与饥饿：开发者的遭遇

下文以山东东昌府个案，就明前期北方一些地区普遍发生的饥荒与农民“惰于农事”关系予以论述。明代东昌府位于鲁西北平原，地理位置重要，其“地平土沃，无名山大川之限，南接济、兖，北连德、景，漕河所经要冲之地。襟卫河而带会通，控幽蓟而引淮泗。泰岳东峙，漳水西环，实齐鲁之会也。万国贡献，四夷朝献，胥由此达。古今言地之冲，此其最焉”。[①] 据《明史》载：“东昌府，元东昌路，直隶中书省。洪武初，为府。领州三，县十五。”所领州县包括聊城县、棠邑县、博平县、茌平县、莘县、清平县、冠县、临清州、丘县、馆陶县、高唐州、恩县、夏津县、武城县、濮州、范县、观城县、朝城县等。[②] 元明之际，东昌府地广人稀。明初，东昌府为山东主要土地开发区。

---

① 嘉靖《山东通志》卷7《形势》，天一阁藏明代方志选刊续编。
② 《明史》卷41《地理二》，第945~947页。

1. 元明之际：地荒人稀

明初，东昌府地荒人稀，为山东人口最稀疏地区之一。如东昌府武城县，至洪武二十四年，在籍户口还非常少，有522户，3020口人。[①] 嘉靖年间，武城县当时的“乡”有三个，即治平乡、居贤乡、德化乡；“屯”有18个，即傅官屯、西李官屯、苦水屯、洪官屯、马圈屯、双塚屯、祝官屯、南朱官屯、南李官屯、郑官屯、魏官屯、占官屯、小朱官屯、唐留屯、大兴屯、曹官屯、大阜屯、兀兰屯。为了便于管理与赋役征收，乡屯名称有一定的稳定性与延续性，不是说改就改的。武城“屯”多“乡”少，也在传达着一种历史信息——明初武城县土著居民非常少。关于其人口稀少原因，嘉靖《武城县志》载，明初“武城户口稀少，良由水旱频仍，流移者多也。日者抚摩招徕，民亦稍稍复业，比之往岁颇为滋息矣”。[②] 再如东昌府濮州，洪武二十四年，在籍户数1734户，12078口；永乐十年，1368户，12756口；天顺五年，2949户，33141口。《濮州志》称：“洪武二十四年，法制既一，民有著籍濮，当兵燹之后，户口凋耗。”[③] 其实，何止武城，东昌府其他属县亦然。据曹树基研究，东昌府“人口之所以于明初锐减，当地民间传说将原因归之于元代这里发生过大瘟疫”。[④] 其实，战乱不必说了。元后期，东昌府一带灾荒不断，水灾尤为严重。“（至正）二十六年二月，河（黄河）北徙，上自东明、曹、濮，下及济宁，皆被其害”。[⑤] 所以说，天灾、饥歉及兵燹都是当地户口锐减的主要原因。

2. 明前期：迁民、垦荒与社会经济恢复

洪武时期，山东部分府州县还处于地荒人稀状态。如洪武十八年（1385）八月，官员高巍亦称：“臣观河南、山东、北平数千里沃壤之土，自兵燹以来，尽化为榛莽之墟。土著之民流离，军伍百不存一。地广民稀，开辟之无方展转于臣心久矣。”[⑥] 为加快山东土地开发，明朝在政策上给予很多支持。明初，外省人口迁入山东的主要地区是东昌府，东昌府也是山东所属其他府州人口的主要迁入地；明政府还为东昌府等地提供大量

---

① 嘉靖《武城县志》卷2《户赋志》，天一阁藏明代方志选刊。

② 嘉靖《武城县志》卷2《户赋志》。

③ 嘉靖《濮州志》卷2《户口志》，天一阁藏明代方志选刊续编。

④ 曹树基《洪武时期鲁西南地区的人口迁移》，《中国社会经济史研究》1995年第4期。

⑤ 《元史·五行志》，中华书局，1976，第1096页。

⑥ 宋端仪：《立斋闲录》卷1，《处士高巍上时事》；卷2《高巍》，国朝典故本。

耕牛（见表3－6）。这些都为东昌府的农业生产提供了大量人力与畜力。另外，朝廷还缓征赋税，以利民生。如洪武三十年，“户部尚书郁新言，山西狭乡无田之民募至山东东昌、高唐境内屯种给食，已及三年。请从本府民地则例验亩起科，自今年为始征其租税。上曰：‘民贫则国不能独富，民富则国不至独贫。其再复一年，然后征之’”。①

表3－6　《明太祖实录》所载人口迁入东昌府及为其提供耕牛事件

时间	东昌府迁民事件	资料出处
洪武二十一年八月	迁山西泽、潞二州民之无田者往东昌府临清州诸处闲旷之地，令自便置屯耕种，免其赋役三年，仍户给钞二十锭，以备农具	卷193
洪武二十二年九月	山西贫民徙居东昌等三府者，凡给田二万六千七十二顷	卷197
洪武二十五年二月	徙登、莱二府贫民无恒产者五千六百三十五户就耕于东昌	卷216
洪武二十八年七月	青、兖、登、莱、济南五府民五丁以上及小民无田可耕者，起赴东昌编籍屯种，凡一千五十一户，四千六百六十六口	卷239
洪武二十五年	明朝遣官于湖广、江西诸郡县买牛22300余头，分给山东屯种贫民	卷223
洪武二十八年	明朝把耕牛10000头分给东昌府屯田贫民	卷236

资料来源：《明太祖实录》卷193、卷197、卷216、卷239。

明初，东昌府大规模迁民活动，主要集中于洪武时期。这一时期大约迁入多少人口呢？据曹树基先生统计：“洪武二十二年，东昌府有山西移民约6万余人，那么，土著约为5万人。到洪武二十八年，东昌府接纳的移民人口为14.5万人，加上5万土著，共有人口约20万左右。”② 大量迁民涌入，东昌府的乡村聚落增加很快，出现了数量不菲的由迁民构成的“屯”（见表3－7）。如莘县当时共有十四里，分别是一乡、二乡、三乡、四乡、东五乡、西五乡、柳家屯、陈家屯、孙浩屯、丁里长屯、刘里长屯、臧家屯、西大屯，西小屯。③

① 《明太祖实录》卷253，洪武三十年五月丙寅条，第3649页。

② 曹树基：《洪武时期鲁西南地区的人口迁移》，《中国社会经济史研究》1995年第4期。

③ 正德《莘县志》卷1《坊乡》，天一阁藏明代方志选刊。

表 3－7　洪武时期东昌府属 7 县的里与屯分布情况表

县别	土著里数	移民屯数	资料来源
临清	6	30	民国《临清县治》卷 3
茌平	9	27	民国《茌平县志》卷 2
武城	3	18	嘉靖《武城县志》卷 2
博平	6	18	康熙《博平县志》卷 1
莘县	6	8	正德《莘县志》卷 3
夏津	3	27	嘉靖《夏津县志》卷 2
观城	5	5	道光《观城县志》卷 1

说明：洪武时期，迁民屯驻地称屯，土著聚落称乡或里。

明太祖以政治权力为支撑的空前规模的移民活动，为明前期东昌府等地的社会经济恢复和稳定发展奠定了基础，也奠定了明代东昌府村落分布的基本布局，借以建立并壮大了作为政府基础的以自耕农为主体的小农队伍与区域小农社会。随着不合理的人地结构得到调整，相对较好的配置效果显露出来，人口增长了，耕地面积扩大了，赋税征收数量增多了。据统计，永乐十年（1412）较之洪武二十四年（1391），东昌府武城县户口、耕地、税粮数量各增长约 3 倍多；莘县税粮、耕地、户口各增长 40% 左右；夏津县户口则增长 4 倍，税粮增长 5 倍（见表 3－8）。

表 3－8　明初东昌府武城县等县户口耕地税粮增长情况表

款项＼时段	夏津县			莘县			武城县		
	洪武二十四年	永乐十年	指数	洪武二十四年	永乐十年	指数	洪武二十四年	永乐十年	指数
户数	687	3683	536	1612	1959	122	522	2470	473
口数	5279	21597	505	11836	15416	130	3020	13788	457
耕地	4732	—	—	1782	2686	151	538	2607	485
夏税	1241	7493	604	3001	4273	142	876	4172	476
秋粮	1895	17483	604	7003	9970	142	—	9726	—

说明：指数，以洪武二十四年为 100；夏税与秋粮统计单位为石，斗数四舍五入；耕地单位为顷。

资料来源：嘉靖《夏津县志》卷 2《食货志》、嘉靖《武城县志》卷 2《户口志》、正德《莘县志》卷 2《户口》。

3. 饥荒：开发者的处境

明前期，一边是政府鼓励土地开发，劝民垦荒；一边是饥歉频发，灾荒不断，饥民嗷嗷。饥荒不再是个别事件，而是一种此起彼伏的现象。这种现象，洪武时期如此，永乐时期如此，仁宣时期亦如此。如永乐十一年，明成祖对官员讲："人从徐州来言，州民以水灾乏食，有鬻男女以图活者。人至父子相弃，其穷已极矣。即遣人驰驿发廪赈之，所鬻男女官为赎还。"[①] 再如永乐十五年，"山西平阳、大同、蔚州、广灵等府州县民申外山等诣阙上言：本处地硗且窄，岁屡不登，衣食不给"。[②] 明前期，北方地区饥荒爆发具有普遍性和连续性特点。如"曩岁（元末）盗起，饥馑相仍，疮痍逋窜，十室九空"[③] 的山东青州府，明初作为移民垦荒重地，结果是垦荒而饥荒不断，饥民数量庞大。仅以洪武十九年至二十一年青州灾荒为例：洪武十九年，"山东青州府旱，民饥。遣廷臣往赈之，凡二万七百五十余户"。[④] 洪武二十一年，"遣使赈青州民饥。先是，青州府所隶州县旱蝗，诏免贫民夏税麦一万六千四百七十余石，又令本年秋粮许以棉布代输，凡折粮三万六千四百九十五石，而民尚艰食。有司不以闻，使者有自青州还者，奏之……于是，所赈人户凡二十一万四千六百，为钞五百三十六万锭有奇"。[⑤] 又如永乐十一年，"行在户部言，山东青州府安丘县水灾。饥民万一千三百九十余户"。[⑥] 是时，饥荒问题并非局限于山东。为了能够更全面认识明前期山东饥荒问题，不妨扩大历史视域。据《明仁宗实录》载，仅洪熙元年二月至四月的三个月间，北方地区计有 1 府 6 州 37 县发生"饥荒"。具体情况如下：

洪熙元年二月，"舞阳县言有饥民千三百余户"。
洪熙元年二月，"睢宁县有饥民八百余户"。
洪熙元年二月，"清河县奏县饥民千八百户有奇"。
洪熙元年三月，"乐亭县奏民饥"。

---

① 《明太宗实录》卷 140，永乐十一年六月甲寅条，第 1687 ~ 1688 页。
② 《明太宗实录》卷 188，永乐十五年五月辛丑条，第 2004 页。
③ 嘉靖《青州府志》卷 7《户口》，天一阁藏明代方志选刊。
④ 《明太祖实录》卷 178，洪武十九年六月丁未条，第 2697 页。
⑤ 《明太祖实录》卷 178，洪武二十一年正月甲午条，第 2814 ~ 2815 页。
⑥ 《明太宗实录》卷 139，永乐十一年四月戊寅条，第 1677 页。

洪熙元年三月，“直隶任县奏民饥”。

洪熙元年三月，“直隶南和县奏民饥”。

洪熙元年三月，“户部奏连城县民饥”。

洪熙元年三月，“直隶钜鹿县奏民饥者半”。

洪熙元年三月，“隆平县民饥”。

洪熙元年三月，“山东泰安州及莱芜等县奏民饥”。

洪熙元年三月，“直隶蓟州、山东泰安州、湖广新宁县奏民饥”。

洪熙元年三月，“山东平度州及蓬莱县民饥者三千八百余户”。

洪熙元年四月，“大名府民饥”。

洪熙元年四月，“河南郑、许、钧、汝四州及延津、杞、襄城、汜水、考城、临颍、通许、太康、永城、郾城、原武、扶沟、河阴、登封、卢氏、孟津、鲁山、南阳、郏河、内武、陟、遂平、西平二十三县民饥”。

洪熙元年四月，“山东昌邑县奏民饥”。

洪熙元年四月，“邢台县奏民饥”。

洪熙元年四月，“长垣县奏民饥”。

洪熙元年四月，“玉田县民饥”。①

可见，山东饥荒仅是明前期北方饥荒问题的“冰山一角”，饥荒问题已具有普遍性。换言之，北方农民区域性贫困问题比较普遍，呈现出区域性贫困现象。洪熙、宣德之际，山东饥民逃荒及赋税逋欠比较严重。再如《明仁宗实录》载：明仁宗“免山东及淮安、徐州今年夏税秋粮之半，停罢一切官买物料。诏曰：‘朕承大统，主宰天下，上惟天命之重，下念民生之艰，夙夜忧劳，惟恐一夫不得其所。屡诏求言，冀达民隐。而山东郡

① 《明仁宗实录》卷7上，洪熙元年二月庚戌条，第235页；卷7下，洪熙元年二月丙辰条，第237页；卷7下，洪熙元年二月庚申条，第239页；卷8上，洪熙元年三月癸酉条，第248页；卷8上，洪熙元年三月乙亥条，第251页；卷8上，洪熙元年三月丁丑条，第253页；卷8上，洪熙元年三月戊寅条，第253页；卷8上，洪熙元年三月甲申条，第256页；卷8上，洪熙元年三月戊子条，第258页；卷8上，洪熙元年三月庚寅条，第261页；卷8上，洪熙元年三月庚寅条，第265－266页；卷8下，洪熙元年三月乙未条，第267页；卷9上，洪熙元年四月甲辰条，第281页；卷9下，洪熙元年四月己酉条，第289页；卷9下，洪熙元年四月庚戌条，第290页；卷9下，洪熙元年四月辛亥条，第291页；卷9下，洪熙元年四月癸亥条，第297页；卷9下，洪熙元年四月己酉条，第301页。

及淮安、徐州之境，频岁旱涝，年谷无收。今之秋成犹未可，必民乏衣食，有父母妻子不得相济，冻馁呻吟流于道路。郡县之官漠不留意，而又有科买之扰，岂称为民父母之道？可全免今年夏税，其秋粮减半征收。自今年四月以上，各衙门一应收买及科派物件，除弃穰仍纳外，其余未到官者，尽行停罢。已到官者，从实起解，不许欺隐。若实无见物，而先已虚报在官，亦不许再科于民以足其数。报之数俱宥不问，其郡县之官务尽抚辑安养之道，毋纵贪刻以重困之。庶几副朕闵恤黎元之意。’时有至自南京者，上问道路所过民情何以，对曰：‘淮安、徐州及山东境内民多乏食，有征夏税方急。’遂召问少师蹇义，所对亦然。上坐西角门，召大学士杨士奇等令草诏，悉免其今年夏税及秋粮之半，官置物料一切停罢。士奇对曰：‘皇上俯恤民穷，诚出于圣仁，若斯事亦可令户部工部与闻。’上曰：‘姑徐之。救民之穷，当如救焚拯溺，不可迟疑。有司虑国用不足，必持不决之意。卿等姑勿言，命中官具楮笔，令士奇等就西角楼书诏。上览毕，即命用玺，已使赍行。上顾士奇曰：‘汝今可语户部、工部，朕悉免之矣！’左右或言地方千余里，其间未必尽无收，亦宜有分别，庶不滥恩。上曰：‘恤民宁过厚。为天下主，可与民寸寸计较耶？’”[①] 又如宣德元年初，明宣宗“召山东清理军伍大理卿汤宗还。时，山东久旱，禾麦焦枯，民饥流徙。上闻之，谕兵部工部臣曰：‘近数有言山东旱饥，朕寝食不宁……今民未安，而汤宗往清军伍，郡县官吏听受约束，稽核兵籍，奔走喧呼，倍加骚扰，民必惊骇，逃者所以益众’。[②] 如是时，仅“莱州府高密县逃民二百四十三户。自洪熙元年至宣德二年逋负税粮二千一百五十石有奇”。[③] 如宣德四年，山东即墨县有“县民一千二百八十五户俱以灾荒乏食逃移”。[④] 宣德五年九月，“免山东潍县税粮”。因为，潍县“民三千四百七户流移外境，田土荒芜”。[⑤] 宣德六年四月，“山东益都县知县曹纯奏：本县逃民欠永乐二十一年二十二年夏税秋粮三千余石”。[⑥] 宣德六年，“免山东安丘县复业人民四千二百七户所欠宣德四年税粮一万五千二百四十五

① 《明仁宗实录》卷9上，洪熙元年四月庚子条，第276～278页。
② 《明宣宗实录》卷16，宣德元年四月癸巳条，第445页。
③ 《明宣宗实录》卷44，宣德三年六月癸卯条，第1089页。
④ 《明宣宗实录》卷51，宣德四年二月壬寅条，第1234页。
⑤ 《明宣宗实录》卷70，宣德五年九月壬子条，第1647页。
⑥ 《明宣宗实录》卷78，宣德六年四月乙未条，第1803页。

石有奇”。[①] 又，宣德六年，“免山东沾化、寿光、乐安三县复业民五千三百八十余户永乐二十二年以来所欠税粮”。[②]

明前期，包括山东在内，北方许多地方都不断闹灾荒，许多州县沦为灾荒之地，“灾区”如同各地摆不脱的幽灵，盘旋萦绕，北方大量人口流徙南方，耕地则大量荒芜，农民“惰于农事”现象更加普遍。如弘治年间，大臣马文升（1426～1510）称：“迨至宣德、正统、天顺、成化年间，民困财竭，一遇大荒，流移过半，上司不知行文，有司不行招抚。任彼居住，诡冒附籍。南方州县，多增其里图；北方州县，大减其人户。”[③] 其后，饥荒越来越严重，灾民生计越发困难。如明人谢肇淛在《五杂俎》称：“燕、齐之民每至饥荒，木实树皮无不啖者，其有草根为菹，则为厚味矣。其平时如柳芽、榆荚、野蒿、马齿苋之类，皆充口食。园有余地，不能种蔬，竞拔草根腌藏，以为寒月之用。”[④] 其实，灾民食野菜还算有进口之“食”，灾民“食人肉”等令人惊悚事件亦不少见。如“嘉靖三年，南畿诸郡大饥，人相食。巡按朱衣言，民迫饥馁，嫠妇食四岁小儿，百户王臣、姚堂以子鬻母，军余曹洪以弟杀兄，王明以子杀父。地震雾塞，弥臭千里。时盗贼蜂起，闽广青齐豫楚间，所在成群；泗州洪泽，江洋盗艘，动以数千”。[⑤]

（二）恶性互动：摆不脱的“循环”

有明一代，生态环境与农业生产恶性互动关系、人口与土地恶性互动关系一直存在，且不时激化。其实，何止明代，中国传统农业社会里，这种“互动”与“激化”一直存在，是一种摆不脱的“循环”。明前期北方地区，也陷入这种“循环”之中。

明前期，饥荒频发与农民“惰于农事”问题形成原因很多。其中，赋役繁重是主要原因，而生态环境恶化是重要原因之一。生态环境恶化，主要受制于生态环境与农业生产恶性互动、人口与土地恶性互动。论及人类生产活动与生态环境关系，学者赵冈所论较为深刻：“人类生

---

① 《明宣宗实录》卷78，宣德六年四月己丑条，第1810页。

② 《明宣宗实录》卷78，宣德六年四月壬戌条，第1818页。

③ 陈子龙等辑《明经世文编》，中华书局，1962，第521页。

④ （明）谢肇淛：《五杂俎》，上海古籍出版社，2012，第203页。

⑤ （明）陈仁锡：《荒政考》，《中国荒政全书》（第一辑），北京古籍出版社，2003，第543页。

存要消耗自然资源，被消耗的资源有的是一次性，消耗掉就永远消失了；有的资源被消耗掉可以再生。不过，资源再生的可能性也会受到人类活动的影响，过量消耗资源可以破坏或削弱自然的更生机能，如竭泽而渔。此外，过量消耗自然资源，可以改变生态环境，间接地影响到人类使用资源的生产力。所以说，一定的资源禀赋有其承载力的极限。当然，所谓的承载力是有弹性的，视科技条件及政策而定。在技术条件落后及政策错误时，过度消耗自然资源会导致生态环境之恶化。在人与自然资源的相对关系中，最重要的是人与土地的关系……农作物与天然植被是互相竞争土地的，要推广农业生产就要先铲除地面上的天然植被。此消然后彼长。人口增长后，就要增加耕地，垦殖的结果就会减少天然植被覆盖的面积。天然植被，如森林及草原，对生态环境有一定的保护作用，过量铲除后，就会导致生态恶化。”[①] 就明代“人与土地的关系”而言，可以说是中国传统农业社会人与土地关系史之缩影。在此，笔者不想反复抽象地概括论述这些变化，而是从明前期东昌府具体演绎的历史中探寻这些变化所造成的历史事实。

1. 莘县民生困局与人口问题

有学者强调：“人作为一个自然存在物和社会存在物，有许多需要，包括自然需要、社会需要和精神需要。作为自然存在物，必须满足人的自然需要，即在劳动中与周围的自然界进行经常性的物质和能量的交换。良好的自然环境能为人们提供丰富的物质资源，满足人们不断增长的物质需求。”[②] 事实上，良好的自然环境并不常有，造成自然环境不良好的往往是人本身。明前期土地开发运动，目的也包括基本“满足人的自然需要”，但往往事与愿违。明前期，东昌府的人与土地关系史实则是明代人与土地关系史的具体而微者，即经历了环境、人口与土地之间的恶性互动过程。据上文所论已知，经过明前期移民及鼓励垦荒政策实施，东昌府的经济社会恢复较快，基层社会构建也基本完成。一般以为，在这种情况下，此后很长一段时间里，东昌府会持续保持社会稳定与经济发展，但事实并非如此。现以明前期东昌府莘县与武城县的经济社会变化及民生问题为例，予以分析。

---

① 赵冈：《人口、垦殖与生态环境》，《中国农史》1996 年第 1 期。

② 许崇正、杨鲜兰等：《生态文明与人的发展》，第 9 页。

莘县是明代东昌府所属的一个普通县，其“疆域在府西南七十里，东西相距广四十五里，南北相距袤六十五里”。[①] 莘县“南接濮阳之水，北抵清河之源，东近乎会通（河），西联乎渭川，境内平坦而低洼相间”。[②] 明初，莘县经济社会状况如何？撰写于洪武九年的莘县《谯楼记》称：元末以来，莘县“屡罹兵燹，楼馆灰烬，市井丘墟，罄然一空”。[③] 明朝初始，朝廷积极向莘县在内的东昌府移民。据曹树基研究，洪武时期，有近15万移民迁入东昌府，加上土著居民5万左右，大约有20万人口[④]在此开荒造田，从事农业生产。这些迁民中，一部分迁入莘县。永乐时期，移民亦有迁入东昌者。如永乐十年，“山东济宁州同知潘叔正言：‘兖州、东昌等府，定陶等县，地旷人稀，青、登、莱诸郡民多无田，宜择丁多者分居就耕，蠲免其役三年，庶地无荒芜，民不失业。’从之”。[⑤] 明前期，莘县人口增长很快。史称：莘县于“国朝（洪武时期）编户十四里，天顺四年，知县荀珣增编十八里”。[⑥] 移民在这里繁衍生息，建设家园，其食物来源也算丰富，莘县人口随之不断增加，赋税数额也远超洪武年间所纳（见表3－9、表3－10）。

表3－9　东昌府莘县主要粮食等物产一览表

谷类	黍 稷 粟谷 大麦 小麦 荞麦 蜀秫 黄豆 绿豆 豌豆 芝麻
果品	梅 杏 李 桃 枣 梨 柿 沙果 软柿 葡萄 石榴
蔬菜	芥菜 白菜 菠菜 莴苣 蔓菁 苦菜 香菜 茄 葱 韭 蒜 芹 苋 冬瓜 甜瓜 丝瓜 黄瓜 地瓜 瓠子

资料来源：正德《莘县志》卷1《土产》，天一阁藏明代方志选刊。

表3－10　东昌府莘县户口耕地税粮增长情况一览表

款项＼时间	洪武二十四年	永乐十年	天顺五年	成化十七年	弘治四年	弘治十四年
官民地（顷）	1873	2686	2686	2686	2686	2686
夏税小麦（石）	3001	4273	4265	4265	4265	4265

① 正德《莘县志》卷1《形势》，天一阁藏明代方志选刊。
② 正德《莘县志》卷1《形势》，天一阁藏明代方志选刊。
③ 正德《莘县志》卷8《形势》，天一阁藏明代方志选刊。
④ 曹树基：《洪武时期鲁西南地区的人口迁移》，《中国社会经济史研究》1995年第4期。
⑤ 《明太宗实录》卷124，永乐十年正月乙未条，第1557页。
⑥ 正德《莘县志》卷1《形势》，天一阁藏明代方志选刊。

续表

时间 款项	洪武二十四年	永乐十年	天顺五年	成化十七年	弘治四年	弘治十四年
秋粮粟米（石）	7003	9970	9952	9952	9952	9952
户数	1612	1959	2166	2322	2361	2410
口数	11836	15416	22126	26819	26522	27495

说明：赋税单位均为石，数字统计均采用四舍五入法。资料来源：正德《莘县志》卷2，天一阁藏明代方志选刊。

据表3－10所记户口数比较，不难看出，洪武二十四年至永乐十年，人口净增3580人；永乐十年至天顺五年，人口净增6710人；永乐十年至成化十七年，人口净增11403人；永乐十年至弘治十四年，人口净增12079人；洪武二十四年至弘治十四年，莘县人口净增15659人。至于耕地，以永乐十年（官民地2686顷）为界，此后百多年间，耕地数目一直未变。如正德《莘县志》编纂者称："永乐十年较之洪武初，官民地共增八百一十三顷五十五亩。盖国朝初，人稀少，多荆棘，至永乐间渐次开辟，故田地加多。自此以后，再无增减。"[①] 也许有学者认为，表3－10中所列官民地亩数为政府确定的固定征税亩数，莘县可能还有大量无粮白地。事实上，这种看法几乎就是一个幻想。即便有零星的"无粮白地"，宣德以后，多已纳入征税田亩，即便还有存留，数量也不会很大，对于解决人口与耕地矛盾，无足轻重。从表3－10还可看出，永乐十年以后，除人口增加外，莘县的耕地、夏税与秋粮数额基本没有变化。在耕地总量不变的情况下，莘县自永乐十年至弘治十四年间，相对说来，净增的一万多人口就成为现有耕地的多余的劳动力与消费者。这些人口或部分投身农业生产，促成莘县种植业向劳动力密集型生产模式转化。如明人称："国初乱离初定，人民鲜少，土地所生之物供养有余。承平日久，生齿繁多，而土地所生之物无所增益，则供养自然不足。"[②] 诚然，农业重复劳动量累积只能在风调雨顺之年增加一些收成，但是增收极为有限。同元代相比，明代农业技术缺乏突破性革新。[③] 显然，缺少先进农业技术支撑的固定耕地

① 正德《莘县志》卷2《户口》，天一阁藏明代方志选刊。

② （明）张萱：《西园闻见录》，全国图书馆文献缩微复制中心，1996，第798页。

③ （明）徐光启：《农政全书》，岳麓书社，2002，第326～378页。

上的简单劳动的反复增加，造成一定时期内土地有限的肥力（地力）被最大化“榨取”出来，土壤肥力必然呈递年下降趋势，农作物增产便失去地力基础。如果遭遇灾年，歉收或绝收，土地上增加的劳动力（同时也是消费者）反倒成为加重灾害影响的重要因素。进而言之，莘县自永乐十年以后，社会上存在着一个数量庞大的多余的农业劳动力群体。如上所论，在传统农业社会，在土地承载力基本不变的情况下，大量的多余的劳动力反倒成为单纯的消费者，非但不能增加莘县的社会财富，反倒成为社会不安定因素，成为灾荒发生的诱因。换言之，这种人口状况弱化了莘县的社会保障能力与抗灾自救能力，加剧了社会脆弱性。因此，莘县之民幸无天灾，得以艰难为生；一遇天灾，顿成饥民、流民。进而言之，随着明初进行全国规模的人口调整基本结束以后，政府在各个地区内的人口调配工作基本缺失，即便有一些举动[①]，也只是进行简单的迁入迁出。

由于这种“简单的迁入迁出”，使得东昌府及其莘县的饥荒与流民问题难以解决。洪武时期，东昌府不断闹灾荒，流民增多；洪武以后，饥荒亦然。如宣德八年，明宣宗敕谕：“比者，南、北直隶及河南、山东、山西并奏春夏不雨，宿麦焦槁，谷种不生，老稚嗷嗷，困于饥馑，流亡散徙，甚可矜怜。夫灾祥之兴，皆由人致。朕存兢惕，诚切于心。”[②] 宣德以来，东昌府及莘县灾荒问题越来越严重，农民甚至撂荒土地而去往他乡。如宣德三年初，“山东东昌府馆陶县民奏，同里逃民户内税粮四百六十五石”。[③] 再以成化、弘治年间灾荒为例：“成化九年夏六月，濮州博平旱，大饥。十一年春二月，莘县灾。十四年春莘县大水，饥。十九年秋，冠县旱、饥，人相食。”[④] 莘县灾荒状态当为东昌府典型。如：“成化十四年六月，连宵暴雨不止，房屋倾塌，田禾淹没。永清、大有二门俱为淹倒，舟楫出入城中，往张秋、临清者亦乘舟而去。此亘古所无之事，人所罕见者也。故，是岁大饥，民甚苦焉。成化二十一年，（莘县）亢阳不雨，夏麦秋禾遍地赤野，富者犹可庶几，贫者何以存活？故是时民有杀人而食者。呜呼，时之饥馑，事之怪异，有如是哉！弘治五年，山东大旱。自

① 《明太祖实录》卷124，永乐十年正月乙未条，第1557页。

② 《明宣宗实录》卷101，宣德八年四月庚子条，第2265页。

③ 《明宣宗实录》卷42，宣德三年闰四月庚子条，第1034页。

④ 嘉靖《山东通志》卷39，天一阁藏明代方志选刊续编。

春徂夏，亢阳不雨。焦禾杀稼，井涸树枯。本县是时逃窜他方者甚众，而父子、兄弟有离散不能相保者。是岁亦大饥，斗米至百钱，民不堪命焉。”①

2. “地理耦合”与社会脆弱性——以武城县为个案

“耦合”在物理学上是指两个或两个以上体系或运动形式之间通过各种相互作用而彼此影响的现象。这里用“地理耦合”系指生态环境脆弱区、灾区、民生贫困区与徭役繁重区四者的地理空间分布上的一致性，且四者之间恶性互动、互为因果。明前期，山东等地出现“地理耦合”现象，并与社会脆弱性②产生关联。

研究表明：“对于某一特定的国家或地区来说，自然灾害对人类社会破坏和影响的程度，既取决于各种自然系统变异的性质和程度，又取决于人类系统内部的条件和变动状况，既是自然变异过程和社会变动过程彼此之间共同作用的产物，又是该地区自然环境和人类社会对自然变异的承受能力的综合反映。”③ 的确，灾荒都是在特定环境背景下经过灾害酝酿过程而形成的。社会环境与自然环境是天灾生成的背景与基础，天灾是环境恶化的集中表现。洪武至弘治百多年间，北方社会经济经历了一个由盛而衰的发展过程。其所以如此，实为自然环境和社会环境共同作用的结果，是“地理耦合”的具体表现。进而言之，灾荒与生态环境、社会环境三者之间恶性互动，加重民众贫困化，加剧社会脆弱性。脆弱社会是一种灾变可能性大的区域性社会存在状态，主要表现在社会保障能力低下，居民贫困化，抗灾救灾能力基本缺失。脆弱的社会实则弱化或失去保障民生、抗御灾害的基本功能，贫困化又使民众抗灾自救能力大为降低甚至缺失，民众遇灾则荒，灾区因之持续存在。脆弱社会又作为一种民生影响因子，影响和改变着生态环境与社会存在状态。土地开发期间，明代部分地区的乡村社会都处于这样一种脆弱状态。其中，东昌府武城县就是一个典型例证。

山东武城县位于鲁西北平原。明代武城县的物产还算丰富（见表3-11），农业主要以旱作农业为主，如黍、稷、菽、麦等。洪武初，武

---

① 正德《莘县志》卷6《杂志》，天一阁藏明代方志选刊。

② 脆弱社会是一种灾变可能性大的社会状态，它的形成是自然因素与社会因素共同作用的结果，它的具体表现是社会保障无力。脆弱社会又作为一种因素，改变着生态环境与人类社会的常规运行机制。明代北方农业开发期间，许多地区都处于一种脆弱社会状态。

③ 夏明方：《民国时期自然灾害与乡村社会》，中华书局，2000，第305页。

城县地广人稀。明初，政府曾向包括武城县在内的东昌府大规模移民，武城县的人口随着土地开发进程而迅速增加（见表3－12）。又如嘉靖《武城县志》载：“武城户口稀少，良由水旱频仍，流移者多也。日者抚摩招徕，民亦稍稍复苏，比之往岁颇为滋息矣。”① 据此，可知两个事实：其一，武城县从洪武二十四年到永乐十年，近20年间，人口增加10768人；从永乐十年至天顺五年，近50年间，人口增加12394人。其二，从永乐十年至天顺五年，武城县的官民地再未增加，武城县人均占有耕地也由永乐十年约19亩降至天顺五年的不足10亩。

表3－11 武城县物产一览表

谷类	黍 稷 菽 麦 秫 蕎 芝麻
蔬菜类	芹 芥 葱 韭 波薐 芦菔 苏 蓼 瓜 茄 蔓菁 白菜
药类	生地黄 桑白皮 益母草 菟丝子 车前子 枸杞子 茴香 菊花 蜀葵
果类	石榴 梨 枣 桃 杏 沙果
禽类	鹑 鸽 鸡 鸭 鹅
畜类	牛 马 驴 骡 羊 豕 犬
水产类	鲎 鲇 鳝 鳖 鲤
商品类	丝 麻 棉花 细 绢 菊酒 蜜 蜡 碱 硝

资料来源：嘉靖《武城县志》卷2《户赋志》。

表3－12 明正德以前（含正德时期）武城县人口、耕地与税粮情况

时期 类别	洪武二十四年	永乐十年	天顺五年	正德十年
居民户数（户）	522	2470	2499	2861
居民口数（口）	3020	13788	26082	27470
官民地	538顷34亩	2607顷95亩	2607顷95亩	2607顷95亩

资料来源：嘉靖《武城县志》卷2《户赋志》。

① 嘉靖《武城县志》卷2《户赋志》，天一阁藏明代方志选刊。

学者周广庆提出缓解人口压力的五种方式。一是分群—迁居方式，其中，古代、近代的殖民运动和新垦区的开辟可视为这种方式。二是发展生产力方式，因为一切生产力的提高都有助于缓解人口压力。三是战争、瘟疫、饥荒等自然调节方式，这是历史上十分必要的减少人口压力、缓解人口压力的一种主要方式。四是贸易往来，通过贸易把人口转嫁到其他国家。五是节育方式，这种方式是一种立足于自我的解决问题的方式。[①] 古代中国，缓解人口压力的主要办法有战争、瘟疫与灾荒，而政府政策性移民具有暂时性，明代亦然。

有明一代，农业技术基本保持不变的情况下，粮食总产量增加唯有靠增加耕地面积与过多投入劳动力获得。事实上，在一定区域内，随着土地开垦基本完成，人口依然不断增多而耕地基本不再增加，人地矛盾自然随之不断突出、加剧，靠种田为生的小农的生计自然越来越艰难，社会财富积累也会更加不均，小农渐趋普遍性贫困。对此，政府解决的办法是“听之任之”，农民还得靠天吃饭，“生态环境”的解决途径是通过天灾造成大量流民。除了人均耕地面积锐减外，其他方面也是危机重重。如明代武城县的社会与民生危机主要表现为如下两个方面。

一是生态环境恶化，农业灾害增多，民生贫困问题加剧。时人称：“武城土地狭，沙卤多，陵谷沟渠道路又居其大半，物产其间者率不良然。亦不广产金铁，鱼盐之利全无，律以旁邑，又为疲薄不堪之甚。民之生于兹者，又多游惰，不谙治生之术，全赖谷土，谷土实不足以赡之，加之水旱相仍，饥馑荐臻，弊端蠹政滋漫其间，民之号苦吁天者不知其几也。”[②] 又称：“武城地势平衍，无名山之限，惟卫河发源于河南卫辉县……武城地卑土淖，又当卫河下流之中，三面受害，一遇水涝，堤岸溃决，室庐荡没。”[③] 加之武城县“中有运河一带，东、西又有黄河、沙河故迹，地多沙硷，不堪行犁”，又，“滨河地土，一遇水发不无崩陷”。[④]

二是徭役繁重而不均，政府不作为，社会危机加深。如明人所言：“但召集开荒之人，类多贫难，不能自给；久荒之处，人稀地僻。新集之

---

① 周广庆：《人口革命论》，中国社会科学出版社，2003，第 304 ~ 306 页。

② 嘉靖《武城县志》卷 2《户赋志》，天一阁藏明代方志选刊。

③ 嘉靖《武城县志》卷 1《疆域志》，天一阁藏明代方志选刊。

④ 嘉靖《武城县志》卷 2《户赋志》，天一阁藏明代方志选刊。

民，既无室庐可居，又无亲戚可依，又无农具种子可用，故往往不能安居乐业，辄复转徙。”①

因此，土地开发的同时，政府应该加强开发区的社会建设，特别是社会保障建设。明政府却没有这样做，而是将土地、移民和奖励垦荒政策简单叠加在一起而已，政府不再作为。如时人称：“邑土有白、黑，而赋无重轻。况地多硷斥，而旱涝不常，一概征之，则可谓均否耶？”② 而且，武城县地处交通要地，徭役繁重，“水路由临清抵德州，陆路由临清抵故城，俱为必经之地。甲马营驿递，虽为所属，而两地策应未尝少减。上官路行者，夫马仆从，动以百数里，甲雇觅费不赀。邑疲而地复冲，此亦难乎其为民矣。至于均徭重难，益加呻吟之声。观其二年一差，已无息肩之日；门丁疲薄，而编差额数交倍于兹……况频年水旱、饥馑，百姓嗷嗷，罔攸存济，豪军奸民，影射滋弊，里甲重差，我民实殚货倒产以应代之，其为亏害固不知其所终矣”。③

综合上述分析，可以看出，武城县经过一段时间的土地开发，出现人多地少、自然环境灾变频繁、农民生活困苦，政府不作为等诸多问题，这些问题共同作用，造成武城县社会矛盾增多，农业生态环境恶化，社会危机加深与社会脆弱化，灾荒频发。最终，形成贫困区、灾区与生态环境脆弱区“地理耦合”。研究表明：“由于贫困地区与生态脆弱地区的分布具有一致性。贫困对生态环境脆弱的驱动机制是：在生态系统良性循环阈值被突破和缺乏现代生产要素投入的双重约束下，随着人口继续增长，只能靠土地利用数量扩张满足需求；土地数量扩张进一步加剧生态系统破坏，使其赖以生存的土地质量下降，产出减少。土地利用变化的这种生存型驱动作用使贫困与生态环境脆弱陷入互为因果的恶性循环之中……随着贫困地区人口的增长，对边际土地（含边际耕地、边际林地和边际草地）的压力日益增大，过度开垦、过度放牧、乱砍滥伐的现象非常严重。其后果是引起土地退化、土壤侵蚀和自然灾害的增多。”④ 过度开垦，乱砍滥伐，广种薄收，造成许多地方生态环境恶化。如明人谢肇淛称：“北人不喜治第而多蓄田，然跷确寡入，视之江南，十不能及一也。山东滨海之地，一望卤

① （明）张萱：《西园闻见录》，全国图书馆文献缩微复制中心，1996，第798页。

② 嘉靖《武城县志》卷2《户赋志》。

③ 嘉靖《武城县志》卷2《户赋志》。

④ 刘燕华、李秀彬：《脆弱生态环境与可持续发展》，商务印书馆，2001，第144～145页。

泻，不可耕种，徒存田地之名耳。每见贫皂村眝，问其家，动曰有地十余顷，计其所入，尚不足以完官租也。余尝谓不毛之地，宜蠲以予贫民，而除其税可也。"[①]

明前期，包括东昌府在内的许多地方便陷入这种恶性循环之中。这种有利于灾荒生成的"地理耦合"社会状态，实则是区域灾区化的社会与生态环境基础。故而，时人感叹："民何不幸而生兹邑也！平居无事犹可苟且目前，万一边陲有警或遇河决，四境为洿池，惟有流移转徙为盗偷生而已。"[②] 而且，这种"地理耦合"具有间歇性，每过一段时间就会形成，随之产生诸多灾难。明人对这种反复出现的"地理耦合"有所归纳，只是对其成因缺少全面认识。如万历年间，青州府知府王家宾所作《〈青州府志〉叙》中对青州亦称："地濒海，饶斥卤，水居什一，山居什三，其田可十三万六千有奇，而岁办不下七十万。其用于土，则居有干陬之役，行有传舍之役；其用于上，则内以六宫，外以百官六军，有供亿之役，有输挽之役。盖属城不雄于它郡，而赋时倍之。且生齿日繁，舟楫不通，公私取给于山坂蹊（溪）涧之田，而暵溢虫蠹，岁或仍焉。兼以俗好任侠，居平鸣瑟跕屣，六博蹋鞠，时饶鲜衣怒马之费。慨不快意，以躯借交报仇，藏命作奸，剽攻御敚。故岁饥辄盗，盗起辄兵，疮痍逋窜，十室而九。大约大豪挟中滑以用饥驱之民，每十数年一变，而一变之后，辄数十年不易复。"[③]

当然，在"地理耦合"及恶性循环爆发间隙，多为民众生活基本稳定时期，也是社会经济生活相对平稳时期。在这个时期，只要地方官员有所作为，民生问题还是不会恶化。即便部分灾区，亦能勉强维持基本稳定。如彰德府磁州"大明知州周敏，字敏中，繁昌人，以儒行举。洪武四年任。天下初罢兵，民无耒耜以耕，且乏食。敏躬修节约，不自高润。尝曰：'世习干戈久，良心已逸，难率治也，在化之耳。'故敏为政刬剔烦苛，乡社皆建学，择端良者为之师。敏日与学官暨诸生讲经史，娓娓不倦。三年之间，民勃然兴化焉。后任满归，民老少赴道上号泣送之"。[④]又，彰德府磁州涉县"大明知县沙玉，字子明，武昌人，以人材洪武末年

① （明）谢肇淛：《五杂俎》，上海古籍出版社，2012，第 74 页。

② 嘉靖《武城县志》卷 2《户赋志》，天一阁藏明代方志选刊。

③ （清）顾炎武：《天下郡国利病书》，上海古籍出版社，2012，第1707 页。

④ 嘉靖《彰德府志》卷 5《官师志》，天一阁明代方志选刊。

任。值岁不登，玉惧民亡走，乃设具尽召邑中富民至县。谓曰：‘贫者，富之垣。今诸郡民将莩，即吾邑民亡，尔等存者几人？万一饥民惧死肆掠，尔辈独能守富哉？盍若留吾邑同邑民共守之，为愈也。’富民叩首曰：‘唯公悯我等小人，令得生。’玉乃均富人财予贫者，契识本息，约丰岁偿。民有二丁者，一市牛种于黎城，一灌园蔬果，皆足食。永乐二年稼熟。玉曰：‘古云获禾如盗迫。’即促民昼夜刈，既而蝗起，临邑俱灾。涉则有年”。[1]

---

① 嘉靖《彰德府志》卷5《官师志》，天一阁明代方志选刊。

第四章　灾民生计与灾区秩序

明代灾区社会失范与否，灾民生计状况是其决定性因素。尽管明初以来建立了严格的基层社会管理组织与控制制度及其体系，但是，在饥饿的灾民面前，基本失去效力。至于明中后期里甲制瓦解，保甲制与乡约局部实行，以及地方精英不断探索基层社会控制模式的诸多努力，既是传统社会变迁的系列应对之举，也是社会“灾区化”的必然结果。然而，这些努力未能有如明初里甲制一样一度实现基层社会控制一元化格局。明代基层社会组织模式与体系变动以及民生状况变化，一并成为明代灾区社会秩序与灾区民生嬗变的重要背景。

第一节　机构设置与控制体系

概要说来，古代中国的灾区以乡村为主，灾民以农民为主，明代亦然。笔者所言灾区，主要是指乡村灾区；笔者所言灾民，主要是指遇灾农民。然而，这并不意味着灾区社会只是一个受灾农民与乡村灾区的简单组合体，还包括灾区的各种制度、环境、规则及关系。灾区社会形成后，在其基本恢复灾前状态之前，朝廷派遣的救灾官员与灾区地方官及灾区职役人等一并构成灾区社会控制主体。其中，灾区社会状态的决定性因素是灾区社会控制水平，社会控制的主要手段是救灾行为与基层社会组织建构，灾区社会控制的结果无外乎社会有序或社会失范。[①] 下面就影响明代灾区社会控制效果与控制力的几个主要因素分别加以论述。

一　救灾制度与救灾机构

明朝建立并完善了以君主为中心的救灾组织体制。

---

① 研究表明，“社会失范（social disorder）指的是在社会生活中，作为规范生活的规范或者缺失，或者缺失有效性，不能对社会生活发挥有效的调节作用，从而在社会行为层面表现出混乱状态”（高兆明：《社会失范论》，江苏人民出版社，2000，第2页）。

其一，明确“水旱灾伤之处，并听府州县及巡抚官从实奏闻，朝廷遣官覆堪”。[①] 又，“有司急须申灾于抚按，抚按急须奏灾于朝廷”。[②] 即自下而上、层层上报的报灾制度与朝廷遣官勘灾规定。如果地方官匿灾或勘灾不实，民人亦可以直接进京面陈灾情。如洪武二十七年三月，“山东宁阳县民沈进诣阙诉水灾。先是，宁阳县汶河决，南连滋阳，北至汶上，水高出河丈余，滨河居民多漂流，田禾皆浸没。惟高阜民获存。县以灾上闻。诏遣使省录被灾户数。使者还言：‘灾不甚，民妄诉。’复遣使覆之，亦诡符前使言，遂逮系其吏民。至是，进诣阙诉言：‘民实被灾者千七百余户，而使者所录止百七十余户。有司督迫租赋，民愈困惫。’上命户部复覆之，得实，杖使者，释吏民，蠲其租赋”。[③]

其二，确立了灾荒救助行政管理体系，建立了一套以君主为中心、由各级政府负责的救灾管理体制。亦如前代，明朝仍然没有设立专门救灾机构。户部作为中央最高机构之一，兼掌救灾职责。如《明史》载：户部“尚书掌天下户口、田赋之政令。侍郎贰之。稽版籍，岁会赋役实征之数，以下所司……以积贮之政恤民困，以山泽、陂池、关市、坑冶之政佐邦国，赡军输，以支、兑、改兑之规利漕运，以蠲减、振贷、均籴、捕蝗之令悯灾荒。”[④] 实际上，地方发生重大灾害，皇帝作为国家救灾总负责人与总指挥，会不拘部门限制而根据救灾需要灵活选派朝中任何一位官员为赈灾使臣，并非只用户部官员，但以户部官员为主。奉命救灾使臣奔赴灾区协助地方救灾或主持救灾，并负有监督地方官救灾职责。中央以下，形成布政使及县以上官员层层负责、州县长官则具体执行救灾事宜的救灾体制。如《明史》称：“布政使掌一省之政，朝廷有德泽、禁令，承流宣播，以下于有司……水旱疾疫灾祲，则请于上蠲振之。”[⑤] 而“知府掌一府之政，宣风化，平狱讼，均赋役，以教养百姓……若籍帐、军匠、盗贼、仓库、河渠、沟防、道路之事，虽有专官，皆总领而稽覆之”。[⑥] 又，“知县掌一县之政。凡赋役，岁会实征，十年造黄册，以丁产为差……岁歉则请

---

① 《明英宗实录》卷2，宣德十年二月辛亥条，第47页。

② （明）屠隆：《荒政考》，《中国荒政全书》（第一辑），北京古籍出版社，2003，第191页。

③ 《明太祖实录》卷232，洪武二十七年三月丙午条，第3387～3388页。

④ 《明史》，第1740～1741页。

⑤ 《明史》，第1839页。

⑥ 《明史》，第1849页。

于府若省蠲减之。凡养老、祀神、贡士、读法、表善良、恤贫乏、稽保甲、严缉捕、听狱讼，皆躬亲厥职而勤慎焉”。[①] 吕坤在《知州知县之职》中亦称：知州与知县，“人称之曰父母。父母云者，生我养我者也。称我以父母，望其生我养我这也。故地土不均，我为均之。差粮不明，我为明之。树木不植，我为植之。荒芜不垦，我为垦之。逃亡不复，我为复之。山林川泽，果否有利，我为兴之……老幼残疾，鳏寡孤独，我为收之……仓廪不实，民命所关，我为积之”。[②]

其三，设置蠲免、赈济（包括赈谷、赈银、工赈）、调粟（主要包括移粟就民、移民就粟、平粜）、养恤（施粥、居养、赎子等）、除害、安辑、薄征、仓储、放贷、节约、捐纳、旌奖等为主的救助方式。

二　乡村组织与备荒仓储

明朝建立后，基层社会组织框架多样，既有前朝延续下来的，也有改朝换代中新创或改造的，但是，明前期乡村社会基本组织是里甲制。里甲制确立了以守法富户为核心的乡村社会政治秩序与管理体制。明中后期，流民增多、一条鞭法推广及乡村中小地主衰落，从根本上瓦解了里甲制基础。是时，以乡绅为社会基础的保甲制、乡约组织在乡村政治与社会生活中作用增强，并在乡村灾荒救济中起着重要作用；以乡绅为主导，以社仓、义仓为主体的民间救荒仓储体制建立起来，民间救济成为政府救济重要补充。不过，从本质上分析，里甲制是赋役组织与赋役单位，并未正式纳入明代救灾体系中，也未被明确赋予救灾职责，保甲制与乡约组织是乡村政治组织与社会组织，不以救灾济贫为旨归。

（一）里甲制：赋役单位而非救灾组织

荒政制度，社会安危所系；灾荒救济，人命关天，国之大事。这一点，明太祖及其嗣君心里很清楚。然而，总体说来，明代救灾工作是低效的，严重影响救灾效果。如明人屠隆（1543～1605）所论：“盖民命倒悬，君门万里，闾阎之窘急星火矣。吾不惟闾阎之急是顾，而惟私念其身家妻孥，必请命而后行，得报而后发，道途往返，未及施行，而百姓必转于沟壑矣。万一

① 《明史》，第1850页。

② （明）《吕坤全集》，中华书局，2008，第923～924页。

请而不得，则小民虽累累而就毙且尽，亦付之无可奈何而已。”① 明代各级政府救灾低效，根在社会制度，主要是救灾体制问题。其中，乡村社会救灾职责缺失是重要方面。

明朝报灾系统，遵循下一层级地方官向上一层级衙门报灾，然后层层上报，最后报至户部，由户部报呈皇帝。至于由谁负责向县衙报灾，或者说是否由里长或老人负责向县衙报灾，明朝未有明文规定。综合相关史料，不难发现，明代地方官员负有直接获悉灾情职责。如“洪武元年，(明太祖) 诏曰：‘今岁水旱各处，所在官司不拘时限，从实踏勘实灾，蠲免租税’”。② 又，如洪武“六年，饶阳知县郭槚见邑中大饥，民食草食树皮，遂以上闻。帝览其奏，复咨访得晋、冀等州皆饥。乃命尚书刘仁等往各州县振之，蠲其租赋”。③ 明太祖有旨，若地方官匿灾而不报灾，才“许本处耆宿连名申诉”。如《明会典》载：“国朝重恤民隐，凡遇水旱灾伤，则蠲免租税，或遣官赈济。蝗蝻生发，则委官打捕，皆有其法云。凡报勘灾伤，洪武十八年令，灾伤去处，有司不奏，许本处耆宿连名申诉，有司极刑不饶。二十六年定，凡各处田禾遇有水旱灾伤，所在官司踏勘明白，具实奏闻，仍申合于上司，转达户部，立案具奏，差官前往灾所，踏勘是实，将被灾人户姓名、田地顷亩、该征税粮数目造册缴报本部立案，开写灾伤缘由，具奏。永乐二十二年令，各处灾伤有按察司处，按察司委官；直隶处，巡按御史委官，会同踏勘……凡蠲免折征，洪武元年令，水旱去处，不拘时限，从实踏勘，实灾税粮即与蠲免……凡赈济，洪武十八年令，天下有司：凡遇岁饥，先发仓廪赈贷，然后具奏。二十七年定灾伤去处散粮则例，大口六斗，小口三斗，五岁以下不与。”④

明政府未赋予灾荒时里长组织本里相互救助职责，只是责令里长等富户平时要救助贫困之人，而灾荒流民则不在救助之列。如洪武五年，明太祖在《正礼仪风俗诏》中明令：“城市乡村若有家贫、残疾并老幼、少壮男子、妇女一时不得已而乞匿者，本里里长及同里上中人户助以资给。是工商听其工商，是农民听其农种。候其培养成家，复还人户所资之物。有

① （明）屠隆：《荒政考》，《中国荒政全书》（第一辑），北京古籍出版社，2003，第 187 页。

② （清）龙文彬：《明会要》，中华书局，1956，第 1020 页。

③ （清）龙文彬：《明会要》，中华书局，1956，第 1021 页。

④ （明）申时行等修《明会典》（万历朝重修本），卷十七《灾伤》，中华书局，1989，第 117 页。

司常加检察，毋令失所。此古之邻保相助、患难相救、疾病相扶持之义也。尔民诚能遵守而行，他日尔子孙或有贫乏，同里必相助借矣。敢有见乞逆之人不行资给，同里上中人户验其家所有粮食，存留足用外，余没入官，以济贫乏。若遇旱涝饥荒，人民流移者，不在此限。"[①] 里甲制之外，还设有里老人制度。如洪武二十七年，明太祖"命民间高年老人理其乡之词讼。先是，州郡小民多因小忿辄兴狱讼，越诉于京。及逮问，多不实。上于是严越诉之禁，命有司择民间耆民公正可任事者，俾听其乡诉讼。若户婚、田宅、斗殴者，则会里胥决之。事涉重者，始白于官，且给教民榜，使守而行之"。[②] 又，洪武三十年，明太祖"命户部下令：天下民，每乡里各置木铎一，内选年老或瞽者，每月六次持铎徇于道路，曰：孝顺父母，尊敬长上，和睦乡里，教训子孙，各安生理，毋作非为。又令民每村置一鼓，凡遇农种时月，清晨鸣鼓集众，鼓鸣，皆会田所，及时力田，其怠惰者，里老人督责之。里老纵其怠惰不劝督者，有罚。又令：民凡遇婚姻、死葬、吉凶等事，一里之内互相周给，不限贫富，随其力以资助之。庶使人相亲爱，风俗厚矣！"[③] 显然，明初的里"老人"不仅负责乡里教化、劝农，还承担处理乡里纠纷及审理轻微案情的责任。明太祖此举旨在发挥老人"德威"及其社会生活经验，在基层社会发挥重要"协管"作用，维护基层社会秩序与稳定。另外，明朝在南直隶、浙江、湖广、江西、福建等赋粮数额较多的省份，曾建立粮长制度。需要指出的是，里甲制主要功能是赋役征派与地方治安，"老人"主要维护乡村社会秩序。明前期，乡里制度在基层社会控制与赋役征收等方面确实发挥了重要作用。然而，一个基本事实是，无论里甲制还是老人制，都不是救灾组织，也不是灾变应急系统。相反，乡里制度反倒成为灾害受体[④]，灾害威胁甚至破坏了明朝基层赋役征收制度与体系。由于灾荒造成部分灾区灾民逃荒，逃户余下的赋役则由未逃农户承担，反倒加重灾区灾民负担，这也成为加剧灾区社会失范的因素之一。

---

① 《皇明诏令》（明傅凤祥刻本），《四库全书存目丛书》第58册，第35页。

② 《明太祖实录》卷232，洪武二十七年四月壬午条，第3396页。

③ 《明太祖实录》卷255，洪武三十年九月辛亥条，第3677～3678页。

④ 所谓灾害主体，系指诱发、导致、引起灾害发生的那些直接的和间接的原因；灾害受体，指遭受灾害打击与破坏从而承受灾害后果的社会与人；灾害中介，是将灾害主体与灾害客体连接起来、将灾害破坏力量转换到灾害受体的中间环节（见王子平《灾害社会学》，湖南人民出版社，1998，第56页）。

明朝中后期，土地兼并严重，流民数量猛增，里甲制的社会基础瓦解，乡村社会矛盾加剧，社会失范现象突出，保甲制与乡约组织为乡绅所推崇，在基层社会控制中作用增强。诚如高寿仙先生所论："里甲组织的社会管理功能日趋萎缩，建立在里甲制基础上的乡村社会秩序发生了动摇和分解，地方精英和地方政府都希望通过建立新的基层社会组织以弥补里甲制的缺陷和不足，使动荡的地方社会秩序重新恢复稳定。在这样的社会背景下，北宋时期出现的保甲制度和乡约制度得到广泛推行，同时日益兴盛的宗族组织在基层社会管理方面也发挥着越来越重要的作用。"① 至此，民间自组织救灾活动增多。其中，无论是朝廷旌奖"义民"，还是宗族内部自救，都显示出明中后期救灾活动中民间作用增强的趋势。

（二）备荒仓储：惠民与害民

有明一代，备荒仓储成为维系灾区稳定的重要制度。在小民抗灾自救能力普遍低下的情况下，仓储兴废关系灾区社会安危。明前期，备荒仓储实为惠民之举；到了明中后期，官吏与豪民则从中鱼肉百姓，小民不得其惠，反受其害。

洪武时期，各州县基本建立了预备仓为主的备荒仓储。是时，明太祖令"天下县分各立预备四仓，官为籴谷收贮，以备赈济，就择本地年高笃实民人管理"。② 一遇灾荒，地方官奉命开仓救济，备荒仓储粮食成为灾民主要食物来源，有力地维护了灾区社会秩序。洪武以后，形势陡转。如永乐六年，翰林院庶吉士沈升称："太祖高皇帝命各府州县多置仓廪，令老人守之，遇丰年收籴，歉年散贷，此诚爱养生民万世不易之大法。然所置仓廪，悉在乡村，居民鲜少，难于守视，或为野火延烧，或为山泽之气蒸溽浥烂，有司往往责民赔偿。莫若移置仓廪于府州县城内，委老人及丁粮有力之家守视，庶储积有常，不负朝廷爱民之心。"③ 其后，移置县城，问题依然很多。如宣德七年，巡按湖广监察御史朱鉴言："洪武间，各府、州、县皆置东西南北四仓，以贮官谷，多者万余石，少者四五千石。仓设老人监之，富民守之。遇有水旱饥馑，以贷贫民，民受其惠。今各处有司

① 高寿仙：《明代农业经济与农村社会》，黄山书社，2006，第184页。

② 万历《明会典》卷22《预备仓》，中华书局，1989，第152页。

③ 《明太宗实录》卷80，永乐六年六月丁亥条，第1068页。

以为不急之务，仓廒废弛，谷散不收，甚至掩为己有，深负朝廷仁民之意。”①

特别是明中后期，各地预备仓不时废立，且多有名无实，甚者仓庾废毁，粮储一空，在灾民救助与灾区社会控制中作用甚微。如时人慨叹：“宇内之重，无重于民生矣；王政之急，无急于积贮矣。乃掌印官视为末务，或积而不视，遂致红陈；或放而不收，卒成耗散。此有司第一大罪过，所当首斥者也。夫民命之轻，于何不轻？”② 随着预备仓废弛，在部分乡绅及地方官倡导下，一些地方又立社仓、义仓，以备救荒。此等救荒仓储，其初起之时，尚能有裨于灾荒救助，其后渐失其义，沦为害民仓储。如明人章懋（1436～1521）在《兰溪县新迁预备仓记》中，具体记述义仓等备荒仓储反为“民害”的情况：

> （明太祖）以谓岁不能以无歉，民不可以无食。爰命所司，出官钞以易谷，而储之乡社，以备凶荒，以恤艰厄，谓之预备仓。其即周人之委积，隋唐之义廪，宋朱文公社仓之遗意也。岂非所为竭心思而继以不忍人之政者乎！于时兰溪始有东西南北四乡之仓，视岁丰歉而敛散之。民时不以饥。列圣相承，年谷屡登，长民者懈于其职，监视弗虔，所储蓄者积而不散，往往干没于豪滑之手，而仓随以坏矣。宣、正以来，岁或不收，而生灵嗷嗷无所仰给，朝廷始用大臣之议，令天下郡县劝募富人入粟于官，以为备荒。其输粟至千石者，赐以玺书，旌为义民。时无锡薛侯理常乃作大仓于县城之南数里仓岭之下，储谷以数万计。又谓之义民仓。民固有获其利者。夫何历时滋久，奸弊百出，而仓非曩时之旧矣。弘治壬子之春，昆山王侯倬以才进士两宰剧县，皆著能声。简自天官，来自吾民，下车之初，岁适大侵，民穷无告，亟发廪以赈贷之。而视其仓屋，皆坏漏弗支，所储之谷失亡太半，而在庾者，又皆陈腐不可食矣。侯为之太息流涕，访诸父老，咸谓是仓地处幽僻，四无居民，监临以政务纷冗，弗遑时至。而主守之人，又皆一二十年，弗与更代，久而易懈。至有死亡逃散而莫之守者。其势易为侵盗。又在大河之滨，

① 《明宣宗实录》卷91，宣德七年六月丙申条，第2077页。

② 《吕坤全集》，中华书局，2008，第950页。

> 盗者不劳负担，夜舟满载而之四方者，不知其几。加以水滨卑湿，阴润所蒸，在仓而腐者，亦有之矣。仓储亏耗，职此之由。而守仓人役，以亏耗责偿。而破荡其家者甚众。则是仓虽曰惠民，而适以为民害也。①

何止备荒仓储，其他社会保障制度亦然，关键在于得人。如日本学者夫马进所论："由于明代的养济院政策是以里甲制度为基础的，实施的政策是原籍地收养主义，因此里长等的舞弊行为是始终无法根除的。而且，在此基础之上，几乎没有任何法定收入的胥吏担任册籍和粮食管理也是造成这一弊端根深蒂固无法消除的原因之一。里甲制度崩溃以后，乡约、保甲的负责人或者地保等取代了里长履行调查报告的义务，并且为被救济者做保，但是他们的舞弊行为与昔日的里长没有丝毫的不同。有明一代，养济院政策始终没有根本的转变，制度上也没有什么变革，所以种种弊端是无法彻底根除的。"②

三 地方官：灾区安危所系

人治社会，社会治乱，官员素质至关重要；灾区社会稳定与否，官员能力与素质至关重要。所谓得人则治，不得人则乱。如果官员漠视民瘼，虐害百姓，对于灾民来说，可谓祸不单行。故而，时人对被誉为"父母官"的地方官期望值很高，希望地方官真能做到民之"父母"。如明人吕坤所论："俾一郡邑爱戴吾身如坐慈母之怀，如含慈母之乳，一时不可离，一日不可少，是谓真父母。各官试自点检，果能如是否乎？……守令到任之时，便察此郡邑受病标本，时之后先，何困可苏，何害当除，何俗当正，何民可惩，何废可举。洞其弊原，酌其治法，日积月累，责效观成。自初仕以至去任，光景改观几何？民愁苏醒几何？政事修举几何？或享利于目前，或垂恩于永久，庶几士民数其事而称之曰：吾父母到任以来，某事某事有功吾民。吾临去而自点检之曰：吾于地方兴得某利，除得某害。疲瘵之苦顿苏，膏泽之施亦足。"③

地方官勤政及爱民与否，关乎小民祸福，事关灾区安危与灾民存亡，

---

① 陈子龙等辑《明经世文编》，中华书局，1962，第840页。

② 〔日〕夫马进：《中国善会善堂史研究》，商务印书馆，2005，第56页。

③ 《吕坤全集》，中华书局，2008，第924~925页。

地方官是灾区社会控制的决定性因素。如明人屠隆称："夫颠连无告之民，城市尚少，村落为多。有司之行赈济，往往弥缝于城市而疏脱于乡村。城市之中，饥户稍有赈济，以为观美，而不知穷乡辟野之间，横于道路，填于坑古者，不知其几。"① 屠隆此论揭示出明代救荒两个基本事实：一则政府救灾重视城镇而忽略乡村；二则官员作为事关灾区与灾民安危。如宣德七年，明宣宗敕谕："朕为天下主，惟欲天下之人皆安生乐业。故选贤任能，命之绥抚，又数颁玺书，覃布宽恤，盖惓惓以求民安。曩为所任不得其人，百姓艰难，略不矜念，生事征敛，虐害百姓。致其逃徙弃离乡土，栖栖无依。朕甚悯之。已专遣人招抚复业，优免差役一年。今闻诸司官吏仍有不体朕恤民之心，恣意擅为。复业之民来归未久，居无庐舍，耕无谷种，逼其补纳逋租，陪偿倒死孳生马骡牛羊，科派诸色颜料，刑驱威迫，荼毒不胜，此皆任不得其人也。"②

如果地方官重视荒政，临灾救助得法，灾民不至于逃荒，灾区社会自然呈现有序状态。有明一代，这样的事例很多，事在官为。如弘治初，兴济县令薛敩就是救灾能手。史称："弘治改元之三年，薛侯来尹兹邑。至日值岁凶荒，民弗聊生。侯不遑他务，惟以民之饥寒疾苦为念，恒赍与周给，二三年间，政修民阜。侯始有修举废坠之志，然亦视所缓急而为之。"③ 嘉靖《河间府志》还载有成化年间知县刘素尽心民事、积极救灾及备荒之事：

> （河间府青县）医学、阴阳学、申明亭，以上俱在县治西；养济院，在县治东；预备仓，在县治南，成化二十年知县刘素移建城内，建仓廒六十余间，积谷粟五万余石。既去，岁屡凶，民赖以济。为之立碑。汉中府知府邑人李佐撰《青县创建预备仓碑记》云："吾青邑大夫西平刘公素于成化壬寅秋被命来尹兹土，值洪水为禾稼灾，官无素积，民有隐忧。我公既闻之部使者，夙夜勤劳，凡事之可以拯乎民者，罔不权一时之宜而为之。凡四五阅月，始克粗济。乃叹曰：'凶年饥岁，自古有之，与其图之于方然，孰若备之于未然哉！'乃以预

① 李文海、夏明方主编《中国荒政全书》第一辑《荒政考》，北京古籍出版社，2003，第184页。

② 《明宣宗实录》卷91，宣德七年六月乙巳条，第2081～2082页。

③ 嘉靖《河间府志》卷4《宫室志》，天一阁藏明代方志选刊。

备仓逼近县衙，浅隘弗广，移建于城内东北隅闲旷之地。誓以为积谷弗能备数年水旱之虞，非远道也。厥后，上顺天时，俯察地利，参酌民情，横计逆料，用副乎前之所图，或官物有可以易谷者易之，富室有可以劝分者劝之。小民干令越期，有可以罚者，使之买之。数年所积谷粟至五万余石，建仓六十余间以贮之。弘治初，巡抚襄城，李公躬视其成，甚器之。乃嘱之曰：‘顾汝用心亦勤矣。可记其事于石，用告后来。’公嫌于自炫，未有以为也。”①

又如明代时任太仆少卿的杨一清撰《庆云宋知县德政碑记》，记述了河间府庆云县知县加强社会建设与临灾积极救灾业绩：

（宋汉）君名汉，山东胶州人，举成化戊戌进士。己亥，出令河间之庆云，首新庙学，朔望诣明伦堂，亲为诸生讲析经疑。政事之余，又考课督劝，时科目久乏，明年庚子遂有登乡书刻文字者。君复厚宾，兴劝驾之礼。由是，人知自奋，学政勃兴。审置赋役，稽牒按籍，不遗余力，豪胥奸吏无所措其手足。先是，定役以户，至今单夫窭人与富民丁重者庸调无差殊，君始更法，以丁定役，每丁月出银五分，贫富乃均。百凡科征，虽有常格，而民称不便者多所更定。辛丑春，河间诸邑告饥，敕遣廷臣赈贷。君仿富郑公遗意，审邑饥民，分三等，验丁计日给放有差，民沾实惠。夏不雨，麦尽槁，君奏免夏税十七；秋霖潦伤稼，方奏除秋税，未报。民惧，谋走徙。君谕众曰：“天子爱民如子，既以灾告，粮必免征，况天时否泰相倚伏，今灾伤已极，来岁必稔。若今时布种，麦秋可待。奈何欲尽去父母之邦?”众闻之稍定。属西北边警，上司督征边饷且急，民复谋徙。君下令：凡逃户听族姻里邻以其田宅报官鬻之，完逋赋，免累见在民代输，官给帖收报，杜其后争。由是民无敢逃者。输边存留诸赋次第俱完。壬寅春，使得报勘前灾，免税十五。佥谓赋以输仓，宜勿免。君曰：“朝廷施恩而臣下遏之，非忠也。”乃召集里民将存留之税作赈贷粮给之民。是岁，诸邑水灾，郡移文勘。或谓庆云频年蠲租，今灾薄，当勿止。君曰：国赋之在一邑，沧海一勺耳，有无不足为损益。故吾民

① 嘉靖《河间府志》卷4《宫室志》，天一阁藏明代方志选刊。

久敝，必取盈焉，恐无以善后。”竟以灾报得免租赋如例。先是，部檄被灾州邑租已征者，输之；未征者，止。他有司先期以完报，势不得不输，惟庆云赖君后征，得留充次年之数。①

再如，万历二十二年（1594），官员钟化民（约1545～1596）奉命赴河南救灾期间，统筹有力，救灾得法，灾民收益颇多，灾区社会基本稳定。钟化民在积极强化灾区社会保障措施与制度的同时，还运用民谣形式作《九歌》，劝灾民安心生产，抗灾自救，勤俭建设家园，注重灾民意识导向。史称：“荐饥之后，民不能耕。公（钟化民）曰：‘食为民天，因荒而赈，因赈废耕，饥无已时矣。’因作《劝农九歌》，分发守、巡各道，督州县正官，巡行郊野，劝课农桑，分给谷麦种，仍将《九歌》谕民，出入讽咏。附《九歌》：一曰：民可富，俗可风。我先劳，亲劝农。大家小户齐来听，恰如父母劝儿童。二曰：时雨润，水盈盈。节候至，及时耕。东作莫辞辛苦力，西郊到底好收成。三曰：不好斗，免刑灾。不争讼，省钱财。门外有田须蚤种，县中无事莫频来。四曰：肯务农，有饭吃。不贫穷，免做贼。请看窃盗问徒流，悔不田间早用力。五曰：莫纵酒，莫贪花。不好赌，不倾家。世间败子飘零尽，只为当初一念差。六曰：勤力作，谷麦成。早办税，免催征。不见公差来闾巷，何须足迹到公庭。七曰：五谷熟，菜羹香。率子妇，养爹娘。哥哥弟弟同安乐，孝顺从来是上方。八曰：朝督耕，晚课读。教儿孙，成美俗。莫笑乡村田舍郎，自古公卿出白屋。九曰：家家乐，人人足。登春台，调玉烛。喜逢尧舜际唐虞，黎民齐贺太平曲。”②

四 富户与灾区秩序

灾荒之年，对于饥民而言，杯勺之米，得之则生，失之则死。粮食之争，实为“生命”之争。政府救助不力，饥民或逃荒异地，或求借于富人苟活。如果政府措置失策，灾民与灾区富人之间围绕粮食之争会愈演愈烈。

显然，灾荒之时，灾区及灾区附近富人积极出粮出钱协助政府救荒，能够更加及时有效地稳定灾区社会秩序、保障灾民生计。同时，富户助赈

---

① 嘉靖《河间府志》卷4《宫室志》，天一阁藏明代方志选刊。

② 钟化民：《赈豫纪略》，《中国荒政全书》（第一辑），北京古籍出版社，2003，第274～275页。

对于安抚灾民焦躁心理、激发灾民抗灾自救意志都是非常重要的。不过，有些富人为富不仁，灾荒之年或闭门饱食终日，无视门外饥民嗷嗷；或囤积居奇，抬高粮价而发灾荒财。这些富人的所作所为成为灾区社会矛盾激化的诱因之一。如杨士奇撰《敕书楼记》载：宣德五年“江西十三郡六十九县皆饥，而吉水旁近永丰、乐安两县加甚。其贫民踞富民之门，求贷斗升，活旦夕之命。固闭不发，则讧于外。富民不能平，以劫诉县，县不究情，遽移郡请兵捕劫者，祸连数千人，老壮相枕藉死，妻孥累累陷囚絷，哀动道路”。[①] 有时，皇帝也默认灾荒之年穷人抢夺富户粮食之举，如宣德九年六月，“巡抚侍郎赵新等奏：‘江西南昌府丰城等县民张翼轸等聚众强取富民之谷，其势暴横，请罪之。’上谓行在户部臣曰：‘闻江西民饥，朕夙夕不安，取谷岂其得已？但当赈给而绥抚之，岂可加罪？’遂敕新及三司曰：‘小民饥窘，殷实之家当矜悯之，济以谷粟，乃不之恤，但务厚积为己利，穷民强取亦是躯命所迫，原情则亦可矜。凡前有强取富家谷者，俱宥其罪。’令官吏、里老省谕：‘秋成之后，如数偿之。仍禁止自今不许强取，若有无赖者恃顽不悛，本非饥馁，乘势强劫人谷粟财物者，捕而罪之，不在省谕之例。尔等更分诣各郡县巡视，有饥者即发官廪赈济，无则劝率大户济之，官为立约，待秋熟令偿。朕以安民为心，尔等有一方之寄，必尽心协力，为国为民庶不负所托’”。[②]

富民参与救荒活动高潮出现在宣德、正统时期。是时，朝廷大力鼓励民间助赈。如宣德八年初“南京户科给事中夏时言：‘臣过邳、徐、济宁、临清、武清，询知冬春无雨，民食艰甚，乞赈恤。’上谕行在户部臣曰：‘比山东屡奏民缺食，已令发粟赈济，宜再遣官各处巡视，就发廪以赈。不足，则劝富家出粟济之’”。[③] 又如“（正统五年）议准凡民人纳谷一千五百石，请敕奖为义民。仍免本户杂泛差役；三百石以上立石题名，免本户杂泛差役二年……又令各处预备仓，凡民人自愿纳米麦细粮一千石之上，请敕奖谕”。[④] 据方志远先生统计：“仅就《明英宗实录》所载，正统年间因纳粮 1000 石以上助赈受到政府‘旌异优免’的共有 1266 人，明朝政府通过这种方式接受富人捐纳的赈灾粮共计 126 万石以上。实际数字当

① （明）杨士奇：《东里续集》卷 2《敕书楼记》，文渊阁四库全书本。

② 《明宣宗实录》卷 111，宣德九年六月己巳条，第 2496～2497 页。

③ 《明宣宗实录》卷 99，宣德八年二月丁未条，第 2233 页。

④ 申时行：万历《明会典》，中华书局，1989，第 152 页。

然要大得多。”[①] 概要说来，正统（含）以前，民众尚且珍惜朝廷给予之荣誉，看重“义民”称号，群起响应国家助赈动员，积极捐纳粮食助赈。如正统初年，大学士杨士奇记录一则富人赈灾“义举”：

> 正统三年六月十日，上遣行人卢懋赍玺书旌江西吉安府泰和县民萧襄为义民。盖自上临御以来，四方之人仰体皇仁，出谷县官，预备赈荒。事日有闻于上，悉赐玺书旌褒。时，士奇兼掌内制，每私怪斯举权舆吾郡，而未闻吾邑有一人继者。盖历三岁，始见于襄。吾与襄同邑有连，且尝作宾萧氏塾，固知襄必能为义，然犹怪其独缓也。今年过乡里，里耆老为余言，襄之图效义久矣。属时，令丞缺，簿摄令事。襄具材作义廪，言于县，请以款官。又言愿出谷纳廪，以备赈饥。县吏需重赂乃行。襄私窃叹曰，以赂吏，曷如及饥时襄以赈民乎！不肯赂吏，亦竟不行。明年，吉安府通判余军来掌县事。襄复言之。余君大喜，即日遣其佐眎襄所作廪，而内其谷凡千二百石。遂闻于朝。斯其所由缓也。嗟乎，水旱在古圣人之世不能无，惟古圣人有备焉。故其民不病。今民比比能仰体皇仁，为先事之备。食禄者乃有不能。或又夤缘以为己利，彼独何心？如余君之明治体、豫民患，卓然其今之循良有司，何可多得哉！若萧氏之务义，厥有自来，非昉于襄也。昔襄之大父思和甫、父安正甫，当元际寇乱，所在靡宁，思和甫父子挺然发帑倡义，保障其一乡，终乱不见兵祸，至于今，号其里曰桃源。我国家靖宇内，定法制，简富民长万石区，俾董徭赋。思和甫与焉。惟义之行，上下赖之。后安正甫继焉。一循其父之义。及襄偕弟应，又继焉。皆循大父、父之义。尤恪慎介然，不一毫苟取。其区之民，有横恣不律者，率略之弗较。有艰窭不给者，恒加恤之。盖萧氏施义其乡，昉于襄之大父父，至于襄益笃也。玉音下逮，龙光辉煌，真无忝也矣。岂若世之骤兴于一人，偶见于一善，而滥冒宠锡者之可同日语哉！予既名襄之所居堂曰旌义，襄来北京，属书之。予惟其宜书者有二：泰和之民以效义，荷玺书旌褒自襄始，一也；余公之廉公明决，二也。遂并萧氏世德书之。[②]

---

① 方志远：《“冠带荣身”与明代国家动员——以正统至天顺年间赈灾助饷为中心》，《中国社会科学》2013 年第 12 期。

② 陈子龙等辑《明经世文编》，中华书局，1962，第 122 页。

景泰以来，尤其是天顺、成化时期，朝廷动员民众助赈性质发生改变，富户助赈热情大为降低，人数大为减少。如明史学家方志远先生所论，正统、景泰、天顺年间，明朝政府为动员民众赈灾助饷，推出以“冠带荣身”为中心的系列政策，并试图将其作为扩大财源的手段。随着同一主题“国家动员”的反复进行，效果遂每况愈下。而“国家动员”一事由权宜变为常态，性质也由应急转为敛财，从而招致舆论的批评和民众的反对。[①] 明中后期，灾荒频繁严重，政府财政困窘，小民贫困程度加深，灾区贫富矛盾不断激化，灾区成为社会动乱的策源地。

五　天神意志与灾区重建

传统农业社会，神教崇拜多与农业有关。在明朝祀典中，祭天之外，还要祭祀山神、水神、社稷、雷神、大小青龙之神、飓风神，紫微大帝等。明朝禁“淫祀”。明太祖称：“天下神祠，无功于民，不应祀典者，即淫祀也，有司无得致祭。”[②] 换言之，“淫祀”是指国家祀典之外的各种神灵崇拜。明太祖给出的理由是：“朕思天地造化能生万物而不言。故命人君代理之，前代不察乎此，听民人祀天地祈祷，无所不至。普天下之民庶繁多，一日之间祈天者不知其几，渎礼僭分，莫大于斯。古者天子祭天地，诸侯祭山川，大夫士庶各有所宜祭其民间合祭之神。礼部其定议颁降，违者罪之。于是，中书省臣等奏：‘凡民庶祭先祖，岁除祀灶，乡村春秋祈土谷之神，凡省灾患祷于祖先，若卿属邑属郡属之祭，则里社郡县自举之。’”[③] 朝廷明令禁止“淫祀”，却难以禁绝。明代“淫祀”非常活跃，处处有“神灵”，“淫祀”在在有之。如明人王临亨《粤剑编》载：明代潮州“金城山上有二石，土人呼为石公、石母，无子者祷之，辄应”。[④] 又称：“粤俗尚鬼神，好淫祀，病不服药，惟巫是信。因询所奉何神，谓人有疾病，惟祷于大士及祀城隍以为祈福；行旅乞安，则祷于汉寿亭侯。”[⑤]

无论国家祀典还是“淫祀”，可以说也是另一种形式的“经济活动”

① 方志远：《“冠带荣身”与明代国家动员——以正统至天顺年间赈灾助饷为中心》，《中国社会科学》2013 年第 12 期。

② 《明太祖实录》卷 53，洪武三年六月癸亥条，第 1035 页。

③ 《明太祖实录》卷 53，洪武三年六月甲子条，第 1037 页。

④ （明）王临亨：《粤剑编》，中华书局，1987，第 76 页。

⑤ （明）王临亨：《粤剑编》，中华书局，1987，第 77 页。

与政治活动。“神教崇拜”过程，社会尊卑观念与“身份意识”也在禳灾与祈福过程中得到强化与传播。也就是说，“治人者”通过求神禳灾与消灾弭患这种“天人感应”的形式与活动，构建与维护其所需要的经济社会秩序。在“灾害天谴论”支配下，灾区的出现与灾区重建也是灾区“神化”过程。换言之，一方面，灾区社会重建表现为灾区的灾前社会制度与灾民经济社会生活状态的基本恢复；另一方面，天灾及“灾区”生成，又是天神意志的反映，“灾区”重建也意味着神的意志实现。灾区“神化”活动本身，不仅是统治集团政治上的需要，也是灾区社会重建的精神依托。正如学者田人隆指出：“论及中国古代的应灾模式，首先要了解当时人们对自然灾害的认识和态度，因为在不同的历史背景下，诸如不同的生态环境、社会生存条件、科技发展水平以及政治文化背景下，人们对灾害的认识和态度也是不同的。”[①] 有明一代，人们基本迷信“灾异天谴说”，相信“荒有人事，亦有天灾。救虽无奇策略可推，人事苟修，天灾或回”。[②] 故而，“天命主义”颇为流行，“禳弭”亦为明朝君臣的重要的弭灾之道。

明太祖迷信“天命”，而且影响到他的政治行为。如洪武元年八月，“上（明太祖）谓中书省臣曰：‘近京师火，四方水旱相仍，朕夙夜不遑宁处。岂刑罚失中、武事未息、徭役屡兴、赋敛不时、以致阴阳乖戾而然耶？朕与卿等同国休戚，宜辅朕修省，以消天谴，参政傅瓛等对曰：‘古人有言，天心仁爱人君，则必出灾异以谴告之，使知变自省。人君遇灾而能警惧，则天变可弭。今陛下修德省愆，忧形于色，居高听卑，天寔鉴之。顾臣等待罪宰辅，有乖调燮，贻忧圣衷咎在臣等。’上曰：‘君臣一体，苟知警惧，天心可回。卿等其尽心力，以匡朕不逮。’于是诏中书省及台部，集耆儒讲议便民事宜可消天变者”。[③] 洪武二年，明太祖谕臣下：“灾异之来，乃上天垂诫，所系尤重。今后四方或有灾异，无论大小，皆令所司即时飞奏。”[④] 洪武四年，“上（明太祖）谓省臣曰：‘祥瑞、灾异，皆上天垂象。然人之常情，闻祯祥则有骄心，闻灾异则有惧心。朕尝命天下

---

① 赫治清主编《中国古代灾害史研究》，中国社会科学出版社，2007，第57页。

② （明）潘游龙：《救荒》，《中国荒政全书》（第一辑），北京古籍出版社，2002，第607页。

③ 《明太祖实录》卷34，洪武元年八月壬申条，第600~601页。

④ 《明太祖实录》卷45，洪武二年九月癸卯条，第800页。

勿奏祥瑞，若灾异即时报闻。尚虑臣庶罔体朕心，遇灾异或匿而不举，或举不以实，使朕失致谨天戒之意。中书其谕天下，遇有灾变，即以实上闻。”[①]又，洪武十四年，“河南原武、祥符、中牟诸县河决为患，有司以为言。上（明太祖）曰：‘此天灾也。今欲塞之，恐徒劳民力，但令防护旧堤，勿重困吾民’”。[②] 明成祖也深信“天人感应说”。永乐二年，京师地震。明成祖“召文武群臣谕曰：‘隆古圣王之世，山川鬼神莫不宁，皆由君德修于上，臣职修于下，感应之机不诬。后世君臣不能如古，故灾异数见。今地震京师，固由朕之不德，然卿等亦宜戒谨修职，以共回天意’”。[③] 其后诸君，亦如其父其祖，虔诚事天，以“天意”意会人间。史称：“明初，凡水旱灾伤及非常变异，或躬祷，或露告于宫中，或于奉天殿陛，或遣官祭告郊庙、陵寝及社稷、山川，无常仪。嘉靖八年春祈雨，冬祈雪，皆御制祝文，躬祀南郊及山川坛。次日，祀社稷坛。”[④] 在“灾异天谴说”支配下，“灾区”也就成为“天意”，协调天人关系成为构建与维护灾区社会秩序及保障民生的重要途径与活动。如洪武十五年初，明太祖“以河南水灾民饥，命驸马都尉李祺往赈之。敕谕祺曰：‘河南奏黄河水决，弥漫数百里，漂荡民居，百姓迁移不得宁处，朕甚悯焉。今东作方兴，民饥窘不得耕作，特命尔往赈之。无使一夫一妇不获其所，尔其钦哉！’祺承命而行。复令赍敕谕布政司及府州县曰：‘大河之水，天泉也，必有神以司之。若所在牧守得人，政务修举，则其水蜿蜒东注，无摧山裂石之患，而民安焉。苟非其人，则冲决城邑，荡析民居，而牧守亦与其祸，此感应之必然也。去岁河南来奏，河水漂没数州，田园一空，桑麻尽为所荡，良由牧守非人故耳。方春东作将兴，民无衣食，何以立命？今特命驸马都尉李祺赍敕往所伤之处，优给其民，虽不足为厚恩，亦庶以少苏其困苦。尔为牧守者宜加修省，以惠养其民，毋违朕命’”。[⑤]

与明中后期祈禳活动渐趋流于形式化所不同，明初君臣在君主政治强权背景之下，在大明帝国“天命所归”的政治与文化话语之下，对“灾异天谴说”深信不疑。故而，明初君臣祈禳活动做得可谓真真切切，实心实

① 《明太祖实录》卷68，洪武四年十月庚辰条，第1280页。

② 《明太祖实录》卷138，洪武十四年八月庚辰条，第2182页。

③ 《明成祖实录》卷36，永乐二年十一月癸丑条，第625页。

④ 《明史》卷48《礼二》，第1257页。

⑤ 《明太祖实录》卷142，洪武十五年二月壬子条，第2231～2232页。

意。如王叔英是洪武时期一名地方官，他所做《四月祷雨文》生动形象地刻画了明初灾区官员祈禳活动与灾区社会秩序维护之间的关系。《水东日记》收录如下：

> 王叔英字原采，天台人。洪武戊寅知汉阳县事，多惠政。有《四月祷雨文》三首，其词曰：
>
> 维年日月，具位某官敢昭告于风云雷雨之神、本府山川之神、本府城隍之神曰：天不施霈泽于兹土，殆三越月矣。斯土之民，实以官多役重，大困于差徭，固有得雨而不暇耕者，况失雨而不使之不得耕乎？固有已耕而不暇种者，况失雨而不得种乎？且今时将夏半矣，及今而雨，则秧未老者犹可种，已老者犹可再育；过此不雨，则秧既老者不可种，欲再育者时已失。夫种而不获者有矣，孰有不种而获者乎？民于此时，固有乏食已久而屡窘于饥馁者矣，况至秋而无获，其何以为生乎？是则民命生死之机，实决于此。为官而禄食于是土者，视其民失所而不知救，岂非亦神之羞乎？借使神谓为县令者徒有爱民之心而未有仁民之政，徒有忧民之志而未能去民之疾，或以是而警之，或以是而罚之，则斯民何罪而被此波及之祸乎？今叔英谨斋洁以告于神，如或者以县令莅事未久，终能苏息是民而姑待之，姑恕之，则宜即赐之雨，以慰斯民之望；或者以县令终无能为，或反有病于是民，则宜亟罚之，即诛之，及其身足矣，不当使斯民亦蒙兹滥罚也。叔英今谨待罪于坛墠之次，自今日至于三日不雨，至四日则自减一食，至五日不雨，则减二食，六日不雨，则当绝食饮水，以俟神之显戮，诚不忍见斯民失种致饥以死而独生。惟神其鉴之，惟神其哀之。
>
> 某自今月二十二日祷雨于神，神于是日及夕即大降之雨，次日之晨以神之施惠未已，不敢自休，以亵灵贶，谨告于神，俟命于斋宿之所。至于今日，雨意有加未已。窃以即今惠泽既已厌足，不可有加。盖雨三日为霖，过则为灾，况今田麦尚有未收获者，多雨则腐不可食，而禾田雨多则水溢而秧不可种，近种者亦浸荡而不可活。过则为灾，其实如此，神不可以不鉴而悯之。自今日以前之雨，神如果以悯斯民之病，从其县令之请而降也，则乞神之大惠止于今日。今既告于神，宜还俟命于次，必待神之敛惠，天色霁朗，然后敢辞谢而退。如

至明日雨复不止，是必神有罪于县令也，亦不敢复谒于神矣。当自二十七日始如前日之誓，日减一食，如不得命，必至于绝食，以俟神之显戮，惟神察之。

某于今月壬戌以天久不雨，斯民过时失种，必将致饥以死，故于其夕斋宿于神之坛次，翼日癸亥，用祷于神，神即日大赐之雨。甲子，某以神惠未已，不敢自休，以褒灵贶，故俟命于次。乙丑，以雨势未已，又惧其过而为灾，复祷于神，乞以敛惠，又即于其夕云收天霁。通邑人民莫不欢喜，祈雨而雨，祈晴而晴，感应之速，捷于影响，顾我何修，而能致此。方其初欲祷雨于神也，或者以谓时将雨矣，何以祷为；及其既雨也，或者以谓雨自降耳，岂祷之能致。及乎雨势未已，欲俟神之敛惠而后退也，或者以谓此梅月之雨，宜未即已，不可以俟。某皆不顾乎人言，而独求乎神意，卒致感应若此，神之意岂不以某虽未有仁民之政，而已有爱民之心乎？虽未能去民之疾，而已有忧民之志乎？是则神之于此，非徒以劝某也，乃所以劝凡为民牧者，使以爱民为心，忧民为志，则可以交于神明也，岂徒为某一人之私哉！某之为是言，非敢夸功于人也，乃归功于神耳；非敢求德于民也，乃归德于神耳。夫神之功德若此，虽有牺牲，不足为谢，惟当念神之功而益以勤民为职，体神之德而益以恤民为务，是乃所以为报也，是乃所以为谢也。若夫区区世俗菲礼，适足以为神之渎耳，故不敢施于神。惟神其鉴之。①

显然，洪武时期的汉阳县灾区，王叔英“祈雨而雨，祈晴而晴”而“交于神明”的“灵验的故事”，一则说明明初“天命主义”盛行；另则，官员“祈祷”背后，是荒政建设缺失（或不作为）及“灾区社会”民生脆弱。是时徭役繁重，农民贫穷，靠天吃饭，即“斯土之民，实以官多役重，大困于差徭，固有得雨而不暇耕者，况失雨而不使之不得耕乎？固有已耕而不暇种者，况失雨而不得种乎？”如果我们把王叔英视为“爱民官员”，还有一些地方官吏漠视灾区民瘼，既不祈祷于天，也不赈济饥民，而是匿灾不报。这些都会加剧灾民困苦，加剧灾区民生脆弱性。如洪武十八年，明太祖在《免山东北平秋粮诏》中感叹：“朕

① （明）叶盛：《水东日记》，中华书局，1980，第209~212页。

自即位以来十有八年，不遑暇食，以措民生。奈何内外之臣数用弗当，罪实在予一人。以致上天垂戒，灾及万姓，所以水旱相仍……连年以来，所在去处，灾有轻重，伤有多寡，有司奸玩不报，亦不沿圩查踏，以致吾民伤者愈伤，下情不能上达。今后所在去处，凡有水旱灾伤，一切天灾去处，有司若不来闻，本处耆老连名赴京申诉灾由，以凭优恤，则朕寘有司于极刑。"①

上有所好，下必趋之。明朝皇帝也极力宣扬"报应"之说，实则宣扬"灾异天谴说"。如永乐十七年三月，朝廷编撰"《为善阴骘》书成。先是，上（明成祖）视朝之暇，御便殿，披阅载籍。遇有为善获报者，命近臣辑录之。上各为之论断，而系诗于后，类为十卷，名曰《为善阴骘》。亲制序冠之。序曰：'朕惟天人之理一而已矣。《书》曰，惟天阴下民。盖谓天之默相保佑于冥冥之中，俾得以享其利，盖有莫知其然而然者，此天之阴骘也。人之敷德施惠，不求人知，而无责报之心者，亦曰阴骘。人之阴骘，固无预于天，而天报之者，其应如响。尝博观古人身致显荣、庆流后裔、芳声伟烈、传之千万世与天地相为悠久者，未有不由阴骘所致。然代有先后，时有古今，简籍浩穰，难于遍阅。朕万几之下，因采辑传记，得百六十五人，各为论断，以附其后，并系以诗，次为十卷。名《为善阴骘》，特命刻梓以传，俾显着于天下。且令观者不待他求，一览在目，庶几有所感发，勉于为善，乐于施德，而凡斯世斯民，皆得以享其荣名盛福于无穷焉。'至是，书成，命赐诸王、群臣及国子监、天下学校，又命礼部自今科举取士，准大诰例，于内出题"。② 明前期，浓重的"灾异天谴说"笼罩在大明国上空，成为皇帝与官员（特别是地方官）施政救灾的"理论指导"与权力来源，也为"灾区"与灾区经济社会重建涂上一抹厚重的"天意"色彩。在这种政治文化氛围中，演绎许多"天人感应"的"故事"。这些故事在传递着"灾区"社会秩序与灾区民生恢复的可能性与不可能性的同时，也在暗示民众要听天由命。如史载洪武二十四年十月，"旌表保定人顾仲礼孝行。仲礼幼孤，事母至孝。尝遇岁凶，负母流移他郡，供养甚至。七年始归，遇蝗起，仲礼行田间泣曰：'蝗食苗且尽，吾何以为养？'俄有疾风吹蝗去，苗得不伤。母卒，仲礼年已六十，庐墓侧，

---

① （明）朱元璋：《免山东北平秋粮诏》，（明）傅凤祥辑《皇明诏令》卷3，《四库全书存目丛书》第58册。

② 《明太宗实录》卷210，永乐十七年三月丁巳条，第2128～2129页。

三年悲恸如一日，事闻。诏旌表之”。[①] 永乐六年八月“徽州府歙县知县石启宗卒。启宗，江西乐平人，以才举授歙县知县。性廉谨，无敢干以私者。然临民平易，不为声威，尤长于决滞狱，人称其明。岁间旱，躬祷，大雨随至。暨蝗，祈于城隍神，蝗尽死。岁屡稔，民大小乐业。其卒也，邑人咸思慕之”。[②] 永乐二十年十一月，“婺源县知县吴春卒。春，福建建安人，举进士，擢婺源知县。始至，民有逋租数年未输，春从容百方率民，无几悉办。事隙辄至学舍与诸生讲说经史，寒暑未尝懈。其居官廉勤有为，摧豪猾，清狱讼，均徭役，民甚德之。尝飞蝗入境，春引咎以祷，蝗悉赴水死。其卒也，民皆思之”。[③] 永乐二十二年五月，“浙江处州府知府谢子襄卒。子襄，名兖，以字行，江西新淦县人。始以才荐授浙江青田县知，县有惠政。岁满，民奏留之，特升处州府知府。居官廉谨，笃意爱民，兴学校。初郡多虎及旱蝗，子襄祷于神，大雨二日，蝗尽死，虎亦遁去。尝有盗入官库窃官钞，即投檄城隍神，盗方阅所窃于室，忽疾风入室，卷堕市中。守藏者适遇之，识其印志，遂获盗，正其罪。民鬻牛于市，将屠之，牛逸至子襄前，俛首若诉者。遣人问得实，捐俸赎牛，还其主。小校吴米逃山谷时，出为民患，已数岁矣。朝廷闻之，发官军二千剿之。处人大恐。子襄适至，力请止军城中毋出，而自以计掩捕之，送京师，兵不劳而民以安。子襄性简静，历官三十年，不以家累随，至是卒。同时有陈永年者，与子襄同邑里，由户科给事中为福建惠安知县，廉谨自持。邑有蝗蝝伤稼，一夕可数十亩。永年仰天叹曰：‘政乖致异，令之咎也，民何辜？’俄有群鸟蔽日而下，啄食之，蝗遂殄，岁以大稔。改处州遂昌知县，有善政，在官二年卒”。[④] 又如，宣德四年四月，明宣宗“以久旱无雨，遣太子太保、成国公朱勇祭大小青龙之神，其文曰：‘今畿甸之内，自春及夏，雨泽愆期，牟麦槁枯，谷苗不遂，耕农为忧，岁计无出。朕为天下生民主，用是惓惓，靡宁夙夜，惟神功存，泽物久着，明灵鉴予至诚，早彰灵应，霈敷甘霔，沾足远迩，用致丰稔，副予所望。’祭毕，大雨数日乃止”。[⑤]

---

① 《明太祖实录》卷213，洪武二十四年十月庚申条，第3148~3149页。

② 《明太宗实录》卷82，永乐六年八月戊寅条，第1094页。

③ 《明太宗实录》卷253，永乐二十年十一月壬午条，第2358页。

④ 《明太宗实录》卷271，永乐二十二年五月丙申条，第2455~2456页。

⑤ 《明宣宗实录》卷53，宣德四年四月辛卯条，第1278~1279页。

明代中后期，灾荒问题更加严重与紧迫，一些尚以民事为重的官员在救荒问题上更加务实，“重人事”成为许多救灾官员的主要行为倾向，他们更倾向于救灾技术层面的作为，包括救灾措施检讨，救灾环节反思，救灾人事安排的考量，等等。这一时期，不仅官员救荒奏疏内容几乎完全围绕救荒技术展开，而且还出现诸多救荒书籍。如朱熊的《救荒活民补遗书》、林希元的《荒政丛言》、屠隆的《荒政考》、陈继儒的《煮粥条例》、周孔教的《救荒事宜》、钟化民的《赈豫纪略》、周孔教的《荒政议》、陈龙正的《救荒策会》、张陛的《救荒事宜》等。

第二节　灾民生计与社会安危

灾区社会是以灾民为主体的社会。灾民以灾区社会及“非灾区社会”为依托，通过生计途径实现灾民向非灾民身份转换；“灾区社会”则通过自身社会保障功能恢复及“非灾区社会”物质的支持，过渡到“非灾区社会”。这种“身份”转换是一个复杂而多变的过程，灾民生计状况是其决定性因素。明代许多灾区，都是“灾区化”灾区。这种灾区，在民生方面，主要表现为频繁灾荒所造成的灾区社会财富损耗过多，贫困人口众多，民众抗灾自救能力低下。无论古今，救灾工作的核心任务是恢复和重建人的基本生存条件，而政府救灾[①]能力与水平是灾民生存状态如何的决定性因素。灾区经济与社会秩序恢复，需要相关制度与措施支持。本节主要探究灾区民生与灾区秩序的关系，故而关注点不在灾民生计本身，而在二者之间的关系。

一　灾民生计及其社会影响

明代灾民生计来源很多，如国家救助、富户捐纳、灾民采食野菜、卖儿卖女卖妻、外出谋生、劫掠盗窃、抗灾自救等多种途径，却没有一种是可靠的、有保障的生计来源，“流民”则成为灾民的主要出路。罗丽馨教授曾以明代长江中下游地区灾区民生状况为例而有所研究。

---

① “所谓救灾，是指中央和地方政府动员和组织社会公众运用各种手段和力量，通过多种方式，努力消除灾害造成的破坏性后果，恢复基本生存条件以保证灾区人民生存下去并获得重新发展的必要条件而展开的社会性行动。”（王子平：《灾害社会学》，湖南人民出版社，1998，第294页）

她指出，明代灾荒频繁，影响民生。灾荒时期，米麦价格较一般平均价格多则高达10倍以上，平均则高3～4倍。此外，棉花、盐、柴薪、水等民生日用品的供应，也直接或间接受到影响。灾荒时，百姓通常只能以草根、树叶、葛蕨、竹米、各类树皮等为生，或以糠秕杂菱、藻、豆饼为食，或掘食“观音粉”等。官府对灾民虽有漕米改折，截留漕粮、行平粜法、煮粥赈饥、转运粮米等救济措施，但这些救济政策有其局限性和弊端。因此，饥民煮食子女、鬻妻女、流亡、行抢、杀人等社会问题亦出现。① 现就明代灾民生计主要来源稍作归纳，并就其潜在威胁予以说明。

（一）政府经济救助是灾民民生主要来源，是稳定灾区社会秩序、稳定民心的决定性条件

明前期，国家还算富庶，政府救助灾民措施较多，主要包括蠲免、缓征、停征及折征赋税，赈粮、赈钱、工赈、赈贷、施粥、调粟、安辑流民、抚恤（如收养遗弃、朝廷替灾民赎还因灾典卖妻儿、施药、掩埋遗骸）等，国家一直是灾区社会稳定有力的保障者与灾区民生经济支柱。如《明史》称：

> 至若赋税蠲免，有恩蠲，有灾蠲。太祖之训，凡四方水旱辄免税，丰岁无灾伤，亦择地瘠民贫者优免之。凡岁灾，尽蠲二税，且贷以米，甚者赐米布若钞。又设预备仓，令老人运钞易米以储粟。荆、蕲水灾，命户部主事赵乾往振，迁延半载，怒而诛之。青州旱蝗，有司不以闻，逮治其官吏。旱伤州县，有司不奏，许耆民申诉，处以极刑。孝感饥，其令请以预备仓振贷，帝命行人驰驿往，且谕户部：“自今凡岁饥，先发仓庾以贷，然后闻，著为令。”在位三十余年，赐予布钞数百万，米百余万，所蠲租税无数。成祖闻河南饥，有司匿不以闻，逮治之。因命都御史陈瑛榜谕天下，有司水旱灾伤不以闻者，罪不宥。又敕朝廷岁遣巡视官，目击民艰不言者，悉逮下狱。仁宗监国时，有以发振请者，遣人驰谕之，言：“军民困之，待哺嗷嗷，尚

① 罗丽馨：《明代灾荒时期之民生——以长江中下游为中心》，《史学集刊》2000年第1期。

从容启请待报，不能效汉汲黯耶？”宣宗时，户部请核饥民。帝曰：“民饥无食，济之当如拯溺救焚，奚待勘。”盖二祖、仁、宣时，仁政亟行。预备仓之外，又时时截起运，赐内帑。被灾处无储粟者，发旁县米振之。蝗蝻始生，必遣人捕瘗。鬻子女者，官为收赎。且令富人蠲佃户租。大户贷贫民粟，免其杂役为息，丰年偿之。皇庄、湖泊皆弛禁，听民采取。饥民还籍，给以口粮。京、通仓米，平价出粜。兼预给俸粮以杀米价，建官舍以处流民，给粮以收弃婴。养济院穷民各注籍，无籍者收养蜡烛、幡竿二寺。其恤民如此。世宗、神宗于民事略矣；而灾荒疏至，必赐蠲振，不敢违祖制也。振米之法，明初，大口六斗，小口三斗，五岁以下不与。永乐以后，减其数。纳米振济赎罪者，景帝时，杂犯死罪六十石，流徒减三之一，余递减有差。捐纳事例，自宪宗始。生员纳米百石以上，入国子监；军民纳二百五十石，为正九品散官，加五十石，增二级，至正七品止。武宗时，富民纳粟振济，千石以上者表其门，九百石至二三百石者，授散官，得至从六品。世宗令义民出谷二十石者，给冠带，多者授官正七品，至五百石者，有司为立坊。振粥之法，自世宗始。报灾之法，洪武时不拘时限。弘治中，始限夏灾不得过五月终，秋灾不得过九月终。万历时，又分近地五月、七月，边地七月、九月。洪武时，勘灾既实，尽与蠲免。弘治中，始定全灾免七分，自九分灾以下递减。又止免存留，不及起运，后遂为永制云。①

具体说来，洪武时期，政府救灾积极，赈灾物资充分，赈灾方式多样。洪武之后，明朝大抵以洪武时期荒政制度为“祖训”而遵行之，其间略有损益。如宣德八年二月，“庚子，顺天府之宝坻、玉田二县各奏去岁水涝无收，今农务方兴，民多缺食，已给本县及附近官仓粮赈之……壬寅，巡按山东监察御史金敬言：东昌、泰安、历城诸府州县自去岁夏秋无

① 《明史》，中华书局，1974，第1908~1909页。又如：“洪武元年八月诏：今岁水旱去处，所在官司，不拘时限，从实踏勘实灾，租税即与蠲免。洪武十九年六月诏：所在鳏寡孤独，取勘明白。果有田粮有司未曾除去、设若无可自养者，官岁给米六石。其孤儿，有田不能自为，既免差役；有亲戚者，有司责令亲戚收养；无亲戚者，邻里养之，毋致失所。其无田，有司一体给米六石，邻里亲戚收养。其孤儿名数，分豁有无恒产，以状来闻。候出幼，同民立户。”（见李文海、夏明方主编《中国荒政全书》第一辑，北京古籍出版社，2003，第707页）

雨，禾稼少收，重以旱霜，晚种谷豆不实，民多饥饿，采拾自给。今有司责偿孳牧马及科买诸物，起集民夫，人实艰难。乞以存留仓粮赈济，凡诸逋欠科买徭役一切宽贷。从之……辛亥，河南南阳府奏：本府邓州、南阳、新野、镇平、泌阳、舞阳、鲁山、唐、郏等州县去年亢旱，田禾无收，人民饥窘，请发各州县仓廪赈济。不足，则以本府仓及舞阳、叶二县所收河南左护等卫屯粮给散。上从之。命户部遣官驰驿往赈……巡按山西监察御史徐杰奏：山西平阳府蒲州、万泉县，绛州稷山县，去岁旱灾，民困饥馑，有殍死者。已同布政司、按察司官议，分委参议、佥事于附近官仓发粟赈济”。①

明中后期，明朝“祖训”虽在，一些灾区预备仓、社仓等备荒仓储却多已废弛，或者有仓无粮，或者无粮无仓。如万历时期，官员王德完（1554～1621）所言：“今天下内外蓄藏，可指而数也。京师漕粟仅支四年之食，各省仓庾竟无卒岁之储，强家大户旧不接新，细氓窭夫朝不谋夕。岁当丰穰，犹可偷生；一遇凶荒，便填沟壑。昨年四方灾沴盛行，蠲赈不遗余力，然困倒庾竭，莫可谁何。顷以抚臣请赈饥漕粟二万石尚且难之，设有方二三千里之灾，数年之旱，安所取给？中外廪廪，可为寒心……灾荒之年，民多伐桑柘、鬻妻子，流亡死徙，不忍见闻。庙廊之上，宵旰咨嗟；郡邑之间，仓皇局蹐。积贮无素，常自懊悔。及灾伤甫起，年谷方登。上下嬉偷，有司视官如传舍，岂能为三年之计……夫农夫作苦，无间丰凶。岁凶苦谷贵，无钱可买；至丰年始得石粟，则公私督责，交迫一时。又苦谷贱，所售无几，终岁勤动，转眼罄空。迨至凶饥，依然饿殍。”② 这种情况下，筹集救灾物资成了最大难题，施粥则成为朝廷救灾应急举措。

《明史》称：“赈粥之法，自世宗始。”③ 嘉靖以来，随着朝廷财力吃紧，加之灾荒频繁，赈粥作为政府救灾权宜之计、应急之方，能够直接而快捷地挽救濒临死亡之饥民，故而同蠲免、发放赈银赈粮等方式同时进行。如嘉靖十年（1575），陕西大旱，明世宗“令支太仓银三十万两赈济陕西。又奏准陕西灾伤重大，令各州县戒谕富室，将所积粟麦照依时价粜

① 《明宣宗实录》卷99，宣德八年二月庚子条，第2225页；卷99，宣德八年二月壬寅条，第2226页；卷99，宣德八年二月辛亥条，第2233页；卷99，宣德八年二月壬子条，第2234页。

② 陈子龙等辑《明经世文编》，中华书局，1962，第4874页。

③ 《明史》，第1909页。

与饥民。若每石减价一钱至五百石以上者，给与冠带；一千石以上，表为义门。被灾人民逃出外境者，招抚复业，倍于赈济银两，官给牛种。隆冬十月，饥民有年七十以上者，添给布一疋，动支官银收买遗弃子女，州县设法收养。若民家有能自收养至二十口以上者，给与冠带。州县各于养济院支预备仓粮设一粥厂，就食者朝暮各一次，至麦熟而止”。[①] 粥厂施赈具体情形，万历时期官员王士性曾这样描述：“令饥民至者随其先后，来一人则坐一人，后至者，坐先至肩下。但坐下者即不许起。一行坐尽，又坐一行。以面相对，以背相倚，空其中街，可用走动。坐者令直其双足，不许蹲踞盘辟，转身附耳，人头一乱，查数为难。有起便手者，毕则仍回本处。坐至正午，官击梆一声，唱给一次食。即令两人抬粥桶，两人执瓢杓，令饥民各持碗坐给之。其有速食先毕者，或不得再与，再与则乱生。须将头碗散遍，然后击二梆，高唱给二次食，从头又散亦如之。又遍，然后击三梆，高唱给三次食。从头分散亦如之。三食已毕，纵头食者，不得过多，但求免死而已。然后再查簿中，谁系有父母妻子疾病在家，不能自行者，以其所执瓶罐，再给一人之食，与之携归。如是处分俱讫，方令饥民起行。”[②] 随着赈粥救灾活动越来越普遍，为了更好地发挥赈粥救灾功能，明代士大夫不断对赈粥之法加以研究，形成程序完整、环节紧凑的赈粥方案。如万历三十七年，华亭县、青浦县等地闹饥荒，儒士陈继儒（1558～1639）参与煮粥救灾，并在所著《煮粥条议》中对粥厂设置及注意事项细致规划：

> 万历三十七年岁饥，巡抚都御史周孔教檄知府张九德、华亭知县聂绍昌、青浦知县韩原善，分往乡村作粥，以济饥民，皆取给署丞顾正心济荒米，使乡士夫好义者监视之。乡市煮粥凡十八处，佘山一路，俞廷谔捐米三百石，于宣妙寺煮粥，就食者颇众。余因作此条议云。佘山道人陈继儒识。一、设粥于城郭，则游手之人多；设粥于乡村，则力耕之农众。聚则疫痢易染，分则道里适中。宜设于城郭十一、乡村十九，较得其平矣。一、委官监视，不无供应之烦，及左右需索。不如敦请缙绅贤士为地方信服者主之，事既办集，小民呼应亦

① （明）王圻：《续文献通考》卷41《国用考·赈恤》，现代出版社，1986，第619页。
② （明）徐光启：《农政全书》，岳麓书社，2002，第747页。

> 便。一、搭厂既费竹木工食，又防火烛风雨，不如寺院之中水浆造锅，寓房贮积种种便益。一、执事即选饥民中健旺好洁者，给米二升，令司炊爨。一、粞粥不如米粥。往时粞粥多不全熟，或有掺和石膏，往往食后致病而死。故以白米为主。米粥或以石灰入锅，易于胀熟，害甚。石膏尤宜检察。一、草柴不如木柴，火力既盛，搬载堆积亦易，余炭又可煮茶。饥民待粥者，即令劈柴，劈完加粥一碗。一、吃粥上午一次，下午一次，俱自带碗箸就食。倘遇风雨，道途艰难，许自带瓦器，并给二次，以便携归。一、给粥老人先于童壮，妇人先于男子。老人尪羸不能久待，妇人领粥出自万不得已，俱宜体恤，来即发之。一、童子最难驯伏，须择人官摄，击锣为号。五童一队，挨次散之。壮男俟末后散之。一、丐流另设粥场，仍令丐头管领，毋使混扰饥民。一、凡远近有体面人如学究、医生之类，以绝粒为苦而又难于到厂，当给竹筹，烙铁印记，即托人代领，不必亲至。一、道路桥梁有缺坏毁腐者，皆补筑修理，勿使饥病之人倾跌致毙，宜周密预为之。一、粥之生熟厚薄有无插和，监视者当亲看、亲尝，则诸弊悉除，饥民得沾实惠。一、煮粥须用砖灶，一则耐久，一少灰尘。①

设立粥厂，施粥济民是明代中后期政府的重要救灾措施之一。不过，明后期，政府赈粥活动也是积弊丛生，贪腐遍地，赈粥之粮也难以为继。此间，民间赈粥活动越来越多，社会力量在救灾活动中不断增强。当国家赈粥都很困难之时，国家不再是灾民依赖的活命靠山，而是无力救灾的无用组织。灾民与朝廷离心离德，国家权威不断受到灾民及一般民众的质疑与否定，明朝渐已失去灾区民心，灾民为了求生而不再“循规蹈矩”。明朝官员已经感觉到民间不断壮大的威胁政权的势力。故而积极整治，如有官员明令：“各灾民但当安心守法，听候赈期。本州县穷民，不许三三五五，强行勒戒富户，噪呼嚷乱，致生事端。其外州县流民，亦当散处乞食，不许百十为群，抢夺市集，惊动乡村。违者，以乱民论。先打一百棍，绑缚游示三日，处以强盗之律。”②

---

① （明）陈继儒：《煮粥条议》，《中国荒政全书》（第一辑），北京古籍出版社，2003，第515～516页。

② （明）徐光启：《农政全书》，岳麓书社，2002，第749页。

（二）灾区富户助赈钱粮是政府赈济的主要补充，是灾民最为直接有效的生计来源

明初，国家富庶，朝廷财力还算充足，各级政府积极备灾备荒，各地赈灾钱粮储备充分，完全有能力掌控整个救灾活动，民间参与救灾事例并不多。但是，朝廷并不排斥富人助赈义举。对于朝廷来说，富人参与赈灾，乃是民心所向，也是政府得人心的表现，其行为的政治意义大于经济意义。不过，政府也不总是被动接受富户助赈，有时出于借助富人财富而就近救灾之需而积极劝赈。如洪熙元年八月，“直隶常州府奏：‘武进、宜兴、江阴、无锡四县去岁水涝，田谷无收，民缺食者二万九千五百五十余户，已劝富民分借米麦二万九千九百九十一石有奇赈之。’上谕户部臣曰：‘富民尚能恤贫，况国家乎？卿等慎毋轻用厉民之政’”。[①] 明宣宗鼓励富户助赈，甚至默认灾民抢夺灾区囤积居奇大户的粮食之举。如宣德九年（1434），巡抚侍郎赵新等奏：“江西南昌府丰城等县民张翼轸等聚众强取富民之谷，其势暴横。请罪之。上谓行在户部臣曰：‘闻江西民饥，朕夙夕不安，取谷岂其得已？但当赈给而绥抚之，岂可加罪？’遂敕新及三司曰：‘小民饥窘，殷实之家当矜悯之，济以谷粟，乃不之恤，但务厚积为己利，穷民强取亦是躯命所迫，原情则亦可矜。凡前有强取富家谷者，俱宥其罪。’令官吏、里老省谕：‘秋成之后，如数偿之。仍禁止自今不许强取，若有无赖者恃顽不悛，本非饥馁，乘势强劫人谷粟财物者，捕而罪之，不在省谕之例。尔等更分诣各郡县巡视，有饥者即发官廪赈济，无则劝率大户济之，官为立约，待秋熟令偿。朕以安民为心，尔等有一方之寄，必尽心协力，为国为民庶不负所托’”。[②] 显然，明宣宗这则“圣旨”向官员与社会传递出两个重要信号：灾区以民生为重，救人第一；富户不要为富不仁，要主动参与所在灾区的救灾活动。

宣德时期（1426～1435），朝廷和地方官为了就近筹集赈灾钱粮，也为了缓解地方备荒仓储粮不足等问题，于是通过朝廷“旌奖”方式鼓励富民出钱出粮协助赈灾。史称：“宣德乙卯，江西饥，义民鲁希恭及新淦郑宗鲁各出粟二千石助赈济，吉水胡有出千五百石。”[③] 正统（1436～1449）

---

① 《明宣宗实录》卷8，洪熙元年八月己卯条，第205页。

② 《明宣宗实录》卷111，宣德九年六月己巳条，第2496～2497页。

③ （明）陈龙正：《救荒策会》，《中国荒政全书》（第一辑），北京古籍出版社，2003，第714页。

以来，各地富民参与助赈者逐渐增多。[①] 如正统三年，大臣杨士奇在《旌义堂记》中称："盖自上临御以来，四方之人仰体皇仁，出谷县官，预备赈荒。事日有闻于上，悉赐玺书旌褒。"[②] 又，正统五年六月，"应天府溧水县民孔安，山东郓城县民孙镛，直隶江阴县民徐南，丹徒县民李聪三，河南开封府民薛嵩、王善、毕瑛、郝让、刘成、李荣、司恽、王亨、张泰、张亨、王俞、汪泉、王兴、李安、徐敏、李祯、李铭、白祥、王顺、牛全，彰德府民赵用、李荣、韩景、武贵、郑亨、李兴，卫辉府民王泰、张贵、宋佐、李和甫、袁整、汪仲成、周公直，山西泽州民李盈、徐玑各出粟麦千石有奇，佐官赈济。诏赐玺书旌劳之，仍复其家"。[③] 概要说来，明前期，政治风气尚好，民风淳朴，社会基本稳定，朝廷威信正强，民众有着强烈的国家认同感与社会归属感，珍惜国家给予的名分，国家旌奖"义民"的荣誉有很大吸引力。正如明人所言："富家巨室，小民之所依赖，国家所以藏富于民也。夫好义之心，人孰无之。顾上之人有以倡导而鼓舞之，所以感发其向善之心焉，则施者不虚其惠，而贫者感救济之仁，懿德流芳，百世瞻仰于无穷也。"[④]

明中后期，由于明朝政治越发腐败，民风趋于奢靡，社会动荡，流民增多，政府救灾财力不足，旌奖"义民"成为朝廷解决救荒钱粮不足问题的重要途径，也成为地方政府敛财的主要手段，"义民"（或"冠带荣身"）至此已没有多大吸引力了，富民捐纳热情下降。然而，这一时期，还是出现众多助赈"义民"。如明人何淳之所辑《荒政汇编》载："成化丙戌，河南岁饥。永城县义民曹暲、秦之翰各输粟一千石赈济饥民。事闻，皆授以七品散官，扁其门曰'尚义'。何乔新，以侍郎承命往赈山西，请发内帑并淮盐银数万两，劝贷富室，得粟数十万石，所活三万人，招回复业者十四万人，附籍者六万余户。嘉靖八年春，河南岁饥，人相食。杞县义民张廷恩、王廷佩各输粟赈济饥民，先后以万计。事闻，皆授以三品指挥使服色，仍竖坊旌表其门。隆庆

① 具体内容见方志远：《"冠带荣身"与明代国家动员——以正统至天顺年间赈灾助饷为中心》，《中国社会科学》2013 年第 12 期。

② 陈子龙等辑《明经世文编》，中华书局，1962，第 122 页。

③ 《明英宗实录》卷 68，正统五年六月，第 1322 页。

④ （明）何淳之：《荒政汇编》，《中国荒政全书》（第一辑），北京古籍出版社，2003，第 231 ~ 232 页。

四年，涉县义民王金赈饥民，出粟一千一十三石五斗，巡抚都御史欲请从冠带，金恳辞不愿，乃止。万历九年春，河南岁饥，巡抚都御史储榜谕富民输粟助赈。涉县王金复捐粟一千石，沈丘等县刘汉杰等捐粟三万四千六百石有奇，赈济饥民。事闻，王金竖坊旌表，汉杰等各给以冠带荣身。万历十四年，北直隶、河南、山陕西岁大饥，巡抚复申前例劝赈。赵王捐银三百两，鲁阳王捐禄一千石、银五十两，中尉睦攡捐银三百两，孟津县民杨廷举、安阳县民王邦兆、项城县民韩孟阳各输粟千石，又有输粟百石以下者数百名。两院疏闻，宗室降敕褒谕，杨廷举等给冠带荣身，仍竖坊示旌。其百石以下者，令所司置门扁旌之。北直隶东明县乡官穆文熙输银一千两，赈济饥民，诏赐玺书褒奖。（万历）十五年，陕西韩城县序班李尽心输银二万两，赈济饥民。事闻，钦授鸿胪寺少卿，竖坊旌表。（万历）十六年春，河南饥。嵩县乡官董选输银二百二十两，王守诚输银一百九十六两，汝州乡官张维新输银一百两，河南府乡官王正国、董尧封共输银五十两，刘贽、李之在各输银十两，董用威、史善言各输银二十两，祥符县义民遥授太医院吏目胡东光输银煮粥，及因瘟疫病死人众，力施棺木，置义冢，殓埋遗骸，使银三百余两。”[①] 这些“义民”助赈，原因各有不同。其中，需要强调的是，是时，为了解决赈灾物资，地方官多主动“出击”，甚至逼迫富户出钱出粮参与赈灾。如“景泰五年，东南饥且大疫，苏、松为甚。昆山知县郑侯达初下车，民皆向侯求食，至填塞衢路。民哭，侯亦哭，即阅济农、预备诸仓，皆虚名无实。乃连日夜走乡郭，求民家稍裕者，辄入门谕之曰：‘汝幸温饱，何忍坐视吾民饥而死乎？民穷盗且起，独无忧乎？’闻者大感动，佥曰：‘愿惟侯之听。’侯乃官立质券，称贷得谷数千斛归，急于僧寺道观与饥民约：日两给粥。疫势未歇则分治医药，皆必躬亲督视。大水后，民庐舍多废，复擘划竹材并撤官府败屋给之，俾里正各率其民复其业，而民以安全活者不可胜数”。[②] 又如万历三十七年（1609）华亭、青浦闹灾荒，巡抚都御史周孔教（1548～1613）撰《救荒条谕》而如此劝赈劝借：“民闲之积贮有限，而商贾之通济无穷。商贾则米谷多，米谷多则米价自平。故疏通商贾，尤为救荒急务。本院心切济民，先切通商，各属有司，其价随时高下，听商民从便交易，务使商民两得其平。每见荒年，一番佥报，阖邑骚然；奸

---

① （明）何淳之：《荒政汇编》，《中国荒政全书》（第一辑），北京古籍出版社，2003，第231～232页。

② 嘉靖《昆山县志》卷13，天一阁藏明代方志选刊。

民乘之，攘臂而起，致令富家巨室，人人自危。今本院捐俸为首，以及次道、府、州、县，倘乡绅先生慷慨仗义行仁者，听其自书；若干部院者，不强也。至于任侠募义，如顾正心者，三吴岂谓无人？倘有捐数万金救民者，本院即为题旌；万金而下，竖坊给扁，俱无所吝。欲冠带者，给冠带，以荣终身；欲效用者，给札付，以令效用。又为之免其重役。即如输米百五十石者，免五百亩之差三年；输米三百石者，免千亩之差三年。米递加，田亦递免，俱听其自书，有司不得一毫强勒。近青浦县候选序班王仕捐资五百两助赈，吴县监生朱国宾措银千两助粜，即令县官亲往其家，县扁而旌之，仍免三年重役，使得为善之报。本院之不食言如此。夫请蠲、请赈、禁抢夺、禁强借，本院之保护富家，不遗余力。倘富家终吝一钱不出，无论辜负本院，且非自为身家计也。"①

明代灾区，多为"灾区化"灾区。特别是明朝中后期，政府备荒仓储粮食有限，而有仓无粮者居多。是时，国家想方设法从社会"筹资"救灾济贫，富民成为国家劝赈主要对象。灾区富户出粮出钱助赈，救灾及时，而且救助对象的针对性也强，对灾区稳定与灾民生计也很重要，是朝廷救灾的重要补充，是灾民生计的最有效来源，也对朝廷与地方政府救灾起着激励作用。对于明代前后期富人助赈行为与影响，明朝人陈龙正（? ~1634）所辑《救荒策会》的相关"点评"反映了当时人们的心态："正统五年，吉安府诸县民、庐陵周怡、周仁，吉水盖汝志、李惟霖，永丰扬子最、罗修龄、萧焕圭，永新贺祈年、贺孟琏，安福张济，泰和杨梦辨，各出粟二千，佐预备仓赈济。上特遣行人赍敕，旌为义民，劳以羊酒，蠲杂徭。怡等诣阙谢，各置敕书楼，以侈上赐焉……据《王抑庵集》所作《敕书楼记》，当时人所以乐趋者，以一黄纸玺书之荣耳。以一黄纸玺书易二千粟，遂可以活二千饥民，救荒良策，莫逾于此矣。成化以后，乃稍变而为生员纳粟入监之令，遂流于鬻爵之失焉。噫！建斯言可谓知治体矣。旌义蠲徭，以荣名鼓舞人也，非以名器假人也，非使之治人也，目前有救饥之利，而无后忧。若纳粟入监，他年卑者丞簿，高者别驾，出本市官，因官罔利，延目前之民生，而害日后之民，有此治术耶？"②

---

① （明）陈继儒：《煮粥条议》，《中国荒政全书》（第一辑），北京古籍出版社，2003，第516～517页。

② （明）陈龙正：《救荒策会》，《中国荒政全书》（第一辑），北京古籍出版社，2003，第714页。

（三）灾区多为粮食短缺而粮价过高，灾民无法承受，难以苟活，只好外流

对于传统农业而言，最具破坏力的是水灾、旱灾及蝗灾。逢此灾害，灾区禾稼或枯槁，或淹没，或为蝗蝻食尽，通常歉收，甚至绝收。如果政府不能及时有效地救助灾民，灾民食粮不继，饥荒随之发生。无论何种天灾，都会有野生植物存在，明代灾民断粮后，大多依靠野菜为生。

关于明代灾民饥荒而食野菜事件，比比皆是。如洪武二十四年，“徐州沛县民陈才兴言，民饥采草实为食。上（明太祖）命户部令徐州即发仓廪以赈之，凡户三千六百八十，口二万三千九十”。[①] 据《明太宗实录》载：永乐十八年末，“皇太子过邹县，见民男女持筐盈路拾草实者。驻马问所用，民跪对曰：‘岁荒以为食。’皇太子恻然，稍前，下马入民舍，视民男女皆衣百结不掩体。灶釜倾仆不治”。[②] 又如永乐十一年，明成祖亦称：“比闻山西饥民有食树皮、草根者，未闻有一人言之。”[③] 又如宣德元年六月，“山西崞、繁峙二县，江西南昌、广昌、永宁三县，四川蓬溪县，山东即墨县，河南裕州，直隶庐州府英山县，安庆府望江县各奏累岁水旱相仍，田谷不登，民无储粟，日食野菜”。[④] 明后期，灾民食“野菜”已非常普遍。这里的“野菜”，系指各种无毒野菜，包括其根、叶、茎、果、花、芽等可食者，如葛蕨、芦心、薇、乌蒜、猪巴子、蓼根、灰苋、竹米、蕨根、白鼓钉、猪殃殃、猫耳朵、蒲儿根、树皮、树叶、生葱、菱、芡、荇、藻等。有明一代，灾民除了食“野菜”，亦有以上述植物为主，杂以糠秕、菽、豆饼等为食者，或掘食“观音粉”者，或嚼食干蝗蝻者，甚至有食瘗胔、易子而食者。为了教民识别可食之“草”，早在明初，藩王朱橚“以国土夷旷，庶草蕃庑，考核其可佐饥馑者四百余种，绘图疏之，名《救荒本草》”。[⑤] 卞同在《〈救荒本草〉序》云：“臣惟人情，于饱食暖衣之际，多不以冻馁为虞，一旦遇患难，则莫知所措，惟付之于无可

---

① 《明太祖实录》卷207，洪武二十四年二月甲戌条，第3090～3091页。

② 《明太宗实录》卷231，永乐十八年十一月己丑条，第2239页。

③ 《明太宗实录》卷136，永乐十一年正月甲寅条，第1653页。

④ 《明宣宗实录》卷18，宣德元年六月甲子条，第474页。

⑤ 《明史》，第3566页。

奈何。”① 明朝人李濂在《重刻〈救荒本草〉序》亦称：“若沿江濒湖诸郡邑，皆有鱼虾螺蚬菱芡茭藻之饶，饥者犹有赖焉。齐梁秦晋之墟，平原坦野，弥望千里。一遇大侵，而鹄形鸟面之殍，枕藉于道路。吁可悲已……是书有图有说，图以肖其形，说以著其用。首言产生之壤，同异之名；次言寒热之性，甘谷之味；终言淘浸烹煮蒸晒调和之法。草木野菜，凡四百一十四种。见旧本草者，一百三十八种，新增者二百七十六种云。或遇荒岁，按图而求之，随地皆有，无艰得者。苟如法采食，可以活命。是书也，有功于生民大矣。”②

旱灾之后，常闹蝗灾。蝗蝻成灾，蝗蝻食尽庄稼，灾民以蝗蝻为食，甚至成为部分民众的灾年日常性食物。如明人陈龙正称：“蝗可和野菜煮食，见于范仲淹疏。又曝干食之，与虾米相类，久食亦不发疾。此饥民佐食之一物也。尽力捕之，既除害，又佐食，何惮而不为？然西北人肯食之，东南人往往不肯食，亦已水区被蝗时少，不习见闻故耳。”③ 然而，明人徐光启（1562～1633）《除蝗疏》却称：“今东省畿南，用为常食，登之盘餐，臣常治天津，适遇此灾，田间小民，不论蝗蝻，悉将煮食。城市之内，用相馈遗。亦有熟而干之，鬻于市者，则数文钱可易一斗。啖食之余，家户囷积，一位冬储，质味与虾无异。其朝哺不充，恒食此者，亦至今无恙也。而同时所见山、陕之民，犹惑于祭拜，以伤触为戒。谓为可食，即复骇然。盖妄信流传，谓戾气所化。是以疑神疑鬼，甘受戕害。东省畿南既明知虾子一物，在水为虾，在陆为蝗，即终岁食蝗，与食虾无异，不复疑虑矣。”④ 其实，饥荒所迫，为了活命而吃蝗蝻，饥不择食，南北无异。

无论是吃野菜，还是吃蝗蝻，大多发生在灾区，属于灾民自救之举。不过，采食“野菜”已是灾民逃荒之前的最后阶段，靠野菜勉强度日，生存危机日日揰心。此时，灾民虽然还对政府与朝廷赈救有所期盼有所幻想，但是灾民的社会意识已经淡薄。野菜食尽，对政府赈救期望落空，唯有四处逃荒。因此，在灾民吃野菜阶段，如果政府能够实施救济，发放赈

① （明）徐光启：《农政全书》，岳麓书社，2002，第769页。

② 《农政全书》，第770～771页。

③ （明）陈龙正：《救荒策会》，《中国荒政全书》（第一辑），北京古籍出版社，2003，第703～704页。

④ 《农政全书》，第753页。

银赈粮，灾民借以勉强度日，他们自然苟活于乡土，不会外流。事实上，明朝大多听任灾民外流而无力救济。

（四）灾荒之年，灾民人伦与亲情被饥饿践踏，灾民内心由社会人趋于自然人，社会与制度观念在他们的心目中越发淡漠

灾荒年月，灾民以妻子或儿女身家性命换得几许钱粮而苟延残喘，人间悲惨之事莫过于此，这种撕心裂肺的痛，也是对政府与社会观念的深层否定。明初，号称“治世”，然而灾民卖儿卖女卖妻事件已不少见，朝廷也不得不采取“折中”办法，有条件的“收赎”，大多则听之任之。如洪武十九年，明太祖“诏河南府州县民：因水患而典卖男女者，官为收赎。女子十二岁以上者，不在收赎之限。若男女之年虽非嫁娶之时，而自愿为婚者听”。[①] 洪武十九年，“河南布政使司奏：收赎开封等府民间典卖男女，凡二百七十四口”。[②] 洪武二十九年，“监察御史辛彦德出按事，道经彭泽，闻民间岁歉，官吏不以时存恤，至有鬻其儿女者”。[③] 又如永乐十一年六月，明成祖告谕户部官员：“人从徐州来言，州民以水灾乏食，有鬻男女以图活者。”[④] 永乐十九年（1421），官员邹缉在《奉天殿灾疏》称：“今山东、河南、山西、陕西诸处人民饥荒，水旱相仍，至剥树皮、掘草根、簸稗子以为食。而官无储蓄，不能赈济。老幼流移，颠踣道路，卖妻鬻子，以求苟活，民穷财匮如此，而犹徭役不休，征敛不息。京师之内，聚集僧道几万余人，日食廪米百余石。而使天下之人，糠秕不足，至食草木。此亦耗民食以养无用者也。”[⑤] 永乐以后，灾年灾民卖妻鬻子事件频发，成为明代灾区重要社会现象之一。如明中叶朝廷重臣丘濬所言：“饥馑之年，民多卖子，天下皆然。而淮以北，山之东尤甚。呜呼，人之所至爱者，子也。时日不相见，则思之。挺刃有所伤，则戚之。当时和岁丰之时，虽以千金易其一稚，彼有延颈受刃而不肯与者。一遇凶荒，口腹不继，惟恐鬻之而人不售，故虽十余岁之儿，仅易三五日之食，亦与之矣。此无他，知其偕亡而无益也。然当此困饿之余，疫疠易至相染，过者或不

① 《明太祖实录》卷 177，洪武十九年四月甲辰条，第 2688 页。
② 《明太祖实录》卷 179，洪武十九年八月庚子条，第 2705～2706 页。
③ 《明太祖实录》卷 244，洪武二十九年二月乙卯条，第 3550 页。
④ 《明太宗实录》卷 140，永乐十一年六月甲寅条，第 1687 页。
⑤ 陈子龙等辑《明经世文编》，中华书局，1962，第 164 页。

与顾。纵有售者，亦以饮食失调，往往致死。是以荒歉之年，饿殍盈途，死尸塞路，有不忍言者矣。”[①] 又如万历四十三年至四十四年（1615～1616），山东一带饥荒严重。时人称：“东省自去秋以来，已有弃坟墓，远亲戚，去昆季而之异乡者。嗣因饔餐莫继，沦胥堪忧，谚云‘添粮不敌减口’，又云‘卖一口，救十口’，乃始鬻妇若女于赀财稍裕之家，为婢为妾。其价甚廉，往往一妇女之直，不足供壮夫数日之餐，然犹未离故土也。久而四方闻风，射利者众。浙、直、中州之豪咸来兴贩，东省青衿市滑，亦多结党转鬻，辇而致之四方，价值视昔稍赢。妇女一挥不返，骨肉抛弃，知觌面以何年，休戚谁关？堕烟花而莫问，伤风败俗，于兹极矣。此辈号为贩稍，又有短稍者出，要之中途，劫其妇女，不假资本，坐规重利。近闻淮、徐、夏镇地方，甚有误认流移家口以为贩稍之徒，剽夺淫污，远卖异境，无端割离，号天莫应者矣。乃又有鬻及童子者，马前追逐，若驱犬羊，力惫不前，鞭垂立毙。彼苍者天，胡使东民夭扎荡析至此极也。”[②]

一个基本的事实是：“人的生存依托于两大系统，即自然系统和社会系统。自然系统为人的生存提供自然资源和环境，使人生存所必需的物质与能量得到源源不断的供给，保证着人作为一个生物存在的实现。人的生存还要有社会资源和社会环境，这主要包括社会关系网络、人际交往、人性教化、知识和能力的传授、社会保护和制约、人生原则和交往规范等。正是这些社会因素保证着人作为一个社会存在的实现。离开了这些社会资源和社会环境，人是没有办法作为一个生物性和社会性相统一的存在而生存下去的，即使活着，也不再是完整意义上的人，不会见容于社会。”[③] 显然，灾民鬻子卖妻，家已残缺，又苟活于饥饿与凄苦忧愁之中，为世人鄙视与不齿。这些灾民“即使活着，也不再是完整意义上的人，不会见容于社会”，自然也就漠视社会与国家。

（五）外出谋生是明中后期灾民谋生的主要途径，也是灾区社会组织瓦解的主要途径

明代流民出现较早。据《明太祖实录》载，明代流民现象最早出现于洪

---

① （明）丘濬：《大学衍义补》，京华出版社，1999，第159页。

② （明）毕自严：《灾祲窾议》，《中国荒政全书》（第一辑），北京古籍出版社，2003，第523页。

③ 王子平：《灾害社会学》，湖南人民出版社，1998，第149页。

武末期。如洪武二十二年四月，明太祖“命户部起山东流民居京师，人赐钞二十锭，俾营生业”。[①] 洪武二十四年四月，“太原府代州繁峙县奏，逃民三百余户，累岁招抚不还，乞令卫所追捕之。上谕户部臣曰：‘民窘于衣食，或迫于苛政则逃，使衣食给足，官司无扰，虽驱之使去，岂肯轻远其乡土’”。[②] 其后，流民越来越多。仅以《明实录》所载明前期22次流民事件统计，“山西、山东、北直隶、河南、湖广、陕西等处，包括复业和‘累岁屡招不还’的逃亡之民，计为898673户，如按每户五口估算，总数为4493365人。逃亡原因，‘赋税浩繁’、‘徭役繁重’者占16次，‘累岁旱涝’者3次，‘笔兵流移’者1次，未具体说明原因者2次”。[③] 其中，仅永乐四年（1406）九月，明朝财赋重地苏、松、嘉、湖、常、杭六府的未复业流民不计在内，复业的流民就有122900户，[④] 可见数量之大、地域之集中。

明初，官员周忱以苏、松等地流民问题为例，具体分析了流民的去向及其生计，所论较为全面：

> 苏松之民，尚有远年窜匿，未尽复其原额，而田地至今尚有荒芜者。岂优恤犹未至乎？凡招回复业之民，既蒙蠲其税粮，复其徭役，室庐食用之乏者，官与赈给；牛具种子之缺者，官与借贷。朝廷之恩至矣尽矣，如此而犹不复业者，亦必有其说焉。盖苏松之逃民，其始也皆因艰窘，不得已而逋逃；及其后也，见流寓者之胜于土著，故相煽成风，接踵而去，不复再怀乡土。四民之中，农民尤甚。何以言之？天下之农民固劳矣，而苏松之民比于天下，其劳又加倍焉；天下之农民固贫矣，而苏松之农民比于天下，其贫又加甚焉；天下之民常怀土而重迁，苏松之民则尝轻其乡而乐于转徙；天下之民出其乡则无所容其身，苏松之民出其乡则足以售其巧。忱尝历询其弊，盖有七焉。何谓七弊？一曰大户苞荫，二曰豪匠冒合，三曰船居浮荡，四曰军囚牵引，五曰屯营隐占，六曰邻境蔽匿，七曰僧道招诱。乃所谓大户苞荫者，其豪富之家，或以私债准折人丁，或以威力强夺人子，赐之姓而目为义男者有之，更其名而命为仆隶者有之。凡此之人，既得

① 《明太祖实录》卷196，洪武二十二年四月丁未条，第2942页。
② 《明太祖实录》卷208，洪武二十四年四月癸亥条，第3099页。
③ 林金树：《明代农村的人口流动与农村经济变革》，《中国史研究》1994年第4期。
④ 《明太宗实录》卷59，永乐四年九月戊辰条，第859页。

为其役属，不复更其粮差。甘心倚附，莫敢谁何。由是豪家之役属日增，而南亩之农夫日以减矣！其所谓豪匠冒合者：苏松人匠丛聚两京，乡里之逃避粮差者，往往携其家眷相依同住。或创造房居，或开张铺店，冒作义男女婿，代与领牌上工。在南京者，应天府不知其名；在北京者，顺天府亦无其籍。粉壁题监局之名，木牌称高手之作。一户当匠，而冒合数户者有之；一人上工，而隐蔽数人者有之。兵马司不敢问，左右邻不复疑。由是豪匠之生计日盛，而南亩之农民日以衰矣。其所谓船居浮荡者，苏松，五湖三泖积水之乡。海洋、海套无有涯岸，载舟者莫知踪迹。近年以来，又因各处关隘废弛，流移之人挈家于舟，以买卖办课为名，冒给邻境文引及河泊由帖，往来于南、北二京，湖广、河南、淮安等处停泊，脱免粮差。长子老孙不识乡里，暖衣饱食陶然无忧，乡都之里甲无处根寻，外处之巡司不复诘问。由是船居之丁口日蕃，而南亩之农夫日以削矣。其所谓军囚牵引者，苏松奇技工巧者多，所至之处屠沽贩卖，莫不能之。故其为事之人，充军于中外卫所者，辄诱乡里贫民为之余丁；摆站于各处河岸者，又招乡里之小户为之使唤；作富户于北京者，有一家数处之开张；为民种田于河间等处者，一人有数丁之子侄。且如淮安二卫，苏州充军者不过数名。今者填街塞巷，开铺买卖，皆军人之家属矣！仪真一驿，苏州摆站者不过数家。今者连栟接栋造楼居住者，皆囚人之户丁矣！官府不问其来历，里胥莫究其所从。由是军囚之生计日盛，而南亩之农夫日以消矣！其所谓屯营隐占者：太仓、镇海、金山等卫，青村、南汇、吴江等所，棋列于苏松之境，皆为边海城池。官旗犯罪，例不调伍，因有所恃，愈肆豪强，遂使避役奸氓转相依附。或入屯堡而为之布种，或入军营而给其使令，或窜名而冒顶军伍，或更姓而假作余丁，遗下粮差负累乡里。为有司者常欲挨究矣，文书数数行移，卫所坚然不答；为里甲者常欲根寻矣，足迹稍稍及门，已遭官旗之毒手。由是屯营之藏聚日多，而南亩之农夫日以耗矣。其所谓邻境蔽匿者，近年有司多不得人，教导无方，禁令废弛。遂使蚩蚩之民流移转徙，居东乡而藏于西乡者有焉，在彼县而匿于此县者有焉。畏粮重者，必就无粮之乡；畏差勤者，必投无差之处。舍瘠土而就膏腴者有之，营新居而弃旧业者有之。倏往倏来，无有定志。官府之勾摄者，因越境而有所不行；乡村之讥察者，每容情而有所不问。由是邻境之客户日众，而南亩之农夫日以寡矣。其所谓僧道招诱者：天下之寺观，莫甚于苏松，故苏松之僧道弥满于四海。有名器者，因保举而为住持；初出家者，因游方而称挂衲。名山巨刹，在处有之，故其乡里游惰之民率皆相依，而为之执役。眉目清秀者，称为行童；年记强壮者，称为善友。假服缁黄，伪持锡钵，或合伴而修建斋醮，或沿街而化缘财物。南北二京及各处镇市，如此等辈莫非苏松之人。以一人住持而为之服役者，常有数十人；以一人出家而与之帮闲者，常有三五辈。由是，僧道之徒侣日广，而南亩之农夫日以挟矣。凡此七者，特举其大略，而天下郡县未必此弊俱无。纵使有之，亦未必有如是之甚。此等之人，善作巧伪，变乱版图，户口则捏他故而脱漏，田粮则挟他名而诡报，惰游已久，安肯复归田里、从事耕稼？况其缺乏税额，累累如配见在之户。其中颇有智能者，见其得计，亦思舍畎亩、弃耒耜而效其所为。惟愚骇无用之人，方肯始终从事于农业。然坐受其弊，亦岂无避免之心乎？凡天下之事，不可有一人之侥幸。苟有一人侥幸而获免，则必有一人不幸而受其弊。苏松侥幸之人如此其多，则不幸而受其弊者从可知矣。是宜土著之农夫日减月除，而无有底止矣。忱尝以太仓一城之户口考之：洪武年间，见丁授田十六亩。二十四年，黄册原额六十七里，八千九百八十六户。今宣德七年造册止有一十里，一千五百六十九户。核实，又止有见户七百三十八户，其余又皆逃绝虚报之数。户虽耗，而原授之田俱在。夫以七百三十八户而当洪武年间八千九百八十六户之税粮，欲望其输纳足备而不逃去，其可得乎？忱恐数岁之后，见户皆去，而渐至于无征矣！①

明中期以来，流民数量剧增，其中，荆襄地区为流民主要聚居之地。时人称："荆襄一带山林深险，土地肥饶，刀耕火种，易于收获。各处流民、僧道人等，遑遑逃移其中。用强接庵立产，官吏不敢科征，里甲不敢差遣，以致骄慢日生，纵横日炽。"其中，"襄阳府房县僻在万山之中，离府八日之程。所辖地方有歇马大市、螃蟹溪、格儿坡、潭头坪、马脑关、三扒峪、梯儿崖、头沙河、汤家河、洞庭庙、玉女庙、长口、槲口、马栏、青峰、寿阳、柏林、前坪、后坪、洪坪等处，土地肥饶，道路险阻，

① 陈子龙等辑《明经世文编》，中华书局，1962，第173～176页。

各处流移人户，在彼潜住者，不下万数”。[①]

要言之，灾民外流，或流向非灾区城镇或乡村，走街串巷，靠乞讨或佣工为生；或流向人烟稀少的山区及边远地区，搭棚筑屋，开荒种地，开山采矿，自谋生路；或投奔非灾区的亲友，靠接济或自谋为生。灾民外流，造成灾区原灾民家庭关系解体与主要灾区社会组织崩溃，加剧灾区的社会失范与混乱。

（六）劫掠钱粮成为明代部分灾民最具危害性的生计来源，“盗贼”是灾区社会组织秩序最恶劣的破坏者与最危险的分子；“缉盗剿匪”成为灾区社会重建的重要前提，也是灾区民生的必要保障

灾荒之年，饥民或有铤而走险者，他们或独来独往，或三五成群，占据灾区交通要塞或流窜灾区内外，靠劫掠他人财物及偷盗为生；甚至揭竿而起，抢劫府库，杀掠富户与官兵。如明人何淳之在《荒政汇编》中称：“盗贼之为民害也，虽三代之盛亦所不能免。盖人性皆善，其初未必即有盗心。或因饥寒切身，或以事有所迫，或被徒党诱因，或因岁时凶荒，有司抚恤无方，驯无制法，则小人群聚而为盗矣。”[②] 明前期，部分灾区的一些灾民已落草为寇，靠劫掠为生。他们往来于灾区与非灾区地面，或劫夺富室，或抢掠公府，杀人越货，肆行剽掠，以为谋生或发财手段。如永乐十六年，“湖广随州及枣阳县藏各处逃民五百余户，有出入官府蠹政害民者，有左道惑众者，有肆行劫掠者，不治为患将甚。上（明成祖）曰：‘人孰不欲保聚乡里为良善？此盖厄于饥寒，而有司不能抚绥故耳’”。[③] 如宣德七年，“山东都司、布政司、按察司奏：逃军逃民多聚宜山等处，时出劫掠为民害。请发兵剿之。上谓行在兵部曰：‘此本皆良人，必有所不得已，然后逃聚为非。当究其情，未可遽肆杀戮，遂降敕谕之曰：‘尔本皆良善，只以军卫有司虐害之过，不得已逃聚山林，久而窘于衣食，因行劫以苟活。今山东三司奏请调军剿捕，朕原尔初心有可悯者，且虑大军一至，伤害必多，用体天心，特赐赦宥’’”。[④] 又，史载：“宣德末，永丰饥，乱民严季茂等千余人，皆为官兵所执。布政陈智谓胁从者众，不可概令瘐

① 陈子龙等辑《明经世文编》，中华书局，1962，第304页。

② 陈子龙等辑《明经世文编》，中华书局，1962，第173～176页。

③ 《明太宗实录》卷197，永乐十六年二月癸巳条，第2061～2062页。

④ 《明宣宗实录》卷89，宣德七年四月庚寅条，第2038页。

死。倡捐俸为粥赈之，奏报决首恶三十余人，余皆免。时有告富民与贼通者三百余人，智悉令诸官自告。谕之曰：‘果若人言，下吏鞫讯，尔尚能保家乎？今若能出粟济饥民，当贷尔。众流涕乞如命，得粟万余石，所活不可胜计。”明人陈龙正明宣宗此举如此点评：“诛首恶三十余人，足以示威矣。饥民被驱诱，可赦也。富民被告，其间岂无真与贼通者？富民何利而与贼通，求免害也。官兵不足恃，贼众胁之，送银送粮，借舟借车，从则免，不从则死，富民之弱者诚有之，以为通贼，比屋可诛也。原其情，则可宥也，因而使之出粟济饥，此之谓能权。”[1] 又，“正统甲子……饥民流聚南阳、陈州诸处，无虑十数万，剽掠居民”。[2] 正统以后，灾荒更加严重，饥民增多，流民剧增，由灾民、流民而为“盗贼”者越来越多。一些“盗贼”纵横于灾区各地，先是抢劫钱粮，转而攻城略地，杀戮官民，焚毁宫室，掀起大大小小的农民起义，给灾区社会与大明政权以持续性地冲击。

当然，如果朝廷安抚得法，给起于“饥民”的“盗贼”以回归社会之生路，这些“啸聚者”大多也会金盆洗手，回归社会，回归原初有序的经济社会生活状态，他们或农或商，循规蹈矩地生活。显然，由“灾民”而“盗贼”，由“盗贼”而“灾民”，或反之，这种“身份”转换的决定性因素是政府在灾区的社会控制效果如何：控制得好，由“盗贼”而“灾民”；控制得不好，则反之。史载：“万历十四年，河南大旱，所在盗贼窃发。巡按檄所属州县拣选保甲，督率乡夫，每夜分班沿村巡逻，盗贼稍息。万历十六年四月十一日，钦奉圣谕：‘近来无籍奸徒，往往借言饥荒，聚众抢夺，有司莫能禁治，渐不可长。各该抚按官务要督率兵备巡捕等官，遇有此等乱民，即时擒拿首恶，枭示正法。前有旨，朝廷惟恤穷民，不宥乱民。抚按官各宜遵奉，许便宜行事，毋得苟且养奸、姑息酿患。’”[3] 无疑，在政府严厉镇压政策之下，许多“乱民”除了继续抢掠及对抗朝廷已无路可走，一些灾民因而走上不归路。但是，如果官员洞悉“乱民”为乱

---

① （明）陈龙正：《救荒策会》，《中国荒政全书》（第一辑），北京古籍出版社，2003，第713～714页。

② （明）何淳之：《荒政汇编》，《中国荒政全书》（第一辑），北京古籍出版社，2003，第242页。

③ （明）何淳之：《荒政汇编》，《中国荒政全书》（第一辑），北京古籍出版社，2003，第243页。

情由，从救灾救荒角度出发，从稳定灾区社会与人心的目的出发，晓以利害，尽心扶绥安缉，则“乱民”回归社会，心在朝廷。如万历二十年左右，河南闹灾荒。“先是，饥民啸聚，盘踞汝南各府山谷，出没剽掠，当时竟缉以兵。公（钟化民）初至，单骑往谕，遍历寨栅，召其渠魁，宣上德意，曰：‘圣天子万分哀恻汝等，寝食不宁，大发帑金，特敕本院到此，多方拯救。凡尔百姓，各有良心，乃是迫于饥寒，情出无奈。尔等宜相传圣天子九重悯念，遣官赈济，我等小民，何福顶戴？必有咨嗟流涕，焚香顶祝圣天子者。且粥厂散银之法，尔等俱闻，必俟麦熟方止。尔等即时解散，便做良民。若执迷不悟，自有法度，虽悔何及？今日正尔转祸为福之时，悟处便是天堂，迷处便是地狱，始迷终悟，便化地狱为天堂。尔须前思祖父，后念子孙，中保身命，莫待后来追悔。’由开封历南阳、汝宁等府，亲临面谕，无不流涕感悟。环拜投戈，各归本土为良民”。①

（七）明代灾区灾时及灾后生产自救，既是灾民最可靠的生计来源，又是灾民主要的经济收入，对于安定灾民民心、稳定社会秩序都非常重要。相对于灾区社会恢复之目的而言，其社会意义实际上大于经济意义

灾区化灾区，灾荒频发，主要原因有二：一是生态环境脆弱、恶化，自然灾变频发；二是农民生活贫困化，抗灾自救能力低下，遇灾则荒。所以，无论是灾荒之际及灾后的生产自救活动，如果灾区的农田水利建设缺失，其收成是无法保障的。尽管如此，相对于政府发放赈银赈粮，实施蠲免赋税等临灾应急救灾措施，生产自救还是灾民相对稳定可靠的生计来源。因为救济并非朝廷控制灾区社会与灾民的根本之计，临灾救济的弊端亦很多。如明人何景明（1483～1521）所云：“救荒之策，窃为民计，大率利一而其害有三：征求之扰，工役之勤，寇盗之忧，此为三害。而所利于民者，独发仓廪一事耳。夫发仓廪，本以利民，而其弊反甚；仓舍一启，豪强骈集；里胥乡老，匿贫佑富。公家之积，只以饱市井游食之徒，而野处之民，曾不得见糠秕。富者连车方舆，而贫者曾不获斗升。乡民有入城待给者，资粮

---

① （明）钟化民：《赈豫纪略》，《中国荒政全书》（第一辑），北京古籍出版社，2003，第272～273页。

已尽，日贷饼饵自啖，而卒不得与，此其少得，不足偿贷，反因是等死。耳闻目睹，可为痛扼。”[①] 要言之，灾区的生产自救活动仍是灾民可靠的生计来源，而且其安定人心的作用大于经济意义。所以，要保证灾区社会稳定，使灾民安定下来，则需要稳定的食物供给，惟有灾区组织生产，灾民生产自救，才能保障民生，才是救灾根本之计，属于治本之举。

有明一代，有些皇帝还是比较清醒的，备荒积极，比较重视农业生产。其中，明太祖、明成祖、明仁宗、明宣宗、明孝宗等都强调重农备荒的。如明宣宗在位期间，不仅多次颁发诏令劝农，还写了许多悯农诗，对民生状态还是了解的。如宣德五年二月，明宣宗“遣行在工部左侍郎许廓巡抚河南。敕曰：‘今命尔往河南巡抚，凡军民有利当兴者即举之，有害当除者即革之。民有饥窘逃徙者，抚令复业，免其税粮一年。应行诸事，皆与河南三司计议行之，具由来奏。诸司官吏贪赃、坏法、虐害军民者，擒问解京；奉公守法、爱养军民者，具名以闻。务使军民安业，不致失所，庶几体朕之意，尽尔之职，尔其敬承毋怠。’并赐之诗曰：‘河南百州县，七郡所分治。前岁农事缺，始旱涝复继。衣食既无资，民生曷由遂？顾予位民上，日夕怀忧愧。尔有敦厚资，其往勤抚字。徙者必绥辑，饥者必赈济。咨询必周历，毋惮躬劳勚。虚文徒琐碎，所志见实惠。勉旃罄乃诚，庶用副予意’”。[②] 宣德六年六月“丁未，上（明宣宗）罢朝，御左顺门，出御制《闵农诗》一章示吏部尚书郭琎曰：‘朕昨宵不寐，思农民之艰难，能使之得其所，则在贤守令，因作此诗。卿当为朕择贤，毋使农民受弊也。’诗曰：‘农者国所重，八政之本源。辛苦事耕作，忧劳亘晨昏。丰年仅能给，歉岁安可论？既无糠核肥，安得缯絮温？恭惟祖宗法，周悉今具存。遐迩同一视，覆育如乾坤。尝闻古循吏，卓有父母恩。惟当慎所择，庶用安黎元’”。[③] 明宣宗不仅写诗“重农”，还把重农备荒思想落实到治国理政实践中。如宣德元年三月，明宣宗“以春雨频降，退朝召行在户部尚书夏原吉等谕之曰：‘朕初承大统，政化未洽，念自古国家未有不由民之富庶以享太平，亦未有不由民之困穷以致祸乱。是以夙夜祗畏，用图政理，所冀天时协和，年谷丰熟。去年冬多雪，今春益以雨泽，似觉秋来可望。然一岁之计在春，尚虑小民阽于饥寒，困于徭役，不能尽力农

---

① （明）徐光启：《农政全书》，岳麓书社，2002，第716页。

② 《明宣宗实录》卷63，宣德五年二月己丑条，第1485页。

③ 《明宣宗实录》卷80，宣德六年六月丁亥条，第1857页。

亩，其移文戒饬郡邑，省征徭，劝课农桑，贫乏不给者发仓廪赈贷之'"。[①]如宣德四年八月，明宣宗"申明栽种桑枣之令。时有建言云：'洪武中，令天下栽种桑枣，实以为民。今民之无知者，砍伐殆尽，存者亦多枯瘁。有司不督民更栽，以致民无所资。乞令郡县督民以时栽种，仍遣官巡视。'上曰：'古人宅不毛者有里布。祖宗养民之心甚至，尔户部其申明旧令，务求成效，毋事虚文'"。[②] 又，宣德五年二月，明宣宗"敕谕行在六部都察院曰：'朕恭膺天命，嗣承祖宗洪业，夙夜孜孜，保民图治。每食则思下人之饥，衣则思下人之寒，心存民瘼，未尝忘之。今春气已和，特颁宽恤之令，条示于后，尔六卿大臣与国同体，为国为民务尽乃心。如政令有所未当，朕虑有所未周者，尚审思列奏，都御史任耳目之寄，亦宜博访以闻，庶用副朕恤民之意，钦哉无忽。一、宣德四年各处有经水旱蝗蝻去处，速行巡按御史、按察司委官从实体勘灾伤田土，明白具奏，开豁税粮，坐视不理者罪之……一、各处百姓近因饥窘、逃徙他处者，速行各布政司、按察司及府、州、县招谕复业，仍善加抚绥，免其户下税粮及杂泛差役一年……一、各处旧额官田起科不一，租粮既重，农民弗胜，自今年为始，每田一亩旧额纳粮自一斗至四斗者，各减十分之二；自四斗一升至一石以上者，减十分之三，永为定例'"。[③] 上行下效，有明一代，有些地方官员尚能有效组织灾民生产自救。

二 灾区自救与灾区社会

通常地方闹灾荒，明朝多采取停征灾区逋负、蠲免灾民赋役、赈济灾民钱粮、招抚流民复业、鼓励灾区农业生产、督责地方官吏积极救灾、加强灾区社会控制、维护灾区社会稳定，为灾民抗灾自救提供政策与物资支持等诸多措施。如正统五年，山西发生饥荒，明英宗有旨："比者，山西境内荒歉，百姓流徙。朕闻之恻然。岂朝政有阙欤？抑有司之乖予抚字欤？民困若斯，宜有宽恤，合行之事，条列于后。故兹诏示，咸使闻知。一、正统四年夏税、秋粮、马草起运边储并存留本处仓，本色、折色、布花除已征在官外，其余未征纳之数及四年以前拖欠者，暂且停征。一、泽、潞等州县官吏、大户人等管解宣德八年、正统二年运赴大同仓未完税

① 《明宣宗实录》卷15，宣德元年三月辛未条，第406～407页。
② 《明宣宗实录》卷58，宣德四年九月壬戌条，第1388～1399页。
③ 《明宣宗实录》卷63，宣德五年二月癸巳条，第1488～1489页。

粮计一十九万五百余石，因去岁诏赦二年以前拖欠税粮，遂一概粜卖侵用。已令所司提问追粮还官，今悉宥其罪，粮米除已追纳在官外，其未纳之数蠲免一半；余一半半追官布，每石一匹半，折钞每石五十贯，就所在仓库收贮，以备官用。一、递年逃民户下拖欠税粮马草及一应物件，自正统四年十二月以前除已征纳在官外，其未征纳者悉皆蠲免，不许重科。有司官吏人等敢有故违，处以重罪。一、各处抚民官务要将该管逃民设法招抚安插停当，明见下落，其逃民限半年内赴所在官司首告，回还原籍复业悉免其罪，仍优免其户下一应杂泛差役二年，有司官吏、里老人等并要加意抚恤，不许以公私债负需索扰害，致其失所。其房屋田地未回之先有人居住及耕种者，复业之日悉令退还，不许占据，违者治罪。一、逃民遗下田地，见在之民或有耕种者，先因州县官吏里老不验所耕多寡，一概逼令全纳逃户粮草，以致民不敢耕，田地荒芜。今后逃户田地，听有力之家尽力耕种，免纳粮草。一、逃民既皆因贫困，不得已流移外境。其户下税粮，有司不恤民难，责令见在里老亲邻人等代纳，其见在之民被累艰苦，以致逃走者众。今后逃民遗下该纳粮草，有司即据实申报上司，暂与停征，不许逼令见在人民包纳。若逃民已于各处附籍，明有下落者，即将本户粮草除豁，违者处以重罪。一、朝廷设府州县官及抚民官，本为安养民人，招抚流徙。近闻其中多有不体朝廷恤民之仁，不能安恤，反加剥削，及纵容吏胥里老人等生事扰害。方面风宪坐视不言，致民艰苦，不得已而逃。今后再有犯者，从方面风宪官巡察得实，就便拿问，知而不举，一体治罪。一、凡山西军民利病急务，从巡抚侍郎并都司、布政司、按察司、巡按御史及府州县官具实奏来处置。”[①] 从朝廷救灾诏书内容看，中央对于灾区救助可谓全面。当然，中央救灾措施效果如何，关键在于地方官执行如何。事实上，上有政策，下有对策，朝廷许多救灾举措难以落到实处。明中后期，政治越发腐败黑暗，灾荒更加严重，如山西等地“自万历十二年以来，五谷不登，万民艰苦，或逃移满路，流落他乡；或饿死在沟，暴露尸体；或父母痛哭，杀死儿女；或聚众抢掠，丧命监仓”。[②] 是时，明朝财政窘迫，原本作为救灾主体的国家在灾荒救助活动中已力不从心，灾区自救成为地方要政。

---

① 《明英宗实录》卷66，正统五年四月壬申条，第1261～1263页。

② 《吕坤全集》，中华书局，2008，第1000页。

（一）重视自救：灾区救灾方向性转变

明中前期，官办备荒仓储一直是官府救灾的重要方式，其中，预备仓最为朝廷所倚重。其间，亦有主张设立常平仓者，如成、弘之际，大臣丘濬所言："今天下大势，南北异域。江以南，地多山泽，所生之物，无间冬夏，且多通舟楫，纵有荒歉，山泽所生，可食者众。而商贾通舟，贩易为易。其大江以北，若两淮，若山东，若河南，亦可通运。惟山西、陕右之地，皆是平原。古时运道，今皆湮塞。虽有河山，地气高寒，物生不多。一遇荒岁，所资者草叶木皮而已。所以其民尤易为流徙。为今之计，莫若设常平仓。当丰收之年，以官价杂收诸谷，各贮一仓。岁出其易烂者，以给官军月粮。估以时价，折算与之。而留其见储米之耐久者，以为蓄积之备。"[①] 无论常平仓，还是预备仓，都以官办为主。为了筹集仓本，保障仓里有粮，朝廷不时严令地方官积谷备荒，甚至采取鬻官鬻僧、劝借富人、罪犯缴纳赎罪钱粮及贪官赃罚银两等手段，多途并举。然而，仓米还是难以为继，预备仓多有废毁者，国家救灾主导功能弱化，灾区社会更加动荡不安。如弘治末年，官员林俊（1452～1527）疏称："预备之计，于民最急。今江西所属预备仓谷，湖口县不及一千石，彭泽县不及六百石，石城县仅二千有奇，太和县亦仅八千有奇。其余积蓄俱少。臣窃忧之。夫凶则散，丰则敛。官府常散则乐，敛则怨……今欲公私两便，惟有常平可复而已。查得近例，一里积谷一千五百石。江西卫所姑未概论，就试有司言之：六十九县总计一万一百四十五里，谷以一里千石计之，尚该一千一十四万五千石。见在所积，十未及一。约少九百万石。每谷五石作银一两，该银八十万两。尽括司府库藏，不尽一十万两。籴本羞涩，力难求济。是外非重罚重罪囚，则勒劝大户，取彼与此，仁者不为。况今法日以弊，难开劝罚之门；义日以衰，难求输助之户。若弃是不务，则今年直小荒耳，待哺嗷嗷，聚群抢谷南康，起九江，起饶州，又起熄之而复燃，痛之而无畏。万一大荒，其无尤甚者乎？是正谋国所当预处者也。"[②] 关于"籴本羞涩，力难求济"的原因，明代官员胡世宁（1469～1530）认为乃政治腐败所致。如他称："弘治初年，州县亲民之官责其备荒，积谷多少以为殿最。所以民受实惠，固得

---

① （明）丘濬：《大学衍义补》，京华出版社，1999，第161页。

② （明）张萱：《西园闻见录》卷40《蠲赈前》，全国图书馆文献缩微复制中心，1996，第882页。

邦本。正德以来，此官不重，轻选骤升。下马者，惟图觅钱，以防速退。上马者，惟事奉承取名，以求早升，皆不肯尽心民事。民穷财尽，一遇凶荒，多致饥死。”① 原因当然不止于此。嘉靖时，户部尚书梁材（？～1540）从仓储制度层面检讨预备仓得失：“天下郡县各置预备仓，丰年则敛，歉年则散，本以为民，而行者率失初意。设立斗户，收守支放，文移往返，交盘旁午，斗户负累，民不沾仁。凡以属之于官故也。”②

正德以来，随着灾荒失控，更多官员对朝廷救灾能力有了清醒认识，对预备仓的实际救灾功能有了客观评价，他们面对国家救灾无能为力的事实，提出官府必须尽量借助社会力量，增强灾区自救能力，唯其如此，才能有利于灾荒控制。这种认识，成为当时许多官员的荒政建设共识。概要说来，灾区自救大致包括官民备荒、灾民互救及灾后生产自救等几个方面。其中，加强民间义仓及社仓等备荒仓储建设、组织灾区生产自救成为主要救灾手段。如明中期的官员王廷相（1474～1544）提出在乡村普遍设立义仓，完善义仓管理制度，增强农村社会抗灾自救实力：“备荒之政，莫善于义仓。宜贮之里社，定为规式，一村之间，约二三百家为一会，每月一举，第上中下户，捐粟多寡，各贮于仓，而推有德者为社长，善处事能会计者副之。若遭凶岁，则计户给散，先中下者，后及上户。上户责之偿，中下户免之。凡给贷，悉随于民，第令登记册籍，以备有司稽考，则既无官府编审之烦，亦无奔走道路之苦。”③ 也有官员主张，增强农民个体抗灾自救能力的根本办法是富民，而兴修农田水利则是富民主要途径，也是抗御灾荒重要手段。如嘉靖时，有户部官员“奏行天下府州县官各照里社积谷备荒”，而官员潘潢（？～1555）认为，储粮于仓，不如兴修农田水利，保障生产，藏富于民。如他称：“但如每一小县十里之地，三年之间不问贫富丰凶，概令积谷万五千石。限数既多，责效太速，以致中材剥削取盈，贪夫因缘为利，往往岁末及饥民已坐弊，及遇凶荒，公私俱竭，为困愈甚。臣闻田野县鄙者，财之本也；垣窌仓廪者，财之末也。与其聚

① （清）俞森：《荒政丛书》卷9《义仓考》，《四库全书》，上海古籍出版社影印版，1987，第663册，第146页。

② （清）俞森：《荒政丛书》卷9《义仓考》，《四库全书》，上海古籍出版社影印版，1987，第663册，第146页。

③ （清）俞森：《荒政丛书》卷9《义仓考》，《四库全书》，上海古籍出版社影印版，1987，第663册，第146页。

民脂膏以实仓储，孰与尽力沟洫以兴水利？若宋儒朱子赈济浙东，所至原野，极目萧条。惟见有陂塘处，田苗蔚茂，无以异于丰岁。于是益叹水利不可不修，谓使逐村逐保各至陂塘，民间可以永无流离饿殍之患，国家可以永无粜减粜济之费。此则救荒不如讲水利，明效大验之可见者。合无本部备行都察院转行各处御史，申明宪纲，严督所属，凡境内应有圩岸、坝堰坍缺陂塘、沟渠壅塞，务要趁时修筑坚完，疏浚流通，以备旱涝，毋致失时。"[①] 灾区自救，既包括灾民增强自救能力，还包括灾区政府积极组织灾区自救。如万历时期，官员屠隆在《荒政考》中阐释其官府与民众一同备荒、"豫为之计"的主张："如见目今大水、大旱、大蝗，知将来必饥，辄豫为之计。或豫检踏灾荒之田，豫查报被灾之户，早申灾伤之文，早借备赈之粟；或豆、麦、蹲鸱、蕓、蔔、芫菁、芝麻之类可种，则躬劝率百姓广种各乡；或豫发官帑银，给委忠实齿德富户，往邻郡丰熟去处籴米谷杂粮，以待平粜；或劝诱商贾客舟，运粟以来，而许为存恤护视主粜焉；或豫查境内巨家富室，而结以恩信，优以礼貌，劝以阴德，悚以利害，令其各有顾惜桑梓之情。凡此皆豫之，道胜也。余城中一贫寡妇，见去岁大风水，知来岁必荒，手织巾布鞋袜，及出室中什物，令其儿日日入室，杂易大小豆麦、松花、蕨粉、芝麻之属，磨碎炒干，杂作为细粉，而积数巨筒。至今岁，果大饥，日取滚汤搅而啖之。终饥荒之月，食常有余。他人多馁死，而独此妇无恙。令官民之智皆如此妇也，则何饥荒之足忧哉？"[②]

（二）灾区：国家与社会异势

明中后期救灾活动中，国家与社会各自作用发生了此消彼长变化。其中，朝廷一再整顿预备仓储制度，明确地方政府仓储业绩考核，借以维护国家的救荒主导作用与主体地位。如"嘉靖三年，令各处抚按官督各该司府州县官，于岁收之时多方处置预备仓粮，其一应问完罪犯纳赎纳纸，俱令折收谷米，每季具数开报抚按衙门，以积粮多少为考绩殿最。如各官任内三年、六年全无蓄积者，考满到京，户部参送法司问罪……（嘉靖八年）又奏准州县积粮之法，如十里以下，积粮一万五千石；二十里以下，二万

① （清）俞森：《荒政丛书》卷9《义仓考》，《四库全书》，上海古籍出版社影印版，1987，第663册，第148页。

② （明）屠隆：《荒政考》，《中国荒政全书》（第一辑），北京古籍出版社，2003，第190～191页。

石；三十里以下，二万五千石；五十里以下，三万石；百里以下，五万石；二百里以下，七万石；三百里以下，九万石；四百里以下，一十一万石；五百里以下，一十三万石；六百里以下，一十五万石；七百里以下，一十八万石；八百里以下，一十九万石；三年之内积谷一年之用。如数为称职，过数或倍增听抚按奏旌，不次升用。不及数者，以十分为率，少三分者，罚俸半年；少五分者，罚俸一年；少六分以上者，为不职，送部降用。知府视所属州县积粮多寡，以为劝惩……万历五年，议准行各抚按，详查地方难易，酌定上中下三等为积谷等差，如上州县每岁以千石为准，多或至三二千石；下州县以数百石为准，少或至百石，务求官民两便，经久可行。本年为始，著为定额，每年终分别蓄积多寡为赏罚，其不及数者，查照近例，以十分为率，少三分者，罚俸三个月；少五分者，半年；六分者，八个月；八分以上者，一年。仍咨吏部，劣处全无者，降俸二级；亦咨部停止行取推升。待有成效，抚按酌议题请复俸。若仍前怠玩，参究革职……（万历七年）又议准各省直抚按，酌量所属知府地方繁简贫富，定拟积谷分数。其积不及数者，与州县一体查参，其升迁离任者，照在任一体参究”。[①] 这些“圣旨”，虽然表达统治者增强预备仓储等救灾功效愿望，然而其在贫困的农民及乡村社会实施中却无法“化为”备荒粮食。与实际脱钩、缺少经济基础与经济实力支持的政策措施实则无法实现。

在频繁的灾荒打击下，明政府不得不接受官办救荒仓储失败的事实，转而扶植民间救荒力量，推广民办救荒仓储——义仓与社仓。如“（嘉靖）八年，题准各处抚按官设立义仓，令本土人民每二三十家约为一会，每会共推家道殷实、素有德行一人为社首，处事公平一人为社正，会书算一人为社副。每朔望一会，分别等第，上等之家出米四斗，中等二斗，下等一斗，每斗加耗五合入仓。上等之家主之，但遇荒年，上户不足者量贷，丰年照数还仓。中下户酌量赈给，不复还仓。各府州县造册送抚按查考，一年查算仓米一次，若虚，即罚会首出一年之米”。[②] 这种政策转向，进一步促进民间救荒力量发展，有利于灾荒救助。同时，社会力量在国家灾荒救助中扮演越来越重要角色，所起作用也越来越大。相对说来，国家的救灾功能大为降低，其影响力趋于衰落。诚如张兆裕先生所论：明代“社仓与义仓的普遍

① （明）申时行：万历《明会典》，卷22《预备仓》，中华书局，1989，第153页。
② （明）申时行：万历《明会典》，卷22《预备仓》，中华书局，1989，第153页。

设立，虽然是在政府的关注下实现的，但这个事实也意味着政府包揽的备荒之政的失败。如果预备仓能够有效地担负起救荒的职责，在灾荒中发挥充分的救济作用，社仓和义仓就没有设立的必要了。因此社仓和义仓作为民间自救性质的仓储的大量出现，在明代救荒史上具有很大意义”。[①]

（三）灾区生产与灾区秩序

灾区生产自救与灾区社会秩序稳定关系密切。安土重迁的农民即使沦为灾民，即使其家乡变成灾区，他们从心底也不愿离开家园。如明人丘濬所论：“人生莫不恋土，非甚不得已，不肯舍而之他也。苟有可以延性命，度朝夕，孰肯捐家业，弃坟墓，扶老携幼，而为流浪之人哉！”[②] 明代灾区政府组织灾民生产自救，自力更生，将灾民生存希望及生存状态与其自身生产自救活动结合起来，使灾民由求赈于政府转而生产自救，以灾民自救责任取代政府救济责任，有利于淡化灾民对政府的不满情绪；同时，以灾民生产自救方式收拾人心，借以维护灾民基本生活及稳定灾区秩序，有利于灾区社会稳定。明中后期，灾区生产自救已是维护灾区社会秩序的决定性因素。为了便于灾民生产自救，农业生产基础与条件尤为重要。为此，明政府及地方官员进行多方筹措，大致从三个方面着手。

其一，禁止灾民宰卖耕牛，保护农业畜力。如明人称：“凶年，人多变鬻耕牛，以苟给目前之用。不知耕牛一鬻，方春失耕，将来岁计何望？查得《问刑条例》，私宰耕牛者，发附近卫所充军。弘治十二年奏准，每宰牛一只，罚牛五只。合申明禁例，凡民间耕牛，不许鬻卖宰杀。卖者，价银入官；杀者，充军发遣。如果贫民不能存活，要卖牛易谷，听令本保甲富民收买，仍令牛主收养，即以本牛种田，照乡例与富民分收。待丰年，或富民取牛，或牛主取赎，听从其便。如此，则牛可不杀，春耕有赖，而贫富各得其所矣。”[③]

其二，加强乡村农田水利兴修，增强抗旱防涝备荒能力，号召灾民灾后及时补种粮食，抗御灾害。如万历三十七年（1609）华亭、青浦闹灾荒，巡抚都御史周孔教颁发《救荒条谕》，强调修圩对防灾救荒作用及实施工赈的

---

① 万明：《晚明社会变迁：问题与研究》，商务印书馆，2005，第318页。

② （明）丘濬：《大学衍义补》，京华出版社，1999，第161页。

③ （明）陈龙正：《荒政策会》，《中国荒政全书》（第一辑），北京古籍出版社，2003，第727页。

重要性。即："议荒政而及于鸠工，其无烦官帑，有益大户，而兼可以济贫民者，无如修圩一事。盖圩埂日塌，仅存一线，所以一遇大水，捍御无策。今诚及八九月水退之时，县官轻舟寡从，遍至穷乡，每圩之中有田而稍饶者，计亩出米若干，有田而家贫者，计亩出力若干，即以饶者之米充贫者之腹，使之毕力修筑。狭者培之，低者增之。有数千亩共一圩者，仍界画为数圩，而多筑埂以分之。夫埂厚而高，则御水有具；圩分而小，则车戽可施。在出米者，非置之无用之地；在出力者，即自为己田之谋，且可以目前救荒之谋，为后来备荒之用。其地非水乡，无圩可修，或缮治城池，或平治桥道，或营建官廨，大都动千人之工，则活千人，动万人之功，则活万人。但须于富民不扰，于饥民得济，此又救荒之一端也。本院因此年岁凶荒，苦心竭力，凡可救活百姓，不爱发肤。如请蠲、请赈、积米、平粜等项，不一而足。尔等直仰体本院真意，若好勇疾贫，乘机抢夺，如奸徒卢文献、罗二、高二等已经拿解前来，缚押游示六门毕，即毙之通衢。讫夫各犯抢人粮米，本以幸生，反以速死，此等奸徒在在有之。若不及早改行，本院决不姑息。治乱民正以安良民。为此谕军民人等，务农者，趁此水退，随便耕种杂粮、蔬菜，亦可糊口；经营者，肩挑步担，佣工趁食，亦可活命。各安生理，省俭度日，未必即死。若怙终不悛如卢文献等，顷刻立毙，尸骸暴露，谁为怜惜？尔等思之，速速改过，毋蹈覆辙。"① 又如万历四十三年前后，山东一带饥荒严重。是时，有官员指出："古昔圣王之事，岂无水旱之灾？惟沟洫政行，则蓄泄有备。即今秦晋之间，率多浚井穿渠，以资灌溉，虽遇大旱，尚可薄收，犹有古三代遗意。至于东省，则胥待命于天，一遇焚如之灾，即索之枯鱼之肆矣。独不思凿井引水，为力艰难，然一家竭蹶，亦可以灌数亩之田，家家灌溉，是人人有数亩常稔之田也，民生利赖岂浅鲜哉？旱则结槔资润，务俾丰年不病，民以永存。"②

其三，主张精耕细作，多种经营，增加农民经济收入，借以提高农民抗灾自救能力，并视之为维护灾区社会稳定之根本途径。精耕细作以增产增收，这种"备荒救灾措施"为历朝重视，明朝亦然。如万历时期，官员吕坤指出："齐、鲁、梁、宋惰农之民，待命于天而负天之时，如锄以待

---

① （明）陈继儒：《煮粥条议》，《中国荒政全书》（第一辑），北京古籍出版社，2003，第516～517页。

② （明）毕自严：《灾祲窾议》，《中国荒政全书》（第一辑），北京古籍出版社，2003，第528～529页。

雨，而将雨尤不肯锄。责成于地而余地之力，浅耕怠耘。丰年忍饥，凶年饿死，未必皆岁之罪也……粪多力勤，八口饶养，田少则易为粪，自锄则易为力，雇人则易为直，剔掐则易为功，收获则易为毕，看守则易为目，往来则易为足。膏田一亩胜薄田十倍，精田一亩胜荒田十倍，而痴农贪多，以为广种无薄收，不知多田有重粮也。有司若恳督农，甚易为力……每禾各有相宜之地，各有相宜之时，如木棉不宜淤，辫麦不宜沙，绿豆不宜晚，莜麦不宜早，及桃李桑枣各有喜忌之类……朽腐能化神奇，故粪壤能发万物。今都市街途犹知重粪，至于僻远之乡，委于无处，不知粪可人为……田中有木，古人所禁。除膏腴之田，不可种木，位于界畔栽植小棵外，至于薄地、碱地，不生五谷，然土各有宜，利在人兴。沙薄者，一尺之下常湿；斥卤者，一尺之下不碱。可掘尺五，拽栽榆柳。山东之民掘碱地一方，径尺深尺，换以好土，种以瓜瓠，往往收成。明年再换沮濡，以栽蒲苇箕柳。水地栽芰荷，养鹅鸭，此无地而有利者也。薄地可栽果木，可种苜蓿，虽不甚茂，犹胜于田。况果木行中尚可种谷，此薄地而有长利者也。"[①] 又如，吕坤主张百姓多种树以备荒："天旱之年，五谷旱得死；天潦之年，五谷潦得死，惟有树木根深不怕旱潦。那柳芽、柳叶、榆钱、榆皮、桑花、槐角，救了你多少性命。盖房屋，做家火，烧锅灶，卖钱使，乘阴凉，得了他多少便宜。说与你两个法儿，你那六说都不妨碍。好地种五谷，不可栽树。田中小道路，也不可栽树。那两家地界和那沙薄地里，大路边头三二尺下，有好根脚，那卤碱之地，三二尺下不是碱土，你将此地掘沟，深二尺，宽三尺，将那柳橛粗如鸡卵的，砍三尺长，小头削尖，五尺远一棵……十年之后，沙地碱地如麻林一般，至薄之地，一亩也有一两银的利息，有何亏你？懒惰百姓，千言万语再不肯依。那柳栽砍圆椽、解方椽也少不了，你说怕人偷去，一般也有栽成。至于古路官道、荒山老堤，有能栽成活者，立碑县门，自万历十五年以后，栽种树木者，永不起科。至于柿、梨、桑、枣之利更多，尤宜多栽，如种榆钱，秧桑椹，更觉简便。一、丰年膏粱尤厌，凶年土石曾吃。百姓但得安乐，全忘患难。且如榆柳等可食之叶，灰帚等可食之菜，当有之时，正宜多积。富家不专赖此，贫户劝令收藏。"[②]

---

① 《吕坤全集》，中华书局，2008，第944～946页。
② 《吕坤全集》，中华书局，2008，第946～949页。

第五章 区域环境与社会变迁

什么是社会？“从外在形态来看，所谓社会，简单地说就是人和自然环境以及人和人之间有机结合而成的共同体”。而“从内在本质来看，所谓社会，概括地讲就是以生产关系为基础的各种社会关系的总和”。[①] 本文所谓“灾区社会”，系指灾荒时期灾区的社会存在状态。古代中国，灾区社会主要出现在以小城镇为中心的广大乡村社会，灾区社会因时因地而不同。诚如学者行龙指出：“任何一个区域都有其特色迥异的地理、人文环境。环境选择技术，社会改造环境。不同环境下孕育出的社会绝不是迥然相同的，区域是研究者不可忽视这一点。”[②] 灾区社会、特别是“灾区化”社会建立在发生灾变的生态环境基础上，其社会组织机构与社会关系网络因灾荒而不断被破坏，社会物质财富耗损过多；个体家庭经济活动中止或丧失，其物质财富（主要是粮食与银钱）亦无法充分积累，抗灾自救能力低下。故而，灾区社会是处于急剧变化状态中的区域社会。下面仅就区域环境与灾区社会互动关系及其影响略作分析。

第一节 区域水环境与社会失范

水是人类与动植物最重要的环境条件，水利是传统农业命脉，也是传统农业社会命脉，水环境是区域内最重要的环境。水利兴废，事关社会治理与王朝兴衰。故而，农田水利建设，一向为统治者所重视。如明人王华所言：“古之为治者，未尝不以水事兴废为轻重。”[③] 水利兴废，治与不治是关键。治则水利兴，不治则水灾频。如学者张俊峰所论：“水利的有无与水利的发达与否，直接影响到地域社会的作物种植结构、经济水平和社

---

① 吴铎：《社会学》，高等教育出版社，1992，第64~65页。

② 行龙、杨念群：《区域社会史比较研究》，社会科学文献出版社，2006，第17页。

③ 嘉靖《霸州志》卷8《艺文志》，天一阁藏明代方志选刊。

会贫困分化，进而影响到地域社会的发展进程，可谓环环相扣。水利与土地、农业密切结合在一起，构成了地域社会发展的基础。”① 本节旨在探析区域水环境与区域社会失范现象关系问题，着重此关系的缕析及其影响分析，并非水利史及水利社会史研究取向。②

一　水利兴废，地方安危系焉

有明一代，特别是洪武以后，农田水利失修为寻常之事，旱涝频发也为寻常之事。水利失修，“水利”变为水害，旱涝相随，使得一些地区农业歉收与绝收经常化，造成一些地区灾民、饥民与流民不断增多。凡此，天灾与灾民形成事实上的“合力”，不断瓦解大明帝国根基，造成明代基层社会失去稳定性，社会危机不断累积，一些地区的经济社会严重失范而社会灾区化明显。其中，农田水利兴废，与灾区社会演绎比较复杂的关系。

明代北方地区虽以旱作农业为主，农业生产对水利的依赖程度亦不逊色于南方。南方水田，水利是其基本条件；北方旱田，抗旱备涝也是农业生产的基本条件。如明代华北平原，黄河、淮河、卫河、漳河、沁河、滹沱河、桑干河、胶莱河等流经其境，水势恣意，屡治屡废，水利失修成常态，水患频发亦呈常态，水利失修而灾荒频发而社会失范，已成为区域性社会常态。据《明史》载：“滹沱河，出山西繁峙泰戏山。循太行，掠晋、冀，逶迤而东，至武邑合漳。东北至青县岔河口入卫，下直沽。或云九河中所称徒骇是也。明初，故道由藁城、晋州抵宁晋入卫，其后迁徙不一。河身不甚深，而水势洪大。左右旁近地大率平漫，夏秋雨潦，挟众流而溃，往往成巨浸。水落，则因其浅淤以为功。修堤浚流，随时补救，不能大治也。洪武间一浚。建文、永乐间，修武强、真定决岸者三。至洪熙元年夏，霪雨，河水大涨，晋、定、深三州，藁城、无极、饶阳、新乐、宁晋五县，低田尽没，而滹沱遂

① 张俊峰：《明清中国水利社会史研究的理论视野》，《史学理论研究》2012 年第 2 期。

② 关于水利史与水利社会史研究领域，钱杭先生做了很好界定：“一般水利史主要关注政府导向、治水防洪、技术工具、用水习惯、航运工程、排灌效益、海塘堤坝、水政官吏、综合开发、赈灾救荒、水利文献等。水利社会史则与之不同，它以一个特定区域内，围绕水利问题形成的一部分特殊的人类社会关系为研究对象，尤其集中地关注某一特定区域独有的制度、组织、规则、象征、传说、人物、家族、利益结构和集团意识形态。建立在这个基础上的水利社会史，就是指上述内容形成、发展与变迁的综合过程。”（见钱杭《共同理论视野下的湘湖水利集团——兼论“库域型”水利社会》，《中国社会科学》2008 年第 2 期）

久淤矣。宣德六年，山水复暴泛，冲坏堤岸，发军民浚之。正统元年溢献县，决大郭鼍窝口堤。（正统）四年溢饶阳，决丑女堤及献县郭家口堤，淹深州田百余里，皆命有司修筑。（正统）十一年复疏晋州故道。成化七年，巡抚都御史杨璿言：'霸州、固安、东安、大城、香河、宝坻、新安、任丘、河间、肃宁、饶阳诸州县屡被水患，由地势平衍，水易潴积。而唐、滹沱、白沟三河上源堤岸率皆低薄，遇雨辄溃。官吏东西决放，以邻为壑。宜求故迹，随宜浚之。'帝即命璿董其事，水患稍宁。至（成化）十八年，卫、漳、滹沱并溢，溃漕河岸，自清平抵天津决口八十六。因循者久之。"[①] 又如明前期，山东青州部分地区水灾频发，农业环境与社会环境因之恶化，成化时期，参政唐源洁主持修浚，大获成功。时人刘珝（1426～1490）记云："维青之区有河约大清、小清，小清之源出于历城之趵突泉，中汇淯、漯、孝妇诸水，东北抵乐安高家港，达于海。大清则济水渠也。自东阿之张秋，东北抵利津富国盐场。达于海。往年舟楫浮于二河，商盐遍于齐，诸道水利鲜于为俪。自永乐初，湮塞不通，水失其径。一值天雨，茫茫巨浸，坏民田庐，弗以数计。乃成化癸巳冬，唐源洁分巡海右，言于巡抚都宪牟公曰：'今二河为患，守土诸君子以频年饥馑、民不任劳为辞。彼不知救荒之中，有可以兴利者；役民之中，有可以济民者。患而不知为政，恶在其为民父母也。疏河之责某请当之。'敢告都宪公曰：事当豫图，斯无患，岂直二河。凡东藩六郡罹水患之处，即率属理之。无食之民，食而役之。庶上下两得，吾知必能办此，其行无惑。源洁遂躬任其责，焦劳靡宁，拥节宵征，相视地形，令水工准高下，自历城浚至堰头，又至乐安，小清通矣。自张秋浚至平阴之滑口，大清通矣。大小清既通，水循故道，退出邹平等邑，膏腴可耕之田数万顷，民用大悦。其河水备浅，又置潴水闸，防深置减水闸，闸旁各凿月河总叠闸二十，浚通水路五百二里，所役即无食之民，当赈济者。每人日给米三升，赏钱若干文。民凡百万七千百四十名，米一万六千百五十石，钱一百九十八万四百文。复虑仓廪空竭，捐置户口盐五万引，俾鬻诸商，得银若干。易米以补前米，易钱以补前钱。仍以盐之羡利，为一切佣工造闸之费。是役也，财不出于官，不取于民，而济青之善利以完，青船入于济，济船入于张秋，东西转输之人大称曰便。"[②]

---

① 《明史》卷87《河渠五》，中华书局，1974，第2135页。

② 陈子龙等辑《明经世文编》，中华书局，1962，第397页。

概言之，古代中国传统农业区域，水利兴废，关系区域社会安危，明代亦然。不过，明代向唐源洁一样勇于兴水利、除水害的官员并不多。相反，漠视水利变为水害者居多，无视水利水害的庸官更多。兹选取典型个案——霸州与河间府的水利兴废状况，就此关系略作缕析。

二　霸州水利兴废故实

明代霸州水利兴废故实，具体演绎了“水利兴废，民生与社会安危系焉”的基本道理。下文以霸州农田水利状况为例，就其与基层经济社会关系稍作阐发。

（一）霸州水利与水害

明代位于华北水系枢要之地的霸州，“（明）初为益津，省入郡。永乐初，改北平为顺天府，霸州仍隶之。编户三十一里屯，领县三：保定，文安，大城”。[①] 霸州境内水环境极为复杂，河流纵横，易淤易塞易决。如嘉靖《霸州志》称：“霸，当京邑之阳。川原衍夷，群水赴焉，堪舆家所谓大明堂者也。口外诸山之水，自京西卢沟桥而下，经固安、永清，至于信安，汇于三角淀，达于直沽，入于海。良涿、九川之水汇于胡良河，自杨家务而下，经北乐店，东过辛店至于信安，此霸州以北之水也；宣府紫荆、白沟诸水自新城而下，汇于烹儿湾，经保定玉带河达于苑家口，至于信安、直沽，入于海。易安、苑、肃、唐蠡九河之水自雄县而下，东过烹儿湾，入于苑家口河。山西五台之水自河间而下，经任丘汇于五官淀，亦入于苑家河。此霸州以南之水也；南北二川束狭污浅，堤岸荡蚀，不足以容万派之流。水至则弥漫浩淼，被地浮天，溢入文安、大城，积为巨浸，民不得耕播，乱是用长。间有为治堤之役者，又无讦计远图，曲防自便，不知山涧飞湍，浑浊迅激。筑于此则决于彼，淤于河则荡于陆，势固然也。而民愚以为神河，莫之敢治。呜呼，河其终不可治已乎？……（又称）霸州之水来自西北者凡九，曰卢沟、拒马、浹河、琉璃、胡良、桑干、乌流、白涧、白沟是已；来自西南者凡六，曰黑羊、一亩泉、方顺、糖河、沙河、磁河是已。诸水之来也，含带沙土，气势愤激，斯须满盈，瞬息播荡。倘枝河未陻，承流不匮，则浊涛自顺其常，平土不蒙其害。”[②] 故

① 嘉靖《霸州志》卷1《舆地志》，天一阁藏明代方志选刊。

② 嘉靖《霸州志》卷8《艺文志》，天一阁藏明代方志选刊。

而霸州境内极易发生洪涝灾害，治水为霸州农业生产第一要务。

洪武时期，地方政府尚能重视农田水利建设。如嘉靖《霸州志》载："霸州，九河下流，堤为民命。大明洪武十四年秋七月雨，堤决临津。判郡张侯子芳极力为塞之，民以稍安。（洪武）十五年夏六月，雨复作，水大溢，堤决浃河，州境之不没者十之二。判郡林侯伯云率民塞之，水稍息。然而，堤塌河淤，民犹疲于奔走也。是岁冬十一月，太守梁侯伯常来，竟以堤事入奏之。上为之恻然。（洪武）十六年春二月，上以延安侯来赈济，是岁，租赋咸免，恩至渥矣。秋七月，布政司以堤役大兴，发保定府之夫役若干来助工，命太守梁侯揔其事。西自临津、固安界白庙，以东至于青口、永清界八十余里，高者一丈四尺，广倍之；低者一丈，广倍之。冬十一月以地冻止工。（洪武）十七年春三月堤成，夏六月复霪雨连日，固安堤决，水又大溢境上。新堤之不没者仅尺许。同知常侯亲率丁夫冒雨巡视修葺，堤益坚完，一郡为之以安。况非是堤而今岁之民又弗可保矣。然是堤之工非常也，百倍于前。所可恨者，多善决不恒。"①

洪武以后，特别是明中后期，农田水利多废弛而失修。霸州"水利"也由洪武时期的"水治"而步入"水害"时期，许多河流变为害河。如弘治年间官员顾清称："霸州在京师南二百里，厥壤卑下，西北诸山水散行燕赵间，比其合，皆汇于是。既汇而盈，然后东流出丁字沽，会白河以入于海，其源众而委迫，遇淋潦则溢。而上坏民田庐舍，岁庸不登，氓以告病。"② 嘉靖《霸州志》又称：

> 今霸之枝河尽塞，独有苑家口一河承受诸水，宁免于横出溃决乎？且此州地形下卑，土脉疏卤。下卑，则水易放而难收；疏卤，则土易析而难捍。其为患也，迩年滋甚矣。故议者欲去枝河淤塞以复故道，始自文河上流，汇于五角诸淀，直冲于烹儿湾。其积也易盈，下流受于麻花诸淀，直抵于三角淀。其蓄也易散，次之柳河、潘平、新张一带，凡临古淀积有沙淤者，咸决之；次之苏家桥、台山、信安一带，凡属官田曲为堤防者，又咸决之；则诸河之水虽若驶悍，春秋之交甚多淋潦，亦将自然安彼，顺流循其本道，倚淀洼以洄，旋指沧海

---

① 嘉靖《霸州志》卷8《艺文志》，天一阁藏明代方志选刊。

② 嘉靖《霸州志》卷8《艺文志》，天一阁藏明代方志选刊。

而奔赴矣。旁邑浸淫，亦仿是法，则北有固安，南有保定、文安、大城，西有新城、雄县，东有永清、东安，源流既同，并飨安吉，或曰是州之水一耳。粤稽宪、孝两朝，每膺大水，亦屡丰年。胡此邦之民不垫溺而为鱼也？曰：维昔盛时，河之故堤尚存，民之旧业犹腆。每雨水将至，不烦有司，人操畚锸、户遣家丁，先事预防，随宜浚筑，崇朝终日，可以亡虞。今故堤陻灭，极望平芜，民尤困于沉浮，疲于徭税，十室九空，坐视羸馁。强壮者逃移，雄杰者寇掠。盖以荒壤茅檐，弃之而他为不惜也；败囊残楮，携之而转徙不难也。况夫贫民不能浚筑，势必奔赴官司，乃未即允信，犹从容委遣，辗转文移，逮稘施利，涉涓吏循。行则河流激荡，平土为川，民将无所为营窟矣。噫嘻！此今昔之所为殊也。[①]

明代霸州水利化为水害，主要缘于当地农田水利失修。明代霸州水利兴废故实，根源于此。霸州水利失修，于地方政府而言，政治腐败而官员漠视民瘼所致；于朝廷而言，无外乎国家经济重心在江南之地，朝廷重视江南水利建设而忽视北方农田水利事业，以及政治腐败等原因所致。

（二）水利失修与社会失范

有明一代，承平时期的霸州之地，民生系于水利；水利兴废，事关社会安危。进而言之，水利兴，农业生产有保障，霸州社会基本井然有序，民生顺遂；水利废，水害兴，灾荒随之，灾民涌动，社会动荡不安。这种认识，明人多有论及。如弘治时期官员仇潼所言：“（霸州）其地卑下，西山有名之水经州城南北而趋海者凡九，故岁淤淀则成泻卤，泛滥则没田庐，岁屡不登，民恒阻饥。我侯始至，忧之。筑钜防以里计殆盈七十。水既顺道，于是禾麦芃芃而岁登美矣。”[②] 又，弘治时期官员王华在《新筑河堤记》中亦称：“（霸州）厥壤卑下，凡西北诸河之水，悉经流于此，以东注于海。每夏秋淋潦，众水奔会，辄成巨浸，岁比不登，民恒告歉。侯（毛世诚）下车之初，适麦有两岐之瑞，民咸以为德政之孚。未几，浑河水决，州境陆沉，侯因剔然自省，天其以是警予乎？民患之宜除莫先于此

---

① 嘉靖《霸州志》卷1《舆地志》，天一阁藏明代方志选刊。

② 嘉靖《霸州志》卷8《艺文志》，天一阁藏明代方志选刊。

者。乃度地势，乃相厥址，距州治北三十余里，去旧坊百步许，循河筑堤，以杀下流之湍悍，障众水而东之。民闻令下，不烦戒约而争先趋事。于是束刍抱薪，裹粮荷锸，鼛鼓不鸣，万杵齐发，役夫呼忭，欢声若雷，肇工于乙卯年二月之吉，至四月而告堤成。东西绵亘十余里，河流其道，原野其艺，连岁丰登，家给人足，百废俱举。侯于是乃严法制以惩奸暴，敷惠利以绥善良，审端径遂，而争夺之患息，钩稽版籍而徭役之法均，作新庠序以敦教化之原，劝课农桑以厚衣食之本，斥淫祀而邪慝无所容，谨储蓄而缓急有所备，请托不行而民隐获伸，听断惟公而吏蠹由绝……古之为治者，未尝不以水事兴废为轻重。侯能尽心水事，而使吾霸之民雨不忧潦，阳不病旱，绩用卓卓，如此其著。"[①]

问题在于，明中后期，霸州水利失修问题越发严重。由于水利失修，旱涝灾害加剧，农业歉收或绝收，民众常闹饥荒，虽有"义民"助赈，不过杯水车薪。如"李胜刚，（霸州）西永里人，洪武三十五年[②]岁涝民饥，刚捐粟设糜以济之，复捕鱼给人，不取其值……李春，义勇后卫人，厚积乐施。正德辛未，岁饥，出粟六百石以赈。子达亦出银五百两以给军饷……嘉靖辛丑，春又出粟五百石赈饥"。[③] 饥荒常伴有瘟疫，一些饥民由灾民而暴民，社会动荡不安。如霸州"景泰六年大水。成化六年夏潦秋旱；九年灾，免田租之半；二十三年大水；弘治二年夏六月大水；正德六年春地震，一夜十余次，是年金吾右卫屯军刘六、刘七入境杀掠甚众；十二年夏大水，禾稼尽伤，民饥疫死。嘉靖二年大水，昼晦如夜；四年秋雨杀苗；六年蝗旱；九年夏秋水潦；十年大水冲溢城壕，拔堤木，几坏城垣；十二年春雨雹；十五年地震有声如雷，秋大水；十八年春旱，麦苗尽枯；二十五年淫雨七昼夜，山水涨溢，坏民田舍"。[④]

水利失修，不仅仅由于官员漠视民瘼，还在于赋役繁重、农民贫困所致。如成化年间，官员刘吉撰《刘侯修造记》称："霸州京畿近辅，城郭之壮固，市井之森列，民物之繁阜，甲于他郡……大抵近辅郡邑，视远地供应实繁，又尝苦不均。"[⑤] 而且，马政也是北方害民之政。史称：霸州

① 嘉靖《霸州志》卷8《艺文志》，天一阁藏明代方志选刊。
② 明成祖发动靖难之役，改"建文四年"为"洪武三十五"年。
③ 嘉靖《霸州志》卷7《人物志》，天一阁藏明代方志选刊。
④ 嘉靖《霸州志》卷9《杂志》，天一阁藏明代方志选刊。
⑤ 嘉靖《霸州志》卷8《艺文志》，天一阁藏明代方志选刊。

“国初率自十五丁以下养马一匹，免其田租之半。逮至孝庙易以丁田相兼，贻谋甚善。厥后丁役不知寝于何时，今惟计亩领马，而上田沃壤多沦入于兼并之家，小民承养马匹，类皆荒硵瘠土，甚则亡立锥之地。且因年祀绵远，图籍漫漶，无可稽查。民之累害未可殚言。频年贫弱流移，户口凋减，岂无故哉!”[①] 有明一代，水利失修“故事”及其故实，何止霸州？霸州演绎之水利与社会互动关系之故实，实则具有普遍性。

三 河间府环境与“水灾社会”

明代“河间府[②]领州二、县一十六”，包括景州、沧州、河间县、献县、阜城县、肃宁县、任丘县、交河县、青县、静海县、宁津县、吴桥县、东光县、故城县、南皮县、盐山县、庆云县、兴济县。[③] 河间府境内河流众多，水灾频发，区域社会明显呈现灾区特征。

（一）明初河间府社会建设的效果

洪武时期，尽管加大北方土地开发力度，河间府局部仍是地荒人稀。如永乐初，官员白范所作《河间诗》云：“出得河间郡，郊原久废耕。妖狐冲马立，狡兔傍人行。丛棘钩衣破，枯杨卧道横。萧条人迹少，州县但存名。”[④] 如河间府阜城县，时人称：“粤自胜国（元代）以还，井邑萧条，居民迁播，而败垣断址委置榛莽有年矣。我国家定鼎北都，经理畿辅，爰徙别隶之人以实编籍，我民用永地焉。然而城垣保障之具犹故也。成化初，巡抚都御史阎公兴举废坠，惟时知县林侯恭始因旧址而城之。”[⑤] 明初大学士杨士奇作《晚景次景州》诗云：“下马郭西村，萧条尽掩门。荒城明落景，独步出平原。野水条侯墓，寒芜董氏园。间因访遗事，邂逅古人论。”[⑥]

明初以来，为了构建稳定有序的小农社会，明王朝着手于社会建设。

① 嘉靖《霸州志》卷5《食货志》，天一阁藏明代方志选刊。

② 明朝内阁大学士陈文撰《重修河间府学记》中称：河间府，“国朝洪武初，改为河间府属北平布政司，而学亦复建焉。永乐中，始定府为直隶，领二州十六县”（嘉靖《河间府志》卷4《宫室志》）。

③ 嘉靖《河间府志》卷1《地理志》，天一阁藏明代方志选刊。

④ 嘉靖《河间府志》卷4《宫室志》。

⑤ 嘉靖《河间府志》卷2《建置志》。

⑥ 嘉靖《河间府志》卷4《宫室志》。

经过多年经营，河间府一改昔日断垣残壁、社会衰蔽惨象，社会建设基本完成。如：

> （河间府）医学：在府治前，训科一员，以精其业者为之，统医生五名，专治药饵，疗疾病以厚民生。阴阳学：在府治前，训术一员，以精其术者为之，统阴阳生五名，专占节侯卜时日，掌漏刻以授民时。正统七年，令阴阳生免差役一丁。申明亭：在府治大门之东，洪武六年建。凡有作奸犯科者则书其名罪，揭于亭中，以惩恶警俗，耆民里长会断民间户婚争斗者。旌善亭：在府治之大门之西，洪武八年建。凡民间孝子、顺孙、义夫、节妇，则揭其行实于亭，以劝善道俗焉。今二亭设有四隅老人……社学：洪武八年奉部符开设，每五十家为一所，延有学行秀才训迪军民子弟，寻革去，止令有德之人各随所在以正月初开学，腊月终止，丁多有暇、常教常学者听。仍禁有司干预搅扰。正统、天顺间，申明兴举。成化以后，每里各设一教读，而民间子弟俊秀者多又各从其师，可谓家诗书、户礼乐矣。[①]

明初，河间府所属州、县社会建设基本完善起来，并在经济社会生活中起着重要作用。如《河间府志》称："国朝洪武初年，诏建之。永乐初渡江靖难，地多戎马，而庙学再坏。有司又重建之。"是时已建有献县儒学、阜城县儒学、肃宁县儒学、任丘县儒学、交河县儒学、青县儒学、静海县儒学、宁津县儒学、景州儒学、吴桥县儒学、东光县儒学、故城县儒学、沧州儒学、南皮县儒学、盐山县儒学，庆云县儒学。[②] 如"交河县治，在城东南隅，洪武间，知县周以仁建，景泰间知县杨贵重建。宣德间，知县林俊、田赋相继修葺；正德戊辰，知县李镗增修；乙卯，知县武聪整饬完备，号为宏丽……戒石亭，在厅事前；医学，惠民药局在内；阴阳学，俱在县治西北；申明亭，在仪门外左；旌善亭，在右；养济院，在县治东北；预备仓，在县治东北"。又如宁津县，县内有医学、阴阳学、申明亭、旌善亭、养济院，预备仓等。[③] 兴济县，"医学，在县治北；阴阳学，在县治南；申明亭，旌善亭，俱在县前，东西分列；养济院，在县治西南；预备仓，

---

① 嘉靖《河间府志》卷4《宫室志》。

② 嘉靖《河间府志》卷4《宫室志》。

③ 嘉靖《河间府志》卷4《宫室志》。

在县治东南，正统六年知县吕和建，天顺七年，知县乔盛移置于县治西”。[1]

明初“治世”之下，北方社会建设对稳定社会、安定民心、发展农业生产作用非常大，加之明初吏治清明，社会环境相对较好，农民对乡土社会表现出浓重的依恋情结，安土重迁意识也更为强烈。如宣德五年三月庚戌，一位农民同明宣宗的对话，直接表达了这种心理。对此，明宣宗作文以记之：

> 朕昨谒陵还，道昌平东郊，见耕夫在田，召而问之。知人事之艰难，吏治之得失。因录其语成篇，今以示卿，卿亦当体念不忘也。其文曰：“庚戌春暮，谒二陵归，道昌平之东郊，见道傍耕者，俛而耕，不仰以视，不辍以休。召而问焉，曰：‘何若是之勤哉?’跽曰：‘勤，我职也。’曰：‘亦有时而逸乎?’曰：‘农之于田，春则耕，夏则耘，秋而熟则获，三者皆用勤也。有一弗勤，农弗成功，而寒馁及之，奈何敢怠?’曰：‘冬其遂逸乎?’曰：‘冬，然后执力役于县官，亦我之职，不敢怠也。’曰：‘民有四焉，若是终岁之劳也，曷不易尔业为士、为工、为贾，庶几乎少逸哉?’曰：‘我祖、父皆业农以及于我，我不能易也。且我之里无业士与工者，故我不能知。然有业贾者矣，亦莫或不勤。率常走负贩不出二三百里，远或一月，近十日而返，其获利厚者十二三，薄者十一，亦有尽丧其利者则阖室失意戚戚。而计其终岁家居之日，十不一二焉。我事农苟无水旱之虞，而能勤焉，岁入厚者，可以给二岁温饱；薄者，一岁可不忧。且旦暮不失父母、妻子之聚，我是以不愿易业也。’朕闻其言，喜赐之食，既又问曰：‘若平居所睹，惟知贾之勤乎?抑尚他有知乎?’曰：‘我鄙人，不能远知，尝躬力役于县，窃观县之官长二人，其一人寅出酉入，尽心民事，不少懈惰，恐民之失其所也，而升迁去久矣。盖至于今，民思慕之弗忘也；其一人率昼出坐厅事，日昃而入，民休戚不一问，竟坐是谪去，后尝一来，民亦视之如途人。此我所目睹。其它不能知也。’朕闻其言叹息，思此小人，其言质而有理也，盖周公所陈‘无逸’之意也。厚遗之，而遂记其语云。”[2]

---

① 嘉靖《河间府志》卷4《宫室志》。

② 《明宣宗实录》卷64，宣德五年三月庚戌条，第1502～1504页。

不过，明初一些农民“安土重迁”的倾向在其后频繁饥荒袭击下而改变。在饥荒面前，生存为第一需要。无论“治世”还是“衰世”，“逃荒”成为一些灾民“遇灾自救”的迫不得已的方式。明前期，河间府等北方州县出现大量饥饿的灾民，灾荒问题与社会灾区化互动而成为部分农民“灾民化”的主要机制。

（二）灾区化社会：河间府“水灾社会”

明代河间府，位于华北平原北部，太行山东侧，土质疏松，地势平缓，河流纵横，水灾多，水害频，水灾成为危害当地民生与社会的主要灾害。除了水灾，其他灾害亦多。如时人称：“河间灾伤叠见，而所遇有异焉。被水灾者十常八九，被旱灾者十常五六，被蝗灾者十常三四，而地蚕、冰雹之类，又十常一二存焉。然瀛地苦寒，余无别艺。耕田而馁，则他无可望矣。”[①] 各种灾害叠相交加，加重水灾破坏性，反复把河间置于“灾区”境地。

水灾频发，河间府灾区叠加，灾区社会在组织结构、社会生活等方面都受到水灾严重影响，进而形成水灾灾区化社会。笔者将其简称为“水灾社会”。“水灾社会”表现为水灾频发，造成水灾之际灾区社会控制、社会管理无法按常态进行，社会秩序及社会生活在水灾冲击与破坏下而形成一种社会异化形态。如嘉靖《河间府志》称：“河间广袤殆七八百里，而民众休戚有足征焉。是故地近西北，供边者屡矣；郡当畿辅，接济者劳矣；且东南诸国率由是可达京师，而水路要冲供应者频矣。是不惟民虑其敝，而莅此土者尚亦有困哉。”[②] 赋役繁重，乃是明代北方无法摆脱的共性的问题。

笔者关注水灾在明代河间府“水灾社会”的“作为”，及“水灾社会”与当地民生关系。嘉靖《河间府志》载：河间府“举水之大者曰滹水，曰滹水，曰沙河，曰卫河是也。堤岸浅薄，狂澜易涨，冲决叠见，岁岁危之。是不惟无其利，而且有其害矣！”[③] 又称：河间府“地濒沧海，民罹鱼鳖；白壤逆流，瀛城水国。穿凿害智，曲防病邻”。又称河间府“地颇湿下，是以西南诸河之水率由此而达于海也。三代之时，沟洫川浍，法

① 嘉靖《河间府志》卷10《恤政志》。

② 嘉靖《河间府志》卷4《宫室志》。

③ 嘉靖《河间府志》卷1《地理志》。

制井然，无足虑矣。其后井田法废，沟洫无存，而诸渠之派犹租达之。但土性沙柔易于淤塞，而人事未尽，疏凿者少，迄今论河，盖已十丧八九矣！是以一遇河水之来，冲决散漫，悉为湖池，而无可拯救之道。一遇雷雨之至，禾苗沦没，发泄无端。而三日之霖可为终岁之害矣。以此给国，国胡可给？以此育民，民可得而育哉？此水患之大略也"。[①] 再如明人樊深云："德州以南有窊名白草者，雨集水溢，由本河及吴桥县城西顺流东光横二三十里，纵未有限焉。汪洋奔溃，禾稼漂淹。要之，东光以北诸处，大略相似，其为害也，十年七八，此河之害一也；德州、吴桥、东光三处地方，俱沿卫河，东光河岸素号完固，稍有亏缺及时修补，是以五六十年间河决未闻；德州、吴桥河岸不及东光，加之失于增修，数年以来，河决屡见，东光地方受患视二处，奚止百倍。小民虽曾申理，德州以外省属郡无奈尔何。吴桥亦未经理。盖以地居上流，患不在彼，故而卫河泛涨，岁岁危之，此河之害二也。"[②]

显然，农田水利失修是河间府等地水灾频发的重要原因。万历时期官员孙绳武（生卒年不详）在《荒政条议》亦称："兴水利以预旱涝。为照天下郡邑高下不等，然无处不有水泉之利，亦无岁不有水旱之别。今南方诸省，犹间有水利之名，然亦多湮废不治，北方诸省则从来未有其事，故使利害悬绝，丰凶各殊。夫水土不平，耕作无以施功，谓宜于各省道臣，悉加以水利之衔，俾令严督有司，殚心料理所在地方，度量地势高下，跟寻水之源委，浚河以受沟之利，开沟渠以受沟潦之水。官道之冲，设大堤以通行；偏小之村，亦增卑以成径。惟于道旁多开沟洫，使接续通流，水由地中行，不占平地。又度低洼处所，多开陂塘以潴蓄之。夏潦之时，水归沟塘；亢旱之日，可资引溉。高则开渠，卑则筑围，急则激取，缓则疏引，俾夫高者宜黍，低者宜稻，平衍地多本棉桑枲，皆得随宜。树艺如此，土本膏腴，地无遗利，既大旱大水，而潴泄有法，终不为患。所谓因地治地，尽人事以敌天行者，非小补也。"[③] 当然，关于河间府等处水灾频发原由，不仅是农田水利失修问题，还有明前期土地开发运动所带来的生态后果，以及土地兼并问题。如明朝大臣夏言（1482～1548）有言："太

① 嘉靖《河间府志》卷6《河道志》。

② 嘉靖《河间府志》卷6《河道志》。

③ 李文海、夏明方主编《中国荒政全书》第一辑《荒政条议》，北京古籍出版社，2003，第585～586页。

祖高皇帝立国之初，检核天下官民田土，征收租粮，具有定额，乃令山东、河南地方额外荒地，任民尽力开垦，永不起科。至我宣宗皇帝，又令北直隶地方比照圣祖山东河南事例，民间新开荒田不问多寡，永不起科。至正统六年，则令北直隶开垦荒田从轻起科，实于祖宗之法略有背戾。至景帝寻亦追复洪武旧例，再不许额外丈量起科，至今所当遵行。所以然者，盖缘北方地土平夷广衍，中间大半潟卤瘠薄之地，葭苇沮洳之场。且地形率多洼下，一遇数日之雨，即成淹没，不必淋潦之久，辄有害稼之苦。祖宗列圣盖有见于此，所以有永不起科之例，有不许额外丈量之禁。是以北方人民虽有水潦灾伤，犹得随处耕垦，以帮助粮差，不致坐窘衣食。夫何近年以来，权倖亲昵之臣，不知民间疾苦，不知祖宗制度，妄听奸民投献，辄自违例奏讨，将畿甸州县人民奉例开垦永业，指为无粮地土，一概夺为己有。繇是公私庄田踰乡跨邑，小民恒产岁朘岁削。至于本等原额征粮养马产盐入跕之地，一例混夺。权势横行，何所控诉？产业既失，粮税犹存。徭役苦于并充，粮草困于重出。饥寒愁苦，日益无聊，辗转流亡，靡所底止。”①

研究表明：“自然灾害对社会的影响与冲击，是呈波浪状扩散、层次递进的。首先，灾害使农业生产遭到破坏，造成人口伤亡和建筑、财物的损害。灾害发生的地区就是灾区。其次，随着灾害而来的是饥馑、疫病，以及灾后形成的不安与恐怖的气氛。灾害使灾民的生产、生活及身心都受到严重伤害，他们以种种方式自救，以求减轻灾害的威胁，维护自己的生命、财产的安全。再次，当灾民在灾区无法生存，他们便会背井离乡，纷纷逃离灾区，去寻找新的能够安身立命的地方，灾害的影响和冲击也随着他们扩散到更大的范围，社会处于动荡之中。”② 上面这段论述，也是明代河间府“水灾社会”演绎的故实。综上不难得出，河间府“水灾社会”形成，与明代流经河间府的河流众多的水环境有关，主要的原因是农田水利失修，而土地开发所行滥垦滥伐之事，加速原本脆弱的生态环境恶化进程，土地兼并造成小农失地而谋生艰难。凡此天灾人祸一并叠加在河间府区域社会之上，造成水灾频发，水灾伴随饥荒的地域民生状态。

---

① 陈子龙等辑《明经世文编》，中华书局，1962，第2107页。

② 阎守诚：《危机与应对：自然灾害与唐代社会》，人民出版社，2008，第147页。

第二节　灾荒控制：成化六年京畿之殇

成化六年的京畿灾荒是一个标志性事件。成化六年始，明朝京畿之地持续发生灾荒。为了救荒，明朝使出全身解数，力图控制灾荒，将灾区社会快速恢复为“常态”。事实上，无论明朝君臣如何努力，至此已无可能。成化以来，社会危机加深，遂滑入“灾害型社会”而不能自拔，而且越陷越深。

一　京畿饥荒与瘟疫

成化时期是明代灾荒高发期，即便京畿之地，也是饥馑肆虐，瘟疫横行，饿殍遍地，流民问题十分严重。其中，成化六年京畿灾荒是一个典型事件。

成化六年京畿灾荒非常严重，持续时间长，灾区面积大，灾民人数多。据《明宪宗实录》载：成化六年六月，“顺天、河间、永平等府大水”。[①] 而且，“自（成化六年）六月以来，淫雨浃旬，潦水骤溢。京城内外军民之家冲倒房舍、损伤人命不知其算，男女老幼饥饿无聊，栖迟无所，啼号之声接于闾巷”。[②] 是年七月，“镇守独石、马营、蓟州、永平、山海、密云、古北口、居庸等关诸臣各奏言：六月间骤雨弥旬，山水泛涨，平地水高二三丈许，冲倒城垣、壕堑、堤坝丈以万计，坍塌沿边一带墩台座以百计，漂没仓厫、铺舍、民居并人畜、田禾、军器等项难以数计。兵民横罹患害，莫斯为甚”。[③] 又载：成化六年，“京畿及山东地方旱涝相仍，以故京城内外饥民多将子女、牛畜减价鬻卖，其势必至于攘窃劫掠。又访得各处屯营达官人等亦随处群聚，强借谷米，或行劫夺”。[④] 成化六年七月，“给事中韩文等勘实通州张家湾等处被水军民二千六百六十户，漂损房舍六千四百九十座，溺死军民六十余人，漷、武清二县，通州左、右、定边、天津、神武等七卫被水，军民亦皆称是”。[⑤] 又，是年九月，

---

① 《明宪宗实录》卷80，成化六年六月戊辰条，第1564页。
② 《明宪宗实录》卷80，成化六年六月庚午条，第1565页。
③ 《明宪宗实录》卷81，成化六年七月庚寅条，第1584~1585页。
④ 《明宪宗实录》卷81，成化六年七月丙戌条，第1576页。
⑤ 《明宪宗实录》卷81，成化六年七月癸卯条，第1589页。

“兵部尚书兼文渊阁大学士彭时等奏：京城米价高贵，莫甚此时。实由今年畿甸水荒无收，军船运数欠少，皆来京城粜买。而贾米船亦恐河冻，少有至者。所以米价日贵一日，军民所仰者，惟官粮而已”。[①] 成化六年八月，明宪宗称：“比者灾沴荐臻，畿甸尤甚，三时不雨，一雨连旬，旱涝相仍，民食缺乏。”[②] 成化六年十二月，“吏部尚书姚夔建言：水旱灾伤之余，米价腾贵。皇上轸念黎元，已发太仓米粟一百万石分投赈粜，又虑米粟不及于无钱之家，泽靡下究。复敕有司勘贫难者，设法赈济，京城之民可保无虞矣。但在外州县饥荒尤甚，村落人家有四五日不举烟火、闭门困卧待尽者，有食树皮草根及因饥疫病死者，有寡妻只夫卖儿卖女卖身者，朝廷虽有赈济之法，有司奉行未至。且今冬无雪，则来岁无麦，事益难为”。[③] 显然，成化六年，京畿的灾荒过程，主要是先发生旱灾，继而水灾，水旱灾害造成饥荒。而且，饥荒之际，又闹瘟疫。如成化七年五月，“顺天府府尹李裕等言：‘近日，京城饥民疫死者多，乞于户部借粮赈济，责令本坊火甲瘗其死者，本府官仍择日斋戒，诣城隍庙祈禳灾疠，上允其请”。[④] 由于疫死人数过多，“（明宪宗）诏京城外置漏泽园。时，荒旱之余，大疫流行，军民死者枕藉于路。上闻而怜之，特诏顺天府五城兵马司于京城崇文、宣武、安定、东直、西直、阜城六门郭外各置漏泽园一所，收瘗遗尸。仍命通州临清沿河有遗胔暴露者，巡河御史一体掩藏之”。[⑤]

不过，除了天灾，还有人祸，即苛捐杂税繁重。若无人祸，京畿之地不至于灾荒惨重。如成化五年底，大臣彭时等奏：“今冬腊将尽，雨雪缺少，非惟菽麦在野无润泽之入，抑恐春气相乘有疫疠之变。皇上精诚祈祷固宜有感，而至今不应。臣等考诸传记，凡言旱灾者，必曰下民以怨咨之气感动天变而致。推言及此，今或有之。盖京师居民不下数十百万，初无恒产以养生，惟营小利以度日。近年以来，官府买办过多、抽分过重，以致小民生业不遂，困苦日甚。谨陈一二之概，伏惟圣明采而行之。一、光禄寺所用猪羊鸡鹅等物，自有派办常数，今铺行买办委用小人，假公营私。利入于官者少，入于私家者多，小民营利度日，一旦尽为所夺，嗟怨

① 《明宪宗实录》卷83，成化六年九月己亥条，第1622~1623页。
② 《明宪宗实录》卷82，成化六年八月癸丑条，第1597页。
③ 《明宪宗实录》卷86，成化六年十二月庚戌条，第1658~1659页。
④ 《明宪宗实录》卷91，成化七年五月乙亥条，第1759页。
⑤ 《明宪宗实录》卷91，成化七年五月辛巳条，第1761页。

何堪……一、旧例抽分商货自有定规，今闻军民买卖供给家用之物，入城者守门官军辄便拦截抽分，下民甚为不便”。[1]

作为明朝根基之地所在——帝国政治中心的京师及京畿，竟由水旱灾害转而闹饥荒。这至少说明两个事实：其一，朝廷及京畿地方政府抗灾救灾能力较低；其二，京畿民众遇灾则荒，足见其贫困严重程度。

二　救灾措施与灾区民生

为了缓解京畿灾荒，官员纷纷上疏，献计献策，从各个方面检讨朝廷政治得失。这些计策虽说多是老生常谈的荒政，属于救荒寻常之举，但是若能真正实行，对于灾区社会稳定及灾民生计改善还是有所裨益的。不过，在朝廷多方救灾举措之下，灾民生活并没有因之“有所裨益”。

（一）救灾措施

仅就这次救灾活动具体情况而言，成化朝群臣救灾建议，朝廷有选择地予以实施。概要说来，朝廷救灾措施主要包括以下几个方面。

其一，发放赈粮。赈粮是灾荒救济中最有效、最实用、最直接的措施。如成化六年七月，明宪宗“命给事中、御史督五城兵马，具京城内外军民被水灾该赈恤者数，凡一千九百二十户，户给米一石，死伤者加一石”。[2] 又，成化六年七月，“命给事中、御史各一员，同顺天府委官赈济附近被水流移来京小民，每大口三斗，小口一斗五升”。[3] 成化六年九月，“吏部尚书姚夔言：‘自六月以来淫雨浃旬，潦水骤溢。京城内外军民之家冲倒房舍、损伤人命不知其算，男女老幼饥饿无聊，栖迟无所，啼号之声接于闾巷……乞分遣给事中、御史、锦衣卫及户部官督同五城兵马司取勘，房舍冲倒者与米一石，损伤人口者与米二石，少周艰厄之苦，用广赈恤之仁。’上从其言”。[4]

其二，平粜粮食，稳定粮价。如成化六年九月，明宪宗“谕户部臣曰：‘京城米价踊贵，民艰于食。尔户部即发京、通二仓米五十万石平价粜之，每秔米一石收银六钱，粟米一石五钱。命侍郎陈俊同太监韦焕、尚

① 《明宪宗实录》卷74，成化五年十二月戊辰条，第1426～1427页。

② 《明宪宗实录》卷81，成化六年七月辛巳条，第1575页。

③ 《明宪宗实录》卷81，成化六年七月庚寅条，第1583页。

④ 《明宪宗实录》卷80，成化六年六月庚午条，第1565页。

书薛远总其事，仍差科道官分理之。其文武官吏俸粮可预给三月，以平米价。’于是，户部奏差给事中、御史并本部官各七员、京城各五员督同五城兵马、通州各二员督同通州委官于京、通二仓支米粜卖，其贫民无银者折收铜钱，俱送大仓银库收贮，不许豪势及铺行之家假托收买私积，以图市利，违者悉置于法”。[①] 同年十月，“右都御史项忠奏：‘今近京府县水灾，民居荡析。虽官发粟赈济，然流移道路，困苦万状。目今固可苟延旦夕，若薄冬临春，青黄不接，必甚于此。若不预为区处，设有不虞，虽峻法以绳，倾廪以救，亦缓不及事。请广施粜卖之术……乞敕户部令各处仓原委收粮官会计，足支来岁夏初官军俸粮外，所余粮米豆麦俱自今年十一月始，各委所在州县官按月粜米三千石，每石五钱，麦减一钱，豆减一钱五分。凡有籴者，止于二石，至来岁三月止。粮少者，许于附近粮多之仓多粜以补其数。凡劝借搬运接济者，不在是数。候麦熟米贱，即以所粜银布之类每月准与官军买粮自给。其贫民无所籴者，仍验口减省赈济。’户部议如其请，而每石之价则视所定者各加一分。制曰可”。[②]

其三，蠲免赋役，缓征马匹，停免杂派。这些措施有利于稳定灾区民心，减轻灾民负担，维护灾区社会秩序，故而受到朝廷及群臣重视。如成化六年五月，“（兵部尚书大学士彭时等言）近来旱伤去处，除南方路远未知虚实，北方惟山东六府并直隶大名、广平、顺德三府夏麦已全无收。其次，河南地方夏麦或有二三分，多不过四五分。此三处秋田多未及种，间有种者，苗稼枯槁，将来亦是无成。虽经累报灾伤，然有司未免照例覆勘，展转迟延，人心不安，流移道路势所必至。请敕三处巡抚、巡视官，设法赈恤，凡遇灾伤州县，即为勘实具奏，以今年该征夏税并户口食盐钞贯，照数蠲免。其见今追陪各项马匹，亦暂停止。太仆寺丞暂令回京，待厚丰年再令买补……奏入，（明宪宗）从之”。[③] 明代北方马政实为害民之政，官马民养而其多有病死者，小民因此赔纳之费，加重农民负担。灾荒之年，缓征马匹成为减轻灾民负担的必要救灾举措。成化六年七月，“上以南北直隶及河南、山东等处多水灾，民生艰窘，命兵部暂停御史印马，俟来年并印”。[④] 成化六年七月，“巡视顺天等府右都御史项忠等奏：‘顺

① 《明宪宗实录》卷 83，成化六年九月己亥条，第 1623～1624 页。
② 《明宪宗实录》卷 84，成化六年十月辛亥条，第 1634～1636 页。
③ 《明宪宗实录》卷 79，成化六年五月戊戌条，第 1547 页。
④ 《明宪宗实录》卷 81，成化六年七月戊子条，第 1578 页。

天、永平、河间、真定、保定五府被水灾伤，民多失所。请停追马，以苏民困，严饬兵备以防不虞。'（明宪宗）从之"。[1] 又，成化六年十二月，诏令"停免顺天、河间、真定、保定四府成化五年、六年岁输皮张、木植、石青等料"。[2]

其四，放归监生与"吏部听选官"，遣返游僧与流民。明中期以来，国子监生员与"吏部听选官"人数剧增，加剧京城粮食负担。为减少京师粮食消费者，成化六年十月，"放国子监生五百余人归，读书听取用。以吏科都给事中程万里言，饥民流集京师，米价腾踊，而吏部听选官及监生不下万余，徒冗食故也"。[3] 成化六年十二月，"户科都给事中丘弘等以京师岁歉米贵，而四方游僧多聚在京，蚕食不下万数。奏乞行五城兵马逐还原籍，庶不虚耗粮米，宜如所请禁约。从之"。[4] 丘弘又疏称："奉诏旨流民送回原籍，乞丐者收入养济院。所司不克奉行，乞行侍郎叶盛严立程期，限以十日，督并五城兵马及顺天府大兴、宛平二县官亲历京城内外审勘流民，人支粮一斗，官给批文，差人分投送回原籍赈济。务要彼处官司回文销缴，乞丐者收入养济院，或本院不能容，许于寺观间便去处收住，具数逐月，照口给粮五斗养赡。"[5] 这一主张得到成化帝批准。

其五，整顿吏治，惩处救灾不力官员，加强对救灾官员监督，保障救灾措施有效实施。明人称："自古救荒无善政，要在得人。苟不得人，则以水济火，以火济水，非徒无益，而又害之。"[6] 故而，把整顿吏治作为救荒要务。如成化六年十二月，"降顺天府府尹阎铎为浙江衢州府知府。铎以岁饥，坐视民患，不能赈济，为户科劾奏，命降二级调外任。府丞彭信、治中丘昂及巡城御史杨溥、沃頖、叶廷荣、马进、徐英等俱犯与铎同，停俸半年，通判范贤等停俸三月"。[7]

其六，惩治奸民与盗贼，维护市场稳定与社会安全。如成化六年十一月，"太监许安传奉圣旨：近者发粜官粮以济饥民，却被奸贪之徒买去，

① 《明宪宗实录》卷81，成化六年七月戊子条，第1585页。
② 《明宪宗实录》卷86，成化六年十二月辛酉条，第1666页。
③ 《明宪宗实录》卷84，成化六年十月辛酉条，第1640页。
④ 《明宪宗实录》卷86，成化六年十二月庚午条，第1667页。
⑤ 《明宪宗实录》卷86，成化六年十二月癸酉条，第1678页。
⑥ （明）张萱：《西园闻见录》卷40《蠲赈前》，《续修四库全书》第1169册，第150页。
⑦ 《明宪宗实录》卷86，成化六年十二月癸亥条，第1671页。

高价要利。其令锦衣卫官校缉访，但有停积在家不依原定价粜卖者，俱枷项示众，追米入官”。[①] 饥荒而盗起，缉盗也是救灾重要措施之一。如成化六年七月，“兵部奏：近者京城内外强贼窃盗，数之成群，肆行劫掠，请严禁治之。上曰：盗贼纵横，皆兵马司及锦衣卫应捕官校不用心缉捕所致，已往姑恕复怠慢纵容废职误事者，听指挥朱骥等参奏究问，降调边方，其能擒获强贼有劳者，具奏给赏”。[②]

其七，扶持灾区农业生产，增加灾民抗灾能力。如成化六年十二月，吏部尚书姚夔建言：“乞集廷议于顺天、河间、真定、保定四府州县灾伤甚处，推廉干谋识老成官十数人，请敕每人责领二三州县，督率有司官吏沿村遍落询审赈济，有粮积者依时照口验放，无粮之处听于附近仓分设法搬运。俟春气稍和，即教民播种麦田，贫者给与牛具种子。凡空闲地段，责令栽种椿、榆、槐、柳、桑、枣诸木，五七年后，便可济用。俟明年麦熟，人得苏醒，果无他虞，奏闻回京。有成效者量加旌劳，此救荒之一策也……诏从之。”[③]

其八，直接派遣京官赈灾，安抚灾民。如成化六年底，朝廷“分遣户部郎中桂茂之等十四人赈济顺天、河间、真定、保定四府饥民……遣（桂）茂之往霸州及文安、大成、保定三县，刑部郎中袁洁往香河、三河、宝坻三县，工部员外郎秦民悦往永清、固安、东安三县，大理寺右寺正薛璘往通州及武清、漷二县，监察御史梁昉往涿州及良乡、房山二县，周源往大兴、宛平、顺义、昌平四县，户部郎中谢瑀往静海、兴济、青三县，兵部署员外郎张谨往沧州及南皮、庆云、盐山、宁津四县，礼部员外郎曹隆往景州及吴桥、东光、阜城、交河四县，大理寺左寺正刘瀚往河间、任丘、肃宁、献四县，吏部员外郎王玺往冀、深、晋三州及南宫、新河、武邑、衡水、饶阳、武强、安平七县，刑部主事邢谨往赵、定二州及真定、栾城、宁晋、柏乡、隆平、新乐六县，刑部郎中谢廉往安州及高阳、新安、容城、新城、雄五县，户部主事李雄往定兴安、肃、博野、庆都、清苑、蠡六县”。[④] 显然，这些京官衔王命而赴地方救灾，有助于灾荒救助。

---

① 《明宪宗实录》卷85，成化六年十一月己丑条，第1649～1650页。
② 《明宪宗实录》卷81，成化六年七月庚辰条，第1574～1575页。
③ 《明宪宗实录》卷86，成化六年十二月庚戌条，第1659～1660页。
④ 《明宪宗实录》卷86，成化六年十二月庚戌条，第1659～1660页。

其九，检讨政治，实施“仁政”，消弭灾异。明朝迷信“灾异天谴说”[①]，每当灾害发生时，朝廷通常整顿吏治，更新政治，施恩民众，以消“天谴”。如明人认为：“荒有人事，亦有天灾。救虽无奇策略可推，人事苟修，天灾或回。”[②] 成化初年，京畿灾荒发生后，明宪宗也表明爱民勤政决心，颁布减轻刑罚、蠲免赋役、暂停采买，重视备荒仓储等“仁政”，借以回天心、消弭灾异，安抚灾民，稳定灾区社会秩序。如明宪宗于成化六年八月颁发诏书，诏曰：“……旱涝相仍，民食缺乏。循省厥咎，在予一人，百姓何辜？罹兹艰厄，兴言及此，良用恻然。夫笃近举远者，古之规；视远犹迩者，朕之志。爰推忧勤之念，普施宽恤之仁，所有合行事宜条例于后。一、内外衙门见监问罪囚，除真犯死罪不宥外，其余徒罪以上，降等发落；杖罪以下，悉皆宽宥。有已发做工，运砖、运灰、纳米等项未完者，悉皆宥免。内有贪淫官吏监生，知印承差，赃证明白者，发回原籍为民。一、成化六年，顺天等八府并各处奏报灾伤，曾经官司踏勘明白者，该征税粮籽粒马草悉与除豁；其有薄收者，照依分数减免。一、各处军民有先年拖欠税粮、马草、籽粒、户口食盐钞锭并派买厨料果品等物，顺天等八府自成化五年十二月以前俱免追征，其南北直隶并各布政司自成化四年十二月以前悉皆蠲免。一、在京各营、在外各边骑操马匹，并顺天、南北直隶、河南、山东被灾去处，军民孳牧寄养马骡并驹，自成化六年八月初一日以前一应倒失亏欠等项、并有例停候买补及遇例漏报者，所司查勘明白，悉与蠲免。其上林苑监蕃育良牧等署，今年有因水患亏损牲口，曾经具奏查勘明白者，悉免追倍。一、南北直隶、山东、河南等布政司被灾州县，有拖欠内外衙门坐派采买松木、长柴、椴木、杨木、榆槐杂木，椽子、窑柴、蓟秸、芦苇、蒲草、荆条、糠麸、麦稳、稻皮、土硝、瓷末、墨煤、麻筋、牛筋、金箔、银朱、二朱、白绵羊毛、白硝、羊皮、红真黄牛皮、白甸驴皮、前截蓝靛、红黄熟铜、生漆、香油、片脑、三枝条、西碌硼、石大等青，烧造坛瓶红土、青土、薰皮草、岁皮翎，采

---

① 天命观与灾异天谴思想滥觞于先秦时期，西汉大儒董仲舒把“灾异天谴说”提升到理论化高度。如董仲舒主张：“灾者，天之谴也；异者，天之威也。谴之而不知，乃畏之以威……凡灾异之本，尽生于国家之失。国家之失乃始萌芽，而天出灾害以谴告之；谴告之而不知变，乃见怪异以惊骇之；惊骇之尚不知畏恐，其殃咎乃至。以此见天意之仁而不欲陷人也。”（见董仲舒《春秋繁露》，上海古籍出版社，1989，第54页）

② （明）潘游龙：《救荒》，《中国荒政全书》（第一辑），北京古籍出版社，2003，第607页。

捕野味、白山羊角、黑铅、红花、黄蜡、生铜、猫竹、水牛底皮、鹿皮等料，自成化四年十二月以前未征者，尽行停免。已征在官者，仍令解纳，不许因而侵克。一、各处起解粮草等项，中途有遇水火、盗贼，曾经所在官司告勘明白申达到部者，悉免追倍，敢有乘机作弊侵欺入已者，事发治以重罪。一、顺天等八府、山东、河南等处被灾军民，有承佃住种各王府、各公主府及内外官员之家田地庄园拖欠租米，自成化五年十二月以前并今年见有灾伤无收去处免追。一、成化六年，分各处户口食盐粮钞尽数蠲免；有已征在官者，准作下年之数，以后只征钞贯，不许折收银米等物。一、成化六年七月初一日以前，各处失班人匠并免罚工，止当正班。及内外衙门皂隶、马夫有在逃旷役者，并免补役，不许一概勾扰。一、长芦盐运司被灾场分，今年该征盐课即与验实除豁。一、北直隶、河南、山东清军御史俱暂取回；被灾去处清出军丁，俟明年秋成起解。无灾去处，仍令司府州县委官清解，不许扶同作弊，违者罪之。一、天顺八年以后，官军有为事调发两广等处不曾到卫者，文职有为事问发为民累诉冤枉者，限十日以里赴通政司首告，官军改调北边卫分差操，文职无赃者令冠带原籍闲住，俱不许潜住京师，违者听四邻举首，押发极边地面充军，容留之家一体治罪。一、各处人民但有被灾缺食者，有司设法赈济；流移者，招抚复业。务体朝廷仁恤之心，不许坐视民患。一、各处预备仓粮本以赈济饥民，近来有司通同下人作弊多端，民不受惠。今后务要验实放支，抵斗收受，不许过取合干，上司宜用心提调督察，毋事虚文。一、荆襄南阳等处流民抛弃乡土，良可矜悯。诏书到日，凡一应罪犯悉宥不问，该管官司用心抚谕，愿回原籍者照例优恤；已住成家不愿回者，听令附籍当差。一、凡民间利有当兴、弊有当革，及一切便民之事，许所司具实开奏，毋有容隐。于戏，朕体上天好生之德，用嘉惠于吾民。尔中外大小臣僚，尚体朕恤民之意，务求臻于实效，故兹诏示，咸使闻之。”①

除了颁布“仁政”，朝廷派官员祭拜山川，祈禳弭灾。如成化六年十二月，礼科都给事中霍贵等言：“盖自古帝王遇灾戒惧，未尝不以祈祷为事。今岁畿内水涝致廑，圣虑大发仓廪以济之。迩因三冬无雪，又遣大臣祭告山川等神，其敬天仁民之心无所不至，但四方之地广于京畿，设或明年复饥，将何以济之？乞申敕百司痛加修省，仍照例遣官遍祷四方名山大

① 《明宪宗实录》卷82，成化六年八月癸丑条，第1597～1601页。

川，以祈神休，庶雨旸时若而丰穰可期。诏下其言于礼部，礼部覆奏，今年湖广等处地震，并山东旱灾，已遣尚书李希安等祭告东岳泰山并南岳衡山及河南布政司官祭告中岳嵩山等神，明年正月十三日大祀在迩，天下名山、大川、岳、镇、海渎之神俱在祭列，宜免行遍祷。惟顺天等府水涝为甚，乞命官二员祭北岳恒山并北镇医无闾山之神，以祈丰稔。仍行在京文武官员严加修省，务竭忠诚，以答天意。诏可。”[①]

（二）京畿灾区民生

尽管成化君臣对这次京畿灾荒比较重视，采取多种措施救助，并加强灾区社会管理，消弭灾害。但是，灾荒问题并不像成化君臣想象得那样容易控制，救灾效果并不好。临时性的救济之举，不能从根本上解决灾民贫困问题，灾区社会很难恢复灾前秩序状态，灾区民生还是非常悲惨。

成化六年以来，京城周边地区的饥荒问题持续存在，而且不断发酵，部分灾区饥民数量持续增多。如成化六年底，吏部尚书姚夔称：京畿“水旱灾伤之余，米价腾贵。皇上轸念黎元，已发太仓米粟一百万石分投赈粜，又虑米粟不及于无钱之家，泽靡下究。复敕有司勘贫难者，设法赈济，京城之民可保无虞矣。但在外州县饥荒尤甚，村落人家有四五日不举烟火、闭门困卧待尽者，有食树皮、草根及因饥疫病死者，有寡妻只夫卖儿卖女卖身者。朝廷虽有赈济之法，有司奉行未至。且今冬无雪，则来岁无麦，事益难为”。[②]

成化七年，京畿灾荒还在继续、蔓延。如成化七年三月，“顺天府府尹李裕等奏：顺天等八府比岁民饥，流亡颇多”。[③] 由于饥民数量太多，朝廷不得不一再下拨救灾粮食，以求缓解灾情。如成化七年三月，朝廷“再发京仓粟米一十万石，通前未粜米共二十万余石，于五城分粜，价如先次所定，每石五钱。盖至是，发粟已九十万矣！以军民饥甚、二麦未熟故也”。[④] 即便如此，饥荒亦不能有效控制。如成化七年四月，户部奏：“近日饥民行乞于道，多有疲不能支，或相仆籍。”[⑤] 成化七年七月，“监察御

① 《明宪宗实录》卷86，成化六年十二月丙辰条，第1663～1664页。
② 《明宪宗实录》卷86，成化六年十二月庚戌条，第1658～1659页。
③ 《明宪宗实录》卷89，成化七年三月己丑条，第1731页。
④ 《明宪宗实录》卷90，成化七年四月丁卯条，第1755页。
⑤ 《明宪宗实录》卷90，成化七年四月壬申条，第1757页。

史等官周源等奉敕赈济饥民。（周）源赈济顺天府大兴等四县饥民二十一万九千八百余口；吏部员外郎王玺、刑部主事邢谨赈济真定府所属州县十五万八千二百七十口；礼部员外郎曹隆、兵部署员外郎张谨、大理寺正刘瀚共赈济河间府所属州县三十九万八千七百一十口”。[①] 也就是说，此次赈济活动，仅直隶所属顺天府等三府被赈济饥民多达776780余口。如《赵州府志》载：“成化七年夏四月，临城大旱，民饥流移。时大旱，又雨雹，二麦伤槁，斗米百钱。民多流殍四方，不可胜计。里巷作歌以哀之。”[②]

三　“灾荒议政”与灾荒原因

“灾荒议政”是救灾行为政治化，尽管有些议论针砭时弊，但是难以达到实际社会效果与政治目的。不过，从成化初年官员关于京畿灾荒的原因剖析，可以读出当时部分士大夫关于时政与灾荒的一般性认识。

（一）“灾荒议政”

历史上，包括明朝在内，灾荒之际，一些有担当的官员往往利用上呈救灾奏疏机会，以分析灾荒原因为契机，多方检讨朝廷政治经济政策等得失，期盼皇帝顺势革除诸多弊政，整肃政治，振兴国家。这种政治行为成为古代中国一种常见的政治现象，本书将其称之“灾荒议政”现象。成化六年京畿闹灾荒，明朝一些大臣也重复“灾荒议政”故事，纷纷上书言事，议论国政，检讨国是。透过这些议政奏疏，亦可管窥成化初年以来明朝潜在的社会危机。

赋役繁重与荒政废弛成为明代北方农民致贫及灾区社会动荡的主要原因。如马政为明初以来京畿等北方地区害民之政，它徒增小民经济负担，加剧国家与农民矛盾；备荒仓储多不足，农民遭遇灾荒，而地方政府无法及时赈救。故而，检讨害民弊政等问题成为成化六年灾荒之际官员“灾荒议政”的重要内容。如成化六年八月，“巡视真定等府吏部右侍郎叶盛奏便民事宜：一、今日民间最苦养马，破家荡产，皆马之故。旧例，牝马一匹，每年取一驹。当时马足而民不扰者，以刍牧地广，民得以为生，马得以自便也。厥后，豪右庄田渐多，养马日渐不足。洪熙元年，改为两年一

---

① 《明宪宗实录》卷93，成化七年七月戊子条，第1788页。

② 隆庆《赵州府志》卷九《杂考·灾祥》，天一阁藏明代方志选刊。

驹；成化元年，又改三年一驹。马愈削而民愈贫，然马不可少。于是，又复两年一驹之例。夫纳马有数，用马不赀，虽有智者无善处之术。方今京营各边缺马，取给民间孳牧。所缺之马，虽亦追陪于军，而军多艰苦，又不能偿，仍复给之。于是，马愈不足，民愈不堪……一、各处储积，非独以备非常，亦欲以捄荒歉。今京师及通州二处仓，足支数年，纵有非常，未必误事。惟近年水旱相仍，所管官司多无储备，一有缓急，损伤必众。且如涿州不通水路，积粮素少；天津德州虽临运河，而所积亦不甚多。然此等处，俱系近甸要地，所宜多积。若涿州、天津有粮，可以济顺天、保定、天津，德州有粮，可以济山东、真定，虽间有水路不便之处，然饥饿之人与其守空仓以待毙，孰若劳远遁以就粮？所在有司临期亦可以近就转运接济。他如临清、济宁、徐州皆是要害之地，亦宜多积，以为缓急之备”。[①] 又如成化六年十二月，“管理柴炭工部右侍郎王诏言：惜薪等司诸项柴炭年增一年，如今年坐派之数已运二千五十三万九千余斤，未运者尚有二千二百五十余万斤，俱候来年人夫补运。然今顺天、真定、保定俱被灾伤，而顺天为甚。下民饥窘如此，救死犹恐不赡，焉能应役?”[②] 另有官员从民风角度分析灾荒原因，希望朝廷严禁奢侈、厉行节俭，以树新风，以此富国裕民。如成化六年十二月，户科都给事中丘弘等言：“近来京城内外风俗尚侈，不拘贵贱，概用织金宝石服饰，僭拟无度。一切酒席皆用簇盘糖缠等物，上下仿效，习以成风，民之穷困殆由于此。其在京射利之徒屠宗顺等数家，专以贩卖石为业，至以进献为名，或邀取官职，或倍获价利，蠹国病民莫甚于此。乞严加禁革。如有仍前僭用服饰、大张酒席者，许锦衣卫官校及巡城御史缉捕，及将宗顺等倍价卖过宝石银两追征入官，给发赈济，以警将来。”“疏奏，命有司详议以闻。于是刑部尚书陆瑜上议，以为弘等所言深切时弊，宜申明旧制，备榜禁约，并逮宗顺等数人各治其罪，追其所得价利，以充赈济，庶足以革蠹弊而示劝惩”。[③]

尽管一些“灾荒议政”官员慷慨陈词，其中不乏针砭时弊者。然而，成化以来，明朝积弊已深，皇帝多为怠政之徒，政治日趋腐败，赋役繁重问题不断加剧，社会奢侈风气日炽，农民贫困问题普遍化。是时，一些官员一再上疏，祈请皇帝励精图治，更新政治，轻徭薄赋，重视民生。然

---

① 《明宪宗实录》卷82，成化六年八月壬申条，第1612～1614页。

② 《明宪宗实录》卷86，成化六年十二月癸酉条，第1680～1681页。

③ 《明宪宗实录》卷86，成化六年十二月庚午条，第1676～1677页。

而，凡此主张多成为“老生常谈”，无关痛痒之举。即便号称政治清明的弘治时期，明朝积弊亦未稍许缓解，遑论其后。如弘治年间，官员耿裕疏称：“皇上临御之初，禁止斋醮，雨雪未见愆期，比因雨雪不降，启建禳祟，斋醮动经旬月，所费不赀，茫无应验。以初时禁止，较之启建祈福，诚为无益，宜仍禁绝以除奸蠹……官多则民扰，而增设衙门，百费纷起，尤为不便。本部自去冬十月至今岁四月仅半年间，该铸开设衙门印信关防铜牌已八十有余，似此增设无岁无之。乞命吏部查天下添设官员及新增衙门，凡有冗滥，悉加裁省……山东、河南、北直隶等处连年亢旱，民多逃亡。宜将光禄寺奏派各处猪羊鸡鹅，弘治五年前所欠，悉与蠲免。其已征未解价银，发灾伤处赈济。弘治六七年停免原派之半，俟丰年补纳，庶民困少苏……太常寺新佥山东、河南、北直隶厨役，多难起解、缘其地灾伤，佥解费广，俱累里甲。乞悉令停止，以少安人心……天时亢旱，军民忧惶，工役繁兴，人力困惫。祖宗陵寝固不可不修，至于浣衣局、果园、沟渠、河岸等役，皆可少缓。”①

（二）京畿灾荒原因

成化君臣在筹谋救灾的同时，也在检讨灾荒成因。其中，成化六年，大理寺左少卿宋旻所奏“赈荒”之事，实则剖析成化六年京畿饥荒原因：

> 一、大名、顺德、广平三府人民稍遇水旱，辄称饥窘。盖由民无远虑，略收即用，不思积蓄。虽丰年田禾甫刈，室家已空，况于凶岁……一、大名、顺德、广平三府流民虽已复业，然先遗下房屋已被人拆毁，田地被人占种，财畜荡然一空。而又官钱拖欠，私债未还，常时逼取，无以安生，必至复逃……一、大名、顺德、广平三府境内有宁山、潞州、彰德等卫官军在中，近年以来，守城官军多去屯所隐住，四散立营，占夺民地，或置立庄田，不纳籽粒，或窝藏逃民，朋助作恶，及事发行提，又庇不出官……一、广平府清河县先年德府奏讨地土，共七百余顷。中间多系民人开垦成熟并办纳粮差地亩，被奸民妄作河滩空地投献本府，奏准管业夏地每亩折收银七分四厘，秋地

① 陈子龙等辑《明经世文编》，中华书局，1962，第340～341页。

> 每亩折银五分，查该纳人户止有三百五十家，每岁出银四千余两。况其县止有八里，地多沙鹻，民极贫难，又纳粮养马，差役浩繁。臣始至其境，老幼悲啼塞路，告乞减免……一、顺德府钜鹿县先年都督钱雄祖母陈氏奏讨地一千三十余顷，缘其间多民人祖遗田产，被奸民妄作退滩荒地献与陈氏奏准管业，人民累年奏告不已，况其家人召集流民佃种日益众多，俱无籍贯稽考，亦恐别生他患……一、直隶大名等府州县官仓并预备仓或收纳之未当，或放支之过时，又有私置斗斛、容情私粜等项，其弊非止一端。①

无疑，京畿持续闹饥荒的原因，包括宋旻所言“民无远虑，略收即用，不思积蓄”，也包括官员丘弘所言“奢侈致贫”。② 另则，宋旻称流民复业安置失措、官军占夺民田及豪强兼并土地问题，以及官仓、预备仓管理营私舞弊等原因，亦是致灾之由。成化六年京畿灾荒之所以“肆虐”经年，原因很多，如明朝赋役繁重、农田水利失修、备荒仓储废弛及灾荒救助不力，等等。要言之，根本原因在于明朝不可能从根本上革除“弊政”与真正实施富民政策。概要说来，除了上述原因外，还有以下三点。

其一，赋役繁重是持续饥荒主要原因。如时人所论：“近来国税较之往年，多增数倍。诚恐饥困之民，有司逼迫失所，老弱转死沟壑，壮者聚为盗贼。”③ 官员马文升在《恤百姓以固邦本疏》中亦称：“自成化以来，科派不一，均徭作弊，水马驿站之尅害，户口盐钞之追征，加以材薪皂隶银两，砍柴抬柴夫役，与夫买办牲口厨料，夏秋税粮马草，每省一年有用银一百万两者，少则七八十万两，每年如是。所以百姓财匮力竭，而日不聊生也。一遇荒歉，饿殍盈途，盗贼蜂起。若不痛加减省，大为苏息，诚恐将来之患有不可救者矣。”④

其二，在救灾过程中，官员平粜粮食时教条僵化，技术性差，不以民生为意，也会使饥荒问题加重。如时任兵部尚书彭时称：“近蒙皇上念京师米价踊贵，特令于京、通二仓粜粮五十万石。命下之日，人心喜悦，米

① 《明宪宗实录》卷86，成化六年十二月壬戌，第1666~1670页。
② 《明宪宗实录》卷86，成化六年十二月庚午，第1676~1677页。
③ 《明宪宗实录》卷79，成化六年五月甲辰，第1551页。
④ 陈子龙等辑《明经世文编》，中华书局，1962，第518~519页。

价损减。但奉行之人过于拘执，既不许官豪之家籴买，又不许市贩之徒转卖，止许小民以升斗赴仓告籴，再三审辨，展转迟延，街坊米铺因而收闭，暗邀重价，以致人愈缺食。”①

其三，农田水利失修，备荒仓储废弛，社会与民众抗灾能力低下。明初，备荒仓储废弛问题就已出现，其后越发普遍，京畿之地亦然。如成化七年七月，户部官员称：“国初，郡县设预备四仓，支给官钱籴粮收贮，以备饥荒赈济，秋成抵斗还官。其后因循，有名无实。朝廷虽屡差官振举，然有司视为泛常。”② 至于农田水利建设，明初以来，兴修渐少，有些地方基本荒废。如成化七年十月，“巡抚北直隶右副都御史杨璿奏：顺天、保定、河间、真定四府所属霸州、固安、东安、大城、香河、宝坻、新安、任丘、河间、肃宁、饶阳诸县累被水患，盖由地势平坦，水易潴积。而唐河、滹沱河、白沟河上源堤岸不修，或修而低薄，每天雨连绵，即泛溢漫流。为此数处之患，间有官吏能为民通利者，又以上源下流，地方隔远，彼疆此界，心力难齐，不过决诸东西，以邻为壑，遂使彼此皆失地利，岁累不登，小民鲜食，日望赈济而已”。③

需要指出的是，类似成化六年、七年的京畿灾荒，其后不断出现，成化后期有，正德年间有，嘉靖年间有，万历年间亦有，直到明末。如正德九年初，“永平等府旱潦相仍，民茹草根树皮且尽，至有阖室饥死者。巡抚都御史王倬以闻，且请差官赈济。户部议覆。上曰：‘畿甸之民至此，朕心恻然’”。④ 甚至，皇帝还亲自做药救济灾民。如嘉靖四十年，“上（明世宗）命发米粥药饵给京师流民。已闻有司给散非法，谕户部曰：‘朕闻汤药不对症，且饥馁之赐反伤生。又给米，时，贫弱者无济，有力者滥与。违上行私，甚失朕意，是执事者之过也。可传示之，令小民知非朕下令初意’”。⑤ 又如，万历十五年底，“上（明神宗）念京师饥民甚众，遣文书官问阁臣：‘今五城见在煮粥赈饥否？如犹未也，则拟旨行之。’……上复令文书官传旨：‘五城赈济贫民难以限定人数，今后不拘多寡，但有

① 《明宪宗实录》卷 84，成化六年十二月戊申条，第 1629 页。
② 《明宪宗实录》卷 93，成化七年七月乙未条，第 1794 页。
③ 《明宪宗实录》卷 97，成化七年十月癸巳条，第 1857 页。
④ 《明武宗实录》卷 109，正德九年二月戊申条，第 2239 ~ 2240 页。
⑤ 《明世宗实录》卷 495，嘉靖四十年四月壬辰条，第 8205 ~ 8206 页。

就食者便与。'"①

学者张兆裕先生指出："明代是古代救荒最为制度化的一个时代，除勘灾外，还有报灾、蠲免、赈济、积谷、捐纳、旌奖等一系列的制度。"②在明代救荒"制度化"过程中，成化六年京畿灾荒，对明代救灾政策有所裨益。我们知道，蠲免与赈贷是明代最基本的救荒手段。成化以后，赈济粮食与银两来源途径增多了。据《明会典》记载："成化六年奏准预备救荒：凡一应听考吏典，纳米五十石，免其考试，给与冠带办事。在外两考起送到部，未拨办事吏典，纳米一百石；在京各衙门见办事吏典，一年以下纳米八十石、二年以下纳米六十石、三年以下纳米五十石：免其考试，就便实拨，当该满日，俱冠带办事，各照资格挨次选用。又令在外军民子弟愿充吏者，纳米六十石，定拨原告衙门，遇缺收参。又令凤阳、淮安、扬州三府军民、舍余人等，纳米预备仓者，二百石给与正九品散官；二百五十石，正八品；三百石，正七品……（成化）九年，令直隶保定等府州县两考役满吏典纳米一百石，起送吏部，免其办事考试，就拨京考；二百五十石，免其京考，冠带办事；一百七十石，就于本府拨补。三考满日，送部免考，冠带办事。俱挨次选用。其一考三个月以里无缺者，纳米八十石，许于在外辏历两考。"③ 明代荒政史上，成化时期因出台操作性很强的捐纳政策而值得关注。无疑，这种捐纳政策出台，与成化六年京畿灾荒有直接关系。

第三节 万历时期灾区民生

——以万历二十二年河南灾区为例

河南一直是明代主要灾区之一，除天灾严重外，河南灾荒中吏治腐败问题也是一个重要原因。这样的案例很多，如《明世宗实录》就记载一个典型案例：嘉靖八年三月，"巡抚河南都御史潘埙有罪，勒令致仕。初，河南连岁旱荒，民多饥死，凡郡邑请赈济者，埙牵制文移，往返驳勘，不以时允发。河南知府范金不待报即开仓赈之，民赖以全活颇众，播之谣颂。埙以是恶金。迨旱益甚，埙始行郡邑给赈，复苛为条格，须民菜色、

① 《明神宗实录》卷193，万历十五十二月庚申条，第3625页。

② 万明：《晚明社会变迁：问题与研究》，商务印书馆，2005，第308页。

③ （明）申时行等万历《明会典》卷22《预备仓》，中华书局，1989，第152页。

垂绝者，然后给之。有司或放赈稍宽，即加嘁责，百姓无不怨之。会有以陕州饥民父子夫妻相食，流闻禁中者。上切责户部不恤民艰，并诘镇巡官蔽匿灾变状。埙惶恐上疏，乃归罪于金，及分巡佥事王洙、知州王范以自解，于是户科都给事中蔡经等言埙本偏持己见，不恤民艰，嫌金赈贷之速，固己百端窘辱，及奉旨诘问，乃复归过于人，推避矫诬，失大臣体国之义，宜从显黜。上然之，乃诏罢埙，永不叙用”。[①] 显然，这次河南的灾荒救济并不成功。原因很多，其中，地方官救荒中漠视民瘼及腐败行为不可小觑。概要说来，明朝救荒活动不成功的案例比比皆是，学界相关的研究成果也不少；救灾成功的案例并不多，学界对于成功案例研究的成果也不多。下文，以万历二十二年河南灾荒成功救助的事为例，对灾区民生稍作分析。

一　万历二十二年河南灾荒

万历年间，特别是万历中后期，皇帝怠政，政治腐败，官场黑暗，荒政废弛，灾民处境极为悲惨。如万历时期大臣吕坤所言：万历十年以后，“臣久为外吏，熟知民艰。自饥馑以来，官仓空而库竭，民十室而九空。陛下赤子，冻骨皴肌，冬无破絮者居其半，饥肠饿腹，日不再食者居其半。流民未复乡井，弃地尚多荒芜，存者代去者赔粮，生者为死者顶役。破屋颓墙，风雨不避；单衣湿地，苫藁不完。儿女啼饥号寒，父母吞声饮泣，君门万里，谁复垂怜”。[②] 然而，在万历二十二年，钟化民赈灾河南，却成功地控制灾情、救民于水火之中。这次救灾活动，值得我们用些功夫了解与探究。

万历二十二年前后，中原河南等地灾荒不断。如万历二十二年正月，“大学士王锡爵等言：‘中原一带荒乱异常，守令为亲民之吏，抚按为督率之官，果能实心修政，则灾至而不害，寇伏而不作，乃今驰骛于虚文，不知安静牧养为何事？’……是日明神宗谕吏部曰：‘昨岁各省灾伤，山东、河南及徐淮近河之地为尤甚。民间至有剥树皮、屑草子为食，又至有割死尸、杀生人而食者。朕虽居深宫之中，念切恫瘝，不遑寝处’”。[③] 灾荒频发，民众贫困，万历二十二年，一场更为严重的大灾荒爆发了。《明史》

① 《明世宗实录》卷99，嘉靖八年三月壬戌条，第2351~2352页。

② 《吕坤全集》，中华书局，2008，第9页。

③ 《明神宗实录》卷269，万历二十二年正月己亥条，第4999~5000页。

载："（万历）二十二年，河南大饥，人相食，命化民[①]兼河南道御史往赈。荒政具举，民大悦。"[②] 关于这次灾荒，《明神宗实录》记载亦简约：万历二十二年二月，"先是，河南大雨，五谷不升，给事中杨东明绘《饥民图》以进。上览之，惊惶忧惧，传谕阁臣"。[③] 杨东明所绘《饥民图》为何能令慵懒怠政的万历皇帝"惊惶忧惧"？其后的信息一再说明这次灾荒的严重性。如万历二十二年三月，"河南巡按陈登云极言两河饥民骨肉相食状"。[④] 是月，"大学士王锡爵等奏：适奉传旨，以河南巡按陈登云封进饥民所食雁粪持示臣等，不胜痛感。见今国财耗竭，万难措处，请尽辞俸薪助赈，并乞皇上暨两宫各院量发内藏分投布施"。[⑤] 又，万历二十二年九月，"光禄寺少卿兼河南道御史钟化民河南赈饥事竣，复命曰：'臣入中州，见流离满道，饿莩盈途，仰体皇上好生之心，备为设处，首恤贫宗，加惠寒士，多开粥厂以活将亡之命，审别贫户以赒窘迫之人；大荒之后，必有大疫，则施医药以疗之；流移之民，欲归无赖，则分钱粟以给之；妻妾子女之贱卖他人者，官为收赎，以全其天性；田畴丘垄之荒芜抛弃者，官给牛种，以助其耕耘'"。[⑥]

据上，可知万历二十二年河南灾荒的严重程度：田地抛荒，"流离满道，饿莩盈途"，盗贼横行，灾民卖妻鬻子，饥民食雁粪，人相食，甚至骨肉相食。万历时期，享有"视国事如家事，以民饥系己饥"[⑦] 名声的钟化民是这次灾荒主赈官员，他记录了救灾过程与灾区民生具体情况。下面就这次灾荒之下的灾区社会与民生状况稍作分析。

二　钟化民的救灾活动

相对说来，明朝万历二十二年的河南救荒活动还是成功的。

史称：钟化民于万历二十二年"二月二十一日受职，单骑渡河，二十九

① "化民"是指钟化民（约 1545 ~ 1596）。据《明史》载："钟化民，字维新，仁和人。万历八年进士……化民短小精悍，多智计。居官勤厉，所至有声。遍历八府，延父老问疾苦。劳瘁于官，士民相率颂于朝。"（《明史》卷 227，第 5971 ~ 5972 页）

② 《明史》卷 227，第 5971 页。

③ 《明神宗实录》卷 270，万历二十二年二月甲子条，第 5015 页。

④ 《明神宗实录》卷 271，万历二十二年三月丁亥条，第 5031 页。

⑤ 《明神宗实录》卷 271，万历二十二年三月己卯条，第 5025 页。

⑥ 《明神宗实录》卷 277，万历二十二年九月庚辰条，第 5121 ~ 5122 页。

⑦ 《明神宗实录》卷 336，万历二十七年六月甲午条，第 6232 页。

日至开封，集抚按藩臬，出所著《救荒事宜》，以煮粥、散银为急。煮粥必多设厂，就便安插，备糗粮，择委任，时给散，戒侵扣。散银，出令州县正官下四乡查核，防冒破，给印票，定时日，公出纳。选廉能府佐，昼夜单骑，络绎稽察。中州故地广荐饥，公去仪从，选捷骑，素服驰巡，昼夜寝食鞍马间，随行止精力吏胥六人。不两月，巡历各州县，所至止食厂粥，禁供给，不坐公署。随地问民疾苦，预示饥民，令进见时人具一纸，勿书姓名，开所当兴革及官吏、豪滑有无侵克横行，散布于地，择佥同者察之，即行兴革处分，名拾遗法。官吏畏公廉察，又驰巡迅速，莫测所向，不及预为备，以故人各尽心，民皆得实惠。诸所措施：恤贫宗，惠寒士，煮粥哺垂毙，给贫窘，归流移，医疾疫，收埋遗骼，赎妻孥，散贼营，兴工作，置学田，蠲钱粮，省刑讼，释淹禁，严举劾，劝尚义，禁闭籴，止覆议，绝迎送，抑供亿，省舆从，给牛种，劝农桑，课纺绩，修常平，设义仓，申乡保，饬礼教，俱详《振恤实录》中。活饥民四千七百四十五万六千七百八十有奇”。[①]其中，“据布政司开报，赈过领银宗仪饥民二千四百四十九万五千九百六十九位员名口，又赈过食粥饥民男妇二千二百九十六万九百一十二名口”。[②]

三　河南灾区民生

钟化民撰《赈豫纪略》[③]，既有钟化民救灾过程与救灾措施记录，也有灾区社会与民生状态描写，史学研究价值极大，为我们研究明代中后期灾区民生问题提供了一部翔实的“信史”。下面就此灾荒之下的民生状态略作分析。

（一）灾荒初期，官员应对失措，灾区粮价高涨，饥荒加剧

史载：灾荒发生后，当地官员实行平抑米价之举，禁止粮米涨价。就其目的而言，意在民众有能力购买到粮食，缓解饥荒。但事实与此相反，外地粮商因无利可图而不至，灾区粮食更加紧张。钟化民反其道而行之，

---

① （明）钟化民：《赈豫纪略》，《中国荒政全书》（第一辑），北京古籍出版社，2003，第269～270页。

② （明）钟化民：《赈豫纪略》，《中国荒政全书》（第一辑），北京古籍出版社，2003，第276页。

③ 本文使用的钟化民《赈豫纪略》版本，乃是清宣统三年文盛书局石印本。收录于李文海、夏明方主编《中国荒政全书》第一辑《赈豫纪略》，北京古籍出版社，2003。

以厚利邀集粮商，结果运至灾区的粮食增多，粮价随之降低。“先是，有司平米价，商贩不至，饥民群起抢劫，所在严兵守之。公飞檄河南布政使，撤防劂兵，悉分置黄河口，各运米所过，为米舶传纤护送至境，设官单记所到时刻，稽迟罪及将领。米到，任价高下，毋抑勒。是时，米石值五两，远商慕重价，无攘夺患，外省亦慑。公得便宜行事，莫敢闭籴。浃辰米舟并集，延袤五十里，价顿减，石止八钱矣”。[①]

（二）以食粥度命，以赈银续命，此乃灾区前期基本生活内容

煮粥，散银，以煮粥为救荒第一急务。灾荒持续，灾民多贫困，无粮可炊，煮粥则是应急救命良方。由于煮粥及时，许多灾民免于死亡。“如郭家村刘一鹍，既贫且病，属其妻曰：‘与其相守偕亡，莫若自图生计。’刘氏泣曰：‘夫者，妇之天。死则俱死耳！安忍弃乎？’至是粥厂星罗，竟得两全。叶县光武庙，一鼓而食者五千人。一老须眉皓然，头顶‘万岁皇恩’四字，忽从中起，大声曰：‘受人点水之恩，当有涌泉之报。吾辈受皇恩养活，何以补报？今后各安生理，毋作非为。’慷慨悲歌。歌之三阕，五千人莫不泣下”。[②] 如钟化民所言：“煮粥乃救荒第一急务，以其能挽垂亡之命，且无不均之叹也。臣遵敕谕，亟檄被灾之处，多开粥厂，就便安插，不拘土著流移，尽数收养。仍分老羸、病疾、妇女、婴儿，各为一座，日给两餐。臣每入厂亲尝，菜色渐有生气。”[③] 对于灾区来说，散银以促进灾区粮食流通，增加市场上粮食供应量。“如登封县界渡村郭进京等，采棠梨叶、黄芦叶、荷贯叶、木兰叶为食，食尽鬻妻子。又尽，因得赈银，烟火如故。中州之民，其全活者，类如此”。[④] 钟化民的做法是：“蒙皇上大发赈银，臣令布政司分府州县正官，亲历乡村查审贫户，分为上、中、下三等，唱名分给。宁移官以就民，毋劳民以就官。守候侵渔等弊，尽行剔除，人人得沾

① （明）钟化民：《赈豫纪略》，《中国荒政全书》（第一辑），北京古籍出版社，2003，第269页。

② （明）钟化民：《赈豫纪略》，《中国荒政全书》（第一辑），北京古籍出版社，2003，第278页。

③ （明）钟化民：《赈豫纪略》，《中国荒政全书》（第一辑），北京古籍出版社，2003，第278页。

④ （明）钟化民：《赈豫纪略》，《中国荒政全书》（第一辑），北京古籍出版社，2003，第278页。

实惠。”[①] 另则，灾区还有不少外来流民，困于异乡，饥寒交迫，求借无门。对于穷困的流民，也要给赈银，以做回家路费。如钟化民所言：“臣每至粥厂，流民告称，一向在外乞食，离乡背井，日夜悲啼。今蒙朝廷赈济，情愿归家，但无路费，又恐沿途饿死。臣体皇上爱民无已之心，令开封等州县查流民愿归者，量地远近，资给路费，仍与印信小票一张，内开流民某人系某州县，某人愿得归农，所过州县，给银三分以为路费，执票到本州岛县补给赈银，务令复业。据祥符等县申报，共给过流移男妇二万三千而是五名口。”[②]

（三）灾民多贫困，疾病瘟疫侵袭，祸不单行

灾区政府要遣医送药，赎还子女，争取灾区小农家庭基本稳定。家庭是社会基本细胞，维持个体家庭稳定对于灾区社会稳定尤为重要。通常，大灾之后，必有大疫，灾民贫病交加，命悬一线。赈粮赈银主要是为了避免灾民饿死、家庭零落，遣医送药旨在控制瘟疫、减少灾民病死，而赎还灾民鬻卖之子女则是保持灾区个体家庭完聚的重要举措。如钟化民在河南灾区，“令有司查照原设惠民药局，选脉理精通者，大县二十余人，小县十余人，官置药材，依方修合，散居村落。凡遇有疾之人，即施对症之药，务使奄奄余息，得延人间未尽之年，嗷嗷众生，常沐圣朝再造之德。据各府州县申报，医过病人何财等一万三千一百二十名”。[③] 饥荒之年，鬻妻卖子，换得几天或几顿粮食，终是妻离子散，家庭不保，最是悲惨。此次灾荒，“如杞县民李复鬻妻王氏、男长生，官如券赎回，付之粥厂。鲁山县潘氏夫亡，二子小长生、小长存各卖为奴”。如钟化民所述：“中州割食人肉，至亲不能相保，苟图活命，贱鬻他人，妻妾跟随后夫，寸肠割断，子女飘零异域，五内倾颓，原非少恩，实出无奈……臣仰体德意，凡荒年出卖者，令有司尽行收赎，赎子以还父，赎妻以还夫，赎弟以还兄。据各府州县开报，赎过妻帑四千二百六十三名。”[④]

① （明）钟化民：《赈豫纪略》，《中国荒政全书》（第一辑），北京古籍出版社，2003，第278页。

② （明）钟化民：《赈豫纪略》，《中国荒政全书》（第一辑），北京古籍出版社，2003，第279页。

③ （明）钟化民：《赈豫纪略》，《中国荒政全书》（第一辑），北京古籍出版社，2003，第279页。

④ （明）钟化民：《赈豫纪略》，《中国荒政全书》（第一辑），北京古籍出版社，2003，第280页。

（四）灾民多家室萧条，灾区又生“盗贼”，劫掠焚烧，人心惶惧，民心涣散，生产无以为继

是时，灾区“汝南等府，见流移复业，虽有可耕之人，家室萧条，实无可耕之具，满野荒芜，束手无措，饥馁何从得食？钱粮何日得办？”为了组织生产，稳定灾区经济社会秩序，钟化民等“令布政司分发各府州县，令掌印官亲自下乡踏勘某都、某堡荒地若干，量给种子，仍买耕牛，照田分给。如一县有牛百只，生息数十年，可得子牛千只，官置簿籍，每年登记，永存民间，以广孳生，使人有可耕之具，户无不垦之田”。[①] 又，饥民有啸聚为乱者，打家劫舍，抢夺府库，成为灾区稳定与灾民安全的最大威胁。如“汝南饥民啸聚，出没山谷，劫掠焚烧，结党数千人，势甚猖獗”。为了化“愚顽”为良善，减少杀戮，钟化民“单骑往谕，皆稽首悔悟，争相谓曰：‘圣天子活我百姓，我辈昔陷死地，今得生矣。’投干戈，弃剑戟，一时解散”。[②] 重视农田水利建设是救荒根本之策，诚如钟化民所言：“救荒于已然，不若备荒于未然。救于已然者，事穷势迫而莫可谁何；备于未然者，事制曲防而可以无患。”[③] 河南一些灾区，有果木者，灾民采之果实果腹充饥。如灾区“虞城县，村中父老以桑椹供食，臣食而甘之，问父老曰：此地有桑椹，必有桑树。有桑树，必有蚕丝。今桑树罕见，蚕丝罕有，其故何在？父老答曰：民间栽桑不多，养蚕之家亦不纺丝，止是卖茧，颇无厚利……（钟化民）因令各府州县正官，循行阡陌，随地课农，如有地一亩，令其植桑百株，十亩千株，百亩万株，桑多则蚕多，蚕多则丝多，丝多则利多。至于麦豆粟谷，及时深耕，枣梨柿栗，随地遍植，务使人无遗力，地无遗利者”。[④] 另外，钟化民还因地制宜，鼓励民众从事纺织手工业，增加收入，增强抗灾自救能力。如钟化民巡视灾区，“见中州沃壤，半植木棉，乃棉花尽归商贩，民间衣服，率从贸易……一

① （明）钟化民：《赈豫纪略》，《中国荒政全书》（第一辑），北京古籍出版社，2003，第280页。

② （明）钟化民：《赈豫纪略》，《中国荒政全书》（第一辑），北京古籍出版社，2003，第281页。

③ （明）钟化民：《赈豫纪略》，《中国荒政全书》（第一辑），北京古籍出版社，2003，第281页。

④ （明）钟化民：《赈豫纪略》，《中国荒政全书》（第一辑），北京古籍出版社，2003，第281页。

妇每日纺棉，三两月可得布二匹，数月之织，可供数口之用。其余或换钱易粟，或纳税完官……苟不教之纺绩，而使其号寒于终岁，冻死于沟衢，伊谁咎耶？臣令各府州县，每遇下乡劝农，即查纺绩之事。凡民家棉线多者，此勤于纺织者也，则呼其夫而赏劳焉。棉线少者，此惰于纺绩者也，也呼其夫而责戒焉。导之以自有之利，使人情乐趋，鼓之以激励之方，使室家竞劝”。[①]

（五）灾区由于备荒仓储荒废，地方社会保障体系缺失；礼乐教化亦废弛，社会秩序混乱

由于灾区备荒仓储废弃，礼教失序，因此钟化民力倡修长平仓，设义仓，倡礼教，构建社会保障体系，强化社会秩序成为灾区重要举措。如钟化民所陈：“今地方一过灾荒，辄仰给于内帑，此一时权宜之计，岂百年经久之规哉？”他认为：“唯以本乡所出积于本乡，以百姓所余散于百姓，则村村有储，家家有蓄，缓急有赖，周济无穷，此义仓之所以由设也。臣令各府州县掌印官，每堡各立义仓一所，不必新创房屋，以滋破费，即庵堂、寺观，就便设立。每仓择好义诚实有身家者一人为义正，二人为副。每遇丰收之年，劝谕同堡人户，各从其愿，或出谷粟，或出米石，少者数斗，多者数石，置立簿籍，登记名数。至荒歉时，各令领回食用，如未遇荒，今年所积，明年借出，加二还仓。义正副公同收放。此民间之粮不入查盘，不许借用，出粟多者，照例给赏。义正副年久粟多，给与冠带，免其本身杂差。此其积贮于粒米狼戾之时，比之劝借于田园荒芜之后，难易殊矣。”[②] 又称：“臣惟积贮之法，在民莫善于义仓，在官莫善于常平。夫常平云者，官为立仓，以平谷价。民间谷贱，官为增价以籴之；民间谷贵，官为减价而粜之。本常在官，而上不亏官；利常在民，而下不病民。中州长行此法矣，但官府之迁转不常，仓廪之废兴不一，燃眉则急，病定则忘，岂有济乎？臣令各府州县，查将库贮籴本银及堪动官银，秋收籴谷上仓，以行常平之法，谷贱则增价以籴，谷贵则减价以粜。设遇灾荒，先发义仓，义仓不足，方发常平。不必求赈，在在皆振恤之方；无俟发粟，

---

① （明）钟化民：《赈豫纪略》，《中国荒政全书》（第一辑），北京古籍出版社，2003，第282页。

② （明）钟化民：《赈豫纪略》，《中国荒政全书》（第一辑），北京古籍出版社，2003，第282～283页。

年年有不费之惠。此前任抚按之所已行，今臣与抚按之所修举者也。”①

倡行节俭，保民善俗成为稳定灾区社会秩序，增强灾区社会抗灾自救能力重要手段，这也成为灾区及灾民的重要社会生活。如钟化民所论：“中州之俗，率多奢靡，迎神赛会，揭债不辞，设席筵宾，倒囊奚恤？高堂广厦，罔思身后之图；美食鲜衣，唯顾目前之计。酒馆多于商肆，赌博胜于农工。及遭灾厄，糟糠不厌，此惟奢而犯礼故也。”② 又称：灾区灾民啸聚为乱，在于“乡约不讲，故民不知亲上死长之意，啸聚为乱，其所由来渐矣”。故而“令各府州县申明保甲之法，至有矿地方，择其有身家、有行止者，立为保正保副以统领之，不许为盗，亦不许容留面生可疑之人。一家有犯，九家连坐，则不必添兵，不必增饷，而盗贼潜消矣。其无矿地方，各申此法。至于臣庄诵圣谕六言，绘图衍义，述事陈歌，令有司分行约长、约副，每月朔望聚集乡人，悉为讲解，仍置善恶二簿，当众记录，以示劝惩。保甲严，人惮于为恶，乡约明，人乐于为善”。③

四　钟化民成功救灾的原因

万历中后期，在政治黑暗、官场腐败、荒政废弛的政治与社会背景下，钟化民奉命前往河南救灾，若缺少必要支持，救灾也可能只是走过场而已，灾区还是灾区。钟化民之所以能够成功救灾，原因很多，与其勤于政事、积极救灾的个人因素有关，也与万历皇帝积极支持有关。客观说来，万历皇帝对此次救灾的关注与支持是决定性因素。下文就此略作分析。

其一，钟化民深入灾区了解灾情，因地制宜制定救灾措施，舍生忘死，勤于公事，积极救灾，赈救得法，这是成功救灾的重要原因。如钟化民所言：“臣本至愚极钝，误蒙皇上任使，兼以宪职，许以便宜，感恩图报，期罄涓埃。目击中州食人炊骨，即行路之人伤之。况臣亲承简命，岂忍自爱其死乎？故食不下咽，坐不贴席，奔走于穷民饥饿之乡而卜辞，出

① （明）钟化民：《赈豫纪略》，《中国荒政全书》（第一辑），北京古籍出版社，2003，第283页。

② （明）钟化民：《赈豫纪略》，《中国荒政全书》（第一辑），北京古籍出版社，2003，第283页。

③ （明）钟化民：《赈豫纪略》，《中国荒政全书》（第一辑），北京古籍出版社，2003，第284页。

入于盗贼纵横之所而不避，周旋于瘟疫流行之际而不息，无非宣播皇上好生之德，以全此孑遗之命也。”①

其二，这次救灾活动，受到万历皇帝及其宠妃——皇贵妃郑氏高度关注，故而皇帝严督官员救灾，严惩救荒中官员不作为及腐败问题，朝廷在财力与人力上给予灾区充分支持，官员也纷纷捐纳钱粮助赈，这是钟化民成功救灾的决定性条件。万历中后期的吏治腐败问题，明神宗很清楚。如万历二十二年初，明神宗谕吏部曰：“目今四方吏治，全不务讲求荒政。牧养小民，止以搏击风力为名声，交际趋承为职业。费用侈于公庭，追呼遍于闾里。嚣讼者，不能禁止；流亡者，不能招徕。遇有盗贼生发，则或互相隐匿，或故意纵舍，以避地方失事之咎。其各该抚按官，亦只知请赈请蠲，姑了目前之事，不知汰一苛吏、革一弊法，痛裁冗费、务省虚文，乃永远便民之术。如此上下相蒙，酿成大乱，朕甚忧之……好议论而不好成功，信耳闻而不信目见，此尤当今第一弊风，最能误事者。弭盗安民，得人为本……近来人心玩愒，朝廷诏令通不著实举行。题覆纷然，竟归两可；科道官亦不用心参驳，成何法纪？自今日谕出之后，各务奉宣德意，严立标准，凡遇升迁行取考察等项，一以安民弭盗实政为抚按有司之黜陟。”② 又，《明神宗实录》载：万历二十二年三月，“是日，随接圣谕曰：‘昨者朕览《饥民图说》时，有皇贵妃侍，因问此是何图？画着死人，又有赴水的。朕说此乃刑科给事中杨东明所进河南饥民之图，今彼处甚是荒乱，有吃树皮的，有人相食的，故上此图，欲上知之，速行蠲赈，以救危亡于旦夕。’皇贵妃闻说，自愿出累年所赐合用之积，以施救本地之民，奏朕未知可否？朕说甚好。且皇贵妃已进赈银五千两，朕意其少，欲待再有进助，一并发出。今见卿所奏，着明早发与该部，差官解彼赈用。其中宫等，朕传着各出所积之赀以助赈。卿等欲捐俸薪，甚见忧国为民至意，且待钟化民奏到，再作区处”。③ 皇帝宠妃带头助赈，臣民自然纷纷效尤，捐助钱粮救灾。如万历二十二年九月，“户部题河南士民之捐资赈饥者，侍郎何雒文等四员各输谷千石以上，官为建坊；御史何倬等五员各输钱谷五百石以上，给坊价自竖；尚书张孟男等一百七十四员各输四百以下，各

① （明）钟化民：《赈豫纪略》，《中国荒政全书》（第一辑），北京古籍出版社，2003，第284页。

② 《明神宗实录》卷269，万历二十二年正月己亥条，第5000~5002页

③ 《明神宗实录》卷271，万历二十二年三月乙卯条，第5025~5026页。

给门匾。凡见任官，另加纪录；家居者，有司礼奖；义民给冠带，免差；又，内乡王勤焊赐匾奖谕诏可”。[①] 万历帝对于此次救灾中的腐败行为，严惩不贷，杀鸡儆猴。史称：万历二十三年三月“丙申，光禄寺寺丞兼河南道御史钟化民劾河南郏县知县叶时荣侵克赈饥银两及劝借科罚等项。上怒，逮系诏狱。时荣展辩，诏将印信、揭单发回，抚按官逐一勘问具奏，令毋轻纵”。[②] 整肃吏治，有利于救灾活动顺利进行，有利于激发官员救灾积极性。由于万历帝宠爱的皇贵妃郑氏为河南灾民捐银救灾，定然关注灾情变化及救灾进程；万历帝也会重视救灾情况，给予最大资助。另外，万历皇帝也想通过捐银事件，在群臣与百姓面前树立皇贵妃“贤惠爱民”形象，进而达到自己的政治目的。换言之，钟化民河南救灾活动已经被万历皇帝政治化了，只能成功，不能失败。

其三，钟化民赴河南救灾前，朝廷先前的救灾准备还算及时，对于稳定灾区有一定的积极作用，为钟化民救灾做了必要准备。如万历二十二年正月，也就是钟化民赴河南救灾前一个月，“工科给事中桂有根以江北、河南、山东水灾，条上弭荒事宜……部覆：内帑称诎，但于本省直起运银两，除光禄、京边照旧起解，其见贮库者，河南留六万两，山东江北各留二万两。至如漕粟，河南、江北已共留二十余万”。[③] 又，万历二十二年二月甲子，因河南灾荒，朝廷“蠲该岁田租，并发银八万两，令光禄寺丞钟化民兼河南道御史，前往赈济”。[④]

其四，朝廷积极缉盗与折征，多方筹措赈银赈粮，有利于灾区地方稳定，有利于救灾活动顺利展开。如万历二十二年二月，“兵部以河南、山东、淮扬等处岁荒盗起，而河南更甚，请蠲停给赈，晓谕解散，一面训练兵壮以资防剿。俱依拟”。[⑤] 同年三月，“兵部言：河南饥，民啸聚，风闻江南亦有乱形。然国法民命所关，岂宜枉纵。上令抚按慎发早断，以防煽惑，亦不得株连善类”。[⑥] 朝廷又采取折征、捐振等方式筹集银两。如万历二十二年二月，“河南抚按以重灾，奏请改折周、唐等王府禄

① 《明神宗实录》卷229，万历二十二年九月戊寅条，第5155页。
② 《明神宗实录》卷283，万历二十二年三月丙申条，第5245页。
③ 《明神宗实录》卷169，万历二十二年正月壬寅条，第5004页。
④ 《明神宗实录》卷270，万历二十二年二月甲子条，第5015页。
⑤ 《明神宗实录》卷270，万历二十二年二月己巳条，第5018页。
⑥ 《明神宗实录》卷271，万历二十二年三月乙卯条，第5026页。

米，并停缓庄田子粒……部覆：该府粟米尽折，粳米折过半。凡子粒坐河之南者缓征，河北如故。从之”。[①] 又，万历二十二年三月，“大学士王锡爵等奏：适奉传旨，以河南巡按陈登云封进饥民所食雁粪持示臣等，不胜痛感。见今国财耗竭，万难措处，请尽辞俸薪助赈，并乞皇上暨两宫各院量发内藏分投布施”。[②] 于是，同月，“内阁传出圣谕：两宫圣母闻河南饥荒，发内帑银三万三千两，着该部解去济赈。部请分发河南、山东、江北。得允”。[③]

五　备荒与灾区建设

大灾之后，灾区社会建设，尤其是加强备荒仓储建设，是巩固救灾成果增强灾区抗灾自救能力的重要举措。万历以来，由于国困民穷，灾荒频发，备荒仓储多为有名无实，无粮可储，这就给政府救荒带来新问题。如何尽量减少灾荒破坏，维持灾区社会基本稳定，成为更为迫切的时代课题。为此，一些官员强调以备荒为中心，以农田水利建设等为重点，构建全面系统的备荒体系，实现备荒建设与灾区社会建设统一，借以增强地方抗灾自救能力，加强灾区社会控制。

（一）全面备荒与社会建设

万历二十二年九月，钟化民在河南赈饥事竣，随即提出以全面备荒为重心的灾区社会建设方案，包括重农桑、备仓储、敦教化、编保甲等措施，即“复思救荒于已然，不若备荒于未然。行各州县劝务农桑，课勤纺绩，期为不饥不寒之民；乡设义仓，官修常平，期为三年九年之积；设四礼以谕士民，冠婚有仪，丧祭有则，各遵品节，而毋为靡费；遵圣谕以申乡约，十家为甲，十甲为保，人自为兵，而不假招募”。[④] 事实上，全面备荒的灾区建设方案已是当时的一种救荒共识，是一种有效的社会应对措施，备受时人重视。如万历时期官员孙绳武认为：“荒，与其议救，不若议备。故备荒不厌详，而救荒务得当。有备以为救之之地，有救以究备之之宜。生养自足相

---

① 《明神宗实录》卷270，万历二十二年二月庚午条，第5018页。

② 《明神宗实录》卷271，万历二十二年三月乙卯条，第5025页。

③ 《明神宗实录》卷271，万历二十二年三月丁亥条，第5031页。

④ 《明神宗实录》卷277，万历二十二年九月庚辰条，第5121～5122页。

符，丰凶无容骇视，何至议蠲、议赈，哓哓不已，徒有其名而无济于事乎？”[①] 孙绳武在所作《荒政条议》中系统论述其备荒主张，如兴修农田水利，开放山林河泽，提倡节俭，兴建义仓等备荒仓储，劝课农桑等具体措施。[②] 孙绳武还提出“申保甲以便防赈”主张，即重视乡村基层组织维护社会稳定与实施救荒作用。即“为照今之州县通行者，里甲也。然系名属籍，历年既久，则迁徙居住，非复一定，欲其驻守望而便赈济，无如保甲之法。今保甲之法具在，而行之未善，或以佐贰首领遍行骚扰，或为势豪大家把持遗漏，以致编派不均，无益反损。奸盗藉以藏匿，酿成不靖之端；饥贫未足据凭，虚费朝廷之费。迩来荒政不修，大端由此。今宜亟为申饬，俾凡所在有司查照旧规，设诚致行……凡在乡户口真伪、盗贼有无、饥馑轻重，悉无所容其诈冒。又为之申连坐之条，教亲睦之义，明稽查之法，严科扰之禁，简器械以寓武备，明分数以联臂指，在良有司随时尽制留心振刷之。虽待衰世之微权，实弥盗赈饥之捷法也。所谓古有其法，因而申之，而备在其中矣”。[③]

（二）侧重农田水利建设，主张推广稻作种植

万历以来，全面备荒、重视生产自救成为灾区抗灾主要取向，备荒仓储建设则不再独重。其中，加强水利建设成为生产自救的重要内容。在全面“备荒”基础上，明人强调大力推广水稻种植与兴修农田水利。

明初，北方宜稻地区亦有水田。如永乐十年，“河南洛阳县知县姚弘言：本县旧有水田二十余顷，岁输粳米。后伊河水低，不能灌溉，今为陆地，每岁人民易其粳米输纳，乞令粟”。[④] 明初以降，为增加北方粮食总产量，保障民生，一些官员提倡扩大水田。如明中期官员姜宝（1514～1593）力主在河南部分地区兴修水利、种植水稻，多开发水田，藉以稳产增长，增强小农抗击灾荒的能力。如姜宝在《议兴伊洛水田》疏中称：“河南本有水利，可以兴水田，古之人盖尝为之矣！如太阳三渠，去府城

---

① （明）孙绳武：《荒政条议》，《中国荒政全书》（第一辑），北京古籍出版社，2003，第585页。

② （明）孙绳武：《荒政条议》，《中国荒政全书》（第一辑），北京古籍出版社，2003，第585～589页。

③ （明）孙绳武：《荒政条议》，《中国荒政全书》（第一辑），北京古籍出版社，2003，第588～589页。

④ 《明太宗实录》卷124，永乐十年正月乙未条，第1557页。

南十里而近，分洛水以溉田者；宜利渠，去永宁县南三里而近；又有新兴万箱等渠，皆亦分洛水以溉田者。伊阳渠去嵩县东十里而近，永宁渠去嵩县南六里而近，又有鸣皋、顺阳、济民等渠，皆分伊水以溉田者。而卢氏县之东涧水，则尝析而为渠，流入于城中以灌蔬圃者也。可以灌蔬圃，则亦可以灌田，兴水田之利矣。至于伊洛瀍涧，载在经史，流经府城外，夏秋间每泛溢而东者，宁不可以堤障之，车戽而耕种为水田乎……闻永宁、嵩县亦已有水田，其民颇称饶裕。予方欲募召能作水田之人于我苏松，及永宁、嵩县之已有成效者，以分教乎。凡伊洛三川之民，兴秔稻之利于此一方，而惜乎不久即迁官去八闽矣。洛民每苦粮重，疏欲与汝南道丈地均粮，格不行。予尝为之请轻折，而方伯公靳不许。每叹之。倘水田之利成，每亩可收谷三四钟，其每亩所上粮一斗，比之我苏松犹为轻则尔。即不尽水田也，以水田与不水田相参错为轻重。数年以后，岁稍多收，民间或有稍致饶裕。如永宁嵩县也，粮则稍重，于输将不为难，亦何至强聒于人前，仰人鼻息而不蒙一许可也欤！予请轻折而不得，欲兴水田以利其民，而以转官去，不获遂予心。又以其大夫士亦安于故常，而不乐为此也。每每又叹之，且去且着为议，以告后来者。"[①] 除了水稻，明人还提倡因地制宜种植旱稻。如明人徐献忠（1469～1545）称："糯，紫黑色，而粳者白。往时宋真宗因两浙旱荒，命于福建取占城稻三万斛散之，仍以种法下转运司示民，即今旱稻也。初止散于两浙，今北方高仰处类有之者。因宋时有江翱者，建安人，为汝州鲁山令，邑多苦旱，乃从建安取旱稻种。耐旱而繁实，且可久蓄，高原种之，岁岁足食。种法：大率如种麦；治地毕，豫浸一宿，然后打潭下子，用稻草灰和水角之。每锄草一次，浇粪水一次。至于三，即绣矣。"[②] 客观说来，明中后期，河南水旱灾害最多，在部分地区开发水稻或旱稻，对于缓解小农生计问题有利。

兴修水利以保障农业生产，成为历代都重视的备荒措施。明中后期，河南灾荒频发原因，除了藩王与权贵兼并土地及赋役繁重外，农田水利失修则是重要原因。如成化初年，大臣原杰（1417～1477）疏称：黄河"盖以水势弥漫，迁徙不常，彼陷则此淤，军民随出开垦退滩之地，以给日食，以供租税。盖以此而补彼也……又彰德、怀庆、河南、南阳、汝宁五

① 陈子龙等辑《明经世文编》，中华书局，1962，第4152～4253页。

② （明）徐光启：《农政全书》，岳麓书社，2002，第389页。

府山多水漫，卫辉一府沙鹻过半，军民税粮之外，仅可养生。开封一府，地虽平旷，然河决无时”。[①] 弘治初年，大臣徐恪（1431～1503）在《地方五事疏》中亦指出，河南水利不兴，农业环境恶化，土地大量抛荒而赋役数额尤在，是为河南灾荒频发原因。即河南“故渠废堰，在在有之，浚治之功，灌溉之利，故老相传，旧志所载，不可诬也。但岁久堙芜，难于疏导。间有谈者，率多视为迂阔。臣尝以为当此大旱时月，若得一处之水，可济数顷之田，不致袖手待毙。如是之无策也。岂可惮其难而不为乎？比虽行令分守分巡官提督修举，然百责攸归，未免顾此失彼。况中间经行去处，多被王府屯营侵塞，及势要之家占作碾磨……开封府、河南、怀庆等府抛荒地亩数万余顷，该粮数万余石，盖因连岁灾伤，人民离散，外来军民畏惧粮差，不肯尽数承佃，以致田地抛荒，粮额如故；及照彰德府汤阴县硝鹻地一千二百九十余顷，该粮一万六千七百六十余石；卫辉府辉县金章、沙冈等十五社石沙壅压地七百五十余顷，该粮六千八百五十余石，俱不堪耕种……今硝鹻沙壅之地种植不生，而税额如故，是有赋而无田矣。古者因民授田，今逃移抛荒触处皆有，虽照原拟轻则召人承佃，多怀疑惧，不肯尽从。官不得已，乃摊税于一里之民。分耕代出，负累贫乏，相率以逃。兹又一切洒派，通摊一州一县之民，户口减耗，岁计愈亏，是有田而无民矣。臣闻中人一家之产，仅足以供一户之税，遇有水旱疾疠，不免举贷逋欠。况使代他人赔出乎？夫使一家代出一户之税，有识者尚以为忧。今又责令倍出三户四户甚至有六七户者，民何以堪？若不早为之虑，诚恐数十年后，逃者遗数日增，存者摊数日积，非但民不可以为生，而官亦不可以为政矣”。[②] 明代河南水利问题，终是未能解决，成为河南灾荒严重的重要原因。如明末左光斗（1575～1625）称：“东南有可耕之人而无其田，西北有可耕之田而无其人……山以东，两河南以北，荒原一望，率数十里，高者为茂草，洼者为沮洳，岂尽其地哉，不垦耳。其不垦者，苦旱兼苦涝也。其苦旱与涝者，唯知听命于天，而不知有水利也。一年而地荒，二年而民徙，三年而地与民尽矣！”[③] 何止水田，如果在旱田种植中能够充分利用当地水资源而增加灌溉能力，旱田亦可旱涝保收。水田无水，或者水田遭遇旱田一样的“待遇”——水利废弛，同样不能高

① 陈子龙等辑《明经世文编》，中华书局，1962，第824页。
② 陈子龙等辑《明经世文编》，中华书局，1962，第725～727页。
③ 陈子龙等辑《明经世文编》，中华书局，1962，第5478页。

产。所以，若要缓解或者根本解决河南灾荒问题，水利问题是一个大问题。如明人孙绳武所言："为照天下郡邑高下不等，然无处不有水泉之利，亦无岁不有水旱之别。今南方诸省，犹间有水利之名，然亦多湮废不治；北方诸省，则从来未有其事。故使利害悬绝，丰凶各殊。夫水土不平，耕作无以施功，谓宜于各省道臣，悉加以水利之衔，俾令严督有司，殚心料理所在地方，度量地势高下，跟寻水之源委，浚河以受沟之利，开沟渠以受沟潦之水。官道之冲，设大堤以通行；偏小之村，亦增卑以成径。惟于道旁多开沟洫，使接续通流，水由地中行，不占平地。又度低洼处所，多开陂塘以潴蓄之。夏潦之时，水归沟塘；亢旱之日，可资引溉。高则开渠，卑则筑围，急则激取，缓则疏引，俾夫高者宜黍，低者宜稻，平衍地多本棉桑枲，皆得随宜。树艺如此，土本膏腴，地无遗利，既大旱大水，而潴泄有法，终不为患。所谓因地治地，尽人事以敌天行者，非小补也。"①

主张平均赋税也成为这一时期备荒必不可少的内容。明代赋役不均问题一直很严重，河南各地赋税畸轻畸重问题也很突出，一直未能解决，一些州县地少地瘠而赋税较重，民生问题突出，造成小农贫困化事实，故而遇灾则荒，区域性灾区化明显。如嘉靖时期，河南怀庆府知府纪诫所述：

> 国初定赋，止据一时土地之荒熟起科，初未尝有所厚薄与其间也。彼开封、汝宁、归德、南阳等府，先俱遭兵，其时地荒，故其粮颇少。粮之多少，不过以地之多寡为率。苟如此其地，如此其粮，虽至今行之，亦何有不可者？但年久势异，而各府之荒芜皆尽开垦。如《西华县志》，洪武二十四年，在册地止一千九百九十四顷有奇，嘉靖十一年，新丈地一万九千七百七十顷有奇。永城县原地一千五百三十顷有奇，至嘉靖十一年，新丈出二万六千六百一十九顷有奇。在二县如此，在他县可知。是土地实增倍于其旧，则粮宜增而不增，而顾以其粮分洒之，此轻者益见其轻也。至于怀庆，北枕行山，南环黄河，中流丹、沁，年年冲压，则膏腴变为硷荒者，不下百十余顷。又且有封藩各坟址之开占，是以粮有包空之说，而人之逃者相继。先，河内县原编户一百二十余里，今并为八十三里；修武县原编户六十里，今并为二十九里。凡他县亦皆类是。人逃而地渐荒，则土

① （明）孙绳武：《荒政条议》，《中国荒政全书》（第一辑），北京古籍出版社，2003，第585～586页。

地已非其旧。夫粮宜减而不减，而复以其粮包赔之，此重者益重，无怪乎怀庆之民日困征输而卒无以自安也。臣奉命守兹土，入其境，见其民，心窃恫焉。随据河内等六县民杨光、张相等连名告乞，俯念地粮偏累，曲赐多方均减以延余民等事。因询其故，乃查《河南总赋文册》，怀庆一府，共地四万二千八百八十九顷，该粮三十三万六百二十石。如归德府七万四百余顷，止征粮六万七千六百七十余石。计其地，怀庆不及开封等各府十之一二，而其粮多不止于十数倍。况怀庆之地，每二百四十步为亩，每亩征粮一斗，少亦不下八升五合。其它各府之地，每四百八十步为亩，每亩征粮二三合，多不过一升。甚者有数亩之地而无一撮之粮，以一役之微而免数亩之税。是怀庆一亩之地足当各府三四十亩之税。怀庆不免有征赋包赔之苦，而在各府乃得以恣飞诡影射之奸。于此使不有以通融之，则苦乐不均，而怀庆偏重之累将何时已乎?①

赋税不均，赋重之地，民众所受剥削较重，影响小民生计，造成小农收入减收，其抗灾自救能力自然降低；赋税不均，还会造成赋重农民对政府的不满，农业生产消极性会因之不断累积。因此，一旦闹灾荒，“人之逃者相继”。所以，平均赋税对于稳定人心、有效抗灾救荒显得非常重要，是备荒重要举措之一，故而一些官员一再疏请平均赋税。

成化时期（1465~1487）与万历时期（1573~1620）是明代历史上比较特殊的时期。成化时期被学界定为传统社会向近代社会转型的萌动期；万历时期则被看作明朝政权覆亡之始。本节之所以选择这两个时期的两起救灾事件予以个案研究，因为在明代灾荒史上，这两个时期还有着标志性意义。就成化时期而言，明代“灾害型社会”肇始于此；就万历时期而言，明代“灾害型社会”至此由区域化转为全国化。由零星分布各地的灾区化“灾区”而出现区域性的“三荒”现象，进而滑入“灾害型社会”。明代历史，从环境史视域检视，大致经历了这样的演变过程——“灾区”面积扩大化、区域社会灾区化以及灾害型社会全国化。这种演变，既有人与社会的作用，也有自然环境的影响，是人与环境、社会与环境以及人和社会共同恶性互动的结果。

---

① （清）顾炎武：《天下郡国利病书》之《怀庆府志》，上海古籍出版社，2012，第1435~1436页。

第六章 “三荒现象”与灾区自然化

中国历史上，“三荒现象”时或出现。所谓“三荒现象”，系指“灾荒”“人荒”“地荒”三者在空间上耦合，在时间上相继发生的一类极其悲惨的灾区民生状态与乡村聚落荒废现象。其中，“灾荒”是指天灾频发，饥荒严重；“人荒”是指饥民逃荒，灾区人口锐减；“地荒”是指耕地抛荒，土地荒芜。“三荒”发生次序为：“灾荒”发生，“人荒”随之出现，“地荒”接踵而至。灾区乡村社会遂呈自然化倾向，终是村落萧疏，荒草弥漫。“三荒现象”主要发生在乡村，实际上是乡村社会与生态环境恶性互动而灾区社会自然化现象。

“三荒现象”是“PPE 怪圈”产物，但非必然。什么是“PPE 怪圈”？研究表明：“PPE 怪圈”是指贫困（poverty）、人口（population）和环境（environment）之间形成的一种恶性循环。“PPE 怪圈”充分体现了农村贫困人口生存方式的脆弱性：贫困导致人口增长和生态环境趋向脆弱；反过来，人口增加又使贫困加剧，生态环境更加脆弱；脆弱的生态环境使贫困程度进一步加深。[①] 要言之，“PPE 怪圈”常有，“三荒现象”不常有。明代中前期“三荒现象”以北方地区[②]为典型，学界多以“流民问题”或

---

① 刘燕华、李秀彬主编《脆弱生态环境与可持续发展》，商务印书馆，2001，第 141 页。另见李周、孙若梅《生态敏感地带与贫困地区的相关性研究》（《农村经济与社会》1994 年第 5 期）。

② 李治安先生研究得出，元朝统一后，南方和北方差异依然存在，导致国家制度层面亦呈现南、北因素的并存博弈。由于元政权北制因素势力过分强大，北方制度向南方的推广移植明显多于南制因素的保留及北上影响，初次博弈整合的结果，北制因素稳居上风。元明鼎革，承袭元朝制度颇多，朱元璋、朱棣的个人因素与社会关系等力量的交互作用，导致明前期南、北制因素的那次整合仍然是北制多占优势。明中叶以后又实施另一次整合，且改为南制占主导。先后经历元朝、明前期以北制为主导和明中叶后南制为主导的三次整合，明后期才重新回归到代表唐宋变革成果的南制方面且得以升华发展。此乃元明二代因南、北差异而展现的社会整合发展的基本脉络和走势。就社会形态的核心——社会关系而言，主从隶属依附，大抵是北制的要害；租佃雇佣，大抵是南制的真谛（具体内容见李治安《元和明前期南北差异的博弈与整合发展》，《历史研究》2011 年第 5 期）。

“灾荒”等一语以蔽之，少有专门研究。本章即从环境史视角加以考察，借以探究“三荒现象”区域性特征及其主要生成机制。

第一节 “人荒”与“见在户”社会

明前期，江南部分地区虽然出现“灾区化”，尚不足以达到“三荒”程度。然而，明中前期，“三荒现象”在许多地方出现。但是，明代江南“三荒”问题并不严重，相对来说，农业环境相对较差的北方地区的“三荒”问题则较为突出。其中，“人荒”是“三荒现象”核心内容与标志性指标。所谓“人荒”，系指灾民逃荒，灾区人口锐减，户口稀少的灾区社会景象与表现。有明一代，“人荒”问题一直存在，其主要成因是“灾荒”。“灾荒”通过“人荒”增强其破坏作用；“地荒”则是“人荒”必然结果，灾区“人荒”程度直接取决于灾荒的严重程度。

一 “人荒现象”

有明一代，“人荒”问题严重。所谓“人荒”，系指灾民逃亡，灾区户口锐减的一种社会现象。简单说来，“人荒”是灾区“流民+荒村”的一种社会存在状态。流民是人口现象，“人荒”系指灾区社会现象。“人荒”之人，主要是沦为流民的灾民。《明史》称：“人户避徭役者曰逃户。年饥或避兵他徙者曰流民。有故而出侨于外者曰附籍。”[①] 笔者所谓“流民”，包括《明史》所言“逃户”与“流民”。如何认识“人荒现象”？概要说来，人类的根基处在生态系统的运行方式中，不同地区的人群构成了不同的复杂的人群聚落网络，而不同的人群聚落生息繁衍的基础则是不同的自然环境。人群聚落文明内涵与自然环境之间共同组成了休戚相关的区域社会经济与自然环境复合体。笔者认为，若探究“人荒”问题的生成机制，“区域社会经济与自然环境复合体”是我们需要关注的一个重要视域。“人荒”也是“区域社会经济与自然环境复合体”的一种病变。下面我们暂从明代流民规模及其生活状态着眼，借以了解当时“人荒”的严重程度。“人荒”现象形成，原因很多，本节拟从农业开发视角予以检视。

明太祖有言：“古先哲王之时，其民有四：曰士农工商，皆专其业，

---

① 《明史》卷77《食货一》，中华书局，1974，第1878页。

所以国无游民，人安物阜，而致治雍熙也。朕有天下，务俾农尽力畎亩，士笃于仁义，商贾以通有无，工技专于艺业。所以然者，盖欲各安其生也。”[①] 实质上，“先王之世”作为一种社会理念，它是传统儒家以反思与批判现实社会问题为基础、逐渐描绘而成的理想化的小农社会。明太祖以“先王之世”相标榜，并将之付诸于土地开发与乡村社会建设实践当中。

元明之际，战乱之处，社会经济破坏严重。其中，北方地区多为地荒人稀之地。如明初，官员白范所作《河间诗》云：“出得河间郡，郊原久废耕。妖狐冲马立，狡兔傍人行。丛棘钩衣破，枯杨卧道横。萧条人迹少，州县但存名。”[②] 为加快社会经济恢复与发展，明王朝以“先王之世”为依托，以土地开发为载体，以休养生息为政策指向，以鼓励垦荒、移民屯田为途径，全面构建秩序井然、礼法严明、民有恒产，长治久安的小农社会。其中，经济上，明太祖遵循“制民之产”与限制兼并[③]原则，积极鼓励农民垦荒并大力扶植自耕农经济；在社会建设方面，实施里甲制、老人制、学校制及建构乡村各种救灾济贫机制、礼仪规范，强化乡村控制体系，增强国家对乡村政治、经济及文化活动的直接监督与间接管理的控制力。概言之，乡村社会秩序重建与农业经济恢复是其时代主题。

明前期，以北方地区为重点，组织了大规模的土地开发运动。根据明代土地开发规模盈缩与政策演替实际，可将其划分为三个阶段：第一阶段为洪武至永乐年间，属于土地开发全面展开与深化时期。这一阶段，北方土地开发经历了一个“开发—破坏—再开发—再破坏”的循环过程。具体说来，洪武时期是土地开发政策全面制定与实施的时期，中经靖难之役破坏，其后，永乐时期北方土地开发规模不断扩大。第二阶段为洪熙至正统年间，属于土地开发徘徊不前时期。第三阶段为景泰至弘治年间，属于土地开发全面退缩与荒废阶段。[④] 实际上，明代北方土地开发运动是一场完全由政府组织实施、以纵民滥垦为主要内容与特征的大开荒运动。短时间

---

① （明）余继登：《典故纪闻》，中华书局，1981，第74页。

② 嘉靖《河间府志》卷4《宫室志》，天一阁藏明代方志选刊。

③ 明太祖遵循“古者井田之法，计口而授，故民无不受田之家”的土地分配原则，诏令“耕者亦宜验其丁力，计亩给之，使贫者有所资，富者不得兼并。若兼并之徒多占田以为己业，而转令贫民佃种者罪之。”（《明太祖实录》卷62，洪武四年三月壬寅条）

④ 具体内容参见赵玉田《明代北方的灾荒与农业开发》，吉林人民出版社，2003，第74～99页。

内，土地开发使大量荒地变为农田。同时，由于长时段的、反复的滥垦滥伐①，造成许多地区农业生态环境不断恶化，自然灾变加剧，加之政府救助不力，民生贫困问题越来越严重，土地开发运动也成为一种主要致灾因子，“三荒”问题因之催生并爆发。

二 “见在户”社会

土地是农民安身立命之本，农民向来有着很深的“恋土”情结。流民身份与流民生活当然不是农民所愿，乃是不得已而为之。中国古代社会流民发生机制问题，学者多有论述者。一般认为，土地兼并、天灾频繁、政治腐败、社会环境恶化（如兵灾、匪祸、苛政、吏治腐败、人口压力等）。② 问题在于，不同时期、不同区域的流民成因各有不同，如上文所论明前期山西的“生态型”人荒与北直隶的“地理耦合型”人荒，成因明显有别。需要指出的是，本节视域主要集中于流民逃离的家乡与家乡未流徙的“见在户”③，借以对“人荒”问题策源地的社会与民生变化问题加以探究。在此，笔者尝试性探究明代灾区的“人荒”问题与灾区社会的关系问题。

明初，流民问题已经出现。如经济社会发达的江南，部分地方开始闹“人荒”。如太仓州，“洪武年间见丁授田十六亩，（洪武）二十四年黄册原额六十七里，八千九百八十六户。今宣德七年造册止有一十里，一千五百六十九户。核实又止有见户七百三十八户，其余又皆逃绝虚报之数”。④ 其后，流民越来越多，形成流民运动。诚如牛建强先生所论：“明代流民运动自15世纪三四十年代出现后，成为一种全国的而非局部的、长期的而

---

① 有学者撰文指出：“据推算，1万公顷森林所能含蓄的水量，相当于一座库容为300万立方米的水库。森林被盲目砍伐，一方面在暴雨之后不能蓄水于山上，使洪峰来势凶猛，峰高量大，增加了水灾的频度；另一方面加重了水土流失。”“历史上西北黄土高原大部分地区属于森林或森林草原植被，黄河的主要支流如泾河、洛河、渭河、汾河等也曾经都是清水河流。以后历代对森林植被持续的破坏（其中尤以明代以来破坏最为严重），导致了黄河河床淤高，下游泛滥。”（具体内容见张家诚等著《中国气象洪涝海洋灾害》，湖南人民出版社，1998，第212～213页）

② 江立华、孙洪涛：《中国流民史》，安徽人民出版社，2001，第68～116页。

③ 《明史》称：“其人户避徭役者曰逃户。年饥或避兵他徙者曰流民。”（《明史》，第1878页）本文将明代的“逃户”与“流民”统称为“流民”。同时，把灾区未流徙者称为“见在户”。

④ 陈子龙等辑《明经世文编》，中华书局，1962，第176页。

非短暂的社会现象。由于历史环境的阶段变化，流民在不同时期的活动内容和方式随之也在转换，故有明代前期流民和中期流民之分界。明代前期流民出现的原因是复杂的，除了政治颓废的主要因素外，人口自然增殖和华北区生态环境综合征的恶化都产生了助推作用。”①

明初以来，作为土地开发重点地区的北方，如河南、山东、北直隶等地，“人荒”问题日趋严重。如宣德三年，“蠲保定府安州逃亡户粮刍。时本州里长诣阙言：‘州民逃者一千一十九户。官府令代输逃户税粮三千七百余石，绢一百八十四匹，草一万一千四百余束，棉花一千一百余斤，追督急迫，不胜艰苦。’上顾行在户部臣叹曰：‘有司不能抚恤，致民逃徙，又虐民使代输粮草等物，民奚以堪？’”② 又，宣德六年四月，“免山东沾化、寿光、乐安三县复业民五千三百八十余户永乐二十二年以来所欠税粮”。③ 可见三县原初逃民之多，逃离时间之久。又如明前期官员孙原贞（1388～1474）所陈：“臣前任河南参政时，查各处逃户周知文册，通计二十余万户。内山东、山西、顺天等府逃户数多。其河南之开封、汝宁，山东兖州，直隶之凤阳、大名，此几府地境相连，往时近黄河湖泺蒲苇之乡，后河浅水消，遂变膏腴之地，逋逃潜住其间者尤众。近因河溢横流，此几处水荒，流民复散，间有回乡，多转徙南阳、唐、邓，湖广襄、樊、汉、沔之间趁食”。④ 又如，官员商辂（1414～1486）在《招抚流移疏》中称：“臣闻河南开封等府并南直隶凤阳府等处地方，近年为因水患，田禾无收，在彼积年逃民，俱各转徙，往济宁、临清等处，四散趁食居住……其正统十四年以前逃移在外年久革民，及陕西、山西所属艰难州县并口外地方，及原无田产之家，俱不肯复业。流移转徙，动以万计。”⑤ 流民之所以不肯复业，或由于拖欠赋税而远走他乡；或由于地瘠民贫、无以为生而逃荒；或由于灾荒频发，不得已而逃生；或由于赋役沉重，愤然离乡远走。其中，灾荒频发是灾民外流的主要原因。

人口流移，灾区或陷入地荒人稀境地，或处于崩溃边缘或陷于崩溃，或陷于混乱状态，社会失范严重。如成化六年，“京畿旱涝相仍，内外饥

① 牛建强：《明代人口流动与社会变迁》，河南大学出版社，1997，《自序》第3页。

② 《明宣宗实录》卷43，宣德三年五月乙丑条，第1049～1050页。

③ 《明宣宗实录》卷88，宣德六年四月壬戌条，第1818页。

④ 陈子龙等辑《明经世文编》，中华书局，1962，第185页。

⑤ 陈子龙等辑《明经世文编》，中华书局，1962，第290页。

民多将子女减价鬻卖，势必劫掠。又各屯营达官，亦随处群聚，强借行劫……畿辅灾深，民居荡析，虽蒙皇上发粟赈济，然流移道路，困苦万状。目今尚可苟延旦夕，若薄冬临春，青黄不接，必难堪命。非早为区处，设有不虞，即峻法严绳，倾廪遍救，亦缓不及事”。[①] 如官员徐恪（1431～1503）所言：“河南地方虽系平原沃野，亦多冈阜沙瘠，不堪耕种。所以民多告瘠，业无常主。或因水旱饥荒及粮差繁并，或被势要相侵及钱债驱迫。不得已将起科腴田减其价值，典卖与王府人员并所在有力之家，又被机心巧计，揞立契书，不曰退滩闲地，即曰水坡荒地，否则不肯承买，间有过割，亦不依数推收，遗下税粮仍存本户，虽苟目前一时之安，实贻子孙无穷之害，因循积习，其来久矣。故富者田连阡陌，坐享兼并之利，无公家丝粒之需；贫者虽无立锥之地，而税额如故，未免缧绁追并之苦。尚冀买主悔念，行佣乞怜，直至尽力计穷，迫无所聊，方始挈家逃避，负累里甲年年包赔，每遇催征，控诉不已。地方民情，莫此为急。除通查过割外，缘此等民害，各处皆有，不独河南。”[②] 明中期，“人荒”现象更为普遍，问题也更为严重。如何乔新所述：“山西之民凋敝极矣，或父食其子，而子亦杀父而食之；或夫食其妻，而妻亦杀夫而食之。至于叔侄相食，姻娅相屠，又其小者耳。人类至此，有识寒心。盖自去岁春夏不雨，而麦菽无收；八月降霜，而黍糜尽槁，非为平阳、泽州二处而已，潞、沁、汾、辽与太原之岢岚、保德二州与岚、临、河、曲四县灾伤莫不皆然……仆至此以来，加意赈恤，流逋复业者十才一二，近闻贵部委官催征去岁所派边粮，百姓忧惶，咸欲逃窜。愚窃以为山西之民如久病之人，瘠已甚矣。饲之以粥，尤恐其不活，又从而夺其食，其有不死者耶!”[③] 至明中后期，“人荒”问题更加严重。如嘉靖时期，官员林俊称：“陕西、山西、河南连年饥荒，陕西尤甚。人民流徙别郡，荆、襄等处日数万计。甚者阖县无人，可者十去七八，仓廪悬磬，拯救无法，树皮草根食取已竭，饥荒填路，恶气薰天，道路闻之，莫不流涕。”[④]

面对越来越多的流民，以及经济社会衰敝的灾区社会，明朝统治者也越来越担心流民对社会稳定与政治统治所带来的巨大威胁。于是，统治者

① 陈仁锡：《荒政考》，《中国荒政全书》（第一辑），北京古籍出版社，2003，第565页。
② 陈子龙等辑《明经世文编》，中华书局，1962，第716页。
③ 陈子龙等辑《明经世文编》，中华书局，1962，第716页。
④ 陈子龙等辑《明经世文编》，中华书局，1962，第517页。

使用惯常统治方略，即恩威并济统治术，镇压与招抚并行。尤其是为招抚流民，明朝各级统治者煞费苦心。先看一折山东招抚逃民劝语：

山东招抚逃民劝语

说与流移百姓，当初年景凶荒，妻子饥饿，死里逃生。没奈何舍了家园，丢了坟墓，抛了骨肉，千难万难，离乡趁食，不知受了多少奔波。投个主儿暂且安身，苟活性命。既然住下，或留恋地方不肯归来，或欠人钱债不得归来，或缺少盘费不能归来。捱日捱年，久久儿婚女嫁，牵扯因循，甘心做了流民，永无归念。想你在家时，外甥女胥弟女孙男叫你父母爷娘伯叔姑舅，本乡本土，何等气势？六邻亲戚，四时八节，团头聚面，何等欢喜？如今他乡在外，不是作婢为奴，就是佣工佃地；低头下气，叫人爷娘；忍耻包羞，受人打骂，才敢动气高声，动说解回原籍。做流民的有甚好处？你家中丢下房屋任人拆毁，地土任人典卖。祖宗坟墓到那祭扫时，谁烧一张纸钱？就是那无嗣孤魂。儿女亲戚，到那思念时，流了多少眼泪？只恐死不相见。况去岁秋收七分，今春麦根又好，你若愿意归来，就少人些须钱财，那仗义阴德的好人，他也不问你要。但入我济南境内，每口每日给炒豆一升，你到家时，旧日差粮通免追要，荒闲土地给你耕牛子种，没处安身给你草木盖房，再与你几斗谷安养家口，便在家里佣工佃地，担担推车，也比流民光华多少，切休把儿女卖在外边，去住两难，牵肠挂肚。但有好义之人，肯将买到流民男女，不要原价给伊父母同还乡里，或替人回赎男女得还乡里者，移文彼处州县官，上等旌奖。或爱惜流民子女，不肯折磨，使得成人长大自还乡里者，亦是上等阴德，应准大善三次。我言不虚，百姓思之。①

事实上，这种看似含情脉脉的“招抚逃民劝语”及相关优惠政策并未能阻止饥民灾民外流的步伐，在招抚流民问题上也未能如愿，反倒成为增加流民数量的激励机制。概要言之，它产生这样一种现象，即灾民饥民一旦成为流民，他们就会得到政府给予的经济利益与优惠政策；相反，“见在户”却成为政府救济安抚之外的群体，而是赋役相加，以至无法生存。

① 《吕坤全集》卷4《民务》，中华书局，2008，第1047~1048页。

可以说，一旦遭遇天灾，饥民灾民逃亡则成为他们主要的谋生之路。如成化四年（1468），刑科给事中白昂所陈：“今河南荆襄附籍流民已有六万三千余户，未附籍犹不知数。皇上简任宪臣往彼抚治，然而犹有仍前流往者。盖因新收逃户既得赈恤，复业流民又免粮差。惟安土重迁始终不逃者，每代逃户赔粮服役，反不能存。”①

当然，政府杯水车薪的救济也不过是例行公事罢了，不可能从根本上解决灾区民生问题。在这里，我们应该进一步指出，明前期，仅就北方流民成因而言，恰是肆意土地开发的一个症结，即灾荒、流民与土地开发三者之间形成恶性循环。灾荒与苛政导致流民生成，破坏土地开发；农民贫困，抗灾能力降低，灾荒破坏力加大，流民增多，地方社会经济崩溃，人逃地荒。逃民如流，使明代北方灾荒和土地开发都走进死胡同。明前期北方涌动着的庞大流民队伍瞬间幻化为一支巨大的破坏力量，它仿佛流动的“灾荒带”，把更多的地区与劳动力卷入其中。笔者认为，任何灾害都是特定环境经过一定灾变积累过程而形成的。环境是灾害活动的背景与基础，灾害则是环境恶化的集中表现。因此，探究明前期北方“三荒”现象与流民问题，必须把二者重新置于曾经被人们剥离出去的多样化而又变动着的自然生态系统和复杂的社会背景之中。正如马克思所言：“人们在生产中不仅仅同自然界发生关系。他们如果不以一定方式结合起来共同活动和互相交换其活动，便不能进行生产。为了进行生产，人们便会发生一定的联系和关系，只有在这些社会联系和社会关系范围内，才会有他们对自然界的关系，才会有生产。”② 明前期北方社会经济经历了一个由盛而衰的发展过程，究其原因，大抵为自然因素与人为因素交相为恶的必然结果。其中，灾荒与生态环境及社会环境的相互影响、破坏，最终加剧社会脆弱性，而脆弱社会失去抵御灾害的必要功能。事实上，在传统农业生产中，人口增长必然导致为获取更多食物而扩大耕地面积，进而导致生态环境趋向恶化；环境恶化又导致农业生产环境恶化，农业产量降低，贫困问题加剧，即构成了古代农业社会人口、环境与贫困三者之间的恶性循环。③

---

① 《宪宗成化实录》卷53，成化四年四月乙卯条，第1082页。

② 《马克思恩格斯论历史科学》，人民出版社，1988，第89页。

③ 文中部分观点受刘燕华、李秀彬《脆弱生态环境与可持续发展》（商务印书馆，2001，第141页）启发，在此对二位先生表示感谢。

第二节 “人荒”：两种类型

若从本质分析，“人荒”是以流民出现为标志，“人荒现象”是灾区流民现象发生后的灾区人口一种存在状态。进而言之，明代“人荒”不仅是社会问题，还是环境问题，其间接表现了灾后乡村社会的一类社会与环境状态。

一 “人荒”两种类型概说

明代流民规模是空前的，正如明清史学家李洵先生指出：“明代流民运动的规模是全国性的。发生流民的地区包括南北直隶及十三布政使司（省），其中最为严重的是：北直隶、山西、河南、山东、南直隶、湖广、浙江、福建、云南等地区。明代流民的人数不易统计，因为所有的资料都是局部的，有的更是笼统的，加上流民是在流动着的。往往一股流民到处流动，各地的统计报告，多是重复的估计，如果根据现有的资料作一估算，大致可以认定，在当时全国的六千万在籍人口中，至少约有六百万人成为流民，亦即十分之一的在籍人口。其影响所及，无疑是巨大的。”① 明代流民的生活十分凄惨，描述流民生存状态的文字很多，字里行间无不流露出作者的哀婉与忧虑。如明人孟传芳所写《流民行》：“寝氛流灾何残酷，芒古一带无禾谷。村民尽炊仓箱空，十家九家食无粟。琐尾流离适异方，群向西南走柘鹿。男多肩挑女提筐，形容枯槁足危蹙。匍匐难行卧道旁，半城馁鬼弃幽谷。死者已弃生者行，儿女又遗中途哭。呜呼不忍观且闻，我非无耳与无目。闻之使我惨且愁，观之使我泪如漉。安得菽粟千万石，尽使流民果其腹。安得广厦千万间，尽使流民居且宿。呜呼苍天兮，何日救灾与除毒？乃使流民复邦族。”② 然而，关于灾区“人荒”现象却缺少专门研究。本节以明代流民现象为参照，就灾区“人荒”问题发生机制稍作分析。关于“三荒现象”研究，即灾区人口问题研究，学界少有论及。相对说来，对流民问题则关注较多，研究成果较多。

古今中外，总体说来，流民发生机制有其共性之处，即土地兼并、自

---

① 李洵：《试论明代的流民问题》，《社会科学辑刊》1980 年第 3 期。

② 嘉靖《夏邑县志》卷 9《杂文·文诗》，天一阁明代方志选刊。

然生存环境与社会环境的恶化、人口压力，等等。[①] 但是，具体而言，每一朝代或每一地区的流民问题成因都有其特殊性，明代亦然。亦如流民问题成因各有不同，明代“三荒现象”成因的地域性特征也非常明显。在土地开发大背景下，明中后期北方“人荒现象”则有其特殊表征与意义。笔者认为，明代北方“人荒现象”按其成因可分为“生态型”人荒与“地理耦合型”人荒。所谓“生态型”人荒[②]，主要是指由于农业生态环境恶化、自然灾变增多，在频繁灾害打击下，农业生产无法正常进行，灾民基本生活无法维持而不得不逃荒而造成灾区人口稀少、村落荒废的现象。明中后期北方一些地区的流民主要是遭受严重环境灾变与频繁自然灾害袭击而无法在原村落生存下去，借以造成“生态型”人荒。所谓“地理耦合型”人荒[③]，系指明代北方土地开发运动造成农业生态环境恶化与灾荒加剧，灾荒导致贫困人口增多，灾区、贫困区与脆弱生态区地理耦合而造成农民农业生产无法提供其生存最低保障，逃亡则成为他们求生的最后出路，借以造成灾区人口大量逃亡、村落败落的景象。下面就此两种类型的“人荒”而分别予以论述。

二　山西“生态型”人荒

明代山西“人荒”成因属于“生态型”。换言之，山西是“生态型”人荒现象典型个案。从时间上说，“生态型”人荒贯穿于有明一代，而以明中后期的“生态型”人荒最为突出，最具典型，且随着时间后移而日趋严重；从地域上讲，“生态型”人荒并非山西所独有，北方其他地区也都或多或少存在着“生态型”人荒现象，南方地区亦有，只是数量与规模有别。笔者仅以明代山西“生态型”人荒为例，就“生态型”人荒表现与生成机制作简要论述。

---

① 江立华、孙洪涛：《中国流民史（古代卷）》，安徽人民出版社，2001，第67～112页。

② 李心纯先生撰文指出：“有明一代乃至清初，以山西、河北自然灾害的环境特征，可以清楚地说明黄河流域的农业生态环境不断恶化。而流民将成千上万顷农田撂荒，除去社会政治等各种原因，生态环境变化下难以振兴的农业生产经济，也是不可忽视的重要因素。”（见李心纯《黄河流域与绿色文明——明代山西河北的农业生态环境》，人民出版社，1999年4月版，第133页）笔者受李先生高论启发，进一步提出“生态型灾荒”概念。

③ “耦合”在物理学上是指两个或两个以上体系或运动形式之间通过各种相互作用而彼此影响的现象。本文所说的“地理耦合”专指生态环境脆弱区、灾区，民生贫困区与徭役繁重区四者的地理空间分布上的一致性。且四者之间恶性互动、互为因果。

（一）“生态型”人荒成因

明代山西“生态型”人荒现象出现时间早、持续时间长、流民数量大，涉及地区广。如“洪武二十四年三月癸亥，太原府代州繁峙县奏：‘逃民三百余户，累岁招抚不还，乞令卫所追捕之。’上谕户部臣曰：‘民窘于衣食或迫于苛政则逃。使衣食给足，官司无扰，虽驱之使去，岂肯轻远其乡土’”。[①]“洪武二十四年九月甲午，太原府代州五台县民饥，流移者众，田土荒弃，复值霜灾。上诏户部免其民今年对给振武卫军粮，其军士别以粮给之”。[②] 从上述史料分析，不难看出：流民成因与天灾无直接关系，而是“民饥”而逃。山西因饥饿而逃亡之人于洪武二十四年以前不断，洪武二十四年以后日增，且饥民逃离居住地的决心异常坚定，以致政府“累岁招抚不还”。山西这一时期为何会出现这种现象？笔者认为，山西的农业生态环境出问题了。生态环境问题主要表现在农业生态环境恶化与土地承载力降低两个方面，而生态环境问题的实质是人的生存困难问题。

元明鼎革之际，山西所受战争破坏较小。明洪武年间，山西为北方农业经济相对发达地区。以税率为例，洪武二十六年（1393），山西耕地与秋税粮比例是一亩5升，而当时农业经济最发达的浙江省是每亩5.6升[③]，二者相差无几。元代以来，山西难得的长期和平环境促使其人口迅速繁衍，粮食需要量大增。为解决巨额粮食需要，只能开荒拓地，漫山遍野垦荒，甚至毁林造田。因此，造成地表植被被大规模毁坏，生态系统紊乱，环境恶化。以代州为例，其地属晋北，明初，代州“山高地寒，旱霜寡收，虽有百亩之田，亦不及腹里十亩之入”。[④] 而山西许多山地州县“古者因田制赋，今硝碱沙壅之中，种植不生而税额如故，是有赋而无田矣”。[⑤] 如忻州“郡寒早燠迟不宜棉，地沙不宜麻枲，碱不宜桑柘，小民家徒壁立者十九，一应资用，皆以粟易”。[⑥] 另外，就耕地而言，人均土地锐减，土地承载力越发不足。仅以洪武二十六年为例，是年，全国人均土地14.05

① 《明太祖实录》卷208，洪武二十四年三月癸亥条，第3099页。

② 《明太祖实录》卷212，洪武二十四年九月甲午条，第3143页。

③ 梁方仲：《中国历代户口、田地、田赋统计》乙表29《明洪武、弘治、嘉靖之朝分区户口、田地及税粮数》，上海人民出版社，1980。

④ 陈子龙等辑《明经世文编》卷386，（明）褚铁《条议茶马事宜书》，中华书局，1962。

⑤ 张萱：《西园闻见录》卷32，文海出版社1988年影印本。

⑥ 乾隆《忻州志》卷2，引万历志语。天一阁馆藏明代方志选刊。

亩，其中，北直隶人均30.23亩；山东人均13.78亩；河南人均75.81亩；陕西人均107.04亩；山西则最低，人均土地仅为10.28亩。[①] 另，明前期，山西藩王多，豪强众多，军屯、商屯规模巨大，他们占去大量土地，农民实际占有土地远远低于这个平均数。曲格平先生以元以前的生产力水平为参照，认为古代中国人均耕地保持在10亩以上才能保证有足够的口粮。[②] 可见，山西农民实际占有土地亩数已是一个在饥饿边缘的危险数字。研究表明，脆弱生态环境是一种对环境因素改变的反应敏感而维持自身稳定的可塑性较小的生态环境系统。[③] 明初，人多地少、山多地少的山西遭到大规模的盲目垦荒，因此造成山西许多以山地为主的州县成为“反应敏感而维持自身稳定的可塑性较小”的生态环境系统与生态环境脆弱区，一些乡村社会成为主要的生态环境脆弱区。生态环境脆弱区是明代山西流民的主要策源地。诚如时人所言：“困穷之民，田多者不过十余亩，少者或六七亩，或二三亩，或无田而佣佃于人。幸无水旱之厄，所获亦不能充月之食，况复旱涝乘之，欲无饥寒，胡可得乎？”[④]

（二）“生态型”人荒现象表现

概要说来，生态环境恶化，环境灾变频发，灾区面积大，饥荒严重是“生态型”人荒主要表现。明初，随着生态环境恶化，黄土高原环境灾变越来越快，民生更加艰难。在求生欲望驱使下，山西生态流民势如潮涌。如宣德二年八月，“山西布政司蒲、泽、解、绛、霍五州，沁水、岳阳、平陆、临晋、猗氏、曲沃、安邑、襄陵、芮城、稷山、垣曲、翼城、太平、河津、闻喜、汾西、赵城、永和、浮山、临汾、荣河、万泉、夏二十三县”于是年“五、六月亢阳不雨，田谷旱伤”。[⑤] 山西饥荒严重，明宣宗忧切，宣德二年十二月，明宣宗诗云：“关中岁屡歉，民食无所资。郡县既上言，能不轸恤之。”[⑥] 问题在于，山西饥民越来越多，闹饥荒州县越来越多。如宣德三年闰四月，“行在工部郎中李新自河南还言：‘山西饥民流

---

① 梁方仲：《中国历代户口、田地、田赋统计》之“乙表32”，上海人民出版社，1980。

② 曲格平、李金昌：《中国人口与环境》，中国社会科学出版社，1992，第2页。

③ 刘燕华：《中国脆弱环境划分与指标》，《生态环境综合整治和恢复技术研究》（第二集），北京科学技术出版社，1995，第8~18页。

④ 《明英宗实录》卷186，正统十四年十二月壬申条，第3754页。

⑤ 《明宣宗实录》卷30，宣德二年八月壬戌条，第779~780页。

⑥ 《明宣宗实录》卷34，宣德二年十二月壬午条，第871页。

徙至南阳诸郡，不下十万余口。有司、军卫及巡检司各遣人捕逐，民愈穷困，死亡者多。乞遣官抚辑，候其原籍丰收则令还乡。’上谓行在户部尚书夏原吉等曰：‘民饥流移，岂其得已，仁人君子所宜矜念。昔富弼知青州，存恤流民，饮食、居处、医药皆为区画，山林、河泊之利听流民取之不禁，所活至五十余万人。今乃驱逐，使之失所，不仁甚矣！’”[①] 宣德三年闰四月，“平阳府蒲、解、隰、绛、吉、霍、泽、潞八州，临汾、河津、翼城、曲沃、太平、万泉、岳阳、乡宁、浮山、绛、襄陵、赵城、闻喜、芮城、石楼、荥河、汾西、猗氏、蒲、洪洞、垣曲、临晋、稷山、大宁、安邑、平陆、永和、灵石、夏、沁水、阳城、陵川、黎城三十三县自去年九月不雨，至今年三月麦豆焦枯，人民缺食。虽令有司赈恤，尚不聊生”。[②] 宣德三年五月，“巡按山西监察御史沈福奏：山西平阳府蒲、解、临汾等州县自去年九月至今年三月不雨，二麦皆槁，人民乏食，尽室逃徙河南州县就食者十万余口”。[③] 宣德三年六月，“山西布政司奏：太原府石、平定、忻、保德、代、岢岚六州，交城、祁、文水、清源、宁乡、乐平、太谷、临、岚、徐沟、太原、榆次、兴、阳曲、寿阳、定襄、静乐、盂、崞、五台、河曲、繁峙二十二县，大同府朔州马邑、怀仁、山阴三县，泽州高平县，潞州潞城、屯留、壶关、长子、襄垣五县，辽州并和顺、榆社二县，沁州并武乡县，汾州并孝义、平遥、介休三县，春夏不雨，麦谷旱死，人民乏食”。[④] 宣德三年十月，“巡按山西监察御史沈福言：泽州、沁水、蒲、灵石等处八月早霜，禾稼不实，民食艰难，皆采拾自给”。[⑤] 宣德三年十二月，“山西平阳府奏：霍、州、吉、隰、临汾、翼城、永和、汾西、蒲、浮山、宁乡、大宁、石楼、襄陵、太平、万泉、稷山、河津、岳阳、安邑、猗氏、县、垣曲、赵城、临晋二十五州、县春夏不雨，种不及时，至八月终严霜，菽豆死，田无收获，百姓饥困”。[⑥] 宣德五年四月，“山西平阳府吉州、临汾等一十州县春夏亢旱，秋早霜，民田地五万二千九百三顷九十七亩皆无收”。[⑦] 又，宣德六年四月，“山西太原府代州奏，五台县去

① 《明宣宗实录》卷42，宣德三年闰四月甲辰条，第1038页。
② 《明宣宗实录》卷42，宣德三年闰四月壬寅条，第1037页。
③ 《明宣宗实录》卷43，宣德三年五月戊辰条，第1052~1053页。
④ 《明宣宗实录》卷44，宣德三年六月甲午条，第1081~1082页。
⑤ 《明宣宗实录》卷47，宣德三年十月乙巳条，第1163页。
⑥ 《明宣宗实录》卷49，宣德三年十二月甲申条，第1182页。
⑦ 《明宣宗实录》卷65，宣德五年四月丙子条，第1531页。

岁旱，田谷不收，民皆缺食”。[①] 宣德六年四月，“山西布政司奏：平阳府蒲、吉二州及永和、荣河、猗氏、临晋、太平、稷山、万泉、河津、襄陵九县自春至今无雨，妨于播种。命行在户部遣官覆视以闻”。[②] 又，宣德八年二月，“巡按山西监察御史徐杰奏：山西平阳府蒲州万泉县、绛州稷山县去岁旱灾，民困饥馑，有殍死者”。[③] 是时，饥荒问题又何止山西，宣德八年，明宣宗有言：“比者，南、北直隶及河南、山东、山西并奏春夏不雨，宿麦焦槁，谷种不生，老稚嗷嗷，困于饥馑，流亡散徙，甚可矜怜。”[④] 北方地区灾荒频发，连年不绝（见表6－1）。再如正统三年，山西代州繁峙县，“县地在五台山之阴，霜雪先降，岁时少丰，编民二千一百六十六户，逃亡者居半”。[⑤] 正统五年，“山西平定、岢岚、朔、代等州，寿阳、静乐、灵丘等县，人民往往车载幼小男女，牵扶瞽疾老羸，采野菜煮榆皮而食，百十为群，沿途住宿，皆因饥饿而逃者”。[⑥] 至成化年间，山西西北部山地州县已经是民穷财竭，逃亡过半。成化二十年，“巡抚左佥都御史叶淇奏：山西连年灾伤，平阳一府逃移者五万八千七百余户，内安邑、猗氏两县饿死男妇六千七百余口，蒲、解等州，临晋等县，饿莩盈途，不可数计。父弃其子，夫卖其妻，甚至有全家聚哭投河而死者，弃其子女于井而逃者。虽尝设法劝借，加意抚恤，奈人多粮少，不得周给”。[⑦]

表6－1　宣德八年（1433）一月至八月北方地区灾荒一览表

时间	灾　情	出处
正月丁丑	兖州、济南等府、州、县民饥。因上年（宣德五年）水灾、旱、霜所致	卷98
二月戊子	直隶大名府开州及南乐、内黄、滑县，顺德府平乡县、任县，河南卫辉府所属六县，开封府阳武县，山东滨州及济宁府巨野县民饥，俱因上年（宣德五年）大旱无收	卷99

① 《明宣宗实录》卷78，宣德六年四月甲辰，第1805页。
② 《明宣宗实录》卷78，宣德六年四月癸亥，第1818～1819页。
③ 《明宣宗实录》卷99，宣德八年二月壬子，第2234页。
④ 《明宣宗实录》卷101，宣德八年四月庚子，第2269～2270页。
⑤ 《明英宗实录》卷45，正统三年八月乙卯，第867页。
⑥ 《明英宗实录》卷66，正统五年四月，第1273页。
⑦ 《明宪宗实录》卷256，成化二十年九月，第4333～4334页。

续表

时间	灾　情	出处
二月庚子	顺天府宝坻、玉田二县民饥。上年（宣德五年）水灾无收	卷 99
二月壬寅	山东东昌、泰安、历城诸府、州、县民饥。自上年（宣德五年）夏秋无雨，加之旱霜，歉收	卷 99
二月丁未	济宁、临清、武清等县民饥，上年（宣德五年）冬至今春无雨	卷 99
二月庚戌	山西平阳府蒲县饥民大量逃徙，上年（宣德五年）六月至八月无雨，田禾干枯	卷 99
三月丁巳	河南开封府原武县、汝宁府西平县、怀庆府修武县、彰德府磁州武安县、涉县，直隶大名府魏县等民人大饥。因连年灾害所致	卷 100
三月庚戌	顺天府蓟州、涿州，固安、顺义县民九千八百六十户缺食，因上年（宣德五年）夏秋水涝，田谷无收	卷 100
四月壬辰	南阳府汝州、裕州民饥。因上年（宣德五年）夏秋无雨	卷 101
四月丙申	直隶河间府河间县、顺德府南和县、永平府滦州民饥，因上年（宣德五年）闹旱灾	卷 101
四月庚子	北直隶、河南、山东、山西自春及夏缺雨，老幼嗷嗷，困于饥馑，流亡散徙	卷 101
四月壬寅	因上年（宣德五年）夏秋无雨，汉中府金州及洵阳县民饥	卷 101
四月壬寅	直隶真定府定州自春至夏不雨，民多饥饿	卷 101
四月丙午	直隶保定府安州、雄县，河间府东光、开封府尉氏县民饥，上年（宣德五年）水灾、旱灾所致	卷 101
五月辛酉	广平府肥乡县、河间府吴桥县、山西平阳府安邑县民饥，上年（宣德五年）水旱无收	卷 102
五月乙丑	顺天府顺义县、广平府清河县、河南确山县今年春夏无雨，人民饥困	卷 102
五月乙亥	顺天府文安、昌平、良乡、密云四县，真定府冀州及隆平、赞皇二县，保定府安州、易州及庆都、博野、定兴、清苑、蠡、完、满城、高阳八县，河间府静海、兴济二县，顺德府邢台、沙河、任、内丘四县，广平府成安县，河南汝州及西平县，山西安邑、万全、稷山三县，今春至夏大旱，无法播种	卷 102

续表

时间	灾　　情	出处
六月甲申	直隶蓟州遵化、玉田二县民饥	卷 103
六月甲午	直隶保定府祁州、山西潞州襄垣县民饥，因上年（宣德五年）天灾所致	卷 103
六月丙申	顺天府永清、固安、房山三县，真定府灵寿、滦城、获鹿、行唐、元氏、藁城、宁晋、高邑、柏乡、临城、新河十一县，顺德府唐山、南和、钜鹿、广宗四县，河间府宁津、南皮、献三县，广平府鸡泽、邯郸二县，大名府开州及魏、长垣、元城、内黄四县，山东青州府安丘县、莱州府昌邑县、山西平阳府解州并屯留、临晋二县，河南汝宁府上蔡县、南阳府汝州、邓州及郏、鲁山、新野、舞阳、南阳、唐、泌阳、镇平、叶九县，自宣德七年冬至今年春夏不雨，田稼旱伤	卷 103
七月己巳	彰德府磁州亢旱，夏麦无收，民饥	卷 103
七月癸酉	莱州府胶州及高密县，青州府日照、博兴县，山西蔚、浑源、绛三州，稷山、安邑、夏、万全、介休五县，卫辉府所属六县，彰德府武安县等苗家旱伤，秋田无收	卷 103
七月丙子	顺天府霸州、真定府平山县、广平府肥乡县，大名府清丰、南乐、浚、滑四县今年夏秋不雨，河涸，苗枯，民饥	卷 103
八月辛卯	山东兖州府济宁、东平二州及汶上县，济南府阳信、长山、历城、淄川等县生虫蝻	卷 104
八月甲午	河南府洛阳、偃师、孟津、巩四县，山西猗氏县、山东平度州潍县、直隶保定府新城县，去年（宣德五年）冬无雪，今年春夏不雨，田谷旱死	卷 104
闰八月癸丑	顺天府蓟州、大名府魏县、广平府广平县今年七月苦雨，河水涨溢，淹没田稼	卷 105
闰八月戊寅	顺天府大城县、河间府青县旱，田稼无收	卷 105

资料来源：《明宣宗实录》，台北中研院史语所校勘，1962 年影印本。

三　北直隶"地理耦合型"流民

概要说来，经过洪武、永乐时期的土地开发，北方人口增多，耕地面积增加，乡村聚落遍布，城镇与集市兴起，自耕农经济成为北方社会经济主体。问题在于，随着土地开发，北方出现大量“地理耦合型”流民。兹以北直隶“地理耦合型”流民为个案，探究其与土地开发等关系。

（一）人口迁入与生态恶化

明前期，北直隶人口增长较快。除边民内迁，明初又向北直隶大规模移民，如洪武二年，北平府有48973人，洪武八年增加到323451人，六年内增加274478人，平均每年增加45746人（见表6－2）。显然，即便以每年0.6%的较高人口自然增长率，到洪武八年，人口最多也只有50736人，净增1763人。也就是说，洪武八年的274478口人中，约有223742人是移民迁入，足见迁民数量之大，约为人口自然增长的127倍。[①] 此后，北直隶人口一直在增加。随着人口的增加，社会基层组织也在增多。如北直隶蠡县“洪武初，编二十四社；永乐间，增迁民为鲍迁、高迁、洪迁三社；成化十八年又增在坊、张齐，阜城”。[②] 据李心纯统计，北平布政使司内迁边民及山后之民有50多万，迁入屯种户约29000户159500人，加上长期屯戍将士及其家属，总共算来，洪武时期北平迁入人口可达83万人。经过连续移民，百万劳动力大军涌入北直隶，土地开垦面积也快速增加[③]，加速了北直隶土地开发进程。诚如隆庆州官员所言：“予自永乐十二年冬钦承上命，待罪塞垣。是时隆庆州民未到，惟本州官吏穴居野外，左右四顾，荆棘肃然……意不二三年间，民益日广，相与披荆棘，除草莱，立成街市，渐至人烟繁伙，百货骈集，野有余粮，民无菜色”。[④] 然而，洪武以降，北直隶人口问题渐露端倪。如明臣何瑭称：“国初，离乱初定，人民鲜少，土地所生之物供养有余；承平日久，生齿繁多，而土地所生之物无所增益，则供养自然不足。”[⑤]

---

① 《明太祖实录》卷140，洪武十四年十二月，第2217页。

② （明）李复初修嘉靖《蠡县志》，“封域”，天一阁馆藏明代方志选刊本。

③ 李心纯：《黄河流域与绿色文明——明代山西河北农业生态环境》，人民出版社，1999，第42页。

④ 嘉靖《隆庆志》卷10，天一阁馆藏明代地方志选刊本。

⑤ 张萱：《西园闻见录》卷34《开垦》，哈佛燕京出版社，1940。

表 6－2　洪武二年、八年北平府人口耕地数目一览表

时间＼内容	人口情况	耕地（亩）	户均耕地（亩）	人均耕地（亩）
洪武二年（1369）	14974 户；48973 口	78032	5.2	1.6
洪武八年（1375）	80666 户；323451 口	2901413	36	9

资料来源：永乐《顺天府志》卷 8。

更为重要的是，随着土地大规模反复种植及盲目的、掠夺性滥垦滥伐，大量植被被毁，北方生态呈现水土流失与土地沙化、碱化倾向，环境灾变可能加大，农业生产受到致命威胁，生态灾变频发，灾荒严重。如北直隶所属武强县，成化年间，该县“其地有高阜者，有低洼者，有平坦硗薄者，天时不同，地理亦异。且如亢旱则低处得过而高处全无，水涝则高处或可而低处不熟，沿河者流徙不常，碱薄者数年一收，截长补短，取彼益此，必须数亩之地仅得一亩之入”。[①]

无疑，大规模垦荒运动使北直隶脆弱生态环境雪上加霜。如洪武至正统 80 余年间，北直隶几乎年年有灾，有时甚至一年数灾。如“永乐四年秋八月，赞皇、柏乡县旱，诏户部发粟赈之，凡户二万四千六百有奇，给粟四万八千六百石有奇”。[②] 永乐十三年八月赈“北京顺天府河间、大名、真定等（饥）民八万三千七百四十余户，给粟十五万二千四百六十余石，钞三十二万五千四百四十锭有奇”。[③] 又，15 世纪 50 年代始，受“小冰期”影响，北方气候日趋寒冷，北直隶冷夏、冷冬现象频现，气候灾变也促使其他类型灾害频发。正统前后，北方进入灾多灾重的年代。如赵州：“成化七年夏四月，临城（县）大旱，民饥流移，时大旱又雨雹，二麦伤槁，斗米百钱，民多流殍四方，不可胜计，里巷作歌以哀之；（成化）十九年夏六月，临城蝗，伤稼；弘治七年春三月，临城大役，民死者无算；（弘治）十四年秋七月，赞皇、临城、宁晋县河水泛溢，周流城郭通衢水深丈余，圮坏民舍，淹没人畜不可胜计。”[④]

① 彭韶：《乞分割土田疏》，《明臣奏议》卷 4。
② 隆庆《赵州志》卷 9，天一阁藏明代地方志选刊本。
③ 《明太宗实录》卷 167，永乐十三年八月戊寅条，第 1864 页。
④ 隆庆《赵州志》卷 9，天一阁藏明代地方志选刊本。

（二）徭役繁重，民生困苦，社会因之动荡

洪武以来，近在京畿的北直隶的赋役尤为繁重，加之贪官污吏横行，民生越加艰难，一遇天灾，灾民奔突，饥民嗷嗷，社会为之动荡不安。如嘉靖《霸州志》称：“地有肥硗，而所产因之。是地下卑斥卤，出鲜费众，闾阎凋敝日甚矣。催科者蔑视之，而概以他郡之丰缛，其不重捕蛇如虎之叹者几希。”① 除此之外又有马政之害，“国初率自十五丁以下养马一匹，免其田租之半。逮至孝庙易以丁田相兼，贻谋甚善。厥后丁役不知寝于何时，今惟计亩领马，而上田沃壤多沦入于兼并之家。小民承养马匹，类皆荒砠瘠土，深泽亡立锥之地。且因年祀绵远，图籍漫漶，无可稽查。民之累害，未可殚言。频年贫弱流移，户口凋减岂无故也？”②

另外，在这里特别值得指出的是，北直隶为京畿之区，相对于其他地区而言，它还遭受明朝中央政府相对过重的经济掠夺与繁重的徭役负担。如永乐十九年，官员邹缉慷慨上疏，痛陈永乐以来兴建北京赋役繁重及官吏腐败问题：

> 爰自肇建北京以来，焦劳圣虑几二十年，工力浩大，费用不赀，调度既广，科派亦繁，群臣不能深体朕心，致使措置失宜，所需无艺，掊尅者多，冗官滥员，内外大小动至千百，使之坐相蚕食，耗费钱粮，而无益于事。是竭尽生民之膏髓，犹不足以供工作之用。由是财用匮乏，莫知所图。民穷无告，犹不之恤。夫民之所赖以为生者，衣食也。而民以百万之众，终岁在官供役，既不得保其父母妻子，遂其乐生之心；又不能躬亲田亩，以事力作，使耕种不时，农蚕废业，犹且征求益深，所取无极。至于伐斩桑枣，以供薪爨；剥取桑皮，以为楮料，而民之衣食无所资矣。加之官司胥吏横征暴敛，日甚一日，民生无聊，愁叹满室。且如前两岁买办青绿颜料，本非出产之所，而科派动辄千数百斤，民无可得，则相率敛钞遍行各处收买。每大青一斤，至万六千贯。及至进纳，又多以不中，不肯收受。往复辗转，当须二万贯钞。方得进收一斤。而所用不足以供一柱一椽之费。其后既

① 嘉靖《霸州志》卷5《食货志》，天一阁藏明代方志选刊。

② 嘉靖《霸州志》卷5《食货志》，天一阁藏明代方志选刊。

> 已遣官采办于出产之处，而府县买办犹不为止。盖缘工匠计料之时，惟务多派以为滥取之利，而不顾民之艰苦难办。此又其为害之甚也。然此特买办之一尔。其他又有不可胜言者矣。且京师者，天下之根本也。人民安则京师安，京师安则国本固而天下安，此自然之势也。而自营建以来，用事之人不思人民为国之本、谋所以安辑之，乃使群辈工匠小人假托威势，驱迫移徙，号令方出，即欲其行，力未及施，屋已破坏。或摧毁其墙壁，或碎其屋瓦，使孤儿寡母坐受驱迫，哭泣号叫，力无所措。或当严冬极寒之时，或当酷热霖污之际，妻子暴露，莫能自蔽。仓皇逼迫，莫知所向。所徙之处，屋宇方完，又复驱令他徙，至有三四迁移而不能定者。及其既去，所空之地，经月逾时，工犹未及。陛下之爱民本甚深，而工作小人恒害下民如此其甚。陛下皆有所不知。此京师人民之受害而不能无怨读詰者也。贪官污吏，遍布内外，剥削之患，及民骨髓。朝廷每遣一人出差，即是其人养活之计。诛求责取，至无限量。州县官吏答应奉承，惟恐不及。间有廉洁自守、心存爱民、不为承应，及其还也，即加谗毁，以为不肯办事。朝廷不为审查，遽加以罪，无以自明。是以在外藩司府县之官，闻有钦差官至，望风迎接，惟恐或后。上下之间，贿赂公行，略无畏惮。剥下媚上，有同交易。贪污成风，恬不为怪。夫小民之所积几何？而内外上下，诛求如此。岂能无所怨读詰乎？今山东、河南、山西、陕西诸处人民饥荒，水旱相仍，至剥树皮、掘草根、簸稗子以为食。而官无储蓄，不能赈济。老幼流移，颠踣道路，卖妻鬻子，以求苟活，民穷财匮如此，而犹徭役不休，征敛不息。京师之内，聚集僧道几万余人，日食廪米百余石，而使天下之人糠秕不足，至食草木，此亦耗民食以养无用者也。①

繁重徭役未因京城建成而中止，相反，随着明朝政治中心北移，北直隶承担着越来越繁重的徭役负担。还有一点应该注意，北直隶是权贵势要之家占夺农民土地的主要地区，许多民田被指为闲田而被圈占，很多农民失去土地家园，流移求生或被雇苟活，嗟怨之声满载道路，社会矛盾也日益激化，故而时人称："迨至宣德、正统、天顺、成化年间，民困财竭，一遇大荒，流移过半，上司不知行文，有司不行招抚。任彼居住，诡冒附

① 陈子龙等辑《明经世文编》，中华书局，1962，第163~164页。

籍。南方州县，多增其里图；北方州县，大减其人户……诚恐数十年后，逃移税粮并于见在人户赔纳，日加困苦，无以聊生。诚非治道之所宜也。”① 又如：成化初，官员宋旻以大名、顺德、广平府等为例，列举北方（主要是北直隶）民生与土地兼并情况。宋旻称：

> 一、大名、顺德、广平三府人民，稍遇水旱辄称饥窘。盖由民无远虑，略收即用，不思积蓄，虽丰年，田禾甫刈，室家已空，况于凶岁。……
>
> 一、大名、顺德、广平三府流民虽已复业，然先遗下房屋已被人折毁，田土被人占种，财蓄荡然一空。而又官钱拖欠、私债未还。常时逼取，无以安生，必至复逃。……
>
> 一、大名、顺德、广平三府境内有宁山、潞州、彰德等卫官军，在近年以来，守城官军多去屯所隐住四散，立营占夺民地，或置立庄田不纳籽粒，或窝藏逃民朋助作恶。……
>
> 一、广平府清河县先年德府奏讨地土共七百余顷，中间多系民人开垦成熟并办纳粮差地亩。被奸民妄作退滩空地投献本府。奏准管业，夏地每亩折收银七分四厘，秋地每亩折银五分。查算该纳人户只有三百五十家，每岁出银四千余两。况其县只有八里，地多沙碱，民极贫难，又纳粮养马，差役浩繁。臣始至其境，老幼悲啼塞路，告乞减免。……②

概言之，永乐以来，北直隶人口增长过快，随着大规模垦荒运动展开，生态环境日趋恶化，土地承载力相对不足。三者在地域上耦合，造成北直隶民生贫困，灾荒则使脆弱乡村社会更加脆弱，灾区求生更加困难。如弘治朝大臣马文升指出：“自成化以来，科派不一，均徭作弊，水马驿站之尅害，户口盐钞之追征，加以材薪、皂隶银两，砍柴抬柴夫役，与夫买办牲口厨料，夏秋税粮马草，每省一年有用银一百万两者，少则七八十万两，每年如是。所以百姓财匮力竭，而日不聊生也。一遇荒歉，饿殍盈途，盗贼蜂起。”③

① 陈子龙等辑《明经世文编》，中华书局，1962，第521页。

② 《明宪宗实录》卷86，成化六年十二月壬戌条，第1666~1669页。

③ 陈子龙等辑《明经世文编》，中华书局，1962，第518页。

第三节 “三荒现象”及环境机制

“人荒”现象与“地荒”现象发生，不等于“三荒现象”一定出现。如明代嘉定县，史称：成化以来“水利不修，邑中种稻之田不能十一。每岁漕粮十四万石，皆籴之境外。而他邑常贮糠秕浥润之米，乘交兑方急而粜之，故米色常恶，而军吏持之，坐索私耗，无复限制。万历初，……人视去其田畴，如释械系，不复论直，是时几无以为县矣。万历十一年，邑民以改折事上请。是时邑人宗伯徐学谟为司农，言民疾苦甚悉。户部下其议，令以本县正兑米十万余石，每石改折银七钱；改兑米六千四百余石，每石改折银六钱。是时，尚虑输纳后时，令抚按三岁一报，制可。行之十年，上下咸便。至（万历）二十一年，始请着为令，报可。于是皆有恋田里之心矣”。[①] 也就是说，至万历初年，由于农业环境恶劣（“水利不修”），农业生产困难，嘉定县一度出现“人荒”与“地荒”问题，终未出现“三荒”现象。但是，由于赋税折银，手工业及养殖业发达的嘉定民众生计有了保障，社会恢复安定。所以，“三荒”现象出现，必然有其独特生成机制。

按照系统论理论与灾害学理论的观点，灾害系统与环境系统之间，以及种灾害系统之间存在着相互联系，并发生着相互作用。自然灾害系统是随着自然生态系统的演化而形成的，即灾害系统与自然生态系统是协同进化关系。[②] 按照这种理论审视“三荒现象”不难发现，“三荒”作为一种乡村社会极端自然化的社会—自然现象，其发生机制不仅仅是灾害系统与自然生态系统的协同进化，实际上应该是灾害系统、自然生态系统与乡村社会系统三者协同进化的结果。如果仅从“三荒”本身分析，其中，“灾荒”是“三荒”问题的主要内容，同时，它也是“人荒”与“地荒”问题发生的前提。当然，要想进一步解读“三荒现象”，我们有必要认清

① （清）顾炎武：《天下郡国利病书》之《嘉定县志》，上海古籍出版社，2012，第574～575页。

② 灾害系统与环境系统之间，各个灾害系统之间存在着相互联系，发生着相互作用。所谓灾害系统与自然生态系统的协同进化是指自然灾害系统随着自然生态系统的演化而形成的。即人类产生以后，人类的活动对自然生态系统的影响日益广泛、深刻，自然生态系统逐渐转化为生态经济系统，自然灾害中融入人的因素，且越来越多，不断改变着自然生态系统与生态经济系统。（具体内容参见张建民、宋俭《灾害历史学》，湖南人民出版社，1998，第17～19页）

“三荒”的主要特征及其表现。

一 “三荒现象”的主要特征

明中前期北方“三荒”问题的主要特征及其表现如下。

（一）灾荒频繁，生态流民“颠踣道路”，“三荒”问题严重

明朝初年，北方一些为战争破坏严重、农业基础较差、生态环境恶劣的州县，农村贫困问题尤为普遍。是时，政府积极救灾济贫，但是，“三荒”问题亦不时出现。如洪武八年（1375），“户部言：北平河间府献州交河县洪武四年旱灾，黍麦不收，人民饥窘，流移者一千七十三户，所荒田土三百三十余顷，至今无从征收”。[1] 按照明代户口之比 1∶5.5 计算[2]，约有 6000 余人倾“县”而逃，可见人口外流数量之大。[3] 为此，该县一些村落人去村空，荒草丛生。又如洪武二十四年（1391），“太原府代州五台县民饥，流移者众，田土荒弃”。[4] 明太祖因而感慨：农民“终岁勤劳，少得休息。时和岁丰，数口之家犹可足食；不幸水旱，年谷不登，则举家饥困”。[5]

永乐中后期，“三荒”问题席卷整个北方地区。仅永乐十三年（1415）八月，明政府赈济山东东昌、兖州、济南、青州等府饥民 16460 余户；赈济河南南阳、汝宁、开封、卫辉、彰德、怀庆等府饥民 57670 余户；赈济

---

① 《明太祖实录》卷 98，洪武八年三月甲子，第 1671 页。

② 梁方仲：《中国历代户口、田地、田赋统计》甲表 66《明代历朝每户平均口数及每户每口平均田地数》，上海人民出版社，1980。

③ 笔者认为，交河县隶属于河间府，交河县这些流移之民“逃荒”的主要原因应该是自然灾害。据《明太祖实录》记载，仅洪武四年八月至洪武八年三月，河间府一共发生旱灾、蝗灾等灾害达 8 次之多，可谓灾害频繁而严重（具体灾情分别见洪武四年八月己酉条、洪武五年六月丙申条、洪武五年十一月癸亥条、洪武六年六月戊戌条、洪武七年四月甲子条、洪武七年五月甲午条、洪武七年六月癸亥条、洪武七年十月癸酉条）。另外，“逃荒”灾民中应该包括大量迁移而来的贫困边民。洪武初年，明政府不断将北部沿边居民迁入北平等处。仅洪武四年六月，徐达大军从北平山后迁出 35800 户共 197027 口人“散处卫府，籍为军者给以粮，籍为民者给田以耕”（《明太祖实录》卷六十六，洪武四年六月戊申条）。就交河县而言，它是一个有大量移民的县域，如嘉靖时，交河县有编户 16 里，其中，包括由移民组成的新安屯、新店屯、寺门屯、豆庄屯、新庄屯、永丰屯、崇基屯、兴富屯、胜富屯等九里（嘉靖《河间府志》卷八“财赋志”）。

④ 《明太祖实录》卷 212，洪武二十四年九月甲午条，第 3143 页。

⑤ 《明太祖实录》卷 250，洪武三十年三月壬辰条，第 3618 页。

北京、顺天、河间、大名、真定等府饥民83740余户。[①] 同年同月，明廷再次赈济河南南阳府新安等五县饥民14297户。[②] 应急性的赈济举措只能解决部分饥民的暂时吃饭问题，大部分饥民只能抛弃家园逃荒谋生。如永乐十九年，大臣邹缉指出："今山东、河南、山西、陕西诸处人民饥荒，水旱相仍，至剥树皮、掘草根、簸稗子以为食。而官无储蓄，不能赈济，老幼流移，颠踣道路，卖妻鬻子以求苟活。"[③] 为了求生，在灾荒的蹂躏下，饥饿的灾民四处逃荒，家园荒弃，土地抛荒。"三荒"问题遂成为北方普遍性的社会问题。正统以后，政府日趋腐败，土地兼并问题日益突出，农民贫困与社会矛盾不断加剧。因此，环境问题及自然灾害的破坏力得以进一步增强，北方"三荒"问题遂进入恶性发展阶段，乡村社会危机遂全面爆发。如正统二年（1437），户部官员刘善痛陈："比闻山东、山西、河南、陕西并直隶诸郡县，民贫者无牛具种子耕种，佣丐衣食以度日，父母妻子啼饥号寒者十有八九。"[④]

显然，在自然灾害与饥荒的折磨下，灾民原本赖以生存的已不再是他们的家园，而是饥饿与痛苦的渊薮。为了混口饭吃，为了求生，饥饿的灾民不得不拖儿带女外出逃荒，于是，北方地区出现了大大小小连续不断的流民潮。特别是在农业生态环境较差的州县，流民问题更为突出。如正统五年（1439），明臣称："山西平定、岢岚、朔、代等州，寿阳、静乐、灵丘等县人民，往往车载幼小男女，牵扶瞽疾老羸，采野菜、煮榆皮而食；百十成群，沿途住宿，皆因饥饿而逃者。"[⑤] 随着环境恶化与灾害加剧，"三荒"问题更加严重。至天顺元年（1457），"山东、直隶等处，连年灾伤，人民缺食，穷乏至极，艰窘莫甚。园林桑枣，坟茔树砖，砍掘无存。易食已绝，无可度日，不免逃窜。携男抱女，衣不遮身，披草荐蒲席，匍匐而行，流移他乡，乞食街巷。欲卖子女，率皆缺食，谁为之买？父母妻子不能相顾，哀号分离，转死沟壑，饿殍道路，欲便埋葬，又被他人割食，以此一家父子自相食。皆言往昔曾遭饥饿，未有如今日也"。[⑥]

① 《明太宗实录》卷167，永乐十三年八月戊寅条，第1864页。
② 《明太宗实录》卷167，永乐十三年八月戊寅条，第1864页。
③ 陈子龙等辑《明经世文编》，中华书局，1962，第164页。
④ 《明英宗实录》卷34，正统二年九月癸巳条，第658页。
⑤ 《明英宗实录》卷66，正统五年四月乙丑条，第1273页。
⑥ 《明英宗实录》卷278，景泰元年五月丁丑条，第5953页。

（二）“三荒”经由地域扩张过程，呈现出明显的区域普遍性特征

洪武时期，北方“三荒”问题首先以“点”的形式发生在地瘠民贫、环境恶劣的个别乡村聚落，如山东“东三府”及山西部分地区等。随着明朝加大开荒力度，北方屯民数量大增，军屯密布内地与边疆。他们毁林开荒造田，尤其是北边、西北农牧交错的边际土地也遭到滥垦滥伐，造成地表植被被大量铲除，生态系统紊乱，水土流失加剧，生态更加脆弱，环境灾变频繁，“三荒”问题迅速蔓延，北方许多地区相继出现“三荒”问题。如元末，山东“青、兖、济南、登、莱五府民稠地狭”。[①] 尤其是“东三府”（青州、登州、莱州）的农业环境原本较差，山多土瘠，环境灾变频繁，农民困苦。洪武中后期，灾害不断，饥民增多，民生贫困问题越来越严重。以《明太祖实录》所记载的洪武十九年至二十六年山东的灾害为例，便会发现，仅仅 8 年时段内，《明太祖实录》所记载的灾害次数就多达 13 条，灾区囊括整个山东区域，可谓无时不灾，无处无灾（见表 6－3）。如永乐九年（1412），“东三府”因为“土瘠民贫，（农民）一遇水旱衣食不给，多逃移于东昌、兖州等府受雇苟活”。[②] 至正统年间，山东环境问题更加严重，自然灾害连年发生，生态流民也越来越多。如正统十二年（1447），“青州府地瘠民贫，差役繁重，频年荒歉，诸诚一县逃移者一万三百余户，民食不给，至扫草子、削树皮为食，续又逃亡二千五百余家，地亩税粮动以万计”。[③] 由于农民大量逃亡，土地抛荒，一些乡村聚落又回复到地荒人稀，社会经济衰敝的“空壳村”命途。除山东外，北方其他区域“三荒”问题也相继出现。明初，山西是典型的人多地少地区。由于大兴军屯，开荒造田，地力迅速下降，环境灾变加剧，生态贫民增多。永乐九年（1412），仅山西沁州、辽州、保安、芮城、定襄、浮山等郡县就有饥民 3001 户。[④] 永乐十年（1413），山高土薄的山西平陆县连岁旱涝，民人大饥。是年，山西蒲州、稷山、河津、荥河等县民饥，饥民采蒺藜、掘薄根为食。是时，“陕西淳化县及河州军民指挥司俱言：本地山

① 《明太祖实录》卷 236，洪武二十八年正月戊辰条，第 3451 页。

② 《明太宗实录》卷 116，永乐九年六月甲辰条，第 1476 页。

③ 《明英宗实录》卷 152，正统十二年四月戊申条，第 2982 页。

④ 《明太宗实录》卷 116，永乐九年六月丁未条，第 1479 页。

高土瘠，加有水旱，田稼不登”。[①] 永乐十五年，山西平阳、大同、蔚州、广灵等府州县由于地硗且窄，连年荒歉，饥民较多。当地民人不得不离开家园，到北直隶广平、清河、真定、冀州、南宫等县耕田谋生。[②]

表6-3 洪武十九至二十六年（1386~1393）山东自然灾害一览表

时间	灾况	卷次
洪武十九年六月	青州府旱灾，民饥，饥民20750余户	卷178
洪武二十年十二月	济南、东昌、东平三府民饥，饥民63810余户	卷187
	莱州、登州二府民饥	
洪武二十一年正月	青州民饥，饥民214600余户	卷188
洪武二十一年三月	东昌、东平诸州县旱饥，饥民64886户	卷189
洪武二十二年四月	莱州、兖州潦，民饥。山东郯城等县陨霜伤稼	卷196
洪武二十三年六月	山东闰四月至六月雨水不断，一些地方出现涝灾	卷202
洪武二十三年十一月至十二月	十一月，青州、兖州、莱州、登州、济南等5府29州县闹水灾	卷206
	十二月，兖州、登州所属州县因河决，小民荡析离居，缺衣少食	
洪武二十四年正月	平度、博兴、福山、宁阳、长山五州县闹水灾	卷207
洪武二十五年二月	青州、兖州、登州、莱州、济南五府饥歉	卷208
洪武二十六年六月	青州、兖州、济南三府水灾	卷230
洪武二十六年十二月	山东济南府长山县水灾	卷230

史料来源：《明太祖实录》卷178~230。

① 《明太宗实录》卷124，永乐十年正月癸丑条，第1563页。
② 《明太宗实录》卷188，永乐十五年五月辛丑条，第2004~2005页。

由于环境日益恶化，自然灾害增多，饥民宁愿“游耕”四方，也不肯回乡复业，其他区域亦然。如孙原贞奏称：“臣前任河南参政时（指正统初年），查各处逃户周知文册，通计二十余万户。内山东、山西、顺天等府逃户数多。其河南之开封、汝宁，山东兖州，直隶之风阳（?）、大名，此几府地界相连，往时近黄河湖泺浦苇之乡，后河浅水消，遂变膏腴之地。逋逃潜住其间者尤众。近因河溢横流，此几处水荒。流民复散，间有回乡，多转徙南阳、唐、邓，湖广襄、樊、汉、沔之间趁食。”① 而“正统十四年以前逃移在外年久革民，及陕西、山西所属艰难州县并口外地方，及原无田产之家，俱不肯复业，流移转徙，动以万计”。② 林金树先生曾就《明实录》所记载的洪武二十四年（1391）至正统十二年（1447）的22次流民事件统计，是时，山东、山西、北直隶、河南、陕西及湖广等处已复业和“累招不还”的逃移之民约898673户，以每户5口计算，约有4493365人。③ 由是可见，明中前期北方地区“逃荒”之民数量之多，范围之广，足见“三荒”问题严重程度。

“三荒”问题作为明中前期北方地区的主要社会问题，以往学界每每用“流民问题”一语以蔽之。无疑，从环境学视角考察，“三荒”问题有着更多的历史内涵。其中，“三荒”作为一种特殊的社会状态，其发生机制亦需探究。

二 “三荒现象”的环境机制

明中前期，北方的“三荒”问题严重。是时，“三荒”问题在社会层面实际上造成一种特殊的社会状态——“三荒”社会。“三荒”社会实际上是乡村社会自然化现象。“三荒”问题作为明中前期北方主要社会问题，它最终激化北方各种社会矛盾，促成地区性社会危机的总爆发，进而拖垮了整个明王朝。为何作为自耕农经济发展黄金阶段的明前期，北方却出现了严重的“三荒”问题？探究其所以然，原因很多。其中，笔者认为，土地开发是明中前期北方“三荒”问题的主要发生机制。具体说来，“三荒”问题因土地开发所造成的环境问题刺激而迅速生成并最终激化了北方社会各种矛盾，促成地区性社会危机的总爆发。

---

① 陈子龙等辑《明经世文编》，中华书局，1962，第185页。

② 陈子龙等辑《明经世文编》，中华书局，1962，第290页。

③ 林金树：《明代农村的人口流动与农村经济变革》，《中国史研究》1994年第4期。

（一）农业经济衰落、生态环境脆弱是明中前期北方最为主要的区位特征

明以前，北方许多边际土地与森林遭到滥垦滥伐，生态环境屡遭破坏。凡此，造成北方地区局部生态脆弱，出现沙化、碱化问题，水土流失加剧。[①] 明开国之际，北方荒草连天，地广人稀。实质上，其农业生态环境实则非常脆弱，水旱灾害频仍。明前期北方土地开发是在社会经济衰蔽、生态环境脆弱的条件下的单纯的大开荒，或者说是滥垦滥伐。史载：明初，“北方地土平夷广衍，中间大半泻卤瘠薄之地、葭苇沮洳之场，且地形率多洼下。一遇数日之雨，即成淹没，不必霖潦之久，辄有害稼之苦。祖宗列圣（指明太祖、明太宗）盖有见于此，所以有永不起科之例，有不许额外丈量之禁。是以北方人民虽有水涝灾伤，犹得随处耕垦，以帮助粮差，不致坐窘衣食”。[②] 如北直隶威县，“地土自国初承胡元之乱，积兵火之余，类皆荒弃不治，兼以沙碱不堪。永乐间，募民尽力开种，并不计亩起科”。[③] 再如河南“彰德、怀庆、河南、南阳、汝宁五府山多水漫，卫辉一府沙醎过半，军民税粮之外，仅可养生。开封一府，地虽平旷，然河决无时。洪武间，蒙太祖高皇帝恩例，除常税外，荒地许民耕种，永不起科”。[④]

（二）脆弱环境与乡村贫困陷入恶性互动，成为“三荒”主要生成机制

研究表明：“越是贫困的地区，其对自然资源与环境的依存度越高。世界上最贫困的人们直接依赖自然资源以获取他们必需的食物、能源、水利和收入，通常他们生活在世界上恢复能力最低、环境破坏最严重的地区。对压力和冲击的低恢复能力意味着任何外部事件，例如气候变化的发生都可能促使穷人采取使环境进一步退化的行动。这并不是说贫困是环境退化的全部原因，它只是一种机制。在这种机制下，真正的深层次原因转

---

① 具体内容参见王玉德、张全明等《中华五千年生态文化》，华中师范大学出版社，1999，第216、42～344、430～431页。

② 陈子龙等辑《明经世文编》，中华书局，1962，第2107页。

③ 嘉靖《威县志》卷4，天一阁藏明代方志选刊续编。

④ 陈子龙等辑《明经世文编》，中华书局，1962，第824页。

化成使环境退化的行动。例如，面对农作物产量下降所导致的实际收入减少，穷人可能会采取下列行动：寻求可扩大产量的边际土地，如果边际土地属于生态脆弱区，这将是贫困与环境退化之间的直接联系……贫困本身并不一定必然导致生态环境脆弱，它取决于贫困人口拥有多大的选择余地以及他们对外界压力和刺激的反应方式。然而，由于时间限度的短暂加上可行的选择极少，贫困又剥夺了穷人作出反应并采取行动的能力。这两方面促使现有农村贫困人口的生存方式与当地生态环境的脆弱性有着密切的联系。”[①] 以此论断分析明代北方农业开发，开发与环境正是这种关系的演绎。

以纵民滥垦为特征、以单纯追求粮食产量为目标的明前期北方土地开发造成脆弱生态环境与乡村社会二者迅速陷入恶性互动怪圈，并成为“三荒”问题的主要驱动机制。即：滥垦滥伐→地表植被破坏，生态环境恶化→自然灾变增多→农业减产或绝收→农民更加困苦，饥民沦为流民外逃→开发区再度地荒人稀。其中，环境恶化为土地开发活动造成的环境胁迫型脆弱性[②]使然。从农业生产来讲，在缺少现代农业科技投入的情况下，土地复种指数越高，地力下降越快，粮食产量也随之下降。另外，土地大规模的破坏性开发，必然造成水土流失加剧，环境恶化，自然灾变增多。这样一来，人口增加、粮食减产与灾害增多成为莘县乡村社会危机的主要症结。无灾之年，农民尚可勉强度日；遇天灾遂成饥民、流民，甚至出现灾年人相食的惨剧。弘治年间，“顺天、永平、河间、保定、真定、顺德、广平、大名及河南开封、怀庆等府曰：各因大水河溢或冲为深涧或盖压平沙，否者又多硝碱，绝无收获”。[③] 而“陕西三边，延袤数千里。国初，因田硗瘠，赋税不给，抛荒者听令开垦，永不起科，故塞下充实。已而计亩征银，差赋繁重，加以虏酋之警，水旱之灾，收获既歉，征输愈急，所以民日转徙，田日荒芜也”。而“内地之民，不特汉、沔多旷土。余望皆红蓼

---

① 刘燕华、李秀彬主编《脆弱生态环境与可持续发展》，商务印书馆，2001，第140页。

② 脆弱生态环境成因不外乎两类：一是结构性脆弱性；二是胁迫型脆弱性。其中，胁迫型脆弱性按其胁迫来源，可分为人类活动胁迫型与环境胁迫型。人类活动胁迫型脆弱性是指造成自然（人文）系统脆弱的压力和干扰来自人类的各种社会经济活动。即人类过度垦殖、过度放牧、滥垦滥伐过度灌溉等各种不合理的经济活动是造成某一系统脆弱的主要驱动力。（参见刘燕华、李秀彬主编《脆弱生态环境与可持续发展》，商务印书馆，2001，第10、13页）

③ 《明孝宗实录》卷186，弘治十五年四月丙寅条，第3433页。

白茅，大抵多不耕之地。间有耕者，又若天泽不时，非旱即涝。盖雨多则横潦浵漫，无处归束；无雨则任其焦萎，救济无资。饥饿频仍，窘迫流徙，地广人稀，坐此故也”。① 概言之，随着明前期北方主要土地开发区的农业生态环境日益恶化，自然灾变频仍，乡村社会便随之陷入危机之中。如“广虚之地，数口之家，辄田二三百亩，卤莽灭裂，丰年则为薄收，水旱则尽荒矣”。② 地少人多之处，“盖困穷之民，田多者不过十余亩，少者或六七亩，或二三亩，或无田而佣佃于人，幸无水灾之厄，所获亦不能充数月之食。况复旱涝乘之，欲无饥寒，胡可得乎”?③ 在灾害面前，在饥饿折磨下，灾民只能抛弃家园，撂荒土地，四处逃难。为流民遗弃的昔日人丁兴旺的乡村聚落则成为满目萧疏、破败不堪的“空壳村”。

第四节 “三荒”问题的历史思考

一部人类历史，也是一部“关系史”，不仅表现为人与人的复杂关系，还表现为人类与生态环境（自然环境与社会环境）复杂而敏感的关系。历史上围绕人类林林总总的关系网络，都是建立在生态环境与经济生产二者关系基础之上的。就“三荒现象”而言，它产生于“三荒”问题，“三荒”问题也是一种“关系”问题，它以环境与农业生产关系为基础，演绎出复杂的“三荒现象”。

一 “三荒”问题的主要症结

生态环境状况直接影响着农业生产规模；同时，农业生产规模也直接影响具体地区生态环境的状况，二者关系极为敏感而复杂。环境与传统农业敏感而复杂的关系，影响社会安危。就明中前期北方“三荒”问题病理而言，除环境恶化、自然灾变频繁外，土地兼并、赋役繁重、农田水利缺失、滥垦滥伐及落后的农业生产方式等都是“三荒”问题的重要症结。这些“症结”前文多有论述。兹仅从其主要社会症结——农田水利缺失与滥垦滥伐两个方面略加说明。

水利是农业的命脉。有明一代，朝廷视江南为其粮仓，非常重视江南

① （明）张瀚：《松窗梦语》中华书局，1985，第72页。

② 《农政全书》，岳麓书社，2002，第58页。

③ 《明经世文编》，中华书局，1962，第181页。

地区的水利建设；北方的农田水利则被忽视了（除天子卧榻侧的北直隶）。[①] 如景泰年间，时人指出：“西北之地，夙号沃壤，皆可耕而食也。惟水利不修则旱涝无备，旱涝无备则田里日荒，遂使千里沃壤莽然弥望，徒枵腹以待江南，非策之全也。臣闻陕西、河南故渠废堰在在有之，山东诸泉可引水成田者甚多。今且不暇远论，即如都城之外与畿辅诸邑，或支河所经，或涧泉所出，皆可引水成田。北人未习水利，惟苦水害。而水害之未除者，正以水利之未修也。”[②] 因为“水利之未修”，明前期北方土地开发则完全成为一种毫无保障的、简单的、粗放的、“靠天吃饭”的农业生产活动。即“旱则赤地千里，涝则洪流万顷。惟寄命于天，以幸其雨阳时若，庶几乐岁无饥耳”。[③] 还有一点需要提及的是，明前期北方土地开发实质是大开荒运动，如额外荒田“永不起科之例”，不过是纵民滥垦而已。政府既没有给予农民技术上的支持，也少有物质上的资助，更谈不上开发者的社会保障了。“但召集开地之人，类多贫难，不能自给。久荒之处，人稀地僻，新集之民既无室庐可居，又无亲戚可依，又无农具种子可用，故往往不能安居乐业”。[④]

明前期，主要开发区内，在贫困与无助状态下，农民只好尽力开荒造田，重复着低水平的毫无保障的农业生产活动，即使适宜种植高产水田之处，也主要种植一年一熟的低产的旱地粮食作物。故而，明代全国粮食亩产量为245市斤，北方仅为170市斤[⑤]，单位粮食产量较低。开荒扩大耕地面积成为开发者提高收入的唯一选择。即“痴农贪多，以为广种无薄收”。[⑥] 而“在生态系统良性循环阈值被突破和缺乏现代生产要素投入的双重约束下，随着人口继续增长，只能靠土地利用数量扩张满足需求；土地数量扩张进一步加剧生态系统破坏，使其赖以生存的土地质量下降，产出

---

① 据冀朝鼎先生统计，明代（1368～1644）各省治水次数分别是：陕西48次，河南24次，山西97次，北直隶228次，甘肃19次，四川5次，江苏234次，安徽30次，浙江480次，江西287次，福建212次，广东302次，湖北143次，湖南151次，云南110次。（见冀朝鼎《中国历史上的基本经济区与水利事业的发展》，中国社会科学出版社，1981，第36页）

② 陈子龙等辑《明经世文编》，中华书局，1962，第4306页。

③ 陈子龙等辑《明经世文编》，中华书局，1962，第4309页。

④ （明）万表：《皇明经济文录》，卷2《民财空虚疏》，全国图书馆文献缩微复制中心，1994。

⑤ 姜守鹏：《明清北方市场研究》，东北师范大学出版社，1996，第30页。

⑥ 吕坤：《吕坤全集》，中华书局，2008，第944页。

减少。土地利用变化的这种生存型驱动作用使贫困与生态环境陷入互为因果的恶性循环之中”。[①] 在“贫困与生态环境陷入互为因果的恶性循环”之中，贫困的农民艰难度日，一遇天灾，唯有四处逃生。于是，明前期北方一些乡村聚落沦为“三荒”社会。“三荒”身后，便是又一轮开发筹谋。

二 “三荒”问题本质

无疑，“三荒”作为小农社会“死去活来”间隙的特殊社会状态，它是一种极端的社会自然化现象，是自然界对人类破坏生态环境的报复，是人类的“自作自受”。诚如恩格斯所言：“我们不要过分陶醉于我们对自然界的胜利。对于每一次这样的胜利，自然界都报复了我们。每一次胜利，在第一步都确实取得了我们预期的结果，但是在第二步和第三步都有了完全不同的、出乎预料的影响，常常把第一个结果又取消了。”[②] 如果继续从环境视域探寻，我们还会发现，无论是王朝更迭，还是“三荒”爆发，它们既是社会现象，也是自然现象。它们的“表演”不过是自然界面对自己的“异化物”——人类社会的过分刺激而采取的一种自我“生理”机制调节与身体“修复”而已。经过短暂调节与修复，“异化物”式微（“三荒”是主要表现之一），其后，部分地区的生态环境再度符合传统农业生产与农业社会正常运行的客观需要，于是，“异化物”便慢慢开始新一轮的传统农业社会构建。透过明中前期北方“三荒”现象，我们会发现，它的发生并非偶然。其中，以纵民滥垦为主要特征的土地开发是其主要发生机制之一。即盲目垦荒（土地开发）所造成的环境问题不仅加速了北方环境灾变、农民贫困化，“灾害型村落”[③] 增多，而且造成部分区域的农业失去再生产的意义与可能，并最终激化北方乡村社会各种矛盾，促成“三荒”问题的总爆发。

概要说来，明中前期北方“三荒”现象在传统乡村社会具有典型意义。以“脆弱生态环境 + 脆弱乡村社会”为特征的区域社会环境是“三

---

① 刘燕华、李秀彬主编《脆弱生态环境与可持续发展》，商务印书馆，2001，第 144 页。

② 恩格斯：《自然辩证法》，《马克思恩格斯选集》第三卷，人民出版社，1972，第 517 页。

③ 笔者在此提出的“灾害型村落”概念，是指在频繁自然灾害破坏下勉强维持存在的农业村落类型。这种类型村落的主要表现是：生态环境较差，自然灾害频繁，村落没有必要的农田水利设施，农民生产力较低，靠天吃饭，广种薄收。它的最大特征是社会脆弱、经济呈疲态，只能勉强维持原状——贫困落后，农民生活与村落发展完全为自然灾害所左右。

荒”问题爆发的前提条件；掠夺性土地开发使脆弱生态环境与脆弱乡村社会二者恶性互动，环境危机成为“三荒”问题一个主要发生机制。小农社会通过“三荒”形式短期区域性“休克”而为其继续存在下去提供可能。“三荒”现象则是一种极端的社会自然化现象，也是小农社会得以长期延续的重要环境机制之一。

三 “三荒”加剧南方“灾区化”

明朝实施土地开发的直接目的是增加粮食产量，解决军民粮食问题，根本目的是国富民强，开创治世。从理论上分析，土地开发与“PPE怪圈”及“三荒”现象三者之间没有必然因果互动关系，只有形成“关系”之可能。其实三者之间存在着必然的因果关系——“贫困”与“环境退化”恶性互动的必然结果，造成北方为主的一些开发区再度地荒人稀，“PPE怪圈”形成，出现“三荒”现象，加速北方农民与农村贫困化。愈到明后期，北方“三荒”问题愈加严重，地区性赋税征收难以完成，朝廷加重对江南等地剥削；北方大量流民涌向江南，乞食各地，加重江南粮食负担；北方赈济钱粮，也不得不借助于南方。这样使得南方“灾区化”也雪上加霜，加剧江南区域社会矛盾与社会动荡。

第七章 “灾害型社会”与明朝覆亡

历史上，未有不亡之国。亡国之恨大致相同，亡国原因千差万别。王朝更迭成为常态，而且略呈“周期率”。[①] 究其所以然，人们多从“政治”原因分析，如政治腐败、统治集团残暴而“仁义不施”等诸说，论述亦深刻。如20世纪60年代，章士钊在《柳文指要》里称：“自生民以来，中国一治一乱，循环不已。不论何代，开国以后，迟或百年，少则数载，政治必趋腐朽，积渐以至于亡。其所以然，乃在不解防微杜渐之术，此固不廑中国然也。”[②] 又如宁可撰文所论：“中国是农业社会，农业是基础，农民占全国人口的绝大多数，一个统治者如何对待农民，成为一个王朝成败的关键。王朝之兴，往往能于比较正确地对待农民；王朝之亡，必然是不正确地、错误地对待农民。”[③] 诸如此类，不胜枚举。然而，“政治”并非王朝更迭全部原因。若从环境史视角加以检讨，“灾害型社会”则是一些王朝覆亡重要机制，如明朝覆亡与“灾害型社会”就有着内在关联。

---

① 1945年，黄炎培访问延安时有言：“我生六十多年，耳闻的不说，所亲眼看到的，真所谓‘其兴也浡（勃）焉，其亡也忽焉’，一人，一家，一团体，一地方，乃至一国，不少单位都没有能跳出这周期率的支配力。大凡初时聚精会神，没有一事不用心，没有一人不卖力，也许那时艰难困苦，只有从万死中觅取一生。既而环境渐渐好转了，精神也就渐渐放下了。有的因为历时长久，自然地惰性发作，由少数演变为多数，到风气养成，虽有大力，无法扭转，并且无法补救。也有为了区域一步步扩大了，它的扩大，有的出于自然发展，有的为功业欲所驱使，强求发展，到干部人才渐见竭蹶，艰于应付的时候，环境倒越加复杂起来了，控制力不免趋于薄弱了。一部历史，‘政怠宦成’的也有，‘人亡政息’的也有，‘求荣屈辱’的也有，总之没有能跳出这周期率。”（黄炎培：《延安归来》，见《八十年来》，文史资料出版社，1982，第148~149页）不过，这种“周期率”下的王朝兴亡不是简单的“循环”。正如宁可所论：“历代王朝兴亡，乍看起来不免周而复始的循环，但并非单纯的回归，不是像一个不倒翁一样，一推一歪再一摇，又回到原来的位子，它应该像螺旋形一样，在不断的循环之中，不断上升，不断发展，这种上升发展到宋朝以后势头受到阻碍，不如欧洲。”（宁可：《中国封建社会的历史道路》，北京师范大学出版社，2014，第269页）

② 章士钊：《柳文指要》（下卷），文汇出版社，2000，第1002页。

③ 宁可：《中国封建社会的历史道路》，北京师范大学出版社，2014，第268页。

第一节　明亡原因诸说

公元1644年（明崇祯十七年）农历三月十九日，李自成的农民军攻入北京，大明统治崩溃，崇祯帝朱由检自缢身亡，明朝宣告覆亡。随即风云突变，大顺政权立足未稳，山海关一战而溃，满洲八旗兵丁旋即凶猛杀来，江山再度易主。关于明亡原因，成为明亡以来持续被检讨的重要历史问题。

一　清代关于明亡原因检讨

论及明朝覆亡原因，清朝士人及明代遗民多有检讨者。概括说来，当时主要有六种观点：其一，明亡于“流贼”说，为李自成为代表的农民军所灭。其二，亡于宦官专权乱政说。其三，亡于朋党之争说。清初，明亡于党争几成定论。其四，亡于皇帝说。该说认为，明中期以来，皇帝昏庸无能、骄奢淫逸，大权旁落，权臣奸宦得以擅作威福、乱政害民，导致王朝瓦解。其五，亡于民众贫困说，灾荒频繁，民不堪命，社稷倾覆。其六，明亡于学术说。这种观点主要为理学家所秉持。如亲历明清变故的清初大儒李颙（1627～1705）称：“天下之大根本，人心而已矣。天下之大肯綮，提醒天下之人心而已矣。是故天下之治乱，由人心之邪正，人心之邪正，由学术之晦明。”他认为明朝亡国及亡天下是学术思想混淆不清、人心迷失所致。[①] 再如清代理学家陆陇其（1630～1692）认为，王阳明心学是亡国的学术：“自阳明王氏倡为良知之说，以禅之实而托儒之名……几以为圣人复起，而古先圣贤下学上达之遗法，灭裂无余，学术坏而风俗随之其也。至于荡轶礼法，蔑视伦常，天下之人恣睢横肆，不复自安于规矩绳墨之内，而百病交作……故至于启、祯之际，风俗愈坏，礼义扫地，以至于不可收拾，其所从来非一日矣。故愚认为，明之天下，不亡于寇盗，不亡于朋党，而亡于学术。学术之坏，所以酿成寇盗、朋党之祸也。”[②]

除了上述主要观点，当时还有明亡于各种矛盾合力作用说。如明末清

---

① （清）全祖望：《鲒埼亭集》卷12《二曲先生窆石文》，上海古籍出版社，2000。

② （清）陆陇其：《三鱼堂文集》卷2《学术辨上》，《影印文渊阁四库全书》本。

初史学家计六奇（1622～?）所撰《明季北略》载，明之所以失天下者，原因有四，一曰外有强敌，二曰内有大寇，三曰天灾流行，四曰将相无人。[①] 清初大臣魏裔介（1616～1686）亦称："明亡于流寇，非流寇亡之，自亡之也。始以民饥，继以军噪，于是奸宄倡其萌，荷戈者比附，以张其焰。一时之为督抚者，方且优游坐视，调二三武弁，掠得子女玉帛，即以大捷报闻，甚至杀良冒功，滥叨爵赏。非无忠臣义士欲为国家出死力者，以阻于贿赂，不得进用，徒呕血腐心耳。又况门户相攻，阉人用事，每将阘冗之夫推为督抚将帅，借以报复私雠。社稷民生，听其荡坏。黠者慧者，袖手旁观。庚辰辛巳间，宇内连岁荒疫，大地为盗，正赋无出，犹且严征加派以资边饷。譬如久病之夫，元气尽耗，皮肤之间百孔千疮，复委之至庸极愚之医，投以乌砒，绝其饘粥，焉有不死者乎？赫赫上天，知其君臣终不能拨乱为治也，而天命乃去之矣。"[②]

二　当代学者的明亡论析

关于明朝灭亡的原因，当代学者也颇为重视。诸说纷纭，莫衷一是，却也能自圆其说，亦有深刻之论，兹略举一二。

朱子彦先生认为，明朝神器易主的主要原因是封建社会的痼疾——朋党斗争。明中后期，长期党争的严重内耗，必然造成朝政紊乱，吏治腐败，社会动乱，严重地阻碍国家机器的正常运转。封建国家只要出现无休止的党争，党同伐异，自相残杀，就必然导致国破家亡。[③] 郭培贵先生撰文称，关于明亡原因，就其直接原因而言，一则明朝没有解决好民生及社会保障问题，造成越来越多的人流离失所终至铤而走险；二则它没有解决好边疆少数民族问题，以致其内掠和反叛不断，反复削弱明朝统治力；三则明朝统治观念保守、落后甚至冥顽不化。就其根本原因而言，一是皇权腐败；二是官僚队伍的尸位素餐和整体腐败。[④] 方志远先生认为，明朝是以农业为立国之本，经济上实施一元化重

---

① （清）计六奇：《明季北略》，中华书局，1984，第682页。

② （清）魏裔介：《兼济堂文集·书流寇始末后》，乾隆年间选编，平河赵氏清稿本，现藏台北"国家图书馆"。

③ 朱子彦：《中国封建王朝衰亡原因新探》，《社会科学战线》1993年第5期。

④ 郭培贵：《明朝的历史特点及其灭亡原因》，《光明日报》2008年1月20日。

农政策，明中后期经济的多元化发展冲击了单一的农业经济，政府的政策阻碍了民间商业、手工业发展，政府也没有能够及时地由几乎单一的农业税转化为真正意义上的多种税收并举，从而切断可能得到的财源，国家财政陷入困境，面对灾荒而国家也无法建立起救助体系及国家安全体系，商人与实权派官吏却在此经济游戏中获得巨额利益，社会贫富差距拉大。“明朝与其说亡于农民起义、亡于清朝的入主，倒不如说亡于长期无法解决的财政困难”。[①]

三　明亡于“成化时代”说

无疑，作为存在270余年之久的大明王朝，一个曾经扬威海外的世界强国，于1644年轰然倒塌。明朝覆亡原因，这是一个值得我们认真思考的历史大问题。历史认识的真理性是相对的，这由历史认识是间接性的反思性认识的特点所决定的。所以，我们不应该“臆断”孰是孰非，也不应盲信。“冰冻三尺，非一日之寒。”检索史料，我们不妨从“成化时代”与明朝覆亡关系角度，就明亡于“何时”这个问题，谈一点粗浅看法。

清修《明史》称：明“神宗冲龄践祚，江陵柄政，综核名实，国势几于富强。继乃因循牵制，晏处深宫，纲纪废弛，君臣否隔。于是小人好权趋利者驰骛追逐，与名节之士为仇雠，门户纷然角立。驯至悊、愍，邪党滋蔓。在廷正类无深识远虑以折其机牙，而不胜忿激，交相攻讦。以致人主蓄疑，贤奸杂用，溃败决裂，不可振救。故论者谓明之亡，实亡于神宗，岂不谅欤”。[②] 清以后，学界多有持“明亡于万历说”者。如黄仁宇认为：“中国两千年来，以道德代替法制，至明代而极，这就是一切问题的症结。”[③] 万历十五年，“表面上似乎是四海升平，无事可记，实际上我们的大明帝国却已经走到了它发展的尽头”。[④] 诚然，明之亡，政治腐败难脱其咎，以“道德代替法制”亦为症结之一。

笔者认为，历代王朝覆亡，有亡于治术者，有亡于“时代”者。亡于“治术”者，或因政治腐败或因统治残暴或因政治无能或兼而有之，如秦

---

① 方志远：《明朝百年的社会进步与社会问题》，《吉林大学学报》2012年第5期。

② 《明史》，中华书局，1974，第294~295页。

③ 黄仁宇：《万历十五年》，三联书店，1997，第4页。

④ 黄仁宇：《万历十五年》，第295页。

朝、汉朝、隋朝及元朝等覆亡；亡于“时代”者，盖因经济社会转型而统治集团顽固保守、政权不能因时更化，最后为“时代”所抛弃。如“礼崩乐坏”的东周亡于中国“土地私有化”、自耕农经济兴起的“封建时代”；清朝亡于社会经济全面转型的“近代化时代”。对于明朝来说，非亡于“万历”时期，而是亡于“灾害型社会”早期商业化时代，即“成化时代”。成化以来，浮躁的明代社会开启了早期商业化进程。然而，在密集的灾荒袭击下，它过早进入“灾害型社会”。“早期商业化”未能带给“灾害型社会”新出路，反倒加剧社会矛盾并促使“灾害型社会”危机全面爆发，明政府抱残守缺，冥顽不化，未能化解“灾害型社会”危机，反倒与其同归于尽，明朝遂亡于此。

第二节 “萌芽”与“时代”

“成化时代”不是“资本主义萌芽”阶段，也不是“传统社会向近代社会转型萌动期”。笔者认为，“成化时代”实则是一个民众极端贫困化的时代，一个灾荒频发的时代，一个早期商业化时代，它是明代“灾害型社会”定型的时代。

一 “灾害型社会”与“早期商业化”概念

如果将“成化时代”作为一种社会现象而视之，其并非明代所独有。明之前，有“成化时代”现象发生；明以后，亦有“成化时代”现象发生。历史上，以明代“成化时代”最具典型性。需要指出的是，“成化时代”说与“资本主义萌芽”观点有着内在关联。明代“成化时代”并非传统社会近代化转向萌动时期，而是周而复始的“灾害型社会”早期商业化时期。

所谓“灾害型社会”，系指在传统农业社会里，在一定时期内，自然灾害成为左右社会安危与民生状态的决定性因素。换言之，“灾害型社会”里，相对于自然灾害破坏力而言，政府的社会控制能力与民生保障能力明显不足，甚至缺失，社会经济生活状态完全受制于自然状况与自然灾害程度。“三荒现象”是灾害型社会具体表现。所谓“早期商业化”，系指传统农业社会里，经济社会生活初步商业化时期，一般出现在王朝经济鼎盛时期，也是传统社会不定期出现的一种经济生活状态，主要表现为民众商业意识增强、工商业从业者人数相对较多，社会商品经济活跃及商业城镇增多等。

二 “成化时代”与资本主义萌芽

作为概念，“成化时代”不是“资本主义萌芽”的代名词。不过，二者之间在其产生的社会文化心理上有相通之处。这里提出“灾害型社会”概念及重新界定“成化时代”定义，不为标新立异，只是为了探索明亡原因及其相关历史现象而已，旨在寻求一种问题思考路径。

（一）成化帝与“成化时代”

成化（1465～1487）是明朝第八位君主明宪宗朱见深（1447～1487）的年号。朱见深的父亲是明英宗朱祁镇，也算是“大名鼎鼎”的皇帝。正统十四年（1449），朱祁镇受太监王振蛊惑而率领50万大军亲征蒙古瓦剌部，这位充满“浪漫主义”色彩的皇帝幻想一举荡平瓦剌蒙古，结果出师未捷，兵败被俘，史称“土木之变”。国不可一日无主，明英宗之弟——郕王朱祁钰称帝。景泰八年（1457），做了八年“太上皇”的明英宗通过“夺门之变”，再次当上皇帝。天顺八年（1464）正月，年仅38岁的明英宗驾鹤西去，年仅16岁的朱见深君临天下。第二年改年号为成化，明宪宗朱见深在位23年，享年41岁。关于成化帝的评价，明修《明宪宗实录》称其宽厚有容，用人不疑，且“一闻四方水旱，蹙然不乐，亟下所司赈济，或辇内帑以给之；重惜人命，断死刑必累日乃下，稍有矜疑，辄以宽宥……上以守成之君，值重熙之运，垂衣拱手，不动声色而天下大治”。[①]清修《明史》则称：“宪宗早正储位，中更多故，而践祚之后，上景帝尊号，恤于谦之冤，抑黎淳而召商辂，恢恢有人君之度矣。时际修明，朝多耆彦，帝能笃于任人，谨于天戒，蠲赋省刑，闾里日益充足，仁、宣之治于斯复见。顾以任用汪直，西厂横恣，盗窃威柄，稔恶弄兵。夫明断如帝而为所蔽惑，久而后觉，妇寺之祸固可畏哉”。[②] 当代学者一般认为，明宪宗不是励精图治之人，始终宠爱万贵妃，并且信用宦官，政治黑暗，生出许多事来。如《剑桥中国明代史》称，成化帝大脸蛋，反应有些迟钝，说

① 《明宪宗实录》卷293，成化二十三年九月乙卯条，第4978～4982页。

② 《明史》，中华书局，1974，第181页。

话严重口吃，在决策方面优柔寡断，一生宠爱大他19岁的万贵妃，贪婪钱财，建立皇庄，“传奉官”满天飞，听任宦官外戚胡作非为。因此，种种积累性的威胁王朝利益的恶政得以产生。[①]

成化皇帝统治的二十三年间，当代明史学家方志远称之为“成化时代”。2007年初，方先生最早提出“成化时代”概念。方先生认为：“明宪宗成化时代是一个几乎被研究者遗忘的时代，但恰恰又是明代历史由严肃冷酷到自由奔放的转型时代……而且，这种自由奔放不限阶层、不分地域，席卷整个社会，成为中国历史难得一见的新气象。如果不是明末的种种意外，更大的社会变革也未必不可能发生。”[②] 2012年9月，方先生另一篇大作——《明朝百年的社会进步与社会问题》[③] 面世，该文虽然没有直接论及“成化时代”，但是，方先生提出，至成化时期，仕途、财富、文化三种社会价值标准并存，标志着明代多元社会开始形成。凡此，是与社会需求的多元化特别是财富控制的多元化相伴而来的。其中，财富成为社会价值标准，这种标准成为明代社会经济发展特别是商品经济发展的重要动力。概言之，当今一些学者坚信，“成化时代”是一个承前启后的社会转型时期。其实，史学界“成化时代”说及“近代化”观点，就其主旨而言，实则是国内史学界一道不断被翻出来的老问题——“资本主义萌芽”论。

论及“成化时代”说本质，还得从亚当·斯密“中国社会长期停滞论”说起。18世纪，英国经济学家亚当·斯密提出：“中国一向是世界上最富的国家，土地最肥沃，耕作最精细，人民最繁多而且最勤勉的国家。然而，许久以前，它似乎就停滞于静止状态了。今日旅行家关于中国耕作、勤劳及人口稠密状况的报告，与五百年前视察该国之马哥孛罗（马可·波罗）的记述比较，几乎没有什么区别。也许在马哥孛罗时代以前好久，中国的财富就已达到了该国法律制度所允许的发展程度。”[④] 此说一出，附和之声不绝。鸦片战争以后，“社会长期停滞论”成为西方对中国

---

① 〔英〕崔瑞德、〔美〕牟复礼：《剑桥中国明代史》，中国社会科学出版社，1992，第340～341页。

② 方志远：《“传奉官”与明成化时代》，《历史研究》2007年第1期。

③ 方志远：《明朝百年的社会进步与社会问题》，《吉林大学学报》2012年第5期。

④ 〔英〕亚当·斯密：《国民财富的性质和原因的研究》（上卷），商务印书馆，1972，第165页。

社会发展的主流看法。至20世纪初，德国著名政治经济学家马克斯·韦伯继而提出了中华帝国是“静止的社会”观点。他认为，除非受到外力的冲击，中国自身很难转变为一个理性现代社会。[①] 在西方话语里，近代化（或“资本主义化”）与否，为中华帝国是否“静止的社会”的主要标准。

（二）“资本主义萌芽说”检索

1867年，《资本论》第一卷出版。马克思在《资本论》中称：“在14和15世纪，在地中海沿岸的某些城市已经稀疏地出现了资本主义生产的最初萌芽。”[②] 这一时期的中国明王朝，难道真的未能如欧洲一样发生“资本主义萌芽”而是陷入“长期停滞”？

1935年，马克思主义学者邓拓发表《中国社会经济“长期停滞”的考察》一文，最早提出关于中国资本主义萌芽问题，即中国封建社会经济结构内部已经产生了“新的社会经济系统的苗芽”，假设当时没有国际资本主义的侵入，中国这一封建社会也可能蜕化为资本主义社会的。[③] 1937年，史学家吕振羽在他的《中国政治思想史》中率先提出，明清之际中国已经出现资本主义萌芽。[④] 1939年，毛泽东所撰《中国革命和中国共产党》如此经典阐述：“中国封建社会内的商品经济的发展，已经孕育着资本主义的萌芽，如果没有外国资本主义的影响，中国也将缓慢地发展到资本主义社会。”[⑤] 显然，这是当时中国马克思主义者较为一致的看法，也成为新中国之初的主流观点。如中国史学界及理论学界代表人物尚钺、许大龄、侯外庐、许涤新、吴承明等都认为中国资本主义萌芽产生于明代中后期。如史学家侯外庐认为：“从十六世纪中叶到十七世纪初叶，也就是从明嘉靖到万历时期，是中国历史上资本主义萌芽最显著的阶段。”[⑥]

然而，西方学者还是“我行我素”。20世纪五六十年代，美国以费正清为首的哈佛学派提出了“西方冲击—中国反应的模式”。该模式将近代西方资本主义社会视为一个动态、发展的社会，而将中国社会看作是长期

---

① 参见马克斯·韦伯《新教伦理与资本主义精神》，三联书店，1987。

② 《资本论》第一卷，人民出版社，1975，第784页。

③ 邓拓：《中国社会经济“长期停滞”的考察》，《中山文化教育馆季刊》1935年第2卷第4期。

④ 吕振羽：《中国政治思想史》，黎明书局，1937，第491~492页。

⑤ 《毛泽东选集》第二卷，人民出版社，1991，第626页。

⑥ 侯外庐：《中国早期启蒙思想史》第一章，人民出版社，1956。

处于基本停滞状态的传统社会，在19世纪中叶西方冲击之后，才有可能发生向近代社会转变。也就是说中国社会内部不具备走向近代的动力，推动中国走向近代的是外部的动力。[①] 这种西方中心论的观点，受到中外学者的批判。1993年，著名明清史学家李洵提出："中国封建社会开始发生新的也是重大的变化大约在15世纪中叶以后。这个变化是伴随着明王朝的衰弱开始的。"[②] 李洵所说的15世纪中叶与成化时期时间大体相吻合。2003年，林金树先生撰文称：当前国内外学界的普遍看法是"中国从古代社会向近代社会过渡，经历了一个很长的历史过程；明代是这个过程的开端，其突出的标志是出现了'资本主义萌芽'。或者说发生了重大的新变化……从一些史料记载所透露出来的经济发展信息来分析，（新变化）似乎可以追溯到更早一点的成（化）、弘（治）时代。"[③] 2009年，林先生强调："我们认为，如果说明代是中国由古代社会向近代社会的转型期，成、弘则可以说是这个转型的开端。或者说，中国向近代社会转换，可以追溯到明代成、弘时期。"[④] 由此看来，以吕振羽、林金树、方志远等为代表的历史学者，在"资本主义萌芽"、"近代化"及"成化时代"话语下，对明清以来的中国社会进行有目的的解读。

不过，学界还是有着强烈的反对声音，他们对"资本主义萌芽"观点予以驳斥。如2002年，王学典先生提出，所谓的中国"资本主义萌芽"是一个"假问题"，资本主义萌芽问题产生于浓厚的意识形态话语背景下，在既定的话语背景下，这些命题都是有意义的，"因为这些命题背后都有明确的非学术追求"，而今随着话语系统的根本转换和语境的重大变迁，这些命题本身能否成立早已成为问题，也就是说它已经成为"假问题"。[⑤] 李伯重先生提出，所谓的中国"资本主义萌芽说"实际上是一种"资本主义萌芽情结"，是一种主观愿望。他认为，从感情基础来说，这种"资本主义萌芽情结"是一种特定时期中国人民的民族心态的表现，是中国人与西方争平等的强烈愿望，这种愿望体现在史学研究中，就是"别人有，我

① J. K. Fairbank, Reischauer, and Craige, *East Asia: the modern ttrans formation. Boston*, Houghton Mifflin, 1965.

② 李洵：《正德皇帝大传》，辽宁教育出版社，1993，第3页。

③ 张显清、林金树：《明代政治史》，广西师范大学出版社，2003，第29~30页。

④ 万明：《晚明社会变迁：问题与研究》，商务印书馆，2009，第36页。

⑤ 王学典：《20世纪中国史学评论》，山东人民出版社，2002，第168页。

们也要有”的“争气心态”；其次，从认识基础来说，“资本主义萌芽情结”是一种“单元—直线进化论”史观的产物，按照这种史观，世界各民族都必然遵循一条共同的道路，也就是说资本主义是不可逾越的一个阶段，所以中国也必然要经历它。[①] 其实，何止“资本主义萌芽”，“近代化”及“成化时代”诸说，也有值得我们质疑与反思之需要。我们必须明确一个基本认识，即“史从论出”还是“论从史出”？诚如万明所论，从某种意义上说，20世纪二三十年代以来，中国学者对于中国资本主义萌芽的追寻式的研究取向，是对西方的中国“传统的停滞的”观点解释模式的一种回应。[②] 实际上，是时，仅就中国大陆学者而言，积极探寻明清时期“资本主义萌芽”之举，目的不是神化“资本主义萌芽”，而是视其为民族“自信”的一种筹码，“成化时代”亦然。

早在1986年，历史学家白寿彝就指出：明代“处于中国封建社会的衰老时期。这时，生产力在继续发展，而生产关系却阻碍了生产力的发展。同时，新生产力的发展不够强大，还不能突破封建生产关系的桎梏。这是社会进程的一段微妙时刻，很容易迷惑人，使人给它作偏高或偏低的估计。我们说它衰老，不说它解体，就是说它已经失去了旺盛的生命力，但生命力还是有的，甚至还相当顽强。”[③] 这段论述，当属实事求是之论。明代历史，的确需要我们不要“偏高或偏低的估计”，只有这样，才是客观态度，才有真正解读明代社会之可能。

第三节 “成化时代”与“灾害型社会”

本文所谓“成化时代”，在时间上系指明中后期，即成化至崇祯时期（1465～1644）；在经济生活特征上，是指传统社会早期商业化时期；在社会性质上，系指处于传统农业社会的特殊状态——“灾害型社会”时期。为了论述方便，笔者将明代正统至天顺（1436～1464）以前的近30年间，称为“前成化时代”。现就明中后期的“成化时代”与“灾害型社会”关系稍加检讨。

---

① 李伯重：《理论、方法、发展趋势：中国经济史研究新探》，清华大学出版社，2002，第11～13页。

② 万明：《晚明社会变迁：问题与研究》，商务印书馆，2005，第4～8页。

③ 白寿彝：《中国史学史》第一册《叙论》，上海人民出版社，1986。

一 “前成化时代”：一个过渡期

明初60余年，为传统农业社会经济恢复与发展时期，社会秩序基本稳定，被誉为“治世”。正统以来，明朝政治愈加腐败，土地兼并加剧；加之气候转冷，农业环境严重恶化。荒政废弛，民生日趋贫困，饥民、流民剧增，许多地区的乡村社会不再是农民安身立命之地，而是饥饿与贫困渊薮。灾荒累积，灾区不断增多与扩大，灾民与流民数量剧增，乡村动荡不安，明朝进入“前成化时代”。

正统、景泰时期，灾荒已经非常严重了。如正统二年，“行在户部主事刘善言：‘比闻山东、山西、河南、陕西并直隶诸郡县，民贫者无牛具种子耕种，佣丐衣食以度日，父母妻子啼饥号寒者十有八九。有司既不能存恤，而又重征远役，以故举家逃窜’”。[①] 正统五年，“行在都察院右佥都御史张纯奏：‘直隶真定、保定等府所属州县人民饥窘特甚，有鬻其子女以养老亲者，割别之际，相持而泣，诚所不忍。臣已倡率郡邑官员助资赎还数十口，然不能尽赎’……行在大理寺右少卿李畛奏：‘直隶真定府所属三十二州县民，缺食者三万四千八百八十余户’”。[②] 正统十二年，监察御史陈璞等奏：“山东、湖广等布政司，直隶淮安等府、州、县，连被水旱，人民艰食。或采食野菜树皮苟度朝夕，或鬻卖妻妾子女不顾廉耻，或流移他乡趁食佣工骨肉离散，甚至相聚为盗。”[③] 以江西为例，景泰年间，官员韩雍[④]奉命巡抚江西。时江西民饥，韩雍统筹救灾。据韩雍统计，景泰三年，南昌等一十三府发放预备仓粮米共235636石[⑤]，米9526石，谷226110石，劝借大户出谷34917石，赈济过饥民154719户，356684口。景泰四年，赈济过饥民85510户，男妇171040口，放过谷96540石。景泰五年，赈济过饥民102492户，男妇201029口，放过谷125494石，布1194匹。景泰六年，赈济过饥民548398户，男妇

---

① 《明英宗实录》卷34，正统二年九月癸巳条，第658页。

② 《明英宗实录》卷64，正统五年二月己丑条，第1227页。

③ 《明英宗实录》卷153，正统十二年闰四月己卯条，第2998页。

④ 韩雍（1422～1478），“正统七年进士。授御史。负气果敢，以才略称……景泰二年擢广东副使。大学士陈循荐为右佥都御史，代杨宁巡抚江西。岁饥，奏免秋粮”（《明史》卷178《韩雍传》，第4732页）。

⑤ 本文所录韩雍所发放救荒粮米数量的单位为石，石以下（原文包括斗、升、合、勺）数量四舍五入。

1097383 口，放过谷 549761 石，米 9884 石。景泰七年赈济江西布政司所属，除南安府未报外，南昌等一十二府、南昌等六十六县，赈济过饥民 306608 户，男女 653016 口，发放米谷 393633 石。[①] 粗略计算，景泰年间，韩雍赈济江西饥民 1197827 户，2289452 口人。据统计，江西布政司在 30 年后，即弘治四年（1491），人口有 1363629 户，男女有 6549800 口。[②] 若以弘治四年人口数计算，景泰年间，全省人口约有 1/3（含被多次赈济过的饥民）曾为饥民。

景泰以后，明代灾荒严重程度有增无减。如天顺元年（1457），官员奏报：“今山东、直隶等处，连年灾伤，人民缺食，穷乏至极，艰窘莫甚。园林桑枣、坟茔树砖砍掘无存。易食已绝，无可度日，不免逃窜。携男抱女，衣不遮身，披草荐蒲席，匍匐而行，流徙他乡，乞食街巷。欲卖子女，率皆缺食，谁为之买，父母妻子不能相顾，哀号分离，转死沟壑，饿殍道路，欲便埋葬，又被他人割食，以致一家父子自相食。皆言往昔曾遭饥饿，未有如今日也。”[③] 时人称：是时，“田野不辟，圩岸不修，故稍遇饥馑，即流殍满路，盗贼纵横”。[④] 如天顺元年（1457），山东济南、武定、德州、东昌等府县灾民、饥民高达 1451400 余口。[⑤] 同年，北直隶顺天府、河间府等处灾民、饥民流移者达 265420 余口。[⑥]

二 “成化时代”：“灾害型社会”陷阱

成化以来，灾荒问题更加严重，“三荒问题”不断累积，“三荒”现象更加普遍，进而催生部分地区的“灾害型社会”状态。“灾害型社会”由“点”而“面”，继而使大明帝国陷入“灾害型社会”陷阱。笔者认为，成化以来，以“灾害型社会”为经济社会基础，明代开启早期商业化进程。同时，在密集的灾荒侵袭下，又重复着“灾害型社会”自我否定及自我修复的一而再、再而三的历史“故事”。

---

① 陈仁锡：《荒政考》，《中国荒政全书》（第一辑），北京古籍出版社，2003，第 566 ~ 568 页。
② （明）申时行等修万历《明会典》卷 19《户口》，中华书局，1989，第 125 页。
③ 《明英宗实录》卷 278，天顺元年五月丁丑条，第 5953 页。
④ 《明英宗实录》卷 278，天顺元年五月己卯条，第 5955 页。
⑤ 《明英宗实录》卷 282，天顺元年九月丙寅条，第 6052 页。
⑥ 《明英宗实录》卷 282，天顺元年九月壬午条，第 6065 页。

（一）成化时期，灾荒问题不再是区域性问题，而是严重的全国性问题

正统以来，特别是成化以降，气候转冷①，农业生产受到严重影响。如“景泰四年冬十一月戊辰至明年孟春，山东、河南、浙江、直隶、淮、徐大雪数尺，淮东之海冰四十余里，人畜冻死者万计。五年正月，江南诸府大雪连四旬，苏、常冻饿死者无算。是春，罗山大寒，竹树鱼蚌皆死。衡州雨雪连绵，伤人甚多，牛畜冻死三万六千蹄。成化十三年四月壬戌，开原大雨雪，畜多冻死。十六年七八月，越嶲雨雪交作，寒气若冬。弘治六年十一月，郧阳大雪，至十二月壬戌月，雷电大作，明日复震，后五日雪止，平地三尺余，人畜多冻死。正德元年四月，云南武定陨霜杀麦，寒如冬。万历五年六月，苏、松连雨，寒如冬，伤稼。四十六年四月辛亥，陕西大雨雪，骡橐驼冻死二千蹄”。② 环境灾变频率加快，各地水旱灾害明显增多。据鞠明库研究：“明前期年均发生自然灾害约为15.5次，中期年均24.2次，后期年均19.1次。明后期的灾害频度虽高于明前期，但低于明中期。然而，频度并不是衡量灾情轻重的唯一因素，波及范围、持续时间、为害程度也是衡量灾情轻重不可或缺的条件。明代最严重的自然灾害多发生在明后期，不仅波及范围广，而且持续时间长，危害非常大。”③

天灾增多，饥荒日趋严重，民生更加困苦。景泰至弘治年间，北方饥荒频度明显加快，饥荒具有持续时间长，灾区面积大，破坏力强等特征。以成化年间的山东为例：成化13个饥年中，山东有9个年份闹饥荒，且多具有连续性，如成化八年至九年、成化十三年至十四年的持续饥荒；河南则有4个年份、北直隶有6个年份，陕西有5个年份发生饥歉。另外，这一时期，北方饥荒的地域更加广泛，饥荒地区在两省以上的为8个年份，

---

① 竺可桢先生撰文指出：历史上，我国的气候一直处在冷暖交替之中。公元前3000～前1100年仰韶至殷商时代为温暖期；公元前1000～前850年为西周寒冷期；公元前770年至公元初年为战国秦汉温暖期；公元1世纪到公元600年为东汉至魏晋南北朝寒冷期；公元600～1000年隋唐至辽、北宋之际为温暖期；1000～1200年为两宋、辽、金寒冷期；1200～1300年为元代温暖期；1300～1900年明清时期进入严寒期（具体内容见竺可桢《中国五千年来气候变迁的初步研究》，《考古学报》1972年第1期）。笔者认为，明代旱灾多于水灾，尤其是北方地区，旱灾尤为严重，饥荒频发，这与明清时期的“寒冷气候”是分不开的。

② 《明史》，中华书局，1974，第426页。

③ 鞠明库：《灾害与明代政治》，第68～69页。

约占62%；就饥荒年度分布而言，可以说是年年有饥荒，一次饥荒相连数省，一次饥荒持续数年。具体情况见表7－1。

表7－1 成化年间明代北方的饥荒

时　间	受　灾　地　区
成化元年	北畿、河南饥
成化四年	北畿、山东、河南无麦，陕西、宁夏、甘、凉饥
成化五年	陕西饥
成化六年	顺天、河间、真定、保定四府饥，食草木殆尽；山西饥
成化八年	山东饥
成化九年	山东又大饥，骼无余肉
成化十三年	山东饥
成化十四年	北畿、河南、山东、陕西、山西饥
成化十六年	北畿、山东饥
成化十八年	辽东饥
成化二十年	陕西大饥、道馑相望；山西平阳亦饥
成化二十一年	北畿，山东、河南饥
成化二十三年	陕西大饥、武功民有杀食宿客者。山东亦饥

资料来源：《明史·五行志》“年饥”。

如成化六年爆发的京畿饥荒，至成化八年仍未有效控制，大量饥民涌进京城乞讨。成化八年底，光禄寺寺丞郭良奏：“迩来，近京饥民比肩接踵，丐食街巷，昼夜啼号，冻饿而死者在在有之。有司虽有养济院，而人多不能遍济，奉行者亦不经心。”[①] 而且，灾荒还在继续。如成化九年八月，“直隶清丰县知县汤涤奏，本府地方连年荒歉，今又大水，时疫盛行，死者无算，而预备仓粮放支已尽，救荒无策，莫甚此时”。[②] 又，成化九年八月，“巡抚北直隶右副都御使叶冕奏顺德、广平、大名、河间、真定、保定六府赈济过饥民六十九万一千七百三十六户，用粮七十五万三百石有奇”。[③] 而且，灾区进一步扩大。如成化九年，都察院司务顾祥奏：“山东

① 《明宪宗实录》卷111，成化八年十二月癸酉条，第2158页。

② 《明宪宗实录》卷119，成化九年八月癸酉条，第2296页。

③ 《明宪宗实录》卷119，成化九年八月丙子条，第2299页。

地方人民饥荒之甚，有扫草子、剥树皮、割死尸以充食者。又有黑风之异，思患豫防，不可或缓。”[①] 成化时期，为了救荒，政府甚至还同灾民一起收集“野菜”，以为民食。如成化二十年七月，陕西秦州知州傅鼐奏陈救荒事宜：“陕西连年被灾，人民逃亡，存者无几……民间小儿遗弃道路者，乞令所司给与民家收养，月给官粮三斗，赎者还之，不许留为奴仆，或附籍当差，亦听其便……陕西地产土蒴、苦苣、香荏、乌笼、鹿耳、韭石、芥黄、精木、桼颠、野葱、木耳、树莪等野菜，橡子、榛子、银杏、石枣、水桃、山剪子、山瓢子、山秋等野果，葛根、灰炭子、榆皮、蒲根、百合根等麪，俱可充饥。乞令所司积以备用。”[②] 再如成化二十年，山西连年灾荒，平阳一府逃移者约30万人，其中安邑、猗氏两县饿死男女多达六千七百余口，蒲、解等州，临晋等县饿莩盈途，不可数计。“父弃其子，夫卖其妻，甚至有全家聚哭投河而死者，弃其子女于井而逃者”。[③] 而且，灾荒背景下，灾民、饥民、流民，还有“盗贼”，一并汇成冲击传统乡村社会秩序的强大破坏性力量。成化时期，民间聚众“暴乱”抢劫之事屡屡发生。如成化十三年，兵部奏：“近闻通州、河西、务南抵德州、临清，所在盗起，水陆路阻。加以顺天、河间、东昌等府岁饥民困，不早为扑灭，驯致滋蔓，贻患实深。”[④] 成化二十一年初，“巡按山西监察御史周洪奏：‘翼城、绛、阳城、垣曲等县饥民啸聚为盗，招抚不服，宜发兵捕之。’上曰：‘百姓迫于饥寒，起为盗贼，朕甚悯之。其令镇守巡抚等官宣布朝廷宽宥之意，明示有司抚御之方，悉遵诏旨期限，果有执迷不服，然后相机擒捕之’”。[⑤] 饥荒所迫，劫掠公行，甚至杀人而食。如成化二十二年九月，“陕西武功县民王瑾等因岁饥荒，行旅就其家憩息者辄杀食，虽妇人亦执刀杖相助。甚至杀一家三人，所得行囊粟麦才数升耳，前后死者甚多。巡抚官奏发其事，命皆依律处决，仍枭首示众，其妇人俱配给边军。然是时，民饥无聊，如瑾等者比比，不能悉奏也”。[⑥] 灾荒肆虐，又何止于北方？是时，江南等地，灾荒也很严重，如成化二十二年初，“兵部

① 《明宪宗实录》卷119，成化九年五月壬辰条，第2299页。
② 《明宪宗实录》卷254，成化二十年七月辛亥条，第4299～4301页。
③ 《明宪宗实录》卷256，成化二十年九月己丑条，第4334页。
④ 《明宪宗实录》卷167，成化十三年六月癸卯条，第3023～3024页。
⑤ 《明宪宗实录》卷260，成化二十一年正月乙未条，第4422页。
⑥ 《明宪宗实录》卷282，成化二十二年九月乙卯条，第4776～4777页。

尚书马文升等言：‘南直隶凤阳、庐州、淮安、扬州四府，徐、滁、和三州俱腹心重地，比年荒旱，人民缺食，流离转徙，村落成墟。近闻所在饥民聚众行劫，况通泰濒海之处，盐徒巨盗出没不常，须倍加安辑，以备不虞。’”①

（二）随着农民贫困化及乡村社会脆弱性加剧，灾荒破坏性增强，加之疫病流行威胁②及社会失范效应③，成化中后期，灾荒更加严重，灾区饿殍剧增

成化二十一年左右，中原等地持续发生罕见灾荒，如成化二十一年正月，浙江道监察御史汪奎等奏：“陕西、山西、河南等处连年水旱，死徙太半。今陕西、山西虽止征税三分，然其所存之民，亦仅三分，然其所存之民，亦仅三分，其与全征无异……陕西、山西、河南等处饥民流亡，多入汉中郧阳、荆襄山林之间，树皮草根食之已尽，骨肉自相噉食。”④ 又，是年，吏科都给事中李俊称：“陕西、河南、山西之境赤地千里，井邑空虚，尸骸枕藉，流亡日多。假使一旦盗起不虞，岂不深可虑乎?”⑤ 同年，明宪宗亦下诏称：“岁竟不登，而河南、山东、畿内率多饥馑，陕西、山西尤剧。至有弃恒产家室不相顾者，元元何辜，罹此危厄。”⑥ 一些饿红眼的灾民，徘徊于饥饿与死亡边缘，其社会属性让位于动物属性，在生存第一原则驱使下，竞相吃人。因此，灾区及灾民都笼罩在道德底线崩溃、人人自危的惶恐不安之中。研究表明，成化以前，“人吃人”事件不多；成化以后，不绝于书。特别是成化二十至二十三年（1484～1487），“人吃人”事件频繁发生，表明“三荒”问题已极为严

① 《明宪宗实录》卷 275，成化二十二年二月甲申条，第 4624～4625 页。

② 明代华北地区的疫病特别频繁而严重。如“成化十八年（1482 年），山西连年荒歉，疫病流行，死亡无数。弘治十七年（1504 年），荣河、闻喜瘟疫流行”（张剑光《三千年疫情》，江西高校出版社，1998，第 317～318 页）。

③ 社会失范是指这样一种社会生活状态：一个社会既有的行为模式与价值观念被普遍怀疑、否定或被严重破坏，逐渐失却对社会成员的约束力，而新的行为模式与价值观念又未形成或者尚未为众人接受，从而使社会因缺少必要社会规范约束而混乱动荡（具体内容参见郑杭生、李强等著《社会运行导论——有中国特色的社会学基本理论的一种探索》，中国人民大学出版社，1993，第 447～448 页）。

④ 《明宪宗实录》卷 260，成化二十一年正月己丑条，第 4409～4410 页。

⑤ 《明宪宗实录》卷 260，成华二十一年正月己丑条，第 4405 页。

⑥ 《明宪宗实录》卷 260，成华二十一年正月己丑条，第 4411 页。

重。如成化二十年七月，“巡抚陕西右副御史郑时等奏：‘陕西连年亢旱，至今益甚，饿莩塞途，或气尚未绝以为人所割食。见者流涕，闻者心痛，日复一日。’”①

关于成化年间灾年“食人”事件，史书多有记载，现笔者在此列举几例（见表7-2），以说明当时事态的严重性。如：

表7-2 成化年间部分“食人”事件一览

地点	灾况	出处
东明县	成化二十年，岁大旱，人饥，相食 成化二十三年，岁大饥，人相食	清修《东明县志》卷7“灾异”
扶沟县	成化十九年旱荒，人相食	清修《扶沟县志》卷15“灾祥”
新乡县	成化二十年春，饥，人相食	清修《新乡县志》卷28“祥异”
南乐县	成化二十年及二十三年大饥，人相食	清修《南乐县志》（冀）卷7“祥异”
浮山县	成化二十一年，民大饥，人多相食	民国修《浮山县志》卷37“灾祥”
翼城县	成化二十一年，民大饥，人相食	民国修《翼城县志）卷14“灾祥”
大名府	成化二十年，大旱，饥，人相食 成化二十二年，大旱，饥，人相食 成化二十三年大饥，人相食	民国修《大名县志》，卷26“祥异”
莘县	成化二十一年，莘县等处旱，人相食	正德《莘县志》卷6
商城县	成化二十三年大水，岁大饥，人相食	嘉靖《商城县志》，卷八“杂述”
兖州	成化二十一年春至秋不雨，蝗蝻满地，人相食	万历《兖州府志》，卷15“灾祥”
鲁山县	成化二十年大旱，岁荒，人相食	嘉靖《鲁山县志》卷10“灾祥”

说明：表中“灾况”文字在原文基础上略有删减，内容不变。

纵贯古代世界，不仅仅是中国，其他国家也有大灾之年饥民吃人记录。关于灾年“人食人”悲剧之“病理”，有学者做了简要说明：“在遭

① 《明宪宗实录》卷254，成化二十年七月庚寅条，第4289页。

受灾害之后，个别人失去了正常生活信念和行为规范，发生了理性、理念、心理的回归，即向原始的、本能的、生物的本性的回归，无视社会规范和行为准则，将自身活动降低到仅仅求得生命延续即生物学意义上的生存层次上。”① 可以说，成化时期标志着明代进入灾年“人吃人”的恐怖历史时期。酿成成化时期“灾年人吃人”“悲剧”的原因，大致有三：一是连年灾荒，人民贫困至极，饥饿至极；二是政府救济不力，灾区社会控制失措；三是灾民的社会心理错位、精神状态消极偏激。事实上，正统以来，明代农民贫困程度不断加剧，特别是北方生态环境相对较差、灾害频繁的地区，农村与农民的贫困程度更为严重。“人相食”本身及其影响对于社会传统伦理道德的冲击具有颠覆性，造成民众心理创伤是长期的巨大的，对于灾民心理恢复及灾区社会道德重建的负效应是无可估量的。

由弘治（1488～1505）而正德（1506～1521）而嘉靖（1522～1566），各地水旱相仍。由于政府财力日蹙，救荒多为空谈，造成饥荒连年，“灾区”蔓延。如弘治三年（1490），大臣马文升在《恤民弭灾再奏疏》中称：“民财既竭，一遇水旱灾伤，流移死亡，饿殍盈途，所不忍言。加以官吏之贪酷，惟知催科之紧迫。小民困苦无所控诉，嗟怨之声上彻于天，灾异之召实由于此。况近来内府各衙门坐派诸色物料，供应牲口等项，较之永乐、宣德、正统年间，十增其三四。该部依数派去，有司征收急于星火。北方之民别无恒产，止是种田，既要完纳粮草，又要备办料征。收成甫毕，十室九空，啼饥号寒，比比皆是。即今河南、山东、陕西、山西及南直隶扬州等府，俱被旱灾，又多蝗蝻生发，加以官府追征递年拖欠钱粮及买办等项。小民变卖田产已尽，计无所出，逃亡数多，倘来春青黄不接，所在仓廪空虚，无所赈济，其势必至人自相食，而外之虞遂起，赈救之储不可不豫。”② 正德七年，兵部尚书何鉴称：“山东、川、陕、河南、江西盗贼已平，但久罹兵燹后，井邑萧条，加以饥馑，民不聊生。浙江虽少宁谧，又值岁歉、海溢、疫疠，死亡亦不减。被兵之处，若复诛求，何以堪命。况解散群盗反侧未安，一夫倡之而起，其祸殆有不可言者。”③ 正德十五年初，户部官员奏称：“淮、扬等府大饥，人相食。自去冬以来，屡

① 王子平：《灾害社会学》，湖南人民出版社，1998，第261～262页。

② 马文升：《恤民弭灾再奏疏》，《明臣奏议》卷7，丛书集成初编。

③ 《明武宗实录》卷92，正德七年九月乙未条，第1965页。

行赈贷，而巡抚都御史丛兰、巡按御史成英犹以赈济不给为言。”① 正德十六年初，大学士杨廷和等言：“今各处地方水旱相仍，灾异迭见，岁用钱粮，小民拖欠数多，各边军士月粮经年无支，该镇奏讨殆无虚日，欲征之于民，而脂膏已竭；欲取之于官，而帑藏已空。闾阎之间，愁苦万状，饥寒所逼，啸聚为非者在在有之。其畿内州县及山东、河南、陕西等处盗贼，百十成群，白昼公行劫掠，居民被害，商旅不通。”②

至嘉靖时期，许多灾区处于灾民激变边缘，灾区民生甚至达到令人恐怖的程度，一些灾区社会“景观”有如“地狱”。如嘉靖初，江南闹水灾，大学士杨廷和等称：“淮扬、邳诸州府见今水旱非常，高低远近一望皆水，军民房屋田土概被渰没，百里之内寂无爨烟，死徙流亡难以数计，所在白骨成堆，幼男稚女称斤而卖，十余岁者止可得钱数十，母子相视，痛哭投水而死。官已议为赈贷，而钱粮无从措置，日夜忧惶，不知所出。自今抵麦熟时尚数月，各处饥民岂能垂首枵腹、坐以待毙？势必起为盗贼。近传凤阳、泗州、洪泽饥民啸聚者不下二千余人，劫掠过客舡，无敢谁何。”③ 嘉靖三年初，明世宗“敕谕群臣曰：‘近来江北、江南并湖广等处水旱相仍，地方饥馑，人民相食，所在盗贼成群，应天、凤阳并河南、山东、陕西等处元旦同时地震，方冬雷电交作，山崩地陷，灾变非常。近日京城风霾蔽天，春深雨泽愆期’”。④ 又史载：“嘉靖三年，南畿诸郡大饥，人相食。巡按朱衣言，民迫饥馁，嫠妇食四岁小儿，百户王臣、姚堂以子鬻母，军余曹洪以弟杀兄，王明以子杀父。地震雾塞，弥臭千里。时盗贼蜂起，闽广青齐豫楚间，所在成群；泗州洪泽，江洋盗艘，动以数千。”⑤ 是时，一遇灾荒，灾区人心惶惧，附近城乡亦是人心惶惶。如嘉靖十二年，“北直隶、山东地方旱蝗、民饥，人心汹汹。讹言盗至，或云起武城，或云起南宫。各郡邑城门有昼闭者，流闻京师，兵部议行所在抚臣选兵督饷，克期靖剿”。⑥ 由于朝廷与地方政府的灾荒控制能力不逮，实则等同于

① 《明武宗实录》卷185，正德十五年四月己未条，第3547页。

② 《明武宗实录》卷196，正德十六年二月乙巳条，第3637页。

③ 《明世宗实录》卷34，嘉靖二年十二月庚戌条，第868～867页。

④ 《明世宗实录》卷36，嘉靖三年二月庚申条，第908页。

⑤ 陈仁锡：《荒政考》，《中国荒政全书》（第一辑），北京古籍出版社，2003，第543页。

⑥ 《明世宗实录》卷154，嘉靖十二年九月丁卯条，第3495～3496页。

听任灾荒漫延，如嘉靖十八年十月，“户部左侍郎兼右佥都御史王杲上言：‘救荒当如救焚。今河南灾甚，奏报死亡已十万有余，其存者冀旦夕，得升合以延残喘，彼处仓库所贮钱粮未必足用’”。[①] 如嘉靖三十二年四月，“初，山东、江北连岁水旱，饥民蜂起为盗。剧贼时洲、时恺、马爰等各聚众数百人屯扎黄石山、豹头石，因流劫沂、邳间，烧毁泇口镇，地方甚被其害。巡按直隶御史李逢时以闻。诏停山东、淮安抚臣沈应龙、连矿及兵备等官俸，令克期平定。至是，山东麦收甚穰，饥民多归就业，应龙等复檄许群盗自首，于是贼势衰耗，诸首恶多就擒，应龙等以事平具闻，诏斩所擒获诸盗，而贷其自首者。命应龙等支俸如故。然应龙苟冀无事，诸贼来首者虽凶迹章灼，皆贷不问，而民间受害家属稍行捕报，即痛治以刑。由是贼党骄矜，良民丧气，而所在剽掠公行矣”。[②] 嘉靖三十二年六月，“南京科道祁清、徐栻各奏言：迩因山东、徐、邳岁荒，特轸圣慈，遣重臣赈恤，第今天下被灾之地，不独山东、徐、邳为然。若南畿、山西、陕西、顺德等府及湖广、江浙所在凶歉，或经岁恒阳，赤地千里；或大水腾溢，畎畛成川；或草根木皮掘剥无余，或子女充飧，道殣相望。其归德、滕、沂诸处，则盗贼公行，道路梗塞；大江以南，苏、松滨海诸处，则倭夷狂噬，井邑丘墟。饥馑、师旅交兴沓至。非破格蠲赈，不足以苏民穷而延国脉也”。[③] 嘉靖末年以来，“三荒”问题普遍化，“灾害型社会”进入崩解阶段，“蒿莱之地不耕，流移之民不复”。[④] 时人林俊称：“近年以来，灾异迭兴，两京地震……陕西、山西、河南连年饥荒，陕西尤甚。人民流徙别郡，京、襄等处日数万计。甚者阖县无人，可者十去七八，仓廪悬磬，拯救无法，树皮草根食取已竭，饥荒填路，恶气薰天，道路闻之，莫不流涕。而巡抚、巡按、三司等官肉食彼土，既知荒旱，自当先期奏闻，伏候圣裁。顾乃茫然无知，恝不加意，执至若此，尚犹顾盼徘徊，专事蒙蔽，视民饥馑而不恤，轻国重地而不言。”[⑤] 嘉靖时期，大臣费宏（1468～1535）在《两淮水灾乞赈济疏》中亦言：“窃见今年以来，四方无不告灾，而淮扬庐凤等府、滁、徐、和等州其灾尤甚。臣等询访南来

① 《明世宗实录》卷230，嘉靖十八年十月丁丑条，第4745页。
② 《明世宗实录》卷397，嘉靖三十二年四月壬午条，第6979～6980页
③ 《明世宗实录》卷399，嘉靖三十二年六月戊寅条，第6997～6998页。
④ 《明世宗实录》卷538，嘉靖四十三年九月壬寅条，第8714页。
⑤ 陈子龙等辑《明经世文编》，中华书局，1962，第768页。

官吏，备说前项地方自六月至八月数十日之间，淫雨连绵，河流泛涨，自扬州北至沙河，数千里之地，无处非水，茫如湖海。沿河居民，悉皆淹没。房屋椽柱，漂流满河。丁壮者攀附树木，偶全性命，老弱者奔走不及，大半溺死。即今水尚未退，人多依山而居，田地悉在水中，二麦无从布种，或卖鬻儿女，易米数斗，偷活一时；或抛弃家乡，就食四境，终为饿孚，流离困苦之状所不忍闻……盖小民迫于饥寒，岂肯甘就死地，其势必至弃耰锄而操挺刃，卖牛犊而买刀剑，攘夺谷粟，流劫乡村。虽冒刑宪，有所不恤。啸聚既多，遂为大盗，攻剽不已。”①

万历时期，特别是万历后期，明朝进入覆亡最后阶段。不仅表现在政治腐败与阶级矛盾激化，还表现在“灾害型社会”区域扩大化，灾荒问题全国化，社会动荡加剧。如万历十年五月，“户科给事中顾问言：‘顺天等八府自万历八年雨旸愆期，收成寡薄。至（万历）九年、十年，恒阳肆虐，禾苗尽槁，菽麦无收，穷困极矣。兼以额办钱粮追征紧急，尺布斗粟尽以输官，大牲小畜悉行供役，村店萧条，杼轴虚竭，是以民有菜色，元气重伤，天降灾星，蔓延益烈，生者逃移，死者枕藉，见之伤心，闻之酸鼻。其在真、大一带尤甚。迩闻钜鹿县等处群盗蜂起，方巾绣服大剑长枪，凡中产之家昏夜劫掠，即以其所劫之财施济老弱，收录壮锐，此其祸故不小也’”。② 社会动荡不已，人心思乱。如万历十四年，“兵部题：为传奉敕谕，所有捕盗事宜应加申饬。夫民穷生乱，势所必然。思患预防，时不容懈。今陕西有回夷流劫之乱，山西有矿贼聚扰之乱，河南有饥民抢麦之乱，直隶有树旗剽掠之乱。其他有御人于国门之外者，有纷争攘夺而罢市者，有谓做贼死不做贼亦死而号召结聚者，况白莲教、无为教等往往乘间窃发，而盐徒矿徒等每拒捕伤人，万一啸聚，号召必至，流毒移害”。③万历二十七年，大臣冯琦（1558～1604）上疏，揭示了当时足以摧毁大明王朝的各种危机：灾荒频发，苛捐杂税沉重，民众贫困化，人心思乱，民众反抗情绪强烈，社会动荡，民心已去。一言以蔽之，明朝完全陷入“灾害型社会”。如冯琦称：“自去年（万历二十六年）六月不雨，至于今日三辅嗷嗷、民不聊生，草茅既尽，剥及树皮，夜窃成群，兼以昼劫，道殣相望，村突无烟。据巡抚汪应蛟揭称，坐而待赈者十八万人。过此以往，夏

① 陈子龙等辑《明经世文编》，中华书局，1962，第856页。

② 《明神宗实录》卷124，万历十年五月庚辰条，第2318页。

③ 《明神宗实录》卷176，万历十四年七月庚子条，第3248页。

麦已枯，秋种未布，旧谷渐没，新谷无收，使百姓坐而待死，更何忍言？使百姓不肯坐而待死，又何忍言？京师百万生灵所聚，前，居民富实，商贾辐辏；迩来消乏于派买，攘夺于催征。行旅艰难，水陆断绝。以致百物涌贵，市井萧条……数年以来，灾儆荐至。秦晋先被之，民食土矣；河洛继之，民食雁粪矣；齐鲁继之，吴越荆楚又继之，三辅又继之。老弱填委沟壑，壮者展转就食，东西顾而不知所往……加以频值四夷之警，连兴倾国之师，车鄰马萧，行赍居送；按丁增调，践亩加租，试取此时租赋之额，比之二十年以前不啻倍矣！疮痍未起，呻吟未息，而矿税之议已兴，貂珰之使已出。不论地有与无，有包矿包税之苦不论；民愿与否，有派矿派税之苦。指其屋而挟之曰，彼有矿，则家立破矣；指其货而吓之曰，彼漏税，则橐立倾矣。以无可稽查之数，用无所顾畏之人，行无天理无王法之事。大略以十分为率，入于内帑者一，克于中使者二，瓜分于参随者三，指骗于土棍者四。而地方之供应，岁时之馈遗，驿递之骚扰，与夫不才官吏，指以为市者，皆不与焉……自古天下之乱阶，皆始于民心之离逖。离而后有怨咨，怨而后有愤恨，愤恨而后有流言，流言不已而鼓噪，鼓噪不已而反叛。今之民但未反耳。于前数者，已无所不有矣。陛下亦可以省而杜其渐矣。即如湖广一省，激变已四五次，而独近日武昌为甚。陛下试思：无知小民何苦而变？谁非性命？谁无身家？惟其剥削之极，无可控告，变亦死，不变亦死耳。求与见害之人，比肩接踵而死，死且不恨。夫人情不必死，始畏死耳。人知必死，复何所畏？人不畏死，法安可加？故使奸民害良民，大乱之道也；激良民为乱民以杀奸民，亦大乱之道也。从古事端初起，人主皆谓必无；及其祸乱已成，欲救又苦无及。史册所载，剥民之代，宁有无后患者乎？行之急则祸亦急，行之稍缓则祸亦稍缓。急者既唱，缓者必和之。夫汉之败也，在民穷，穷则为盗矣。唐之衰也，在官穷，盗起而无以应之。今闾阎空矣，山泽空矣，郡县空矣，部帑空矣，国之空虚，如秋禾之脉液将干，遇风则速落；民之穷困，如衰人之血气已竭，遇病则难支。以如此事势，而值大旱为灾，赈济无策，河流梗塞，边饷匮乏，是岂可不为长虑哉！民既穷矣，既怨矣，亦有穷极怨极而不思乱者否？不能保其不乱，而各地方又搜括已尽，亦有以应此乱者否？竭天下矿税之额大略百万，有如一方有警，如宁夏播州之役，不知所费止此百万否？天下贡税正额四百余万，有如一方有警，各处效尤，征之不前，运之无路，此四百万者皆能依期至否？平日惟恐天下之财不尽归内帑，如遇有事，不知内帑之财亦发以应天下之急否？平居无事，夺民数钱，已失其心；如遇有事，与民数钱，不知能即得其心否？”[①] 又如，万历二十八年初，“凤阳巡抚李三才上言：所在饥荒，流民千百成群，攘窃剽劫日闻，久而不散，恐酿揭竿之祸。徐、砀、丰、沛，壤接河南、山东，白莲妖术盛行”。[②] 万历三十二年四月，“大学士沈一贯、沈鲤、朱赓皆上疏自陈言：臣惟顷年来，天灾人变无月不告，江以北地尽为沼矣，河以南人将相食矣，川竭河徙而咽喉病矣，地震星陨而边塞耸矣，奸僧妖妇左道惑人、流民饥夫揭竿鼓众而大盗起矣，顷又有此日食非常之变”。[③] 万历四十三年底，“山东巡抚钱士完疏称：阖省饥民九十余万，盗贼蜂起，抢劫公行……上（明神宗）曰：该省饥民数多，赈济难遍，且抢劫四起，大乱可虞”。[④] 饥饿难耐，人性泯灭，人吃人，甚至自食骨肉。如万历二十九年，“阜平县民张世成以饥甚，手杀其六岁儿烹而食之”。[⑤] 再如，万历四十三年（1615），官员王纪所论晚明灾区情况：“今岁畿南半年不雨，赤地千里。臣于七月曾具疏报闻。嗣是甘霖大沛，秋禾稍茂，少可以糊口。不谓天降鞠凶，大旱之后，蝗蝻、冰雹、霜露之灾，辐辏一时。秋禾麦芽，极目成空；嗷嗷饥民，哭声震动天地。父老相传，以为此数十年来所未有之灾祲也。臣目击叠灾，再为具疏，凡饥民枵腹待毙之苦情，瞋目语难之乱形，两疏备陈于皇上，意谓必有浩荡之恩，且蠲且赈，立起沟中之瘠。孰意其竟不然耶！臣初疏部覆仅给平粜米十万石，次疏且留中不报矣，同一重灾耳，同一为民请命耳，在顺天，除发平粜米十万之外，尚有赈米七万石，此臣属所莫敢几望也。在山东亦除发平粜米十万之外，复留存贮税并临清税银约十余万两，此又臣属所莫敢几望也。夫畿南与顺、永、山东，错壤而居，灾祲亦略相当，顾特赈独靳于畿南，岂以畿南饥民啸聚劫夺少逊于顺、永？而竖旗称王劫库焚狱之乱，畿南或不至此，可遂置于度外乎？且无论大赉不均，有隘天地之量。然乱者与而不乱者不与，挟者与而不挟者不与，朝廷之上以此举动，示人何异教猱升木、教盗胠箧？是授人以太阿而倒持其柄也，不几以国为戏乎！况畿南愁苦无聊之人，蠢蠢思动，乱形亦岌岌

① 陈子龙等辑《明经世文编》，中华书局，1962，第4817～4819页。

② 《明神宗实录》卷344，万历二十八年二月辛巳条，第6396～6397页。

③ 《明神宗实录》卷395，万历三十二年四月癸未条，第7433～7434页。

④ 《明神宗实录》卷540，万历四十三年二月丙寅条，第10276页。

⑤ 《明神宗实录》卷359，万历二十九年五月丙寅条，第6718页。

大可畏矣！七月间，畿南、畿北之民露宿于黄河之浒者，不下数万人。今皆窜伏于长垣、南乐等县村落中。而盐山、庆云、交河诸处，山东流移亦复络绎不绝，望门投止，见于盐山、交河、庆云之揭报者甚悉。而天津道景参政又以静海、葛沽东民流聚五六千人见告矣。嗟此哀鸿，以席为屋，以稗为食，皇皇朝不谋夕，将槁项海滨，终焉而已乎！”①

由于政府救荒无术，“成化时代”大明帝国“灾区”此起彼伏，“灾区社会”已呈常态化、扩大化及严重化趋势。灾民生存无法保障，灾区及灾民之社会属性因缺少必要、及时之强化而造成灾区“社会”规范丧失。如河南部分地区，由于滥垦，至成化初年，生态环境急剧恶化。是时，如“彰德、怀庆、河南、南阳、汝宁五府山多水漫，卫辉一府沙碱过半，军民税粮之外，仅可养生，开封一府地虽平旷，然河决无时”。② 嘉靖年间，淮河流域灾区“一望皆红蓼白茅，大抵多不耕之地。间有耕者，又苦天泽不时，非旱即涝。盖雨多则横潦弥漫，无处归束；无雨则任其焦萎，救济无资。饥馑频仍，窘迫流徙，地广人稀，坐此故也”。③ 再以赵州为例，至隆庆时期（1567～1572），赵州编户二十四里社。“洪武初，只十七社，后渐增七社”。由于“州户有限，供应实繁。公私所费，悉取办于里社。随地派银，每年约费三四千金。民力告匮。今以大石桥麦税尽补丁粮，而困惫始苏。但州东一带，地土甚瘠，频岁不登”。而宁晋县，编户二十里社，“县原野平沃，众流归汇。州之诸邑，此为雄长。但社近大陆泽者，洿下土疏，不可堤防。濒水之地，又多碱卤。以岁计之，时年五收。征收不免，而徭役倍加焉”。隆平县，编户十三里社，“县自辽金以后，戎马蹂躏，兵燹交驰，居民鲜少，其十三社只崇仁、乐业、魏家为土民。永乐间，迁山西人填实畿内者，遂以其地给之。今生齿亦云庶矣。但高阜去处与唐山交界者仅袤四五里，余则水泉洼下，十年九潦。庶而不富，斯之谓乎”。柏乡县，编户十二里社，“国初承伤乱之后，地多荆棘，人烟萧条，社止于五。至永乐建都幽燕，县属畿甸。乃分拨山西长子、屯留、襄垣、黎城各县人户以实之。社增至十。承平日久，生齿渐繁。今增至十有二矣。但俗多游手，家无素蓄，为可悯也”。高邑县，编户十二里社，“县广三十五里，袤三十里。所编户社同于柏乡。而地僻民聚，安于耕稼，颇称

① 陈子龙等辑《明经世文编》，中华书局，1962，第5201～5202页。

② 《明宪宗实录》卷79，成化六年五月辛卯条，第1539～1540页。

③ （明）张瀚：《松窗梦语》，中华书局，1985，第72页。

殷富。非若柏乡当南北要冲，昼夜迎送，力为之疲，劳逸贫富之异也”。临城县，编户十六里社，“县袤五十里，广立百五十里。山势联络，肘腋太行，固亦形胜之区。但地险而瘠，故编户止此”。赞皇县，编户十四里社，“县广一百一十里，袤一百三十里……今和流尽湮，一遇夏秋暴雨，山水冲击，膏腴之地变为沙砾。虽设有户社，亦萧索过甚。由是士失恒产，民无良心，比于柏乡、临城尤为贫苦难治”。[①] 也就是说，明中期以来，赵州很多地方已经无法从事农业生产。人口增加，耕地面积减少，只能造成区域内粮食紧张及农民贫困化。未有天灾尚勉强度日，一旦发生自然灾害，饥荒随之。此等情况又何止赵州？研究表明，灾区社会功能一旦遭到破坏，它本身将成为灾害进一步扩大、延伸、加重的原因，成为新的灾因。[②] 明代“灾区”亦如此。是时，以农民为灾民主体、以乡村为主灾区的“灾区社会”成为刺激并加重整个明代社会“灾变”的“新的灾因”，成为新的“灾区”及“灾民”的主要策源地，成为左右明代社会安危的重要“因素”之一。

概言之，仍为乡村制导的明代社会，“乡村社会”一直是左右其社会治乱及政权安危的决定性力量；成化时代，天灾则成为左右明代乡村社会治乱之要素，明代社会沦为“灾害型社会”。从以上论述中不难得出，从广大民众生存状态而言，成化以来的明代社会，已是“灾害型社会”定型时期。

三　早期商业化：成化时代另一面

与农民及农村贫困化形势不同，至成化时期，明朝经过百余年发展，社会财富增多了，城镇积累大量物质财富，而财富也越来越多地集中在少部分人手中，社会贫富分化加剧，及时享乐与奢侈之风已逐渐形成。是时，从宴饮到服饰，从服饰到民歌时调，从上层社会到下层社会，从市井到乡里，竞奢风气成为当时城乡社会的普遍现象，社会等级制度及规范受到冲击。

较早关注晚明竞奢之风的学者是台湾徐弘教授和林丽月教授。他们首先提出：“嘉靖以后，社会风气侈靡，日甚一日。侈靡之风盛行，消费增加，提供人民更多就业机会，尤其是商品贸易质与量的增加，更促进商品

---

① 隆庆《赵州府志》卷一《地里·里社》，天一阁藏明代方志选刊。

② 王子平：《灾害社会学》，湖南人民出版社，1998，第152页。

经济的发达。奢靡之风盛行，又影响明末社会秩序的安定，僭礼犯分之风流行，对‘贵贱、长幼、尊卑’均有差等的传统社会制度，冲击甚大。尤其奢靡之风，刺激人们欲望，为求满足私欲，乃以贪污纳贿为手段，破坏嘉靖以前淳厚的政治风气，使贪污成风，恬不为怪。而贪黩之风，有倒过来刺激社会风气，使其更趋奢靡。”①

其实，成化以后，嘉靖以前，重商观念与拜金主义思潮在社会上颇为盛行，世风由俭入奢。早在天顺元年，社会上已出现奢靡现象。是年，刑科都给事中乔毅等疏请“禁奢侈以节财用。谓财有限而用无穷，近来豪富竞趋浮靡，盛筵宴，崇佛事，婚丧利文僭拟王公，甚至伶人贱工俱越礼犯分，宜令巡街御史督五城兵马严禁之”。② 成化以来，拜金主义与奢靡之风日炽。如时人丘濬所言：“今夫天下之人，不为商者寡矣。士之读书，将以商禄；农之力作，将以商食；而工、而隶、而释氏、而老子之徒，孰非商乎？吾见天下之人，不商其身而商其志者，比比而然。”③ 且“凡百居处食用之物，公私营为之事，苟有钱皆可以致也。惟无钱焉，则一事不可成，一物不可用”。④ 又如时人何瑭（1474～1543）称：“自国初至今百六十年来，承平既久，风俗日侈，起自贵近之臣，验及富豪之民。一切皆以奢侈相尚，一宫室台榭之费，至用银数百辆，一衣服燕享之费，至用银数十两，车马器用务极华靡。财有余者，以此相夸，财不足者，亦相仿效。上下之分荡然不知，风俗既成，民心迷惑。致使闾巷贫民，习见奢替，婚姻丧葬之仪，燕会赙赠之礼，畏惧亲友讥笑，亦竭力营办，甚至称贷为之。官府习于见闻，通无禁约。间有一二贤明之官，欲行禁约，议者多谓奢僭之人，自费其财，无害于治。反议禁者不达人情。一齐众楚，法岂能行。殊不知风俗奢僭，不止耗民之财，且可乱民之志。盖风俗既以奢僭相夸，则官吏俸禄之所入，小民农商之所获，各亦不多，岂能足用？故官吏则务为贪饕，小民则务为欺夺。由是推之，则奢僭一事，实生众弊，盖耗民财之根本也。”⑤ 嘉靖以来，以两京、各省都会及江南、华南、大运河沿岸等地为核心区域的城镇繁兴，城镇社会商

---

① 徐泓：《明代社会风气的变迁》，载邢义田主编《社会变迁：台湾学者中国史研究论丛》，中国大百科全书出版社，2005，第318页。

② 《明英宗实录》卷277，天顺元年四月己丑条，第5916～5917页。

③ （明）丘濬：《重编琼台稿》，上海古籍出版社，1991，第205页。

④ （明）丘濬：《大学衍义补》，京华出版社，1999，第208页。

⑤ 陈子龙等辑《明经世文编》，中华书局，1962，第1440页。

业化趋势尤为强劲，奢靡之风愈演愈烈，奢侈成为一种生活“习惯”与身份地位象征。如万历年间，时人称：“中州之俗，率多侈靡，迎神赛会，揭债不辞，设席筵宾，倒囊奚恤？高堂广厦，罔思身后之图；美食鲜衣，唯顾目前之计。酒馆多于商肆，赌博胜于农工。乃遭灾厄，糟糠不厌。此惟奢而犯礼故也。”① 万历二十一年，礼科都给事中张贞观疏请禁奢：“今天下水旱饥馑之灾，连州亘县。公私之藏，甚见溃绌，而闾巷竞奢，市肆斗巧，切云之冠，曳地之衣，雕鞍绣毂，纵横衢路。游手子弟，偶占一役，动致千金。婚嫁拟于公孙，宅舍埒乎卿士。懒游之民，转相仿效。北里之弦益繁，南亩之耒耜渐稀。淫渎无界，莫此为甚。”② 是年八月，明神宗亦称：“近来士庶奢靡成风，僭分违制，依拟严行内外衙门访拿究治，法之不行，自上犯之。近闻在京庶官概住大房，肩舆出入，昼夜会饮，辇毂之下，奢纵无忌如此。”③ “竞奢”也促进了奢侈品加工业发展。如万历年间，时人称：“今也，散淳朴之风，成奢靡之俗，是以百姓就本寡而趋末众，皆百工之为也。”④ 与奢侈之风相伴生的，以阳明学为导引，以“百姓日用是道”说为旗帜，宣扬个性解放、反传统及“工商皆本”⑤ 等思想为潮流的早期启蒙思潮兴起。其中，抒发个性、追求自我、享乐自适，寻新求变之商业文化精神萌生而流行。自称“不信学，不信道，不信仙、释。故见道人则恶，见僧则恶，见道学先生则尤恶”⑥ 之“异端”人物李贽（1527～1602）则积极宣扬：“士贵为己，务自适。如不自适而适人之适，虽伯夷、叔齐同为淫僻；不知为己，惟务为人，虽尧、舜同为尘垢秕糠。”⑦ 事实上，竞奢风气和社会生活中的僭越行为结合起来，形成一股横扫社会传统价值及行为的变异力量，加剧社会失范。民众热衷于奢靡，却对国家赋役不肯、不愿承担。奢靡风俗背后，并未形成商品生产条件下对于旧有观念的真正冲击，而只是更突出地表现

① 钟化民：《赈豫纪略》，《中国荒政全书》（第一辑），北京古籍出版社，2003，第283页。

② 《明神宗实录》卷263，万历二十一年八月庚戌条，第4892页。

③ 《明神宗实录》卷263，万历二十一年八月庚戌条，第4893页。

④ （明）张瀚：《松窗梦语》，中华书局，1985，第97页。

⑤ 如万历年间兵部右侍郎汪道昆称：“窃闻先王重本抑末，故薄农税而重征商。余则以为不然，直壹视而平施之耳。日中为市，肇自神农，盖与耒耜并兴，交相重矣……商何负于农？”（汪道昆：《太函集》，卷六五《虞部陈使君榷政碑》，齐鲁书社《四库全书存目丛书》本）东林党人赵南星亦称：“士、农、工、商，生人之本业。”（赵南星：《味檗斋文集》卷七《寿仰西雷君七十序》，《畿辅丛书》本）

⑥ （明）李贽：《阳明先生道学钞》附《阳明先生年谱后语》，清道光六年刊本。

⑦ （明）李贽：《焚书增补》，中华书局，1975，第258～259页。

了对于享乐的追求。因此，成化以来明代竞奢之风也就很难显现出对于社会发展的推动作用。

概言之，成化时期的频繁灾荒加剧了原本生活贫困而倍感迷茫的农民的躁动心理；城镇生活日渐奢靡与及时享乐风气亦催生市民的浮躁情绪；拜物教在整个社会中弥漫扩张。社会风气为之一变：节俭不再是为人所看重的美德，贫穷反倒成为令人嘲笑的事情；世人以追逐奢靡生活为时尚，金钱至上，享受第一。至此，明初以来的传统价值观念和道德伦理规范渐已模糊、走样。无论贫苦还是奢靡，失去“规则”与“常态”的现实生活充满迷茫和变数，民众自觉或不自觉地游离于原有“规矩”和“框框”边缘，实则在否定传统、否定社会及否定自我中寻找着传统、寻找着社会、寻找着自我，最终受制于“早期商业化”的社会不成熟事实而陷于思想混乱、无所适从，茫然若失。凡此种种，“成化时代”因之成为一个人心迷失的畸形商业化时代。至此，明代社会沦为“灾害型社会”，整个明代社会处于急剧变化、躁动不安之中。换言之，嗷嗷待哺之灾民及渐次萧索之乡村，商业风气浓郁的城镇及文化自觉中的市民，连同日趋奢靡与浮躁的民众心理等同体异质诸元素耦合变异，一并把明王朝拖进一个波谲云诡、人心彷徨、危机与生机并存的特殊时代——一个充满变数的“灾害型社会”早期商业化时代。

第四节 “成化时代”：否定与被否定

万历时期，大臣冯琦上疏称：“自古天下之乱阶，皆始于民心之离逖。离而后有怨咨，怨而后有愤恨，愤恨而后有流言，流言不已而鼓噪，鼓噪不已而反叛。今之民但未反耳。于前数者，已无所不有矣。陛下亦可以省而杜其渐矣。”[①] 就成化时代而言，也是一个“民心之离逖”的过程，是朱明统治集团无视时代而“否定”时代，终归为时代否定的过程。

一 救时与“逆时”

成化以来，明初积极求治精神不再。明宪宗就是一位荒唐之主，他几乎把全部精力都用于女色和逸乐，无暇政事[②]，国势日艰。成化初，内阁

① 陈子龙等辑《明经世文编》，中华书局，1962，第4818页。
② 《明史》，第4783页。

大学士商辂上书，提出勤政事、纳谏言、重将才、修边备、汰冗官、设仓储、崇圣道等主张，借以化解统治危机。[①] 稍后，阁臣刘健奏陈“勤朝讲、节财用、罢斋醮，公赏罚数事”。[②] 另则，为了救时，官员罗伦、李俊、汪奎、王恕、彭韶等亦竞相献策。客观说来，商辂等“治国安邦”主张不过是对朝政小修小补而已。是时，学者陈献章（1428～1495）慨叹“今人溺于利禄之学深矣”[③]，遂提倡心学以济世。相对说来，丘濬的救时理念还服务时代，“与时俱进”。

丘濬（1421～1495），明中叶一位杰出的政治家、思想家。[④] 为了救时，丘濬从政治高度检讨国是，在其著述中，提出对现实中“颠倒”之君民关系及“私化”之君主权力予以匡正，并实现政府职能转变，即由“厉民以养己”转为“立政以养民”，明确提出“养民”[⑤] 救时理念，其中，“为民理财”为丘濬“养民”救时理念核心内容。嘉靖、隆庆以来，与丘濬侧重于“经济”、主张“立政以养民”及“为民理财”之救时理念相去甚远，“为国理财”及“正人心”则成为士大夫救时主张核心内容。如桂萼、欧阳铎、庞尚鹏等为了缓解明朝财政危机而相继改革赋役制度，实则为了“朝廷”而非“社会”，为了“富国”而非“富民”，社会实际意义不大。万历初年，张居正改革则“以尊主权、课吏职、信赏罚、一号令为主”。[⑥] 实际上，张居正改革重点在“政治”而非“经济”，重点在“尊主权”而非“富民”，重视土地丈量而忽视工商业发展。即便推广“一条鞭法”与丈量田亩，也是旨在“为国理财”而非“为民理财”。甚者，改革因技术问题而加重了农民负担，遑论改善民生。如时人称：“囊自里甲改为会银，均徭改为条鞭，漕粮渐议折色，则银贵谷贱，而民有征输之困矣。夫既贱鬻以输官，而又贵买以资用，民穷财匮不亦宜乎？”[⑦] 当时，农民依然贫困，遇灾即荒。如万历九年，

① 《明史》，第4688页。

② 《明史》，第4811页。

③ （明）陈献章：《陈献章集》，中华书局，1987，第829页。

④ 《明史》，第4808～4810页。

⑤ “养民”一词首见于《尚书·大禹谟》，即“德惟善政，政在养民”。丘濬以前，“养民”仅是儒家推崇的政治观念而已。明中期，丘濬完成了以“蕃民之生”“制民之产”“重民之事”“宽民之力”“悯民之穷”“恤民之患”“除民之害”“择民之长”“分民之牧”“询民之瘼”等为主要内容、体系完备的养民思想。具体内容见《大学衍义补》卷13至卷19，卷67、卷82。

⑥ 《明史》，第5645页。

⑦ 《明神宗实录》卷172，万历十四年三月乙巳条，第3134页。

张居正称：“今江北淮、凤及江南苏、松等府连被灾伤，民多乏食，徐、宿之间至以树皮充饥，或相聚为盗，大有可忧。”万历帝言：“‘淮凤频年告灾，何也?’（张）居正对曰：‘此地从来多荒少熟。’”[①]

二 最高统治者：逆时而为

万历十四年后，大权独揽的万历帝开始了漫长的“隐士”生涯。时值国家多事之秋，他却“渊默九重”，厌倦于政务，沉溺于酒色，痴迷于金钱。为了“厉民以养己”，万历帝竟向全国各地派出大批矿监税使，公然掠夺民财。时下，“内臣务为劫夺，以应上求。矿不必穴，而税不必商；民间丘陇阡陌，皆矿也；官吏农商，皆入税之人也。公私骚然，脂膏殚竭”。[②]

万历帝此举，极大地摧残了民间工商业、挫损城镇商业化势头。时人称：“御题黄纛遍布关津，圣旨朱牌委亵蔀屋，遂使三家之村，鸡犬咸空；五都之市，布丝莫贸。”[③] 如苏州，税使“以榷征为奇货”，造成“吴中之转贩日稀，织户之机张日减”，苏州“染坊罢而染工散者数千人，机房罢而织工散者又数千人”。[④] 又如，万历三十年，户部尚书赵世卿举例述说矿监税使破坏工商业情况：“在河西务关则称：税使征敛，以致商少，如先年布店计一百六十余名，今止三十余家矣。临清向来缎店三十二座，今闭门二十一家；布店七十三座，今闭门四十五家；杂货店今闭门四十一家，辽左布商绝无矣。在淮安关则称：河南一带货物，多为仪真、徐州税监差人挨捉，商畏缩不来矣。”[⑤]

矿监税使所为，激化了社会矛盾，各地相继爆发反矿监税使的民变。凡此，加剧了皇帝与民众、中央与地方、民众与政府之间分裂对立。有鉴于此，有官员痛陈：“皇上欲金银高于北斗，而不使百姓有升斗糠秕之储；皇上欲为子孙千万年之计，而不使百姓有一朝一夕之计。试观往籍，朝廷有如此政令、天下有如此景象而不乱者哉?”[⑥] 同时，万历以降，朝廷“内讧”愈演愈烈，至天启年间，太监魏忠贤当道，“正直派”与“邪恶派”

① 《明神宗实录》卷111，万历九年四月辛亥条，第2126页。

② 《明史》，第6171页。

③ 《明神宗实录》卷348，万历二十八年六月丁亥条，第6500页。

④ 《明神宗实录》卷361，万历二十九年七月丁未条，第6742页。

⑤ 《明神宗实录》卷376，万历三十年九月丙子条，第7073页。

⑥ 《明神宗实录》卷348，万历二十八年六月丁丑条，第6493～6494页。

斗争越发血腥。当此之际，李自成等农民起义军纵横于中原腹地，满洲八旗兵丁杀掠于北疆。国势不堪，再次引发士大夫救时运动。先有东林党人以“道德责任心”为政治原动力，以“公天下”为治政精神、以“程朱理学”为思想规范，以“士大夫政治”为治国手段，以端正朝廷与人心为宗旨之“学术”救时努力；后有复社以“兴复古学”相标榜，以政治集会及控制朝政为手段，以“致君泽民”为目的的救世之举。其间，徐光启、李之藻等开明士大夫也掀起一场以译著传播西学及天主教义为主要途径及内容，以端正人心、富国强兵为依归的“西学救时运动”。

一言以蔽之，万历以来，一些“学者”及政治精英多把“学术”视为救时良方。如东林党巨擘高攀龙称：“天下不患无政事，患无学术。学术者，天下之大本也。学术正，政事焉有不正。”[①] 著名思想家、政治家吕坤在写给东林党人信中亦称：“故曰：‘先王有不忍人之心，斯有不忍人之政矣。’世不太平，只是吾辈丧失此不忍人之心。而今学问，正要扩一体之义，大无我之公，将天地万物收之肚中，将四肢百体公诸天下，消尽自私自利之心，浓敦公己公人之念，这是真实有用之学。”[②] 然而，大明帝国大厦已倾，“浮学术”已经鞭长莫及。即便“早期商业化”时代趋势也在衰败，灾荒及战乱密集摧残下朝政已“香消玉殒”。

三　“严复定律”与明朝覆亡

明朝覆亡，偶然因素很多，必然原因也并非一种。其中，传统农业社会任何一个王朝都无法摆脱“严复定律”，注定它们都必然走向覆亡，包括明朝覆亡。

（一）“严复定律”：治乱现象归纳与思考

1881 年 2 月 19 日，马克思在《致尼·弗·丹尼尔逊》信中，对气候与农业生产关系有过深刻论述，揭示了客观存在的传统社会的“环境机制”：“土壤日益贫瘠而且又得不到人造的、植物性的和动物性的肥料等等来补充它所必需的成分，但它仍然会依天气的变幻莫测的影响，即已不取决于人的种种情况，继续提供数量非常不一的收成；但从整个时期，比如

① 叶茂才：《高攀龙行状》，雍正《东林书院志》卷 7《列传一》，光绪七年据雍正刻本重刻本。

② 《吕坤全集》，中华书局，2008，第 210～211 页。

说1870年到1880年来观察，农业生产停滞的性质就表现得极其明显。在这种情况下，有利的气候条件迅速地消耗土壤中不保有的矿物质肥料，从而为荒年铺平道路；反之，一个荒年，尤其是随之而来的一连串的歉收年，使土壤中含有的矿物质重新积聚起来，并在有利的气候条件下再出现的时候，有成效地发挥作用。这种过程当然到处都在发生，但是，在其他地方，它由于农业经营者的限制性干预而受到调节。在人由于缺乏财力而不再成为一种‘力量’的地方，这种过程便成为唯一起调节作用的因素。”① 建立在“环境机制”基础上的传统农业及传统农业社会，直接或间接受制于“环境机制”。其实，这种“环境机制”不仅表现为农业土壤肥瘠变化，还包括气候正常或异常变化以及土地承载力变化，这些“变化”，在传统农业时代都是人们无法从根本上改变的，故而不得不受制于“环境机制”与这些“变化”。

如果放宽我们的历史视域，不难发现，“环境机制”也是决定着社会治乱与王朝兴衰的主要动力与要素之一。“环境机制”所促生的社会治乱兴衰现象，明人已有论述。如明代人何瑭曾对此现象有所解释。他认为：“（明）国初乱离初定，人民鲜少，土地所生之物供养有余。承平既久，生齿繁多，而土地所生之物无所增益，则供养自然不足。今惟有尽辟地利以资生养，法尚可行。方今地窄之处，贫民至无地可耕，而江北、山东等处，荒田弥望。”② 其实，正统以来，特别是成化时期，明代一些地区的人地矛盾开始凸显，成为地区社会安危重要影响因子。如景泰三年（1452），官员韩雍称：“江西一十三府，地狭且瘠，民稠且贫。往年丰收，小民亦无周岁之积，未免懋迁有无，取给湖广等处。今岁本处既有旱伤，官民蓄积俱少，而湖广等处，亦未闻丰收。况所属长河、梅花等峒，大盘等山，系累年盗贼作耗，今岁永新地土陷窟，恐有饥荒之兆，倘后水旱相因，饥馑荐臻，而无蓄积以赈济之，未免相聚为盗。”③ 其实，韩雍的担心不无道理。灾荒之年，政府救济失措，饥民转为“盗贼”者并不少见。同样是江西，成化十五年户部奏：“江西府县卫所地方累岁水旱灾伤，人民饥窘，盗贼窃发，宜为之计。上曰：‘江西地方连年荒旱，民穷盗起，难保其无，

① 《马克思恩格斯论历史科学》，人民出版社，1981，第395页。

② （明）万表：《皇明经济文录》卷2《民财空虚疏》，全国图书馆文献缩微复制中心，1994。

③ 陈仁锡：《荒政考》，《中国荒政全书》（第一辑），北京古籍出版社，2003，第566页。

思患预防，经国大计。’”[①]

其实，韩雍所言“地狭且瘠，民稠且贫”现象，何止江西，其他地方也遭遇同样问题。无疑，“地狭且瘠”是“民稠且贫”重要致因。以“民稠且贫”为背景，天灾所及，饥荒爆发，跨州跨省。清初史学家查继佐撰《罪惟录》称：明代灾荒，成化时期最为酷烈。[②] 事实如此。据李洵先生统计，成化时期，全国人口约有3000万～4000万，流民人数则有930万～1200万。其中最为严重的是北直隶、山西、河南、山东、南直隶、湖广、浙江、福建、云南等地区。[③] 成化以来，明朝灾荒加剧，朝廷荒政废弛，农民贫困化，“灾害型社会”成为明朝解不开的死结。从上述论述中不难得出，从最广大民众生存状态而言，成化时代实则是一个民众极端贫困化的时代，一个社会动荡而“三荒”频发的时代，一个“灾害型社会”定型的时代。

中国近代启蒙思想家严复（1854～1921）则从政治高度构建环境与社会关系谱系，如他所论：“（一个王朝）积数百年，地不足养，循至大乱，积骸如莽，血流成渠。时暂者十余年，久者几百年，直杀至人数大减，其乱渐定。乃并百人之产以养一人，衣食既足，自然不为盗贼，而天下粗安。生于民满之日而遭乱者，号为暴君污吏；生于民少之日而获安者，号为圣君贤相。二十四史之兴亡治乱，以此券矣。”[④] 严复关于中国历史上治乱相仍及王朝更迭现象成因的归纳，笔者称之为“严复定律”。严复所论虽非全面，“严复定律”却揭示一种历史事实，即土地承载力状况与社会安危有着直接关联，而且这种关联是一种不容忽视的客观存在。当然，“地不足养”不仅表现在人均耕地数量不足，还表现在耕地质量（地力）下降与环境灾变频发等方面。如果从环境史视角审视，不难发现，我国历史上“乱世”之后的“地荒人稀”往往成为“治世”基础和前提。新王朝借此实行“按丁授田”及奖励垦荒政策，一时间，人地关系变得宽松，农民初步解决“温饱问题”，国力得以增强，治世在望。其后百余年，人口翻几番而耕地总量少有增加，加之土地兼并严重及地力下降，农业生产技术未有质的提升，环境灾变频发。人口问题最终在自然灾害裹挟下而膨胀起来，灾荒蔓延，流民遍野，“乱世”生成。

---

① 《明宪宗实录》卷194，成化十五年九月甲寅条，第3419页。

② （清）查继佐：《罪惟录》，卷9《宪宗纯皇帝纪》，浙江古籍出版社，1986，第164页。

③ 李洵：《试论明代的流民问题》，《社会科学辑刊》1988年第3期。

④ 《严复集》，中华书局，1986，第87页。

（二）明朝覆亡与“严复定律”

明代中后期，由于滥垦滥伐、气候变冷等诸多原因，生态环境严重恶化，环境灾变频繁，灾荒严重。尤其是明初重点开发的华北之地，许多地方再度地荒人稀，社会经济也衰败不堪，土地因不堪耕种及农民不敢耕种而造成弃耕、撂荒现象普遍。如明中期的官员林俊所述：是时，北方一些地方，“荒沙漠漠，弥望丘墟。间有树艺，亦多卤莽而不精，缓怠而不时。至于京畿之间，亦复如是，往往为之伤心饮泣，拊掌深叹。计此度之，虽边郡应屯之地，目所不击、足所不到之处，夫亦是耳。大抵官非其人，理非其要，膏腴之区贪并于巨室，硗确之地荒失于小民。而屯田坏矣，务贪多者，失于鲁莽；困赋税者，一切抛荒，而农业隳矣。所谓地有遗利、民有余力，此之谓也”。[1] 又如，成化十三年（1477），林俊在《扶植国本疏》中称：“陕西、山西、河南连年饥荒，陕西尤甚。人民流徙别郡，荆襄等处日数万计。甚者阖县无人，可者十去七八，仓廪悬磬，拯救无法，树皮、草根食取已竭，饥荒填路，恶气薰天，道路闻之，莫不流涕。而巡抚、巡按、三司等官肉食彼土，既知荒旱，自当先期奏闻，伏候圣裁。顾乃茫然无知，恝不加意，执至若此，尚犹顾盼徘徊，专事蒙蔽，视民饥馑而不恤。”[2] 地荒民穷问题，愈到后来愈严重。如嘉靖后期，山西官员王宗沐（1524～1592）疏称：“臣初至山西，入自泽潞，转至太原，北略忻代。比将入觐，又东走平定，出井陉。目之所击，大约一省俱系饥荒，而太原一府尤甚……三年于兹，是以人民逃散，闾里萧条，甚有行百余里而不闻鸡声者。壮者徙而为盗，老弱转于沟瘠。其仅存者，屑槐柳之皮、杂糠而食之，父弃其子，夫弃其妻，插标于头置之通衢，一饱而易，命曰‘人市’。”[3] 嘉靖时，官员赵锦疏称：“臣窃见直隶淮安府至于山东兖州府一带地方，人民流窜，田地荒芜，千里萧条，鞠为茂草。其官吏则相与咨嗟叹息，或遂弃职而逃，其驿传则相与隐匿逃避，或至沮滞命使。其仅存之民则愁苦憔悴，而若不能为之朝夕。日甚一日，莫可底止。”[4]

有明一代，实行重农主义，但是，农业生产要素与前代相比并没有实

---

① 陈子龙等辑《明经世文编》，中华书局，1962，第765～766页。

② 陈子龙等辑《明经世文编》，中华书局，1962，第767～768页。

③ 陈子龙等辑《明经世文编》，中华书局，1962，第3674页。

④ 陈子龙等辑《明经世文编》，中华书局，1962，第3648页。

质性变化，缺少技术革新及制度创新，农田水利建设明显不足，农业经营方式仍处于“传统农业”[1] 阶段，“靠天吃饭”。明代传统农业同样受制于“环境机制”，“灾害型社会”也是“环境机制”的一种表现。“灾害型社会”并非明代所独有，它深藏于中国传统农业社会深处，一旦条件成熟，便会“粉墨登场”，参与历史创造。明代“灾害型社会”之所以于成化年间匆匆形成，主要机制包括两点：其一，在传统社会里，低温通常造成自然灾害频发，农业生产受到致命的影响，民生变得更加贫困，直接加剧社会矛盾，进而引起剧烈的社会动荡。研究表明，明清时期中国的气候十分寒冷，被称为“明清小冰期”。特别是成化以来，寒冷特征最为明显。由于气候寒冷，滥垦滥伐加速明朝“九边”范围之内的晋西北、陕北、宁夏、甘肃等地的荒漠化进一步向南推进；由于气候寒冷，明代黄河流域处于低温干旱时期，干旱尤为严重，旱灾普遍多于水灾，农业经济不断衰落。如明代豫西地区干旱和偏旱多达 493 次，几乎年年都有旱灾。特别是明末，黄河流域在 1627～1641 年出现连续 14 年严重干旱，旱灾一直蔓延到整个长江流域，“赤地千里”，饥荒严重。其中 1640 年，就有 123 个县出现“人吃人”事件，为近五百年来“人吃人”最严重的一年。在越发严重的灾荒密集袭击下，明代大部分地区及大多数农民贫困化加剧，荒政废弛，明王朝沦为“灾荒帝国”。其二，明朝大规模垦荒运动加速了“灾害型社会”生成，使早期商业化失去了必要的社会基础。明前期，以北方地区为重点的土地开发运动是由政府组织的、以纵民滥垦为主要特征。在以扩大耕地面积换取更多粮食的同时，大开荒运动也成为一种主要致灾因子。具体说来，以“脆弱生态环境 + 脆弱乡村社会”为主要特征的区域环境与社会实际是“灾害型社会”生成与“三荒”现象的前提条件；而掠夺性的土地开发使脆弱生态环境与脆弱乡村社会二者恶性互动，土地开发变为“灾害性村落”进而成为“灾害型社会”的主要发生机制。所谓脆弱生态是一种对环境因素改变反应敏感而维持自身稳定的可塑性较小的生态环境系统。“地荒人稀”是明前期主要开发地区的表面现象，真实内容应该是“脆弱的生态环境与乡村社会”。以北方为例，元末以来，战乱、饥荒与瘟疫横行，经济凋敝，农民贫困而民生社会保障缺失。另外，盲目的、掠夺性的滥垦行为又遭遇了“明清小冰期”，加速了

---

① 著名经济学家舒尔茨指出：“完全以农民世代使用的各种生产要素为基础的农业可称为传统农业。”（舒尔茨：《改造传统农业》，商务印书馆，1987，第 4 页）

环境灾变频度与灾荒严重性。至此，明朝已经陷入覆亡境地，再无转圜机会。

由明王朝向后望去，我们还会看到许多和明王朝相似的“故事”——“治乱相仍”。如果我们继续从环境史视域探寻，我们还会发现，无论是王朝更迭，还是“灾害型社会”生成，既是社会现象，也是自然现象。它们的表演不过是自然界面对“异化物”采取的一种自我“生理”机制调节与身体“修复”而已。经过以“灾害型社会”途径或战争手段等短暂调整与修复，人地紧张问题得以缓解，部分地区生态环境再度符合农业生产与农业社会正常运行的客观需要，慢慢开启新一轮的农业社会构建。论及“灾害型社会”的本质，笔者认为，小农社会通过“灾害型社会”的短期“休克”或“失范”，生态有所恢复，人地关系再度缓和，为土地占有关系洗牌和重新分配提供了可能。所以，“灾害型社会”是中国传统小农社会“死去活来”间隙的一种特殊社会状态，是一种极端的社会自然化现象，也是小农社会得以长期延续的重要原因之一。当代学者研究表明，“在同灾害的关系上，社会和人有着基本相同的特性或特征。那就是，灾害和社会的关系也有着两个基本的方面，即一方面灾害对社会的发展和进步来说，是一种破坏性因素，一种障碍。在世界历史上，包括我国在内，灾害曾经多次造成一个国家或者一个地区社会发展的停顿和停滞。另一个方面，社会也在灾害中经历了锤炼、挫折和打击，从而逐渐地成熟起来，提高了自身抗御灾害，保护自身生存的能力。在一定意义上讲，社会就是在遭受灾害损失之后，一次又一次地清除灾害后果顽强地生存并发展起来的。灾害和社会关系的这一基本特性，是分析和认识灾害同社会关系的出发点和基础”。①

---

① 参见王子平《灾害社会学》，湖南人民出版社，1998，第131页。

第八章　应对：情感与方略

成化以来，明代"灾害型社会"基本形成，江南等地社会经济生活商品化增强，统治危机与传统社会危机不断加深。是时，以丘濬、徐光启等为代表的一批有着强烈经世情怀的士大夫，以明中后期经济社会新变化为主要研究对象，以救时为目的，以重新阐释儒家"治道"与"治法"为途径，深刻检讨传统儒家治国思想与明初以来国是得失，主张改良政治，旨在化解社会危机。这些救时之举是明中后期社会变迁的一种应对，是"时代"的反应，也是儒学一次自我调整与发展。经济生活近代化期待与传统社会运行范式修正成为"救时者"经世理念中颇具时代特征的价值取向，问题在于，部分开明士大夫的救时主张与明朝最高统治集团政治经济利益无法实现统一。"灾害型社会"成为明朝无法摆脱的死结，时人救时方略亦属"徒劳"，无法跳出"严复定律"。

第一节　经世情怀与救时主张

成化时期，明王朝滑进灾荒频繁、人心彷徨，社会险象环生的特殊阶段——"灾害型社会"时期。为匡济时艰，救时言论纷纭，多为"老生常谈"。其中，最有创见者，当属丘濬。丘濬支持私人工商业发展，鼓励海外贸易，谴责朝廷"厉民以养己"行径，主张"立政以养民"，并就景泰以来特别是成化时期的民生问题进行了深刻反思，提出颇具时代气息的救时理念。

一　社会危机与"人心"迷失

（一）贫困化与奢靡化：传统社会危机

至成化时期，明朝已经过百余年发展，守成不足，法久弊生。是时，皇室疯狂敛财，缙绅竞相“求田问舍”，因土地兼并及赋役繁重等造成的无地少地农民越来越多。加之天灾频繁，政府救助失措，乡村贫困化（主要是农民贫困问题）已成为一个极为普遍的社会问题。农民一遇天灾，几乎就闹饥荒，饥民奔突，流民潮涌，灾区跨州连省，饿殍塞途。在饥饿与死亡淫威下，成化时期，灾区相继发生“人相食”惨剧。

另则，明初以来，随着手工业与商业发展，随着城镇人口增多及个人财富积累，长江中下游地区、大运河沿岸及华南部分地区的城镇商业化程度不断加深。至成化时期，以省治、府治及新兴商业城镇为中心的国内市场网络初步形成，明代进入以经济社会生活自组织为主要途径、以商业社会构建为核心内容的城镇社会商业化时期。其中，这种趋势的重要标志之一——重商意识在社会各阶层中的影响越来越普及。诚如时人丘濬所言：“今夫天下之人，不为商者寡矣。士之读书，将以商禄；农之力作，将以商食；而工、而隶、而释氏、而老子之徒，孰非商乎？吾见天下之人，不商其身而商其志者，比比而然。”[①] 且“凡百居处食用之物，公私营为之事，苟有钱皆可以致也。惟无钱焉，则一事不可成，一物不可用”。[②] 在商品经济刺激下，成化时期，民众生活观念骤变：节俭不再是人们看重的美德，贫穷反倒成为众人嘲笑的对象。世风由俭入奢，金钱拜物教盛行。其中，商人、官僚及富裕市民是推崇奢靡生活并催生奢靡之风的主要群体。

（二）人心：“奉意而不奉法”

成化时期，在饥荒折磨下的农民时时面临着死亡威胁或亡命他乡的未卜命途。生亦悲，死亦悲，此等遭遇加剧了农民的躁动心理；城镇奢靡之风加速普通市民贫困的同时，也催生了市民的浮躁情绪。凡此，整个社会都处在躁动与彷徨之中，文风、学风等随之一变，民风亦骤变。如成化九年，翰林院编修谢铎疏称：“臣窃惟今日治道之本，莫先于讲学。学之道无他，孔子曰智仁勇三者，天下之达德也……臣窃观今日之天下，有太平之形无太平之实，盖因仍积习之久，未免有循名废实之弊。天下之事，恒所令非其所好；天下之人，皆奉意而不奉法。如曰振纲纪，而小人无畏忌；如曰厉风俗，而士大夫无廉耻。”[③] 如丘濬所言：“曩时文章之士固多

---

① 丘濬：《重编琼台稿》，上海古籍出版社，1991，第205页。

② 丘濬：《重编琼台稿》，上海古籍出版社，1991，第208页。

③ 《明宪宗实录》卷119，成化九年八月壬戌条，第2286～2288页。

浑厚和平之作，近（按：成化时期，下同）或厌其浅易而肆为艰深奇怪之辞”；先前“议政之臣固多救时济世之策，近或厌其寻常而过为闳阔矫激之论”。又称：“至若讲学明道，学者分内事也，近或大言阔视，以求独异于一世之人。”① 成化十一年，国子监祭酒周洪谟亦指出：“洪武间学规整严，士风忠厚。顷来浇浮竞躁，大不如昔。奏牍纷纷，欲坏累朝循次拨历之规，以遂速达之计。且群造谤言，肆无忌惮。”② 可以说，社会陷入道德与方向迷失状态。

如影随形，嗷嗷待哺的灾民，令人毛骨悚然的“人相食”惨剧及席卷城镇的奢靡之风，日趋浮躁的民众心理等诸因素，一同把成化时期的明王朝拖进一个危机四伏的“灾害型社会”阶段；以“灾害型社会”为基础，明代开始了传统社会商业化（或曰“早期商业化”）进程。

二　丘濬的经世情怀与“有志用世”

成化时期，明朝进入一个波谲云诡时代，社会商业化萌动，农民贫困化加剧。是时，以丘濬为代表的士大夫，以救时为己任，积极探索国家出路。

（一）“不可及者三”

丘濬字仲深，明中叶重要政治家和思想家。他酷爱读书，“尤熟国家典故，以经济自负”。③《玉堂丛语》载：“世称丘文庄不可及者三：自少至老，手不释卷，好学一也；诗文满天下，绝不为中官作，介慎二也；历官四十载，仅得张淮一园，邸第始终不易，廉静三也。”④ 论及丘濬功业，明代东林党重要人物叶向高有言：“孝陵（明孝宗）十八年之治平，实自公启之。经国大业，舍公将谁归哉！公尝论我朝相业，于‘三杨’多不满，谓：‘当其时，南交叛逆，轩龙易位，敕使西洋，权归常侍，酿成土木之变，谁实为之?’然则公之自负实深，惟是衰暮登庸，设施未究，经济之志徒托之著述，而功业不无少让，此余之所以为公惜。”⑤ 时人亦称：“公之在位，调濡均平，百吏奉法，百度惟贞。”只是“公晚登政府，疾病半

① （明）丘濬：《琼台诗文会稿重编》卷8《会试策问》，刻本，第18~19页。

② 《明宪宗实录》卷148，成化十一年十二月辛卯条，第2713页。

③ 《明史》卷181《列传》第69，中华书局，1974，第4808页。

④ （明）焦竑：《玉堂丛语》卷7《赏誉》，中华书局，1981，第227页。

⑤ 丘濬：《琼台诗文会稿重编》卷首，叶向高：《丘文庄公集序》，明天启三年刻本，第7~8页。

之，故见于功业者，仅若此。然《大学衍义补》一书，其经济之才可见矣。使得久其位，尽行其言，相业岂三君子可及哉！”又言：丘濬“文为国萃，位登保傅，天既生公，夺之何遽？立言则多，蓄未尽施，方策所存，百世之师”。[①] 由是观之，时人推崇丘濬功名与学识之余，多有惋惜者。盖因丘濬虽贵为阁臣，胸怀经世济民之志，但功业不显。

（二）“匡时有术无师处”

丘濬是一位以经世济民为己任的官员。他自称：“少有志用世，于凡天下户口、边塞、兵马、盐铁之事，无不究诸心。意谓一旦出而见售于时，随所任使，庶几有以藉手致用。及登进士第，选读书中秘，即预修《寰宇通志》，又于天下地理远近，山川险易，物产登耗，赋税多少，风俗美恶，一一得以寓目焉。是时年少气锐，谓天下事无不可为者，顾无为之之地耳！既登名仕版，旦暮授官，可以行吾志矣。”[②] 景泰五年（1454），以“经济”自负的丘濬由进士而入翰林院供职，为实现其“用世”之志，更加勤奋学习，广泛涉猎。由于丘濬博学能文，他相继参与《寰宇通志》《天下一统志》《英宗实录》《宋元通鉴纲目》等纂修工作。在繁复的修史与撰述过程中，丘濬一直心系时局与政事，注重民生、边防、军事和财政等问题研究，希望有朝一日能被朝廷委以重任，负责实际政务，以实践其治国安民主张与建功立业抱负。如天顺七年，丘濬上呈《两广用兵事宜》与《两广备御瑶寇事宜》等奏疏，指陈用兵策略及地方治安方略，其主张为明宪宗所嘉许。[③] 尽管丘濬显示出非凡政治才能，然而，丘濬任职翰林院“首尾二十余年，四转官阶，不离乎言语文字之职，凡昔所欲资以为世用者，一切寓之于空言无用之地。日斯征而月斯迈，今则头颅将种种矣！非徒时不我用，纵有所用，则精神衰尽、心志疲倦，亦不能有所为矣”。[④] 经世济民之志惟游离于笔墨之间，激励丘濬数十年矢志向学的治国平天下的政治抱负亦只能淹没于书册之中。如成化十年（1474），时年54岁的丘濬在《甲午岁舟中偶书》诗中慨叹：

---

① 正德《琼台志》卷27《冢墓》，天一阁藏明代方志选刊，第25页。“三君子”是指唐朝张九龄，宋朝余靖、崔与之，三人皆岭南籍名士。

② 丘濬：《琼台诗文会稿重编》卷19《愿丰轩记》，第20～21页。

③ 丘濬：《琼台诗文会稿重编》卷21《两广用兵事宜》，第38～51页。

④ 丘濬：《琼台诗文会稿重编》卷19《愿丰轩记》，第21～22页。

老到头来不自知，畏途犹自苦奔驰。不如归卧长林下，扫地焚香待死时。

五十骎骎入老乡，世间滋味饱经尝。匡时有术无施处，旦夕惟焚一炷香。

乐土何乡似醉乡？混混沌沌度年光。恨天戒我平生酒，苦被醒眸扰闷肠。

地角天涯最远乡，我家住在海中央。他年乞得归身去，追忆经游梦一场。[①]

翌年，丘濬在其《左右篇铭序》中写道：“人苦不安分，汲汲然常有不足之念，迨其老也，犹不息心。予今年五十有五矣，忝以文字为职业，然往往用于空言，平生所学，竟不得一施为者。”[②] 显而易见，年过半百、胸怀远大政治抱负的丘濬在其诗文中不时流露出一种经世之志未遂、功业未竟的急切而苦闷情怀。

难能可贵的是，漫长的等待并没有消弭丘濬有功于社稷的政治志向与情怀，“舞文弄墨”之中，他一直在提高学识，一直研究现实社会问题，一直等待着机会。成化十六年（1480），时年60岁的丘濬被朝廷“加礼部侍郎，掌国子监事”。丘濬尤为珍惜这次难得的参政治事机会。当时，士风颓废，学风不正，民风浇漓，儒生多侈谈心性，鄙视实学与事功。丘濬不畏人言，对这种“风气”大力整顿。史称：“时经生文尚险怪，（丘）濬主南畿乡试，分考会试皆痛抑之。及是，课国学生尤谆切告诫，返文体于正。”[③] 而且，他身体力行，力倡经世致用之学，主张文以载道，“逾十年，尊师道，端士习”。当时，“论者谓（丘濬）师道尊严，无愧李时勉，而综理微密，则时勉不及”。[④]

（三）《大学衍义补》

从翰林院到国子监，丘濬忠于职守，勇于担当。令人遗憾的是，他参与具体治民理政实践机会太少。成化十五年（1479），花甲之际的丘濬在

① 丘濬：《琼台诗文会稿重编》卷4，《甲午岁舟中偶书》，第23页。

② 蒋冕：《琼台诗话》卷下，清光绪八年（1882）刻本，第25页。

③ 《明史》卷181《丘濬传》，第4808页。

④ 傅维麟：《明书》卷112，商务印书馆，1938，第2246页。

漫长自修与等待之余，或许清楚自己“时不我用”命途，惟有留下“方略”以裨政治。于是，开始全力纂述囊括其“治国平天下”主张的《大学衍义补》。《大学衍义补》是丘濬以“续补”宋儒真德秀所撰《大学衍义》之名，实则分析历代治国主张及政治得失，借以探求解决明中期经济社会问题方案，提出救时策略。可以说，《大学衍义补》不仅是丘濬托诸简册的经世理念，也是针对宋儒以“治道”取代“治法”、以“内圣”取代“外王”的务虚经世思想的一次匡正。

当然，忙碌于青灯黄卷之间的丘濬面对着凝固为点点滴滴墨迹的经世济民抱负，不免感慨，情到深处，定然生出不尽伤感。如成化十八年（1482），63 岁的丘濬在《岁暮偶书》诗中慨叹：“屈指明年六十三，人情世态饱经谙。几多黑发不曾白，无数青衿出自蓝。大半交游登鬼录，一生功业付空谈。不堪老去思归切，清梦时时到海南。”①显然，丘濬这般黯然神伤的身世感叹实际是在诉说着一种淡淡的哀愁，一种逶迤于笔端的流不尽的茫然愁绪。诗中流露出的貌似平淡实则哀婉的平静背后，正是丘濬为了实现其经世济民理想而经历太长等待之后的一种抑郁而无助的心态。诚然，丘濬这种怀才不遇的情感，历代仁人志士亦时常有之。进而言之，古代读书人“有用于世”的政治文化心理倾向是以儒学思想为核心内容的中国传统文化的一种“儒家现象”。其后几年，丘濬潜心撰写《大学衍义补》。不过，这期间，老之将至的人生惆怅已成为丘濬不时触景生情、以诗言志的心理常态与作文主题。

成化二十三年（1487），明孝宗即位，适逢《大学衍义补》撰毕。是年，67 岁的丘濬在《进〈大学衍义补〉表》中向明孝宗表达其为“有补政治”而纂述《大学衍义补》的苦心。丘濬称：“臣濬下愚陋质，荒陬孤生，生世无寸长，颇留心于扶世。读书有一得，辄妄意以著书。固非虞卿之穷途，亦非真氏之去位。猥以官居三品，惭厚禄以何裨？年近七旬，惜余龄之无几。一年仕宦，不出国门；六转官阶，皆司文墨。莫试莅政临民之技，徒怀爱君忧国之心。竭平生之精力，始克成编；恐无用之陈言，终将覆瓿。幸际朝廷更化，中外肃清，总揽权纲，一新政务。傥得彻九重之听，取以备乙夜之观。采于十百之中，用其二三之策，未必无补于当世，

① 丘濬：《琼台诗文会稿重编》卷 5《岁暮偶书》，第 42 页。

亦或有取于后人。”[①] 在这则言简意赅的话语中，丘濬那掩饰不住的经世情怀跃然纸上；其字里行间，也流露出一种失意与无奈。明孝宗看罢《大学衍义补》，“称善，赉金币，命所司刊行。特进礼部尚书，掌詹士府事。修《宪宗实录》，（丘濬）充副总裁。弘治四年，书成，加太子太保，寻命兼文渊阁大学士参预机务。尚书入内阁者自濬始，时年七十一矣。濬以《衍义补》所载皆可见之行事，请摘其要者奏闻，下内阁议行之。帝报可。”[②]

（四）“可堪临老履危机”

“尚书入内阁者自（丘）濬始。”这种位极人臣的殊荣对于年逾古稀的丘濬来说别有一番滋味。从景泰五年（1454）的时年 34 岁新科进士，到弘治四年（1491）的 71 岁高龄的身体多病老人，丘濬在这漫长等待中感慨良多，强烈的“立功”情结与寂寞的“著述”苦涩交织一起，“织成”一位盛年不再、疾病缠身而且一目近乎失明的老人。进呈《大学衍义补》之前，丘濬视《大学衍义补》为其一生经世济民思想的总结与告老还乡的谢恩之作，也是他经世情怀的一个总结。其后，归隐乡梓、老于户牖之下而已。风云际会，明孝宗欣赏丘濬博学老成与治国才能，特简丘濬入阁办事。显然，仕途变动改变丘濬致仕计划。此时的丘濬已深感“志欲为而气力不克，机可乘而岁月不待，有如伏枥老骥，志虽存乎千里而力已难驰”。[③] 而且，他认为内阁“所办之事，乃国家大制作、大政务、大典礼，虽专词翰之职，实兼辅弼之任。顾眷之隆，恩典之厚，比诸庶僚悬绝之甚是，盖当代在宦之阶第一选也”。[④]

面对明孝宗隆隆圣恩，丘濬兴奋之余，清醒地意识到自己壮年不再，体弱多病，难以较好承担入阁赞划之繁重工作，唯恐有负朝廷重托，因而三上辞呈。丘濬在辞呈中写道：内阁“第以禁密论思之地，天下治乱安危所系，非优老养疴之所”。[⑤] 丘濬“辞呈”出自本心，表现了他志在治事而非恋栈之品格。然而皇帝不允。丘濬在其《辛亥思归偶书》诗中感叹：

① 丘濬：《大学衍义补》，京华出版社，1999，第 5 页。

② 《明史》卷 181《丘濬传》，第 4809 页。

③ 丘濬：《琼台诗文会稿重编》卷 8《入阁谢恩表》，第 12 页。

④ 丘濬：《琼台诗文会稿重编》卷 7《入阁辞任第二奏》，第 6 页。

⑤ 《明孝宗实录》卷 57，弘治四年十一月乙亥条，第 1094 页。

“六疏求归未得归，可堪临老履危机。云龙际合真难遇，海燕孤单慢自飞。黄吻读书初志遂，白头归隐素心违。此身已属皇家有，空向秋风叹式微。”[①] 入阁第二年，病中的丘濬再上《壬子再乞休致奏》，自陈：“年逾古礼致仕之期，身婴医书难疗之疾，老病衰惫，举动必须为之扶翼，出入禁门不便，昏眊健忘，述作必须人为检讨，掌管文书不得。且又去家万里，隔越大海，一子早丧，身多病而心多忧，众苦所丛，残生无几。伏望皇上哀臣孤苦，鉴臣诚恳，乞如薛瑄致仕事例，放归田里，俾全晚节。”明孝宗信任丘濬，执意不允，下旨：“联擢卿重任，勉图尽职，岂可以目疾求退。今后凡大风雨雪，俱免早朝。该部知道，钦此。”[②]

皇帝垂眷，求去不得。丘濬遂以“老病衰惫”之躯毅然投身于“经略”国家的事业中。他相继上《论厘革时政奏》《请访求遗书奏》《乞严禁自宫人犯奏》《请建储表》《请昧爽视朝奏》等奏疏，所奏内容涉及明王朝政治、经济、军事等各个方面，均是丘濬具体而微的经世方略。垂暮之年的丘濬定然希望他的这些建议能化作诏令，以匡时救世，有益于社稷。然而，人生的最后一搏却显得极其微弱，天不假年，丘濬于弘治八年（1495）二月卒于任上，阁臣生涯不足四年，其间又多为疾病所困，心力交瘁，勉为驱驰，“人亡政息”。

三　救时理念与救荒主张

明代是中国从古代社会向近代社会转型躁动期，以经济社会生活商品化为显著特征，其变化大致肇端于成化（1465～1487）、弘治（1488～1505）年间。诚如历史学家李洵先生所言：“中国封建社会开始发生新的也是重大的变化大约在15世纪中叶以后。这个变化是伴随着明王朝的衰弱开始的。”[③] 社会转型的躁动，灾荒频发，社会失范现象增多，灾民、流民数目庞大。作为一位务实的思想家和胸怀经世抱负的官员，面对着社会变迁和时势转变，丘濬从传统儒家经世致用思想出发，考证古法，剖析时事，关注并研究社会现实问题，在政治、经济、军事、民族等方面都提出颇有见地的主张。其中，丘濬认为，无论是救灾救荒，还是治国理政，若想成功，“立政以养民”是根本前提与决定性因素。

---

① 丘濬：《琼台诗文会稿重编》卷5《辛亥思归偶书》，第49页。
② 丘濬：《琼台类稿》卷44《壬子再乞休致奏》，明闵珪刻本，第5页。
③ 李洵：《正统皇帝大传》，辽宁教育出版社，1993，第3页。

（一）救时理念

1.“养民”抑或“养己”：丘濬的“时代”检讨

明太祖有着强烈忧患意识与治世情结。他以“养民”为号召[①]，以土地开发为途径，积极构建丰衣足食、控制有力的小农社会。是时，民生稍安，民食稍足。永乐时期，朝廷以抚民与屯田为急务，重视农业生产；仁宣之际，政府尚能与民休息，乡村社会秩序基本稳定。正统以来，统治者逐渐失去开国之初勤政不怠之作风，政治渐趋腐败，民生每况愈下。特别是成化时期，明朝政治陷入腐败混乱的泥潭。如明宪宗荒淫怠政，整日沉溺于“神仙、佛老、外戚、女谒、声色货利、奇技淫巧”之中。[②] 宦官专权，奸佞当道。朝廷大臣“未进也，非夤缘内臣则不得进；其既进也，非依凭内臣则不得安。此以财贸官，彼以官鬻财”。[③]“祈雨雪者得美官，进金宝者射厚利。方士献炼服之书，伶人奏曼延之戏。掾吏胥徒皆叨官禄，俳优僧道亦玷班资”。[④] 政治腐败成为民生贫困、社会失范的催化剂。皇帝漠视民瘼，多数官员尸位素餐。凡此，遂使社会小问题酿成大灾难，加重民生苦难。自此，君主虽以“养民”为号召，却行“养己”之实。如明代思想家吕坤有言：“王道有次第，舍养而求治，治胡以成？求教，教胡以行？无恒产有恒心，士且不敢人人望，况小民乎？”[⑤]

其实，早在成、弘之际，丘濬便明确提出救时根本方略——“养民”，即“自古圣帝明王，知天为民以立君也，必奉天以养民。凡其所

---

① 如明太祖告诫官僚：“自古生民之众，必立之君长以统治之。不然，则强者愈强，弱者愈弱，纷纭吞噬，乱无宁日矣。然天下之大，人君不能独治，必设置百官有司以分理之。锄强扶弱，奖善去奸，使民遂得其安。然后可以尽力田亩，足其衣食，输租赋以资国用。予今命汝等为牧民之官，以民所出租赋为尔等俸禄，尔当勤于政事，尽心于民。民有词讼当为办理曲直，毋或尸位素餐，贪冒坏法，自触宪纲，尔往其慎之。”（《明太祖实录》卷24，吴元年秋七月丁丑条）他强调：“夫善政在于养民，养民在于宽赋。”（《明太祖实录》卷29，洪武元年正月甲申条）明太祖“敕谕新授北方守令曰：牧民之任当爱其民，况新附之邦，生民凋瘵，不有以安养之，将复流离失所望矣。尔等宜体朕意，善抚循之，毋加扰害，简役省费以厚其生，劝孝励忠以厚其俗”。（《明太祖实录》卷32，洪武元年秋七月丙子条）他曾明确指出：“人君所以养民也，民与君同一体，民食有缺，吾心何安？”（《明太祖实录》卷73，洪武五年五月戊午条）

② 《明史》卷180《汪奎传》，第4783页。

③ 《明史》卷180《李俊传》，第4779页。

④ 《明史》卷180《李俊传》，第4779页。

⑤ （明）吕坤：《吕坤全集》，中华书局，2008，第944页。

以修德以为政，立政以为治，孜孜然，一以养民为务……自古帝王，莫不以养民为先务。秦汉以来，世主但知厉民以养己，而不知立政以养民。此其所以治不古若也欤”。[①] 先秦儒家标榜以德治国，提出“德惟善政”政治信念，构建了君王由道德实践到政治实践的治政模式。宋明理学进一步夸大“正心”治政功效，拉大“内圣”与“外王”二者之间距离，实际上陷入“政治手段”替代“政治目的”的思维误区。事实上，现实政治中的道德与政治并不对称，“内圣”与“外王”并无内在关联，“治心”与“治国”是两回事。朝廷是以君主“正心”为治政根本还是以“养民”为其根本？丘濬认为，“朝廷之上，人君修德以善其政，不过为养民而已”。[②] 即“养民”是治政根本，是政治核心。换言之，君主“养民”是政治目的，“正心”是政治手段，不能本末倒置，“养民”是君主职责与官员本分。

君主及朝廷是“厉民以养己”还是“立政以养民”？换言之，君主及朝廷的历史使命与政治责任是什么？这是丘濬在《大学衍义补》中着重思考的又一个大问题。成化时期是君主“厉民以养己”的典型政治。如成化帝为了一己之私，便大肆封授给他带来快感的所谓有“一技之长”的工匠、术士、艺人、僧人等为官，致使“传奉官”泛滥，“一岁而传奉或至千人，数岁而数千人矣。数千人之禄，岁以数十万计”。[③] 为此，丘濬批驳道：君主以“官爵为己之私物”，授官则“不问其人之能与否？不论其职之称与否”，而是“由旁蹊奥援，阿私而幸进”，“岂不有以负祖宗之付托、上天之建立哉？”[④] 成化时期也是朝廷“厉民以养己”的黑暗时代，官员肆意剥敛。为此，丘濬指出：“天生物以养人，付利权于人君，俾权其轻重，以便利天下之人，非用之以为一人之私奉也。”[⑤]

“立政以养民”是丘濬强调的一个切中时弊的政治命题。丘濬认为，“养民”是君主天职与官员本分，要真“养民”而不是假“养民”，君主“厉民以养己”有悖天意。如丘濬明言：“天以天下之民之力之财奉一人以为君，非私之也，将赖之以治之，教之，养之也。为人君者，受天下之

① 丘濬：《大学衍义补》，京华出版社，1999，第5页。
② 丘濬：《大学衍义补》，京华出版社，1999，第4页。
③ 《明史》卷180《李俊传》，第4779页。
④ 丘濬：《大学衍义补》，京华出版社，1999，第4页。
⑤ 丘濬：《大学衍义补》，京华出版社，1999，第259页。

奉，乃殚其力、竭其财以自养其一身而不恤民焉，岂天立君之意哉？秦始皇以千八百国之民自养，而为驰骋田猎之娱，至于力罢财尽，而不能供，违天甚矣。虽欲不亡，得乎？”① 丘濬认为，灾荒之所以发生，原因在于皇帝与官员不养民，是他们失职造成的：“君之所以为君也，以有民也。无民则无君矣。君有民，不知所以恤之，使其寒不得衣，饥不得食，凶年饥岁，无以养其父母，育其妻子，而又从而厚征重敛，不时以苦之，非道以虐之，则民怨怼而生背叛之心，不为君有矣。民不为君有，君何所凭藉以为君哉？古之明主，所以孜孜焉，务民于农桑，薄税敛，广储蓄，以实仓廪，备水旱，使天下之民，无间丰凶，皆得饱食暖衣，以仰事俯育，则常有其民而君位安，国祚长矣。”② 换言之，灾荒频发，人民饥寒交迫，便是君主失职，是官员的罪责，是“厉民”造成的。

2. “为民理财”与“崇教化”：养民思想的核心内容

灾荒到来，民众或饥死，或为流民而颠仆不止，社会失范。如何才能从根本上解决灾荒问题，丘濬认为，“养民”是根本。如何养民，一则“为民理财”，二则“崇教化”。如丘濬有言：“民之所以为生者，田宅而已。有田有宅，斯有生生之具。所谓生生之具，稼穑、树艺、牧畜三者而已。三者既具，则有衣食之资，用度之费，仰事俯育之不缺，礼节患难之有备，由是而给公家之征求，应公家之徭役。皆有其恒矣。礼义于是乎生，教化于是乎行，风俗于是乎美。”③ 下面就丘濬养民思想——“为民理财”与“崇教化”分别予以分析。

“为民理财”是丘濬养民思想的核心内容。丘濬的“为民理财”理念有五层含义：其一，明确“为民理财”的必要性与重要性。丘濬指出：“人之所以为人，资财而生，不可一日无焉者也。所谓财者，谷与货而已。谷所以资民食，货所以资民用。有食有用，则民有以为生养之具，而聚居托处以相安矣。”④ 只有人民有“财”，“礼义于是乎生，教化于是乎行，风俗于是乎美”。换言之，“为民理财”是百姓生存的前提与社会稳定的基础，实属必要，意义重大。其二，提出天下财产为民共有、君主理财为民主张。即“天生五材，民并用之，君特为民理之耳，非君所得而私有也”。

---

① 丘濬：《大学衍义补》，京华出版社，1999，第229页。

② 丘濬：《大学衍义补》，京华出版社，1999，第121～122页。

③ 丘濬：《大学衍义补》，京华出版社，1999，第130页。

④ 丘濬：《大学衍义补》，京华出版社，1999，第197页。

人君“为民而理，理民之财尔。岂后世敛民之食用者，以贮于官而为君用度者哉?”其三，主张朝廷理财应以富民为先，不应与民争利。丘濬认为，国富的前提是民富，所以，朝廷“必先理民之财，而为国理财者次之”。为此，丘濬反对政府垄断专卖政策，主张让利于民，指出：“官不可与民为市，非但卖盐一事也。大抵立法以便民为本。苟民自便，何必官为?”其四，强调“制民之产”是“为民理财”主要途径。丘濬认为，“为民理财”最要紧事是“制民之产”。他建议实施“配丁田法”，抑制土地兼并，保证耕者有其田，并对农民进行农业技术指导，保护农民劳动果实。政府还要鼓励工商业发展与海外贸易等，增加百姓财富来源。[①] 其五，完善分工是“为民理财”的社会基础，要人尽其职。丘濬强调：“民生天地间，有身则必衣，有口则必食，有父母妻子则必养。既有此身，则必有所职之事，然后可以具衣食之资，而相生相养以为人也。是故一人有一人之职，一人失其职，则一事缺其用。非特其人无以为生，而他人亦无以相资以为生。上之人亦将何所藉以为生民之主哉？先王知其然，故分其民为九等。九等各有所职之事，而命大臣因其能而任之。是以一世之民，不为三农则为园圃，不为虞衡则为薮牧。否则，为百工，为商贾，为嫔妇，为臣妾，皆有常职，以为之生。是故生九谷，毓草木，三农园圃之职也。作山泽之材，养鸟兽，虞衡薮牧之职也。与夫饬化八材，阜通货贿，化治丝枲，聚敛疏财，岂非百工商贾嫔妇臣妾之职乎。是八者，皆有一定职任之常，惟夫闲民，则无常职，而于八者之间，转移执事，以食其力焉。虽若无常职，而实亦未尝无其职也。是则凡有生于天地之间者，若男若女，若大若小，若贵若贱，若贫若富，若内若外，无一人而失其职，无一物而缺其用，无一家而无其产。如此，则人人有以为生，物物足以资生，家家互以助生，老有养，幼有教，存有以为养，没有以为葬。天下之民莫不爱其生而重其死。人不游手以务外，不左道以惑众，不群聚而劫掠，民安则国安矣。有天下国家者，奉天以勤民，其毋使斯民之失其职哉。”[②]

“崇教化”，即重视教育教化，它也是丘濬养民思想的核心内容之一。

明中期以来，农民贫困问题突出，灾荒不断，奢靡之风日炽，民心浮

---

① 丘濬：《大学衍义补》，京华出版社，1999，第44、130、208、197、263、133～134、2页、237～247页。

② 丘濬：《大学衍义补》，第129～130页。

躁而社会失范现象普遍。如何应对？丘濬则从教育视角探究其症结："盖民之所以贫窘而流于邪淫，其原皆出于婚嫁伤祭之无其制。婚嫁伤祭，民生之不能无者，民间一遇婚嫁伤祭，富者倾赀以为观美，贫者质贷以相企效，流俗之相尚，邪说之眩惑，遂至破产而流于荒淫邪诞之域，因而起争讼、致祸乱者亦或有之。汉之时，异端之教犹未甚炽，今去其时千年矣，世变愈下，而佛道二教大为斯民之蠹惑，非明古礼以正人心、息邪说，则民财愈匮，而民性愈荡矣。"[①]

为匡正世风，丘濬对明初理学家吴与弼等人的教育"复性"说、"学为圣贤"说等空疏的教育观予以修正，提出教育养民说。即"上之临下，果何所事哉？曰保之。将欲保之，以何为先？曰教之"。教育是为使民众"有相生相长之乐，无此疆彼界之殊矣"。[②] 所以，"明君在上，知教化为治道之急务，则必设学校，明礼义，立条教，以晓谕而导之，使之皆囿于道义之中，而为淳厚之俗。而又必择守令之人，布吾之政教，叮咛告诫，使其知朝廷意向所在。而其为政必以教化为先，变不美之俗以为美，化不良之人以为良，使人人皆善良，家家皆和顺"。[③] 为此，丘濬提出五点具体教育养民主张：其一，朝廷要以身作则，"谨好尚以率民"。丘濬认为，戒奢应该从君主与官员做起，因为"百姓从行不从言"。即"居人上者，诚能以正存心，以身率先天下，则近而群臣，远而万民，孰敢以不正哉！"如果朝廷"苟徒责人而不责己，限疏而不限亲，禁远而不禁近，耳目所及者则若罔闻知，而于郡县之远，闾里之间，乃详为制度，严为之法，则亦虚费文移，徒挂墙壁而已，安能戢其泛泛之心、杜其呶呶之议，而革其靡靡之俗哉！"[④] 其二，重视教育与学校在匡正社会风气中的重要作用。丘濬指出，朝廷应重视教化，因为"为政必以教化为先，变不美之俗以为美，化不良之人以为良，使人人皆善良，家家皆和顺"。[⑤] 其中，学校的"道德"教育应该加强："立师道以修学校之政，俾其掌天下之风化，教天下之人才，考证经典，讲明义理，以一人心之趋向，期于道德之一，风俗之同而后矣。"[⑥] 其

---

① 丘濬：《大学衍义补》，第 702 页。

② 丘濬：《大学衍义补》，第 570 页。

③ 丘濬：《大学衍义补》，第 707 页。

④ 丘濬：《大学衍义补》，第 694、697 页。

⑤ 丘濬：《大学衍义补》，第 707 页。

⑥ 丘濬：《大学衍义补》，第 672 ~ 673 页。

三，提出“为民分理而使之均平”是“道德”基础。成化时期，随着商业普及，民间财产纠纷日益增多。丘濬从“人生不能无欲，有欲不能无争”[①]的基本认识出发，指出：“民间之讼多起于财产，兄弟以之而相阋，骨肉以之而相残，皆自此始也。为守令者，苟能为民分理而使之均平，则词讼不兴，人和而俗厚矣，教化其有不行也哉！”[②] 即朝廷应当加强对民间财产分配的监督与管理，保证分配公平合理。其四，提出“浸润”式教育方法。丘濬反对强迫性的“一刀切式”的教育。他主张：政府要采取循序渐进的、启发性“浸润”式教育：“教之之道，驱迫之不可也；操切之不可也；徒事乎法，不可也；必刻以期，不可也。必也，匡之直之，辅之翼之，优而游之，使自休之，厌而饫之，使自趋之。如江河之润，如湖海之浸，是之谓教思焉。”[③] 其五，主张教育要有针对性，因人因俗而教。丘濬认为：“为教之道，不过即人身心之所有者，而训诲引导之云耳。”[④] 而“人君欲广其教于天下，不假强为，在识其善念端倪之初处，动其机以发之，从此推广去耳”。另则，丘濬主张，“舆图之广，广谷大川异制，民生其间异俗”，且“土俗处处别，气禀人人殊，则有未易变易然者。苟不至于反常而逆理，则亦不强之使同焉”。[⑤]

（二）丘濬救灾主张

元明时期，灾荒频发，长期抗灾救灾实践使时人积累了丰富的备荒知识。如元末明初农学家王祯（1271～1368）《备荒法》云：“北方高亢多粟，宜用窦窖，可以久藏。南方垫湿多稻，宜用仓廪，亦可历远年。其备旱荒之法，则莫如区田。区田者，起于汤旱时，伊尹所制；劚地为区，布种而灌溉之。救水荒之法，莫如柜田。柜田者，于下泽沮洳之地，四围筑土，形高如柜，种艺其中。水多浸淫，则用水车出之，可种黄穋稻。地形高处，亦可陆种诸物。此皆救水旱永远之计也。备虫荒之法，惟捕之，乃不为之灾。然蝗之所至，凡草木叶靡有遗者，独不食芋桑，与水中菱芡。亦不食豌豆。宜广种此。其余则果食之脯，米

---

① 丘濬：《大学衍义补》，第177页。
② 丘濬：《大学衍义补》，第703页。
③ 丘濬：《大学衍义补》，第570页。
④ 丘濬：《大学衍义补》，第707页。
⑤ 丘濬：《大学衍义补》，第578、577页。

豆之面，栖于山者有粉葛、取葛根肉为粉。蕨萁、蒟蒻、橡、栗之利。濒于水者，有鱼鳖虾蟹，皆可救饥也。”[①] 明人谢肇淛《五杂俎》载：“齐、晋、燕、秦之地，有水去处皆可作水田，但北人懒耳。水田自犁地而浸种，而插秧，而薅草，而车戽，从下迄秋，无一息得暇逸，而其收获亦倍。余在济南华不注山下见十数顷水田，其膏腴茂盛，逾于南方，盖南方六七月常苦旱，而北方不患无雨故也。二策若行，十数年间，民见利而力作，仓庾充盈，便可省漕粮之半。即四方有警，而西北人心不至摇动，京师亦安于泰山矣。”[②] 不过，这些书中也记载了一些可笑的方法，如谢肇淛《五杂俎》载：“昔人谓亢旱之时，上帝有命，封禁五渎。此诚似之，每遇旱，即千方祈祷，精诚惫竭，杳无其应也。燕、齐之地，四五月间尝苦不雨，土人谓有魃鬼在地中，必掘出鞭而焚之方雨。魃既不可得，而人家有小儿新死者，辄指为魃，率众发掘，其家人极力拒敌，常有丛殴至死者，时时形之讼牍间。真可笑也。”[③] 总体说来，明代救荒知识与经验在救荒实践中不断累积，更趋于实用，出现很多荒政著述。如朱熊的《救荒活民补遗书》、林希元的《荒政丛言》、屠龙的《荒政考》、陈继儒的《煮粥条议》、俞汝为的《荒政要览》、刘世教的《荒箸略》、钟化民的《赈豫纪略》、周孔教的《荒政议》、陈龙正的《救荒策会》、张陛的《救荒事宜》，等等。

丘濬提出：“制民之产”是“先王之世”重要社会指标，故而“三代盛时，明君制民之产，必有宅以居之，所谓五亩之宅是也。有田以养之，所谓百亩之田是也。其宅其田，皆上之人制为一定之制，授之以为恒久之业。使之稼穑、树艺、畜牧其中以为仰事俯育之资。乐岁得遂其饱暖之愿，凶岁免至于流亡之苦。是则先王所以制产之意也”。[④] 因此，他认为：“自古圣帝明王，知天为民立己以为君，莫不以重民为先务。重乎民，必重治民之官。而于其所亲近者，尤重焉。守令是已。古人有言，轻郡守县令，是轻民也。民轻则天下国家轻矣。自昔论治体者，往往欲均内外之任，使无偏重偏轻之患。臣愚以为在内之官，莅事者也。在外之官，莅民者也。莅事者固助其君以治民，又孰若莅民者亲代其君以施政于民者，尤

① （明）徐光启：《农政全书》，岳麓书社，2002，第732～733页。
② （明）谢肇淛：《五杂俎》，上海古籍出版社，2012，第42页。
③ （明）谢肇淛：《五杂俎》，上海古籍出版社，2012，第13页。
④ 丘濬：《大学衍义补》，第131～132页。

为切要哉！君以民为天，事轻于民。莅民者比之莅事者，尤为重也。尤当优之以礼秩，加之以恩典，岂特均之云乎？”[①] 概要说来，丘濬从政治高度检讨明代国是与灾荒问题的基础上，详细论述重农本、兴水利，开屯田、劝赈、移民，北方种植水稻、加强仓储建设等荒政措施。如丘濬称：

人生莫不恋土，非甚不得已，不肯舍而之他也。苟有可以延性命，度朝夕，孰肯捐家业，弃坟墓，扶老携幼，而为流浪之人哉。人而至此，无聊也甚矣。夫有土此有民，徒有土而无民，亦恶用是土为哉？是以知治本者，恒于斯民平居完具之时，预为一旦流离之虑。必择守令，必宽赋役，必课农桑，汲汲然，惟民食之为急。先水旱，而为水旱之备；未饥馑，而为饥馑之储。此无他，恐吾民一旦不幸无食而至于流离也。夫蓄积多而备先具，则固无患矣。若夫不幸蓄积无素，虽有蓄积而连岁荒歉，请之官，无可发；劝之民，无可贷；乞诸邻，无可应，将视其民坐守枵腹以待毙乎？无亦听其随处趁食，以求生也。然是时也，赤地千里，春草不生，市肆无可籴之米，旅店无充饥之食。民之流者，未必至所底止，而为涂中之殍多矣！然则，如之何而可？曰：国家设若不幸而有连年之水旱，量其势必至饥馑，则必预为之计。通行郡县，查考有无蓄积。于是量其远近多寡，或移民以就粟，或转粟以就民。或高时估以招商，或发官钱以市籴。不幸公私乏绝，计无所出，知民不免于必流，则亟达朝廷，预申于会府，多遣官属，分送流甿，纵其所如，随处安插。所至之处，请官庾之见储，官为给散，不责其偿。借富民之余积，官为立券，估以时值。此处不足，又听之他。既有底止之所，苟足以自存，然后校其老壮强弱。老而弱者，留于所止之处；壮而强者，量给口粮，俾归故乡。官与之牛具、种子，趁时耕作，以为嗣岁之计。待岁时可望，然后般挈以归。如此，则民之流移者，有以护送之，使不至于溃散而失所。有以节制之，使不至于劫夺以生乱。又有以还定安集之，使彼之家室已破而复完，我之人民以散以复集。是虽所以恤民灾患，亦所以弭国祸乱也。臣尝因是而论之：周宣王所以中兴者，以万民离散不安其居，而能劳来，还定安集也。晋惠帝所以分崩离析者，以六郡荐饥，流民入于汉

① 丘濬：《大学衍义补》，第181～182页。

> 川者数万家，不能抚恤之，而有李特之首乱也。然则流民之关系，亦不小哉。今天下大势，南北异域。江以南，地多山泽，所生之物，无间冬夏，且多通舟楫，纵有荒歉，山泽所生，可食者众。而商贾通舟，贩易为易。其大江以北，若两淮，若山东，若河南，亦可通运。惟山西、陕右之地，皆是平原。古时运道，今皆湮塞。虽有河山，地气高寒，物生不多。一遇荒岁，所资者草叶木皮而已。所以其民尤易为流徙。为今之计，莫若设常平仓。当丰收之年，以官价杂收诸谷，各贮一仓。岁出其易烂者，以给官军月粮。估以时价，折算与之。而留其见储米之耐久者，以为蓄积之备。又特遣臣僚寻商于入关之旧路，按河船入渭之故道，若岁运常数有余，分江南漕运之余以助之。一遇荒歉，舟漕陆辇以往，是皆先是之备，有备则无患矣。①

值得关注的是，除了人云亦云之救灾举措外，丘濬还提出一些具体的有创见性的救灾救荒主张，也比较符合当时的灾荒实际情况。其一，杂种诸谷，借以保证收成，以备灾荒。各种农作物耐寒耐潦能力不同，抗逆性有别。丘濬认为，各区域农作物品种单一，遇灾歉收，无所补救。故而，他提倡各地因地制宜，杂种各类农作物，闹天灾而不至于绝收。如丘濬称："地土高下燥湿不同，而同于生物。生物之性虽同，而所生之物则有宜不宜焉。土性虽有宜不宜，人力亦有至不至。人力之至，亦或可以胜天，况地乎？宋太宗诏江南之民种诸谷，江北之民种粳稻。真宗取占城稻种，散诸民间。是亦《大易》'裁成辅相，以左右民'之一事。今世江南之民，皆砸莳诸谷，江北民亦间种粳稻。昔之粳稻，惟秋一收，今又有早禾焉。二帝之功，利及民远矣。后之有志于勤民者，宜仿宋主此意，通行南北，俾民兼种诸谷。有司考课，书其劝相之数。其地昔无今有，有成效者，加以官赏。"② 其二，官民各负其责，实行制度化"沟洫之制"，保障农业生产。一般而言，民间农田水利多为农民自发的、临时性之举，缺少长远规划；政府兴修水利，多在水灾之后，也是救急之举，缺少制度化。丘濬认为，要将水利建设由政府统筹，官民一

---

① 丘濬：《大学衍义补》，第 161 页。

② 丘濬：《大学衍义补》，第 134 ~ 135 页。

体，建设管理制度化、规划长久化、维护日常化的“沟洫之制”。如丘濬提出：“井田之制，虽不可行，而沟洫之制，或不可废。但不可泥于陈迹，必欲一一如古人之制尔。今京畿之地，地势平衍，率多洿下。一有数日之雨，即便淹没，不必霖潦之久，辄有害稼之苦。农夫终岁勤苦，盼盼然，而望此麦禾以为一年衣食之计，赋役之需，垂成而不得者多矣。良可悯也。北方地经霜雪，不甚惧旱。惟水潦之是惧。十岁之间，旱者十一二，而潦恒至六七也。为今之计，莫若少仿遂人之制，每郡以境中河水为主，如保定之白沟，真定之滹沱之类。又随地势，各为大沟，广一丈以上者，以达于大河。又各随地势，各开小沟，广四五尺以上者，以达于大沟。大沟，地官用钱偿其值。小沟，地所近田主偿其值。又各随地势开细沟，广二三尺以上者，委曲以达于小沟。其大沟，则官府为之。小沟，则合有田者共为之。细沟，则人各自为于其田。每岁二月以后，官府遣人督其开挑，而又时常巡视，不使淤塞。如此，则旬月以上之雨，下流盈溢，或未必得其消涸。若夫旬日之间，纵有霖雨，亦不能为害矣。朝廷于此。又遣治水之官，疏通大河，使无壅滞。又于夹河两岸筑为长堤，高一二丈许，如河身二丈，两旁各留二丈许空地，以容水。则众沟之水，皆有所归，不至溢出。而田禾无淹没之苦，生民享收成之利矣。是亦王政之一端也。惟圣明留意，下有司议可否，而推行其法于天下。”① 其三，建立专门的救灾人员团队，制定奖惩机制以督导之，借以提高救灾效率。丘濬称：“救荒无善政。非谓积蓄之不先具，劝借之无其方也。盖以地有远近，数有多寡，人有老幼强弱。聚为一处，则蒸为疾疫；散之各所，则难为管理。不置簿书，则无所稽考；不依次序，则无以遍及。置之则动经旬月，序之则缓不及救。有会集之忧，有辨察之烦。措置一差，皆足致弊。此所以无善政也。”② 为了保证救灾及时而有效，丘濬吸取宋朝富弼救灾经验，提出“折衷富弼之法，立为救荒法式，颁布天下州县。凡遇凶荒，或散粟，或给粥，所在官司即行下所属，凡所部之中，有致仕闲住，及待选依亲等项官吏、监生，与夫僧道、耆老、医卜人等，凡平日为乡人所信服者，官司皆以名起之，待以士大夫之礼，予以朝廷人民之意，给以印信文凭，加以公直等名，俾其量领官粟，各就所在，因人给散，官不遥制。事完之日，

① 丘濬：《大学衍义补》，第136页。
② 丘濬：《大学衍义补》，第162页。

具数来上。其中得宜者，量为奖勉。作弊者，加以官法。如此，则吏胥不乘机而恣其侵尅，饥民得实惠而免于死亡矣”。[①] 其四，主张废除义仓，将其归入政府仓储统一管理。丘濬认为，备荒仓储对救灾意义重大，作用非常。但是，他认为，义仓非但不利于救灾，反倒有害于民生。故而建议将义仓纳入官仓系统，强化官办仓储救灾能力。如丘濬认为："义仓之法，其名虽美，其实与民无益。储之于当社，亦与储之于州县无以异也。何也？年之丰歉无常，地之燥湿各异，官吏之任用不久，人品之邪正不同。由是观之，所谓'义'者，乃所以为不义。本以利民，反有以害之也。但见其事烦扰长吏奸而已。其于赈恤之实，诚无益焉。然则如之何而可？臣愚窃有一见。请将义仓见储之米，归并于有司之仓。俾将所储者与在仓之米，挨陈以支。遇有荒年，照数量支以出。计其道理之费，运之当社之间，以给散之。任其事者，不必以见任之官；散之民者，不必以在官之属。所司择官以委，必责以大义。委官择人以用，必加以殊礼。不必拘拘于所辖，专专于所属。如此，则庶几民受其惠乎。"[②] 又称："朝廷设立义仓，本以为荒歉之备，使吾民不至于捐瘠。而有司奉行不至，方其收也，急于取足，不复计其美恶。及其储也，恐其浥烂，不暇待其荒歉。所予者不必所食之人，所征者多非所受之辈。"[③]

四　余论：理念与现实

丘濬入阁后，为实现其救时主张而勇于谋事。弘治四年（1491）十二月，丘濬即上《欲择〈大学衍义补〉中要务上献奏》，向弘治帝请示："臣平生所见不外此书，请择书中所载切要之务今日可行者，芟去繁文，摘出要语，参会补缀以为奏章，酌量其先后次序陆续上献，乞经省览。如有可行，特赐御札批下，会同内阁一二阁臣斟酌处置，拟为圣旨，传出该部施行；或有窒碍难行，或姑留俟后时，或发下再加研审，亦望圣慈明示其所以然之故。"弘治帝回复："卿欲有言，具奏来看，钦此。"[④] 得到皇帝首肯，丘濬相继上呈《公铨选之法》《建都议》《贡赋之常》《漕挽之宜》

---

① 丘濬：《大学衍义补》，第162页。
② 丘濬：《大学衍义补》，第159页。
③ 丘濬：《大学衍义补》，第160页。
④ 丘濬：《琼台诗文会稿重编》卷7，《欲择〈大学衍义补〉中要务上献奏》，第16~17页。

《漕运之宜》《漕运河道议》《制国用议》《足国用议》《江右民迁荆湖议》《屯田》《铜楮之币》《盐法议》《修攘制预之策》《守边议》《边防议》《御夷狄议》《定军制议》《战阵议》《赏功议》《马政议》等奏疏，涉及政治制度、经济发展、民族关系、军事战略、民政与民生问题等诸方面，实为丘濬关于国家管理与社会发展之整体设计，其中一些内容具有时代性与前瞻性。如果丘濬的这些治国主张为明王朝采纳并实施，那么，明代中后期的历史或许会改写。问题在于，历史不能假设。事实上，丘濬所呈以"《大学衍义补》要务"为主的治国方略的命运令人唏嘘，这些不过仅从《大学衍义补》书中的文字化作奏疏中的文字，进而成为被搁置的建议而已。

丘濬救时理念是以成化、弘治时期社会变化为思考背景，以当时主要社会问题为研究对象，采取托古说今、古为今用的论证方法，阐释其救时主张。丘濬的救时理念，明显具有成化、弘治时期社会近代化的气息，包括"立政以养民"政治原则，为民理财主张及鼓励工商业发展建议，极具时代性。明中叶的社会发展要求儒家思想与时偕行，就儒学本身而言，丘濬作为一代通儒，其政治与经济思想，是15世纪后期传统儒学在政治经济思想方面的自我提高、充实与调适，其主旨是通过儒家"治道"与"治法"有机整合而对儒学进行实用化改造。显然，它不同于教条化的程朱理学空谈性理价值取向，也一改宋明理学致力于修身正己、偏重"内圣"而空谈"治道"之弊，具体表达了丘濬的"治道"与"治法"并重、"治法"要变通救时的儒学实学化主张。

第二节 "成化时代"与"利玛窦现象"

万历以来，"成化时代"进入社会矛盾激烈对抗阶段。是时，大明帝国危机重重，举步维艰。为了救时，以徐光启（1562～1633）、李之藻（1565～1630）、杨廷筠（1557～1627）等比较开明、具有"世界眼光"的士大夫掀起一场以译著、传播西学及天主教教义为主要途径与内容，以富国强兵为依归的"西学救时运动"，笔者亦称之为"利玛窦现象"。"利玛窦现象"是成化时代的一种独特历史现象，也是一类值得深入思考之社会文化与政治现象。显然，若要解读"利玛窦现象"，不仅应从利玛窦着眼，还需从成化时代着眼。唯有如此，才有可能洞悉"利玛窦现象"之历史内涵与时代特征。成化时代与“利玛窦现象”二者之关系极为微妙，富含时代信息。这种关系，既是一个“新时代”渐次形成之际、社会躁动与迷茫的历史表情，也是一种在“旧时代”夹缝中隐约表现着“新时代”迹象的因果关联与图像信息。当然，就成化时代而言，“利玛窦现象”形成有其必然性，也有偶然因素。

一 万历以来的“成化时代”

万历以来，明朝进入成化时代的“灾害型社会”早期商业化阶段。

（一）万历以来，明代商业化程度不断提高

万历以来，江南等地农业产业结构加快调整步伐，经济作物种植面积不断扩大，高产作物引入，农产品增加；家庭手工业生产规模化，市场竞争机制出现；商品经济迅速扩张，囊括都市且深入乡村，农村定期集市及小城镇数量激增，乡村集市贸易及区域商业中心不断扩大，全国统一的国内市场基本形成。社会存在决定人们的社会意识。由于商品交换关系的普遍发展及全国商业市场初步形成，人们的生活观念和经济观念开始发生变化，思想意识和社会行为准则也随之大变。如隆庆、万历之际，时人称：“方今法玩俗偷，民间一切习为闲逸。游惰之徒，半于郡邑。异术方技，僧衣道服，祝星步斗，习幻煽妖，关雒之间，往往而是……今之末作，可谓繁夥矣。磨金利玉，多于耒耜之夫；藻缋涂饰，多于负贩之役；绣文钏彩，多于织女之妇。”[①] 市民主体意识与文化自觉也随之不断提高，金钱崇拜，物欲横流。如万历年间，大臣张瀚称：“财利之于人，甚矣哉！人情徇其利而蹈其害，而犹不忘夫利也。故虽蔽精劳形，日夜驰骛，犹自以为不足也。夫利者，人情所同欲也。同欲而共趋之，如众流赴壑，来往相继，日夜不休，不至于横流泛滥，宁有止息。”[②] 竞奢之风也从大都市迅速向中小城镇蔓延，“竞奢”也促进了奢侈品加工业发展，加速了货币的社会流通。伴随社会商品化趋势，以阳明学为导引，以“百姓日用是道”说为旗帜，宣扬个性解放、反传统、主张“工商皆本”等为主要思想内容之早期启蒙思潮兴起。要言之，万历以来，灾荒折磨下的农民多苟活于饥寒

---

① 《明神宗实录》卷 4，隆庆六年八月癸酉条，第 170 页。

② （明）张瀚：《松窗梦语》卷 4，中华书局，1985，第 80 页。

破败边缘，不时面临着死亡威胁，此等悲惨境遇加剧了他们对生活与生命的悲观失望情绪，刺激并强化了他们仇恨富人、否定社会与朝廷之文化心理倾向；同时，重商主义及奢靡之风又加重城镇居民浮躁心态及膨胀之物欲，反传统成为时尚。凡此，整个明代社会，都处于急剧变化、躁动不安之中。也就是说，万历以来，明王朝滑进一个人心彷徨、思潮涌动，危机与生机并存的特殊时代。

（二）万历以来，救时运动兴起

万历以来，明代政治上的“末世”危机与传统社会近代化转型之勃勃“生机”并存，此为这一时期明王朝的基本历史特征之一。如时人吕坤所言：“当今天下之势，乱象已形，而乱机未动。天下之人，乱心已萌，而乱人未倡。今日之政，皆拨乱机而使之乱，助乱人而使之倡者也。”① 是时，救时成为时代主题。如何救时？概要说来，要平息“乱象”及收拾“人心”，要化解社会危机。为此，一些尚有道德责任心的士大夫积极探寻，努力寻找着大明帝国的“出路”。

成化以来，明代社会危机不断加深，救时变得尤为紧迫。如嘉靖（1522～1566）、隆庆（1567～1572）以来，桂萼、欧阳铎、庞尚鹏等官员为了缓解明朝财政危机而相继进行局部之赋役制度改革。事实上，庞尚鹏等官员此举，旨在“富国”而非“富民”，经济社会意义也不大。万历初年，内阁首辅张居正改革则以“尊主权”“课吏职”“信赏罚”等为主，又在全国范围“丈量田亩”以增加税收。究其旨归，无疑还是“为国理财”，而非“为民理财”。甚者，张居正改革又因技术问题而加重农民负担。万历中期以后，国家多难，万历帝却厌倦政务，沉溺于酒色。为了“厉民以养己”，他向全国各地派出大批矿监税使，肆意掠夺民财。矿监税使不仅激化了社会矛盾，还摧残了民间工商业，各地相继爆发反矿监税使的民变。至天启年间，宦官专权，朝廷派系斗争越发激烈，国势不堪，再次引发士大夫救时运动。先有东林党人以“道德责任心”为政治原动力，以“公天下”为治政精神，以程朱理学为思想规范，以士大夫政治为治国手段，以端正朝廷与人心为宗旨之学术救时努力；后有复社以“兴复古学”为口号，以政治集会及控制朝政为手段，以“致君泽民”为目的的经

---

① 《吕坤全集》，中华书局，2008，第7页。

世之举。此外还有以徐光启为代表的一批士大夫积极探寻西学救时路径，即“利玛窦现象”。[①]

二 利玛窦东来

利玛窦，字西泰，1552 年 10 月出生于意大利玛律凯省玛切拉塔市。利玛窦中学毕业后，于 1568 年到罗马日耳曼法学院读书，1571 年加入耶稣会；1578 年，时年 26 岁的利玛窦于葡萄牙里斯本启程远渡重洋到印度果阿传教。自此，他与亲人天各一方，再未谋面。1582 年，利玛窦抵达澳门，苦学汉语；1583 年 9 月 10 日，他抵达广东肇庆，在此建教堂，传教，传播西学；1589 年 8 月，利玛窦离开肇庆转而抵达广东韶关，又在韶关建立教堂，继续传教；1595 年 6 月，利玛窦北上，传教南昌；1597 年 8 月，利玛窦担任耶稣会中国传教区会长；1601 年（万历二十九年），利玛窦获得明朝政府允许，定居北京，在北京建天主教堂，传播天主教，亦传播西学；1610 年（万历三十八年）5 月，时年 58 岁的利玛窦病逝于北京，万历皇帝朱翊钧赐北京城外二里沟“滕公栅栏”为其墓地。

利玛窦之所以能够成功传教，原因是多方面的。其中，利玛窦有着一个极为特殊的“身份”与极好的禀赋。他集来华耶稣会士、西学传播者、华言华服的外国人等诸身份于一体，这种奇特的人物，在当时竟然震动士庶，他不仅成为达官显贵的座上客，而且成为普通市民茶前饭后的谈资。时人称：“四方人士无不知有利先生者，诸博雅名流亦无不延颈愿望见焉。”[②]《明史》亦称：“公卿以下重其人，咸与晋接。”[③] 利玛窦自称：“中国人来拜访我，有些人好像发了狂，争先恐后，络绎不绝。”[④] 然而，“猎奇”者很快见怪不怪了。唯有徐光启等士大夫就西学问题而与之切磋不已，进而形成借助西学以救时之“利玛窦现象”。就晚明时代而言，“利玛窦现象”形成有其必然性，也有偶然因素。作为晚明救时思潮的重要内容

---

① 庞乃明先生在《试论晚明时期的“利玛窦现象”》（《贵州社会科学》，2008 年第 7 期）一文中，界定“利玛窦现象”为“中西文化交流过程中出现的特有社会文化现象”，并予以深入而全面论述，颇有见地。本文从晚明“救时思潮”视角再予以诠释，旨在重新解读“利玛窦现象”，以就教于方家学者。

② （明）徐光启：《徐光启集》卷 2《跋二十五言》，上海古籍出版社，1984。

③ 《明史》，第 8460 页。

④ 〔意〕利玛窦：《利玛窦书信集》下册，（台北）光启出版社、辅仁大学出版社，1986，第 258 页。

与主要表征之一，“利玛窦现象”值得我们从多角度探讨。

当然，利玛窦之所以“成功”，之所以成为成化时代轰动一时的公众人物，这与成化时代社会价值取向及民众文化心理有关，同时，利玛窦本人之“作为”也是不应小觑的重要因素。二者珠联璧合，相得益彰，共同演绎了极具时代特色的“利玛窦神话”。

三　救时之举：“利玛窦现象”

（一）“利玛窦现象”与万历时政

“利玛窦现象”形成，同万历时政有着内在关联。

万历十二年（1584），曾“威权震主”的“死”张居正遭到万历皇帝彻底清算，而被打成“专权乱政，罔上负恩，谋国不忠”之奸臣，险遭“剖棺戮尸”。[①] 前一年，居正老母遭幽囚，弱子被逼投缳，家产籍没，饿死之亲人甚至为恶狗吞噬，其亲信亦相继被撤免。摧毁张居正势力、独揽大权后，万历帝很快就“转业”了。此后30余年间，他“隐居”深宫，与宫女欢饮长夜，不肯上朝，不肯与大臣商讨国事，不及时甚至不批答官员奏疏。如万历朝阁臣叶向高称：“阁臣向以票拟为职，自诸事留中，军国大计不得不请，至于琐事亦为屡揭，今奴酋禁迫北关，直隶、山东一带盗贼荒旱，牸牛异灾。而一事之请，难于拔山；一疏之行，旷然经岁。”[②] 而“御前之奏牍，其积如山；列署之封章，其沉如海”。[③] 虽然“隐居”，万历帝却紧抓一切权力不放，又心存猜忌，甚至“好疑，遇人疑人，遇事疑事”。[④] 对任何官员都不信任，唯恐“张居正”复生。皇帝怠政，官曹空虚。万历中后期，从中央到地方，从阁臣、六部尚书到中下级官吏，官员严重缺失而不补，各级政府机构处于半停顿、半瘫痪状态。政务废弛加深社会危机。是时，天灾人祸踵至，饥民嗷嗷，以至啃树皮、吞石头、食雁粪以延须臾，甚者“道旁刮人肉如屠猪狗，不少避人，人视之亦不以为怪”。[⑤] 兵变、民变迭兴，反矿监税使的市民运动骤起，大明帝国危机

① 《明神宗实录》卷152，万历十二年八月丙辰条，第2819页。

② 《明神宗实录》卷458，万历三十七年五月丙申条，第8343页。

③ 《明神宗实录》卷461，万历三十七年八月甲戌条，第8708页。

④ 《明神宗实录》卷311，万历二十五年六月庚辰条，第5814页。

⑤ 康熙《诸城县志》卷30《大事记》，康熙十二年刻本。

四伏。

国是如此不堪，救时显得极为迫切。然而，朝廷处于半瘫痪状态及万历皇帝过度猜忌诸臣，而在位官员多各依门户以互相攻讦为“事业”，朝廷“沦为”党争与倾轧之战场。无奈，一些尚有道德责任心的士大夫在谋求通过朝廷施展救时之政治抱负无望情况下，不得不转而寻求其他救时途径以挽救明朝危机。“学术救时”便是他们一种不得已的选择，即通过著书立说，聚会讲学，品评时政，借以匡济天下。如东林党核心人物高攀龙提出：“天下不患无政事，患无学术。学术者，天下之大本也。学术正，政事焉有不正。”①

徐光启、李之藻、杨廷筠、冯琦（1558～1603）、冯应京（1555～1606）、熊明遇（1579～1649）等都是万历时期士大夫中精英人物。他们忧国忧民，有着强烈的经世情怀，志在匡时济世。然而，在浑浑噩噩、论资排辈的万历朝中，尽管他们救时愿望强烈而急切，却根本无法施展政治抱负。正当他们苦闷之际，恰逢利玛窦等耶稣会士东来，带来了令他们耳目一新的西学。于是，徐光启等主动与之交好，研习西学。史称：徐光启“从西洋人利玛窦学天文、历算、火器，尽其术。遂遍习兵机、屯田、盐荚、水利诸书”。② 徐光启亦有言：“泰西诸君子，以茂德上才，利宾于国。其始至也，人人共叹异之；及骤与之言，久与之处，无不意消而中悦服者，其实心、实行、实学，诚信于士大夫也……余尝谓其教必可以补儒易佛。而其绪余更有一种格物穷理之学，凡世间世外，万事万物之理，叩之无不河悬响答，丝分理解；退而思之，穷年累月，欲见其说之必然不可易也。”③ 其又言：利玛窦等“所传事天之学，真可以补益王化，左右儒术，救正佛法者也”。④ 于是，他们倾心学习或积极译介来自“泰西”的“事天之学”、哲学、艺术和科学技术等，希望借以匡济时艰、挽救明朝统治危机，即“学术救时”。如时人顾起元（1565～1628）称：利玛窦“所著有《天主实义》及《十论》，多新警，而独于天文、算法为尤精……士大夫颇有传而习之者”。⑤

① （清）叶茂才：《高攀龙行状》，雍正《东林书院志》卷七，光绪七年据雍正刻本重刻本。
② 《明史》，第6493页。
③ （明）徐光启：《徐光启集》卷2《泰西水法序》，上海古籍出版社，1984。
④ （明）徐光启：《徐光启集》卷9《辩学章疏》，上海古籍出版社，1984。
⑤ （明）顾起元：《客座赘语》，中华书局，1987，第194页。

同东林党人讲学目的一样，徐光启、李之藻等人倾心译介西学也是以匡济时艰为旨归，他们视利玛窦“学识”为救时良方，故而全力引进。显然，在那个政治风气颟顸腐朽、人心浮躁而又急功近利的成化时代，在那个思想晦盲否塞而又昂扬激进、文化自我否定而又盲目自尊的现实主义与超现实主义思潮混杂的特殊历史阶段，在传统势力与华夷观念还处于强势的万历时期，徐光启、李之藻、杨廷筠等作为处在政治核心边缘又始终不能忘情于政治、怀揣经世理想及燃烧着政治激情的书生，在保守势力非议中，他们却能全身心译介西学并为之鼓与呼，这当然需要强烈的使命感和责任意识来支撑。

概言之，“利玛窦现象”是在社会危机加深、神宗怠政、朝廷半瘫痪而党争激烈的环境下，徐光启等不以朝廷为依托、未借助任何政治势力及社会组织，自发地、积极地与利玛窦合作，以著译传播西学及天主教义为主要途径，以端正人心、富国强兵为依归的士大夫自觉的“学术救时”运动。

（二）“利玛窦现象”与儒学危机

成化时期，明王朝步入传统社会向早期商业社会过渡。是时，商品经济日趋活跃，社会风气随之“商业化”。社会商业化潮流促使“人心”转向“利心”。[①] 是时，整个社会陷于原有秩序及观念崩解之际的浮躁与混乱之中。时人多重财嗜利而轻义，竞奢成风，反传统，张扬个性化，自我标榜及自异于名教行为一时间成为社会之风尚。凡此，社会呈现“礼崩乐坏”态势，并引发了更为深远的儒家思想危机。陈献章、王阳明提倡心学，欲强化个体内心的自我道德约束机制而规范之；至阳明后学，多为不守绳墨。其中，“非名教之所能羁络”的“狂禅者”，又以“掀翻天地”为快。[②] 可以说，晚明时代社会多元化趋势与思想一元化事实之间形成颉颃局面。其中，儒家自我否定思潮又使得“一元化思想”呈现“虚无化”倾向，质疑之声顿起。如时人周炳谟称：“吾华诵说圣言者不少矣，利害得失临之而不能动者几人？况生死乎？童而习焉，白首而莫知礼勘者，众耳。”[③] 汪汝淳撰文则称：“今世学士，务为恢奇，习圣贤之言，往往取道

---

① （明）郎瑛：《七修类稿》卷17《义理利·利》，上海书店，2001，第172页。

② （清）黄宗羲：《明儒学案》卷32《泰州学案一》，康熙刻本。

③ 朱维铮：《利玛窦中文著译集》，复旦大学出版社，2007，第504页。

于嵩岭，岂真有所证合哉？阉托微磷，徒立义以救饥耳。”[①] 为此，万历三十一年（1603），礼部尚书冯琦上言：今之士人，竟有“背弃孔、孟，非毁程、朱，惟南华、西竺之语是宗；是竞以实为空，以空为实，以名教为桎梏，以纪纲为罪疣，以放言高论为神奇，以荡轶规矩，扫灭是非廉耻为广大”。[②] 换言之，晚明时代，蓬勃的商品社会经济同传统儒家政治思想（政治哲学）之间越发冲突，世人是非与价值观念渐趋支离而混乱。当时，一些士大夫已经意识到统一世人伦理道德（或曰“思想”）的重要性与迫切性。那么，拿什么来统一呢？徐光启等人之所以皈依或亲近天主教并为之宣传，目的就在于此。

有学者认为：徐光启“是在清醒地认识到传统的价值已趋腐败，须要寻求一种新的道德观念和方法，来重塑传统的道德并提高整个社会的道德水准”。[③] 美国学者裴德生也有相似议论：“徐光启、李之藻和杨廷筠带着不同的需要和问题，通过不同的途径向基督教靠近……他们跟同时代的许多人一样，懂得为强化已广泛发现被腐蚀的传统价值，需要寻求一种新的学术基础。”[④] 这里倒有一个不该回避或者说不该模糊化的根本认识问题，即徐光启是想“重塑传统的道德”还是“引进一种新的道德观念和方法”？换言之，皈依天主教的徐光启宣扬“西学”是以天主教“补儒易佛”还是“易儒易佛”？其实，徐光启本人在其《辨学章疏》中明言：天主教“其法能令人为善必真，去恶必尽，盖所言上主生育拯救之恩，赏善惩恶之理，明白真切，足以耸动人心，使其爱信畏惧，发由由衷故也”。[⑤] 而且，他又对“圣贤之是非”及“佛道之说”予以否定，主张奉行天主教以规范世道人心：

> 臣尝论古来帝王之赏罚，圣贤之是非，皆范人于善，禁人于恶，至详极备。然赏罚是非，能及人之外行，不能及人之中情。又如司马

① 朱维铮：《利玛窦中文著译集》，复旦大学出版社，2007，第506页。

② （清）顾炎武：《日知录》卷18，《文渊阁四库全书》本。

③ 沈定平：《明清之际中西文化交流史——明代：调适与会通》，商务印书馆，2001，第733页。

④ Willard Peterson, “Why did they become Christians? Yang T'ing-yun, Li Chih-taso, and Hsu Kuang-ch'i”, in *East Meets West: The Jesuits in China*, 1582 – 1773, p. 147. Loyola University Press, Chicago, 1988。

⑤ （明）徐光启：《徐光启集》卷9《辨学章疏》，上海古籍出版社，1984。

> 迁所云：颜回之夭，盗跖之寿，使人疑于善恶之无报，是以防范愈严，欺诈愈甚。一法立，百弊生，空有愿治之心，恨无必治之术。于是假释氏之说以补之。其言善恶之报在于身后，则外行中情，颜回盗跖，似乎皆得其报。谓宜使人为善去恶，不旋踵矣。奈何佛教东来千八百年，而世道人心未能改易，则其言似是而非也。说禅宗者衍老庄之旨，幽邈而无当；行瑜伽者杂符箓之法，乖谬而无理，且欲抗佛而加于上主之上，则既与古帝王圣贤之旨悖矣，使人何所适从、何所依据乎？必欲使人尽为善，则诸陪臣所传事天之学，真可以补益王化，左右儒术，救正佛法者也。盖彼西洋临近三十余国奉行此教，千数百年以至于今，大小相恤，上下相安，路不拾遗，夜不闭关，其久安长治如此。然犹举国之人，兢兢业业，唯恐失坠，获罪于上主。则其法实能使人为善，亦既彰明较著矣。此等教化风俗，虽诸陪臣自言，然臣审其议论，察其图书，参互考稽，悉皆不妄。①

晚明统治危机加深与多元化社会思潮激荡，使得徐光启等士大夫对传统儒学信仰发生某种程度动摇与否定。盖因徐光启洞悉儒学“不能及人之中情”，终极关怀缺失；盖因徐光启洞悉释、道学说行之“千八百年，而世道人心未能改易”。所以，他认为，唯有使大西洋诸国千百年来“久安长治”的天主教才能真正起到“教化风俗”、达德成俗以臻治世的超强功能。换言之，若想大明帝国自此“久安长治”，亦须“奉行此教”。为此，徐光启向万历皇帝进言：若令天主教“敷宣劝化，窃意数年之后，人心世道，必渐次改观。乃至一德同风，翕然丕变，法立而必行，令出而不犯，中外皆勿欺之臣，比屋成可封之俗……灼见国家致盛治、保太平之策，无以过此”。② 要言之，徐光启上述“议论”意旨为：天主教足以使“彼西洋临近三十余国”“久安长治”，也完全能够让大明帝国“久安长治”。在此我们不禁发问：按照徐光启的说法，天主教既然具有超强的“教化风俗”功能，那还用得着“不能及人之中情”的儒学吗？毋庸讳言，徐光启所谓“补儒易佛”之说别有用意。即托“补儒易佛”之名而行“易儒易佛”之实。所谓“补儒易佛”者，实为“易儒易佛”

---

① （明）徐光启：《徐光启集》卷9《辩学章疏》，上海古籍出版社，1984。

② （明）徐光启：《徐光启集》卷9《辩学章疏》，上海古籍出版社，1984。

也。“补儒”乃是其宣扬天主教义、减少不必要阻力的“漂亮”说辞而已。事实上，徐光启本人就是用天主教来“易儒易佛”的实践者。如利玛窦称：徐光启“十分熟悉圣依纳爵的精神修炼，把它们介绍给中国人去做。而这些中国人结果都倾向于信教”。[①] 徐光启自称：士大夫“稍闻其（利玛窦）绪言余论，即又无不心悦志满，以为得所未有。而余亦以间游从请益，获闻大旨也，则余向所叹服者，是乃糟粕煨烬，又是乃糟粕煨烬中万分之一耳……启（徐光启）生平善疑，至是若披云然，了无可疑；时亦能作解，至是若游溟然，了亡可解；乃始服膺请事焉”。[②] 徐光启皈依天主教，他的全家也先后入教，还有他的岳父吴小溪、他的外甥陈于阶也是教徒，甚至他的入室弟子孙元化、韩云、韩霖等也纷纷加入天主教。

思想界至此已混乱到极点，传统儒家伦理道德成为“狂禅者”攻击对象，并为日益商业化的社会所鄙夷，实用主义成为士大夫最终学术取向。在这种时代背景下，如何统一世人道德标准及社会行为规范是当时极为迫切而重要的政治与社会课题。当时，心学、“古学”及释、道之说都没有“独尊”之可能。徐光启等人则基于他们的文化开放心态与急切的救时动机而选择了西学及天主教。如徐光启撰文称：“繇余，西戎之旧臣，佐秦兴霸；金日磾，西域之子，为汉名卿，苟利国家，远近何论焉？又见梵刹琳宫，遍布海内；番僧喇嘛，时至中国；即如回回一教，并无传译经典可为证据，累朝以来，包荒容纳，礼拜之寺，所在有之。高皇帝命翰林臣李翀、吴伯宗与回回大师马沙亦黑、马哈麻等翻译历法，至称为乾方先圣之书。此见先朝圣意，深愿化民成俗，是以褒表搜扬，不遗远外。”[③]

当然，徐光启全家入教事例并非晚明个案。与徐光启同期的武官李应试（1560 ~ 1620）因与利玛窦、庞迪我论道而折服，遂于万历三十年（1602）受洗入教。他当时公开烧毁其所珍藏的、为教会视为“迷信”的大量术数书籍以表明其信教决心。不久，全家人均入教，且在家中建立私人教堂。[④] 毋庸置疑，无论徐光启还是李应试，以及其他读书人，他们都

---

① 利玛窦、金尼阁：《利玛窦中国札记》，中华书局，1983，第 591 ~ 592 页。

② 朱维铮：《利玛窦中文著译集》，复旦大学出版社，2007，第 135 页。

③ （明）徐光启：《徐光启集》卷 9《辩学章疏》，上海古籍出版社，1984。

④ 黄一农：《两头蛇：明末清初的第一代天主教徒》，上海古籍出版社，2006，第 76 页。

是改变原来信仰的人。而且，他们之间若有差别，只是信教程度不同而已，结果都是皈依天主教的。

（三）“利玛窦现象”与救时思潮

政治上的“末世”危机与传统社会近代化转型之勃勃“生机”是晚明时代总体历史特征。是时，商品经济虽然活跃，城镇生活却陷入奢靡化境地，农村因自耕农大量破产而萧条，流民运动席卷全国，社会动荡不安，救时成为时代主题。如何救时？就晚明实际情况而言，大抵应从两方面着手：一是积极发展经济，重视并鼓励工商业发展，借以实现民富国强；二是整顿吏治，提高政府管理社会，化解社会危机能力。

由正德而嘉靖而隆庆而万历，其间多为沉迷酒色或“装神弄鬼”而怠政之君，朝廷浑浑噩噩加剧了社会动荡。为了挽救统治危机，救时思潮不断涌动，改革成为晚明时代的政治主题与社会趋势。嘉靖中后期，桂萼、欧阳铎、潘季驯、庞尚鹏等地方大员曾围绕赋役制度而进行局部改革；隆庆时期，海瑞、高拱则围绕着赋役制度继续改革与探索。然而，这些改革未能解决社会危机。万历初年，“以尊主权、课吏职、信赏罚、一号令为主”[①] 的张居正改革可谓大刀阔斧，雷厉风行。结果人亡政息，危机依旧。如何救时？重复“赋役制度改革”或“张居正改革”不仅没有可能，而且社会意义不大。

张居正病逝翌年，即万历十一年，利玛窦由澳门转居肇庆，开始“学术传教”之旅。利玛窦称：“在肇庆，我们这座房舍的位置非常优越，很快名闻遐迩。我们许多东西他们无不感到新奇，如三棱镜、圣像等，还有一个小巧玲珑的盒子，虽然不大，却吸引许多人从很远的地方来参观。”[②] 的确，天主教义与西洋器物一并刺激了时人思想观念，也包括时任肇庆知府的王泮。[③] 被利玛窦称为“我们的挚友”的王泮，不仅帮助利玛窦润色

---

① 《明史》，第5645页。

② 〔意〕利玛窦：《利玛窦书信集》下册，（台北）光启出版社、辅仁大学出版社，1986，第69页。

③ 王泮，字宗鲁，山阴人，进士出身，万历八年（1580）任肇庆知府。史称：王泮为人“慈爱和易，士民见者语次寻绎，甚有恩惠，未尝疾言遽（厉）色与人。而确然有执，虽门生故交无私也。好为民兴利，起学校，……性恬淡，自奉如寒士，居官廉洁”（万历《肇庆府志》，卷十八《名宦二》，上海图书馆珍藏孤本）。王泮不仅是政绩斐然的良吏，也是一位在中西文化交流史上值得注意的人物。

《天主实录》①，还称赞该书“写得不错，理由也充足，……就这样分送给百姓者即可”。② 而且，王泮还在自己的官府中亲自督印利玛窦绘制的《世界地图》，并把它当作重礼而赠送许多友人。③ 除此，他还经常领着一些达官贵人来到教堂——“仙花寺”参观。王泮对西学的艳羡并非局限于器物，也包括“神奇”的欧罗巴诸国。事实上，他肯定并支持《天主实录》和“世界地图”印制及传播，其意义已经超出文化层面，亦为初步反思传统政治思想与以“中国为天下”的政治观——这是一种潜在的对传统政治价值的再思考。

从广东到北京，华言华服的利玛窦一路上著书与交友，颇受士庶欢迎。在南昌，著名学者章潢不仅对天主教“教义与教规倍极赞扬”，他还邀请利玛窦给白鹿书院师生讲授上帝救赎道理和数学知识。④ 除了学术传教，演绎“政治神话”也是利玛窦传教的主要手段。尽管16世纪末的欧洲战乱频仍，利玛窦却说：“若敝乡自奉教以来，千六百年，中间习俗，恐涉夸诩，未敢备著。其粗而易见者，则万里之内，三十余国，错壤而居，不一易姓，不一交兵，不一责让，亦千六百年矣。上国自尧舜来，数千年声名文物，傥以信佛奉佛者，信奉天主，当日有迁化，何佛氏之久不能乎?”⑤ 经过利玛窦巧妙建构，“学术”与“神话”交相辉映。于是乎，一些士大夫因钦羡西学而钦羡欧洲诸国而亲近天主教，因相信天主教促成欧洲“盛世”之“神话”而亲近天主教。正是基于这种模糊的认识，徐光启等人把“西学”及“天主教”视为救时良方，积极加以传播。为此，徐光启等与利玛窦密切合作，他们共同完成了《天主实义》《二十五言》《几何原本》《浑盖通宪图说》《畸人十篇》《乾坤体义》《圜容较义》《测量法则》《同文算指》《理法器撮要》等著作译著。这些书籍主要是天主教、西方伦理学及自然科学。

---

① 〔意〕利玛窦：《利玛窦书信集》下册，（台北）光启出版社、辅仁大学出版社，1986，第59页。

② 〔意〕利玛窦：《利玛窦书信集》下册，（台北）光启出版社、辅仁大学出版社，1986，第64页。

③ 〔意〕利玛窦：《利玛窦书信集》下册，（台北）光启出版社、辅仁大学出版社，1986，第60页。

④ 〔意〕利玛窦：《利玛窦书信集》下册，（台北）光启出版社、辅仁大学出版社，1986，第211页。

⑤ 〔意〕利玛窦：《利玛窦书信集》下册，（台北）光启出版社、辅仁大学出版社1986年版，第661页。

若从理路分析，为挽救社会危机与统治危机，晚明救时运动经历了由经济改革而政治改革进而思想文化改造之艰难而复杂的探索历程。其中，经济改革与政治改革不过是原有制度修修补补，未有根本变化；以“利玛窦现象”为表征的学术救时之举则意欲以西学改造传统儒家思想文化来匡时济世。盖因大明帝国原有政治、经济制度未有根本变化，此举自然难以展开、难以发挥实际社会效益，最终仅局限于中西文化交流层面的历史性对接而已。

当时的中国，至少有一位“狂禅者”对“利玛窦现象”之社会影响有所预见。他就是盘桓于儒佛之间、狂荡不羁的李贽。李贽称：利玛窦“是一极标致人也。中极玲珑，外极朴实，数十人群聚喧杂，雠对各得，旁不得以其间斗之使乱。我所见人未有其比，非过亢则过谄，非露聪明则太闷闷瞶瞶者，皆让之矣。但不知到此为何，我已经三度相会，毕竟不知到此何干也。意其欲以所学易我周、孔之学，则又太愚，恐非是尔”。[①] 徐光启不是李贽。客观说来，徐光启等人的“学术救时”虽然是一次有益的政治尝试，不过它终是一个假命题。“著译”终归是纸上文字。晚明时代的中国虽然逐步商业化，但是还没有积聚起支撑经济、政治大变革的足够的社会力量。因此，“利玛窦现象”不可能左右晚明社会发展进程。实际上，徐光启等人这种救时行为同王泮在肇庆接纳西学行为同样缺少实质性的社会效应。要言之，“西学”虽然推动了晚明的科学思潮，“天主”却未能“赐福”大明帝国，因为科技、神学及西方伦理学知识不能化为晚明社会急需的重商风尚和先进的社会改革思想。而且，顽固的、腐败的政治会抵消一切非暴力的努力，也包括科学技术与文化。于是，在“利玛窦现象”背后，成化时代还是处在传统社会商业化道路上逡巡不前的成化时代，还是在农民起义与满洲铁骑冲击下苟延残喘的成化时代。虽有“红衣大炮”壮胆，虽然永历朝的皇太后、皇后、皇太子及太监、宫女等加入天主教，崇祯皇帝还是自缢煤山，永历帝还是命丧昆明。不过，透过“利玛窦现象”，不难读出，为了救时，晚明一部分士大夫从最初借助儒家元典转而求助西方科学技术、从强化伦理道德功效转而改宗“天主”的复杂、微妙、反复求索的心路历程。

---

① （明）李贽：《续焚书》卷一《与友人书》，中华书局，1975。

结　语

明代灾区社会史是明史不可或缺的内容，是明史研究的新领域，是中国灾区社会史重要的组成部分。明代灾区社会内涵宏富，极具时代特征。按其阶段性特征划分，明代灾区社会史可分为三个时期：明前期（1368～1464）为区域社会“灾区化”时期，以江南地区为典型；明中前期（1465～1582）为地域性“三荒社会”生成并向“灾害型社会”过渡时期，以河南等北方地区为典型；明后期（1583～1644）为明代“灾害型社会”全面形成时期。本文并非执着于总结“中国灾区社会”历史规律性，只是在尽可能“重现”明代灾区社会那一段“真实的存在”及其与明代社会变迁关系。

一　明代灾区社会之基本认识

有明一代，时值“明清宇宙期”与传统社会“末世”。是时，各种自然灾害频发，江南“灾区化”加深，北方“三荒”问题严重，流民剧增。至明后期，全国性“灾害型社会”形成，社会秩序与国计民生深受影响，社会变迁增加诸多变数。是时，“新旧”夹缝中的明朝由生态危机而民生危机而社会危机而统治危机。至其中后期，“生态明朝”已倾覆，大明政权已到穷途末路。危机重重，险象环生，时人救时举措亦无法使明朝摆脱“严复定律”。

“环境”不是“明代灾区社会史”的旁观者，而是直接参与者。环境、民生与灾区社会三者恶性互动，使明代社会落入“灾害型社会”陷阱，进而拖死明王朝。其中，明前期，江南各地不间断的“灾区化”大大消耗了小民家资与社会财富，加剧社会动荡，江南社会财富总体上难有积聚；明中前期，“三荒”问题在北方地区由点而面，地域扩张迅速，至明后期已具普遍性。以“灾区化”与“三荒”为基本“环境”，加之制度及观念桎梏，明代中后期表面繁荣的商业活动及手工业生产后继无力，仅以完纳赋税与维持个体家庭基本温饱为目的，或重复扩大简单再生产而已。凡此，导致明代失去实现“社会变迁”的物质基础与制度创新实践。万历以后，明代江南社会经济虽然走上艰难“辞旧迎新”之途，却遭逢江南“灾区化”及北方“三荒”问题拖累。至此，多灾多难的江南社会经济不仅无力支撑明代“近代工业化”及“社会变迁”完成，且已濒临崩溃之地。

仅就“三荒现象”而言，明中前期北方“三荒现象”在传统乡村社会具有典型意义，以“脆弱生态环境 + 脆弱乡村社会”为特征的区域社会环境是“三荒现象”问题爆发的前提条件；掠夺性土地开发使脆弱生态环境与脆弱乡村社会二者恶性互动，环境危机成为“三荒”问题一个主要发生机制。“三荒”作为小农社会“死去活来”间隙的特殊社会状态，是一种极端的社会自然化现象，是自然界对人类破坏生态环境的报复，也是人类“自作自受”。小农社会通过“三荒”形式短期区域性“休克”而为其继续提供可能。“三荒”现象则是一种极端的社会自然化现象，也是小农社会得以长期延续的重要环境机制之一。

二　环境与灾区社会关系的理论思考

美国环境史学家克罗农有言：“人类并非创造历史的唯一演员，其他生物、大自然发展进程等都与人一样具有创造历史的能力。如果在撰写历史时忽略了这些能力，写出来的肯定是令人遗憾的不完整的历史。”① 灾区史也是这样，没有“与人一样具有创造历史的能力”的“其他生物、大自然发展进程等”参与创造，便不是真实的、真正的“灾区社会史”，而是“令人遗憾的不完整的历史”。

（一）历史：人与环境共同作用的结果

在“人类中心主义”观念影响下，先前及时下，人们似乎习惯于接受并认可这种历史观念——“历史是人创造的，人是历史的主体”——这种观念被一些人并非“恶意”地再“创造”和再“修正”，进而片面夸大人在历史创造中的能力与主动性，即人创造了历史，历史是人与人、人群与人群、国家与国家之间共同创造出来的历史，是纯粹的人的历史，人类是

---

① William Cronon，“The Uses of Environmental History”，*Environmental History Review*，Vol. 17，no. 3（1993），p. 18。

历史的唯一演员。换言之，历史是纯粹的、绝对的、单一的、“超自然”的人类的自身发展演变的“类”历史。显然，这种历史观是错误的。错误在于：它忽略了作为“类”的人的自然属性与社会属性，把人假定为万能的“人”，人类历史也就变成了想象中的不食人间烟火的“人”的历史。无疑，这种历史认识是把人类历史与其所产生的前提及基础——自然环境与社会环境剥离开来，变成单纯的“人”的历史。其实，我们都清楚这一点：作为“类”的人不是不食人间烟火的神仙，作为“组织”的人类社会不是某些人意念中的“仙班序列”，作为人和人类社会赖以生存的自然环境不是历史的看客，而是历史的参与者。

人与人类社会都是客观存在的，是精神与物质的复合体。当年马克思把这个道理说得很清楚，即“历来为繁茂芜杂的意识形态所掩盖着的一个简单的事实：人们首先必须吃、喝、住、穿，然后才能从事政治、科学、艺术、宗教等等”。[①] 那么，人类的“吃、喝、住、穿”的物资来自哪里？这是人人都再清楚不过的事实——来自自然环境，来自社会积累。所以，环境是人类“从事政治、科学、艺术、宗教等等”精神活动的基础和前提，也是人类物质生产活动的前提和基础。其中，人类及人类社会赖以存在和发展的前提与基础是自然环境，人类与自然环境的关系是人类社会一切其他关系（诸如政治关系、阶级关系、经济关系以及人与人、人与社会等）的基础与前提。

有了人才有了人类历史。但是，人类历史不是人类的独角戏。人是人类历史创造的主力军和主要成员，其他因素在人类创造历史过程中也或多或少发挥着作用，也参与了历史创造活动。其中，自然环境是人类历史中的一个活跃分子，人类历史也包含着自然环境因素与成分。另外，人类社会一经形成便有了自己的运行内容，影响着人类的生活与历史。如果把历史比作海明威笔下《老人与海》所勾勒的充满悬念的斗争场景，那么，老渔夫是这场斗争的主角——人，船、渔夫的价值观念与生存技能等构成了他的“社会环境”，还有作为自然环境的“非人的鱼”与险象环生的“大海”，一同参与演绎这场海上斗争的“历史”。人类的历史，恰如作为“社会人”并反映着时代信息的老渔夫在茫茫大海上同“非人的鱼”及“大海”本身所展开的一场持续的、瞬息万变的生命对抗历程。它不仅包含老

① 《马克思恩格斯选集》第二卷，人民出版社，1972，第574页。

渔夫喃喃话语中永远听不明白的“哲理神思”，还包括潜伏水中而左右摆动、令人捉摸不定的被钓着的非人的大鱼，还有波涛汹涌、可以载舟覆舟而充满变化的大海。从理论上讲，如恩格斯所言：除原始社会以外，“以往的全部历史，……都是自己时代的经济关系的产物；因而每一时代的社会经济结构形成现实的基础，每一个历史时期由法律设施和政治设施以及宗教的、哲学的和其它的观点所构成的全部上层建筑，归根到底都是应由这个基础来说明的”。[①] 因为“全部上层建筑”是由“时代的经济关系”来“说明”的、来决定的，作为基础的自然环境得以通过影响“时代的经济关系”（亦可称为社会环境）而与之构成“大环境”，影响或决定着人类的历史。无疑，环境的“说明”行为恰恰是它参与人类历史创造的最为主要的、最有影响力的方式。

（二）环境在灾区社会中的作用

“灾区社会”是“灾前社会”的变异。变异过程中，灾前自然环境与灾前社会环境一并参与其中，左右灾区社会形成过程及其主要内涵。概要说来，环境在灾区社会中的作用主要表现在两个方面。

一方面，环境灾变是“灾区社会”产生的前提与基础；环境不仅参与“灾区社会”历史创造，而且是“灾区社会”重要成员与内容。具体说来，“灾区社会”作为一种客观存在，它表明一个事实：人群生息繁衍的具体环境发生变异（灾变），而与区域性常态自然环境及经济社会生活的内容产生对抗与分离，既而出现混乱，生活其间的人群聚落（灾民）因之失去习惯性经济社会生活的内容与模式。换言之，历史上具有地域性特征的灾区社会是由具体环境决定的，具体环境是由地域性自然环境与社会环境构成的。自然环境不同，社会环境不同，也就催生了不同的灾区社会，这是不争的事实。进而言之，传统农业时代，乡村社会是“灾区社会”主体，环境稳定是乡村社会有序的前提，环境灾变是“灾区社会”形成的前提，环境影响并制约着它的经济生活内容与模式，在“灾区社会”形成过程中，“环境”扮演着极为重要的角色。若从理论上概括，灾区社会变迁的环境机制是：灾区社会的根基全部处在“环境”系统运行方式中，传统乡村社会盲目的自我增殖机制使得生态系统良性循环阈值不断被突破而紊

① 《马克思恩格斯全集》第20卷，人民出版社，1971，第29页。

乱，进而社会环境变得不能兼容与适应。于是，恶化的生态环境遂成为社会环境恶化的主要诱因与驱动机制，民生贫困与失范同环境恶化便不自觉地陷入恶性互动之中。

另一方面，灾区社会的环境生成机制是一个复杂体系与因应模式，不同区域的灾区与灾区不同的环境状况及灾区不同阶段都有着不同的历史内涵。如恩格斯所言："历史是这样创造的：最终的结果总是从许多单个人的意志的相互冲突中产生出来的，而其中每一个意志，又是由于许多特殊的生活条件，才成为它所成为的那样。这样就有无数相互交错的力量，有无数个力的平行四边形，由此就产生出一个合力，即历史结果，而这个结果又可以看作一个作为整体的、不自觉的和不自主地起着作用的力量的产物。因为任何一个人的愿望都会受到任何另一个人的妨碍，而最后出现的结果就是谁都没有希望过的事情。所以到目前为止的历史总是像一个自然过程一样地进行，而且实质上也是服从于同一运动规律的。"① 恩格斯提出历史发展"合力论"的"合力"，是指在一定的社会历史条件下造就历史的各种因素或力量相互作用而形成的社会力量的总和。"灾区社会"作为一种历史现象，也是"合力"合作的结果。其中，环境不是灾区社会的旁观者，它在灾区社会形成及发展进程中扮演着极为重要的角色。灾区社会首先具有地域性特征，即地域性的自然环境与社会环境不仅仅是灾区社会的基础，也是灾区社会的重要内涵与主要表征之一，它作为灾区社会发展过程中的活跃分子而参与了灾区社会生成及自我"否定"过程，并影响和制约着灾区社会的发生与发展。

① 《马克思恩格斯选集》第四卷，人民出版社，1995，第697页。

参考文献

一　古籍文献

《明太祖实录》，台北中研院史语所校勘，1962。
《明太宗实录》，台北中研院史语所校勘，1962。
《明仁宗实录》，台北中研院史语所校勘，1962。
《明宣宗实录》，台北中研院史语所校勘，1962。
《明英宗实录》，台北中研院史语所校勘，1962。
《明宪宗实录》，台北中研院史语所校勘，1962。
《明孝宗实录》，台北中研院史语所校勘，1962。
《明武宗实录》，台北中研院史语所校勘，1962。
《明世宗实录》，台北中研院史语所校勘，1962。
《明穆宗实录》，台北中研院史语所校勘，1962。
《明神宗实录》，台北中研院史语所校勘，1962。
《明光宗实录》，台北中研院史语所校勘，1962。
《明熹宗实录》，台北中研院史语所校勘，1962。
《崇祯长编》，台北中研院史语所校勘，1962。
宋濂等:《元史》，中华书局，1976。
张廷玉等:《明史》，中华书局，1974。
谈迁:《国榷》，中华书局，1958。
查继佐:《罪惟录》，浙江古籍出版社，1986。
谷应泰:《明史纪事本末》，中华书局，1977。
傅维鳞:《明书》，齐鲁书社《四库全书存目丛书》本。
王世贞:《弇山堂别集》，中华书局，1985。
李贽:《续藏书》，中华书局，1959。
焦竑:《国朝献征录》，上海书店，1987。

何乔远:《名山藏》, 江苏广陵古籍刻印社, 1993。
陈仁锡:《皇明世法录》, 台北《中国史学丛书》本。
余继登:《典故纪闻》, 中华书局, 1981。
计六奇:《明季北略》, 中华书局, 1984。
计六奇:《明季南略》, 中华书局, 1984。
万历《明会典》, 中华书局, 1988。
王圻:《续文献通考》, 现代出版社, 1991。
张学颜:《万历会计录》,《北京图书馆古籍珍本丛刊》本。
《皇明宝训》, 万历壬寅大有堂刻本。
张萱:《西园闻见录》, 燕京大学 1940 年铅印本。
吕坤:《吕坤全集》, 中华书局, 2008。
张燧:《经世挈要》,《北京图书馆古籍珍本丛刊》本。
张陛:《救荒事宜》, 齐鲁书社《四库全书存目丛书》本。
俞森:《荒政丛书》, 文渊阁四库全书本。
陆曾禹:《康济录》, 文渊阁四库全书本。
张国维:《吴中水利全书》, 明崇祯九年刻本。
徐光启:《农政全书》, 上海古籍出版社, 1979。
宋应星:《天工开物》, 江苏广陵古籍刻印社, 1997。
冯应京:《月令广义》, 齐鲁书社《四库全书存目丛书》本。
朱元璋:《大诰续编》《大诰三编》, 台湾学生书局, 1966。
《皇明诏令》, 齐鲁书社《四库全书存目丛书》本。
《大明律》, 法律出版社, 1999。
毕自严:《度支奏议》, 上海古籍出版社影印崇祯刻本。
万表:《皇明经济文录》, 广文书局, 1972。
陈子龙等辑《明经世文编》, 中华书局, 1962。
黄宗羲:《明文海》, 中华书局, 1987。
陈梦雷:《古今图书集成》, 中华书局, 1934。
叶盛:《水东日记》, 中华书局, 1980。
黄瑜:《双槐岁钞》, 中华书局, 1999。
李诩:《戒庵老人漫笔》, 中华书局, 1982。
何良俊:《四友斋丛说》, 中华书局, 1984。
王锜:《寓圃杂记》, 中华书局, 1984。

谢肇淛:《五杂俎》, 中华书局, 1959。
于慎行:《谷山笔麈》, 中华书局, 1984。
顾起元:《客座赘语》, 中华书局, 1987。
张瀚:《松窗梦语》, 中华书局, 1985。
王士性:《广志绎》, 中华书局, 1981。
田艺蘅:《留青日札》, 上海古籍出版社, 1992。
王临亨:《粤剑编》, 中华书局, 1987。
李乐:《见闻杂记》, 上海古籍出版社, 1986。
沈德符:《万历野获编》, 中华书局, 1959。
刘若愚:《酌中志》, 北京古籍出版社, 1994。
叶梦珠:《阅世编》, 上海古籍出版社, i981。
袁黄:《了凡杂考》,《北京图书馆古籍珍本丛刊》本。
全祖望:《鲒埼亭集外编》,《四部丛刊初编》本。
张载:《张载集》, 中华书局, 1978。
杨士奇:《东里集》, 文渊阁四库全书本。
况钟:《况太守集》, 江苏人民出版社, 1983。
陈献章:《陈献章集》, 中华书局, 1987。
王守仁:《王阳明全集》, 上海古籍出版社, 1992。
林希元:《同安林次崖先生文集》, 齐鲁书社《四库全书存目丛书》本。
夏言:《夏桂洲先生文集》, 齐鲁书社《四库全书存目丛书》本。
翁万达:《翁万达集》, 上海古籍出版社, 1992。
张永明:《张庄僖文集》,《四库全书》本。
海瑞:《海瑞集》, 中华书局, 1981。
叶春及:《石洞集》, 上海古籍出版社《四库明人文集丛刊》本, 1993。
庞尚鹏:《百可亭摘稿》, 道光十二年刻本。
归有光:《震川先生集》,《四部丛刊初编》本。
汪道昆:《太函集》, 齐鲁书社《四库全书存目丛书》本。
张居正:《张太岳集》, 上海古籍出版社, 1984。
何心隐:《何心隐集》, 中华书局, 1981。
李贽:《焚书·续焚书》, 中华书局, 1974。
高攀龙:《高子遗书》, 文渊阁四库全书本。
邹元标:《愿学集》, 文渊阁四库全书本。

毕自严：《石隐园藏稿》，清康熙二十五年刻本。

陈龙正：《几亭全书》，清康熙四年刻本。

祁彪佳：《祁彪佳集》，中华书局，1960。

史可法：《史可法集》，上海古籍出版社，1984。

钱谦益：《牧斋初学集》，上海古籍出版社，1995。

黄宗羲：《黄宗羲全集》，浙江古籍出版社，1985。

顾炎武：《亭林文集》，上海古籍出版社，1985。

顾炎武：《顾亭林诗文集》，中华书局，1983。

龚自珍：《龚自珍全集》，上海古籍出版社，1999。

丘濬：《大学衍义补》，京华出版社，1999。

丘濬：《琼台诗文会稿重编》，明天启三年（1623）刻白口本。

黄佐：《泰泉乡礼》，台湾商务印书馆影印文渊阁四库全书本。

黄宗羲：《明儒学案》，康熙刻本。

唐甄：《潜书》，中华书局，1963。

冯梦龙等：《明清民歌时调集》，上海古籍出版社，1993。

赵翼：《瓯北诗话》，人民文学出版社，1963。

严从简：《殊域周咨录》，中华书局，1993。

沈榜：《宛署杂记》，北京古籍出版社，1980。

顾炎武：《天下郡国利病书》，上海古籍出版社，2012。

屈大均：《广东新语》，中华书局，1985。

徐光启：《徐光启集》，上海古籍出版社，1984。

邹元标：《愿学集》，文渊阁四库全书本。

李贽：《续焚书》，中华书局，1975。

《中国荒政全书》（第一辑），北京古籍出版社，2003。

弘治《八闽通志》，弘治四年刻本。

弘治《徽州府志》，天一阁藏弘治刻本。

弘治《太仓州志》，明弘治十年修，清宣统元年《汇刻太仓旧志五种》本。

正德《松江府志》，天一阁藏正德刻本。

正德《大同府志》，正德刻嘉靖增修本。

正德《大名府志》，中华书局上海编辑所影印本，1966。

嘉靖《吴邑志》，《天一阁藏明代方志选刊》续编本。

嘉靖《广东通志》，齐鲁书社《四库全书存目丛书》本。

嘉靖《惠州府志》，北京图书馆出版社《日本藏中国罕见地方志丛刊》本，2002。

嘉靖《沔阳州志》，《天一阁藏明代方志选刊》本。

嘉靖《南宫县志》，全国图书馆缩微文献复制中心影印本，1992。

嘉靖《思南府志》，《天一阁藏明代方志选刊》本。

嘉靖《太平县志》，全国图书馆缩微文献复制中心影印本，1992。

嘉靖《香山县志》，北京图书馆出版社《日本藏中国罕见地方志丛刊》本，2002。

嘉靖《江阴县志》，嘉靖二十六年刻本。

嘉靖《武定州志》，《天一阁藏明代地方志选刊》本。

嘉靖《雄乘》，《天一阁藏明代地方志选刊》本。

嘉靖《邵武府志》，《天一阁藏明代地方志选刊》本。

龚辉：《全陕政要》，嘉靖刻本。

嘉靖《广东通志初稿》，嘉靖刻本。

万历《承天府志》，《日本藏中国罕见地方志丛刊》，书目文献出版社，1990。

万历《嘉定县志》，齐鲁书社《四库全书存目丛书》本。

万历《新修南昌府志》，《日本藏中国罕见地方志丛刊》，书目文献出版社，1990。

万历《通州志》，天一阁藏万历刻本。

万历《汶上县志》，康熙五十六年刻本。

万历《漳州府志》，清抄本。

万历《余杭县志》，万历刻本。

万历《钱塘县志》，光绪十九年刊本。

崇祯《嘉兴县志》，书目文献出版社《日本藏中国罕见地方志丛刊》本。

崇祯《松江府志》，《日本藏中国罕见地方志丛刊》本，书目文献出版社，1991。

崇祯《吴县志》，《天一阁藏明代方志选刊》续编本。

康熙《延绥镇志》，康熙刻乾隆增补本。

康熙《徽州府志》，康熙三十八年万青阁刻本。

乾隆《广州府志》，乾隆二十四年刻本。

乾隆《震泽县志》，清光绪十九年吴郡徐元圃刻本。
乾隆《上杭县志》，国家图书馆藏乾隆二十五年刻本。
乾隆《苏州府志》，国家图书馆藏乾隆十三年刻本。
道光《阳曲县志》，道光二十三年刻本。
同治《湖州府志》，同治十三年本。
光绪《江西通志》，光绪七年刻本。

二 中文论著（含译著）

梁方仲：《明代粮长制度》，上海人民出版社，2001。
吴晗：《读史札记》，三联书店，1956。
吕振羽：《中国政治思想史》，黎明书局，1937。
傅衣凌：《明清社会经济史论文集》，人民出版社，1982。
万明：《晚明社会变迁问题与研究》，商务印书馆，2005。
〔美〕卜凯：《中国农家经济》，商务印书馆，1937。
戴星翼：《环境与发展经济学》，立信会计出版社，1995。
邓拓：《中国救荒史》，商务印书馆，1937。
〔美〕德·希·珀金斯：《中国农业的发展（1368—1968）》，上海译文出版社，1984。
胡寿田等：《生态农业》，湖北科学技术出版社，1988。
〔美〕黄宗智：《华北的小农经济与社会变迁》，中华书局，1986。
马宗晋：《灾害与社会》，地震出版社，1990。
李剑农：《宋元明经济史稿》，三联书店，1957。
谢国桢：《明代社会经济史料选编》，福建人民出版社，1980。
林毅夫：《制度、技术与中国农业发展》，上海三联书店，1992。
牛建强：《明代人口流动与社会变迁》，河南大学出版社，1997。
刘燕华、李秀彬主编《脆弱生态环境与可持续发展》，商务印书馆，2001。
《马克思恩格斯选集》（一至二卷），人民出版社，1972；（三至四卷），人民出版社，1995。
《马克思恩格斯全集》第20卷，人民出版社，1971。
严复：《严复集》，中华书局，1986。
阮炜：《地缘文明》，上海三联书店，2006。

赵毅：《明清史抉微》，吉林人民出版社，2008。

梅雪芹：《环境史学与环境问题》，人民出版社，2004。

张建民、宋俭：《灾害历史学》，湖南人民出版社，1998。

张全明、王玉德：《中华五千年生态文化》，华中师范大学出版社，1999。

龚书铎：《中国社会通史》，山西教育出版社，1996。

左玉辉：《环境社会学》，高等教育出版社，2003。

周广庆：《人口革命论》，中国社会科学出版社，2003。

王处辉：《中国社会思想史》，南开大学出版社，2003。

周春生：《文明史概论》，上海教育出版社，2006。

江涛：《历史与人口——中国传统人口结构研究》，人民出版社，1998。

王子平：《灾害历史学》，湖南人民出版社，1998。

高寿仙：《明代农业经济与农村社会》，黄山书社，2006。

程民生：《中国北方经济史》，人民出版社，2004。

江立华、孙洪涛：《中国流民史》，安徽人民出版社，2001。

刘燕华、李秀彬：《脆弱生态环境与可持续发展》，商务印书馆，2001。

王利华：《中国历史上的环境与社会》，生活·读书·新知三联书店，2007。

李守经：《农村社会学》，高等教育出版社，2000。

〔意〕利玛窦：《利玛窦书信集》下册，（台北）光启出版社、辅仁大学出版社，1986。

利玛窦、金尼阁：《利玛窦中国札记》，中华书局，1983。

黄一农：《两头蛇：明末清初的第一代天主教徒》，上海古籍出版社，2006。

利玛窦：《利玛窦书信集》，（台北）光启出版社、辅仁大学出版社，1986。

三 外文论著

Atwell, William S.: Notes on Silver, Foreign Trade, and the Late Ming Economy, *Ching-shih wen-ti*, 1977.

Atwell, William S.: International Bullion Flows and the Chinese Economy circa 1530 - 1650, *Past and Present*, 1982.

Atwell, William S.: Ming Observations on the "Seventeeth-Century Crisis" in China and Japan, *Journal of Asian Studies*, 1986.

Barrett, Ward: World Bullion Flows, 1450 - 1800, in *The Rise of the Mechant Empires, Long Distance Trade in the Early Modern World*, 1350 - 1750, ed. by James D. Tracy, Cambridge, Cambridge University Press, 1991.

Boxer, C. R.: *Fidalgos in the Far East* 1550 - 1770, Martinus Nijhoff, The Hague, 1948.

Boxer, C. R.: *Macau na Epoca da Restauracao*, Fundacao Oriente, Lisboa, 1993

Braga, J. M. *The Western Pioneers and their Discovery of Macao*, Imprensa Nacional, Macau, 1949.

Glahn, Richard von: *Fountain of Fortune*: *Money and Monetary Policy inChina*, 1000 - 1700, University of California Press, Berkeley, Los Angeles, London, 1996.

Godinho, Magalhaes: *Os Descobrimentos e a Economia Mundial*, Lisboa, 1963.

Hamilton, Earl J.: *American Treasure and the Price Revolution in Spain*, Cambridge, Harvard University Press, 1934.

Reid, A.: *Southeast Asia in the Age of Commence* 1450 - 1680. New Haven, Yale University Press, 1993.

Sansom, George: A History ofJapan 1334 - 1615, London, 1961.

〔日〕森正夫等编《明清时代史の基本问题》，东京汲古书院，1997。

〔日〕谷口规雄：《明代徭役制度史研究》，东京同朋舍，1998。

〔日〕奥崎裕司：《中国乡绅地主の研究》，东京汲古书院，1978。

〔日〕滨岛敦俊：《明代江南农村社会の研究》，东京大学出版会，1982。

重要人名和术语索引

G

H

J

K

L

M

N

O

P

Q

R

S

Y

Z

后　记

提起笔来，我最想写的后记，是感谢有恩于我的师长、同事与亲人。

1996 年初秋，科尔沁草原最美时节，我揖别同仁与故乡，负笈东北师范大学，师从景仰已久的历史学家赵毅先生，研习明清史；1999 年初夏，我有幸留在东北师范大学任教，教学科研，指导研究生。春华秋实，十余年间，始终得到业师赵毅先生深切鼓励与悉心指导，我总能感受到业师的慈爱与亲切。业师学术功力深厚，治学严谨，渊博睿智。听业师讲学，高屋建瓴，如沐春风；业师为人谦和而有担当，提携后学而不辞辛苦。我由硕士而博士，业师耳提面命，不愠不火，谆谆教诲，指导我在环境史研究领域不断进步。

在东北师范大学工作期间，韩东育先生、赵轶峰先生、刁书仁先生、王景泽先生、罗冬阳先生、梁茂信先生、王晋新先生、王德忠先生、程舒伟先生、王彦辉先生、曲晓凡先生、刘奉文先生、凌长勇先生等学识高深的各位先生都曾给我许多关心和教益；同门董铁松博士、刘晓东博士、江继海博士、张士尊博士、徐林博士、张立彬博士、秦海滢博士、张学亮博士、王恩俊博士等，及当时我的各位东师同事，在教学与科研方面都曾给我很多帮助与指导，我受益匪浅。可以说，我的点滴进步，都与师长同仁的教诲与关爱密不可分。

2006 年初冬，我进入南开大学博士后流动站，在导师南炳文先生指导下，继续从事环境史研究。翌年，我获得中国博士后科学基金资助，所撰书稿——《文明、灾荒与贫困的一种生成机制——历史现象的环境视角》出版。南开大学历史学院云集一批“志于道”的优秀专家学者——南炳文先生、王利华先生、常建华先生、陈志强先生、何孝荣先生、余新忠先生、高艳林先生、庞乃明先生等，都是我仰慕的学问大家。是时，我游学其间，或叩请学问，或聆听报告，或拜读大作，收获颇多。最难忘，是我的博士后导师南炳文先生。南先生学识高深，治学不倦，乐于助人，是我仰慕的明清史家。如今，每每想起当年在南开校园，不时向南先生叩请学问情形，心中向往，念兹在兹。

2014 年初春，我辗转来到充满灵秀之气的粤东名城——潮州市，任教韩山师范学院。韩江东岸，韩文公祠旁，韩山之麓韩木成林，在这所山中林间的百年学府，传道授业，研究环境史。我要感谢韩师王晶书记、林伦伦校长、詹必富先生、林光英先生、吴愈中先生、黄文勇先生、廖伟群先生、陈树思先生、彭伟力先生、黄景忠先生、郑耿忠先生、魏国韩先生，以及历史文化学院各位同事，感谢各位给我的帮助与支持。

学贵得师。书稿撰毕，恩师赵毅先生通读全篇，提出很多宝贵的修改建议。恩师年近古稀，念及恩师阅稿时辛劳情形，弟子心中隐隐作痛。十几年来，恩师在工作和生活上给我很多帮助。“明师之恩，诚为过于天地。”书稿编辑之际，社会科学文献出版社人文分社宋月华社长为本书的出版提供了许多帮助，责任编辑于占杰先生等为本书做了大量具体而细致的编校工作，使本书增色不少，谨在此深表谢忱。

我要感谢在我早年求学困惑之际给我人生指导的崔泽普先生，我要感谢我刚强、慈爱而正直的父亲母亲，我要感谢我聪慧而贤淑的爱人罗朝蓉老师，我要感谢我的所有亲人，这些年来给我最为珍贵的理解、支持与关爱。

书稿即将付梓之际，我又回到南开大学，故地重游，拜访友人。初秋时节，美丽的南开校园红叶掩映，欣欣向荣；迷人的新开湖畔还是馨香宜人，书声琅琅。路随心转，我轻轻走来，静立在敬爱的周总理塑像前，再次深深鞠躬，敬献一束鲜花，连同我无尽缅怀与永远敬仰。“邃密群科济世穷。”此情可待，我仿佛回到从前，志存高远，一介书生，奔走于图书馆与博士后公寓之间……

赵玉田

2015 年初秋写于韩师韩文公祠旁

图书在版编目(CIP)数据

环境与民生：明代灾区社会研究／赵玉田著．—北京：社会科学文献出版社，2016.3
ISBN 978-7-5097-8526-3

Ⅰ.①环… Ⅱ.①赵… Ⅲ.①灾区-社会-研究-中国-明代 Ⅳ.①X4

中国版本图书馆CIP数据核字（2015）第303411号

环境与民生
——明代灾区社会研究

著　　者／赵玉田

出 版 人／谢寿光
项目统筹／宋月华　杨春花
责任编辑／周志宽　于占杰

出　　版／社会科学文献出版社·人文分社(010)59367215
地址：北京市北三环中路甲29号院华龙大厦　邮编：100029
网址：www.ssap.com.cn
发　　行／市场营销中心（010）59367081　59367018
印　　装／三河市东方印刷有限公司

规　　格／开　本：787mm×1092mm　1/16
印　张：25.75　字　数：432千字
版　　次／2016年3月第1版　2016年3月第1次印刷
书　　号／ISBN 978-7-5097-8526-3
定　　价／148.00元

本书如有印装质量问题，请与读者服务中心（010-59367028）联系